JN268003

動 物 と 植 物

図説 科学の百科事典 ①

動物と植物

太田次郎監訳／藪　忠綱訳

JIL　BAILEY　MIKE　ALLABY
ジル・ベイリー／マイク・アラビー 著

DAVID　MACDONALD
デイビッド・マクドナルド 監修

朝倉書店

目　　次

序　　6
現代科学の主要分野／現代生物学の領域　　8
歴史年表　　12

1 壮大な多様性

単細胞生物の驚異　　18
軟らかい体の動物　　20
殻と刺　　22
節のある脚　　24
背骨をもつ動物　　26
花を咲かせる植物　　28
花の咲かない植物　　30

2 生命活動

生命の化学　　34
生命の構成要素　　36
寄生植物と食虫植物　　38
植物内での物質の輸送　　40
葉と根　　42
動物における体内での食物処理　　44
老廃物の処理　　46
動物の循環系　　48
空気ポンプ　　50
化学的な制御　　52
神経系　　56
ヒトの脳　　58
熱と水の制御　　60

3 動物の摂餌方法

豊富な食料　　64
肉食動物　　68
餌を捕る技術　　70
何でも食べる動物　　72
分解の専門家　　74
食物にうるさい動物　　76
他の生物を食い荒らすもの　　78
共存関係　　80

4 動物の運動

筋肉の力による運動　　84
運動のための体の構造　　86

The New Encyclopedia of Science second editon,
Volume 2. Animals and Plants, BY Jill Bailey and Mike Allaby

Project editors	Peter Furtado, Shaun Barrington	Picture managers	Jo Rapley, Claire Turner	
Set editorial consultant	John Clark	Picture research	Alison Floyd	
Editor	Lauren Bourque	Production	Clive Sparling, Julia Savory	
Editorial assistants	Marian Dreier, Rita Demetriou			
Art editor	Ayala Kingsley	Planned and produced by Andromeda Oxford Ltd 11-13 The Vineyard Abingdon Oxfordshire OX14 3PX		
Visualization and artwork	Ted McCausland/ Siena Artworks; 2nd ed., Kamae Design			
Senior designer	Martin Anderson			
Designer	Roger Hutchins			

© 1995, 2003 Andromeda Oxford Limited
© 2004 The Brown Reference Group plc.

The Brown Reference Group plc. (incorporating Andromeda Oxford Ltd)
8 Chapel Place, Rivington Street, London EC2A3DQ, England.

Japanese translation rights arranged with
Brown Reference Group plc, London
through Tuttle-Mori Agency, Inc., Tokyo

歩行，走行，跳躍	88
這うことと攀じ登り	90
空中移動	92
水中移動	94

5 成長と生殖

動物の成長パターン	98
両性の出遇い	100
動物の生殖	102
卵から胚へ	104
成　長	106
姿を変える動物	108
植物の成長	110
被子植物の一生	112
接合子から種子へ	114
下等植物	116

6 動物のコミュニケーション

外界を見る眼	120
音によるコミュニケーション	122
味とにおい	124
隠れた感覚	126
動物の行動	128

用 語 解 説　130

資　　料

メートル法と位取り用接頭語	158
単位の換算	158
SI 単位系	159
分類――5つの界	160
哺乳類のホルモン	162
攻撃－逃走反応	163
動物の進化	164
自律神経系	165
クレブス回路	166
月経周期	167

監訳者あとがき	168
参考図書	169
索　引	170
謝　辞	173

序

　現在，動物界に属する生物は1,000万種を超えると想定されるが，その大部分は未だ科学者によってその存在が確認されるに至っていない．動物の中には，生まれて1日足らずで命を終えるものもあれば，100年以上長生きするものもある．これまで，動物たちは深海の底から乾き切った灼熱の砂漠まで地球上のありとあらゆる環境に適応して生きてきた．

　彼らの外観，脚の数や働き，内臓の構造などは，種によって非常に異なるように見える．しかし，アメーバからシマウマまで，彼らはみな同じように，生き残るための問題を抱え，生存の法則に従って生きている．彼らの体は，それぞれの問題を解決できるように，驚くほど多様な方法で環境に適応している．食物を確保すること，敵から逃れること，身近な環境の変化を察知すること，体内で化学物質のバランスを保つこと，配偶の相手を見つけること，子を守り育てることなどはすべて，あらゆる動物に共通した必要性である．また，生き物はみな，酸素と糖分とタンパク質の形で食物を摂取し，それを体の細胞内で起きる一連の化学反応でエネルギーに変え，成長と運動にあてる．これに対して植物の方は，光合成により二酸化炭素と水を結びつけて，炭水化物をつくり上げる．その結果，植物も，小さなコケから巨大な大木まで，大変な数の種類に多様化している．

　過去2,000年以上にわたって，科学者たちは，動植物の多様性の理由を解明するとともに，それらを合理的に分類しようと努力してきた．そして，その多様性はダーウィンの自然選択説で十分説明がつくことになったが，他方で，非常に異なった生物の間にも共通点があることが理解されなければならない．それにはすべての動植物が行う基本的な仕事が何であるかを知ればよいわけであるが，その点に関して，20世紀の生物学は長足の進歩を遂げたといえる．生体の細胞の中あるいは細胞間で起こっている生化学的な変化についての理解や，生物の行動パターンと生存競争に打ち勝つ必要性との間に存在する関係についての理解が格段に深まったのである．さらに21世紀に入ってからは，人間の身体の働きに関する研究が実を結んで，生物学全般に，すなわち哺乳類だけでなく，その他多数の動物の研究にも大きく貢献した．

　さて，本書のおおよその構成を説明すると，第1章では，生物の体の基本構造を紹介する意味で，その大分類について述べる．単細胞生物，しっかりした構造をもたない生物，軟体動物，棘皮動物，節足動物（昆虫を含む），脊椎動物，顕花植物，隠花植物などについてである．第2章では，生命維持のために必要な種々の作用について，体内の構造も含め解説する．第3～5章では，生存に不可欠な採食とか生殖とかの生理的側面を取り扱う．生息場所や食物の違い，あるいは敵から逃れる必要性がどのように生物を進化させて，形状や行動のはなはだしい多様性を生むに至ったか，その理由を明らかにするためである．そして最後の第6章では，動物が外界の様子を知るために——社会性の発達した種では相互に連絡をとるためにも——用いる感覚器官のことを取り上げる．

　本書が読者に想定している対象は，学生から最新の科学的知識を求めている社会人に及び，いわば家族ぐるみで活用されることを期待している．そのために，読者の特殊な質問にも答えると同時に，特定のテーマについては読者がより詳細な情報を入手し得るように工夫しておいたつもりである．

　p.16からp.129までの114ページで取り上げている49のテーマでは，それぞれに豊富な図を挿入しておいた．本書の絵と写真と文章のスタイルが出発点となって，読者がさらに知識を深めたいという気持を起こ

されるならば，それは筆者にとって望外の幸せである．

　p.130からp.157までの28ページには本文に次いで重要と考える用語の解説がなされている．全部で約400の項目を含み，本書が扱うテーマについてのミニ百科事典になっている．読者は，本文を読みつつ，必要なときにこれを参照されたらよいし，また，この用語の中から関心のある事項を拾って読んだのちに本文へ進まれるのもよいだろう．

　現代の科学では，分野を截然と区別することができない．たとえば生物学は，一方で生態学や環境学の研究と一部重複するかと思えば，他方では化学や遺伝学との境界がはっきりしない．この序文のすぐ次の「現代科学の主要分野」と「現代生物学の領域」は，現代科学の各分野が互いにどのように関連するかを示している．そして，その次には，偉大な発見を通じて各分野の研究が発展してきた，その経緯を跡づける簡単な歴史年表を収録しておいた．なお，巻末には，本書の利用価値を高める目的で，各種の正確なデータや数表や統計を集めて載せてあるので，斜め読み以上に活用願いたい．

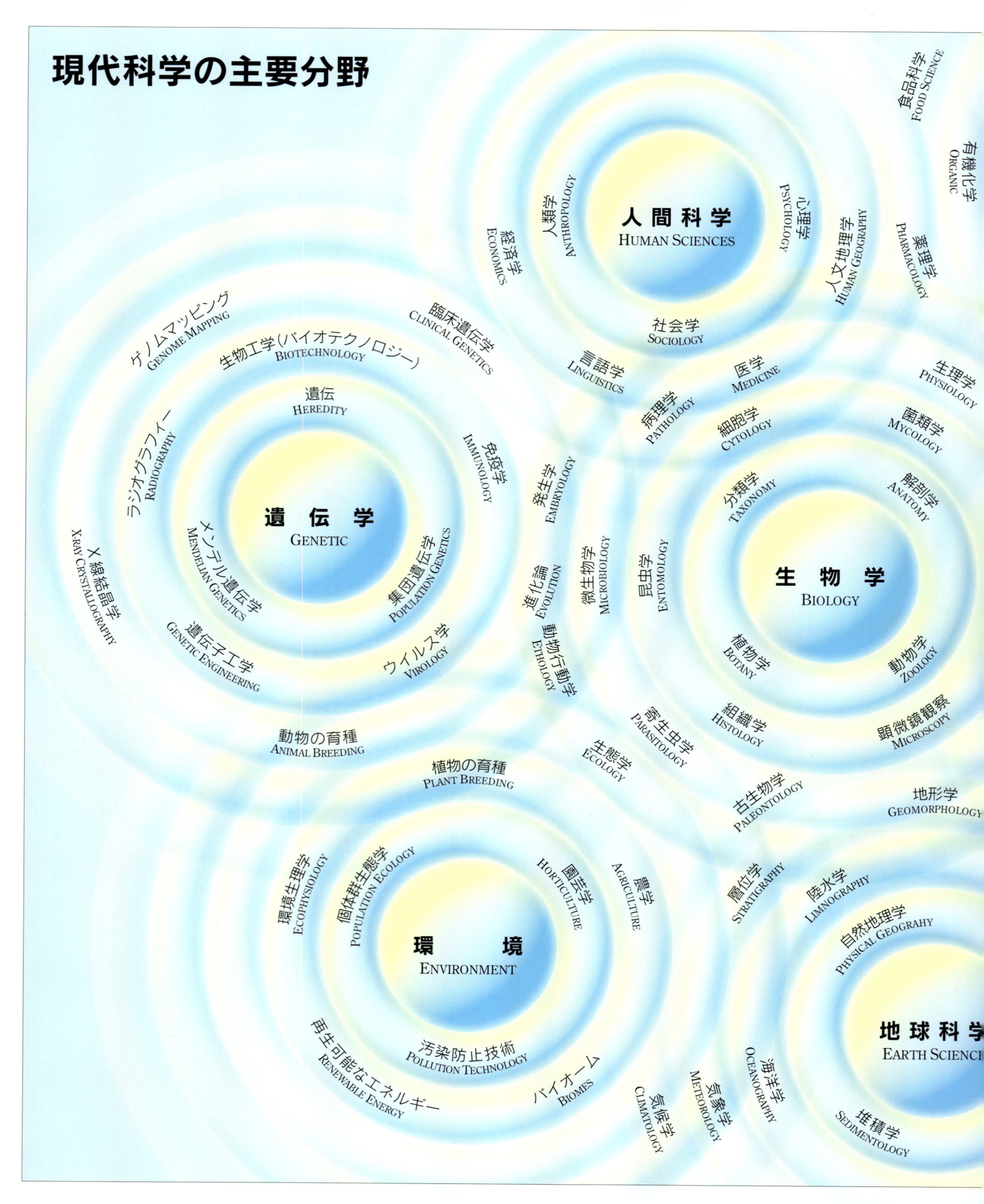

現代科学の主要分野

人間科学 HUMAN SCIENCES
- 食品科学 FOOD SCIENCE
- 有機化学 ORGANIC
- 薬理学 PHARMACOLOGY
- 心理学 PSYCHOLOGY
- 人文地理学 HUMAN GEOGRAPHY
- 人類学 ANTHROPOLOGY
- 経済学 ECONOMICS
- 社会学 SOCIOLOGY
- 言語学 LINGUISTICS

遺伝学 GENETIC
- 遺伝 HEREDITY
- ゲノムマッピング GENOME MAPPING
- 生物工学(バイオテクノロジー) BIOTECHNOLOGY
- 臨床遺伝学 CLINICAL GENETICS
- ラジオグラフィー RADIOGRAPHY
- X線結晶学 X-RAY CRYSTALLOGRAPHY
- メンデル遺伝学 MENDELIAN GENETICS
- 遺伝子工学 GENETIC ENGINEERING
- 集団遺伝学 POPULATION GENETICS
- 免疫学 IMMUNOLOGY
- 発生学 EMBRYOLOGY
- ウイルス学 VIROLOGY
- 動物の育種 ANIMAL BREEDING
- 植物の育種 PLANT BREEDING

生物学 BIOLOGY
- 医学 MEDICINE
- 病理学 PATHOLOGY
- 細胞学 CYTOLOGY
- 生理学 PHYSIOLOGY
- 菌類学 MYCOLOGY
- 分類学 TAXONOMY
- 解剖学 ANATOMY
- 進化論 EVOLUTION
- 微生物学 MICROBIOLOGY
- 昆虫学 ENTOMOLOGY
- 動物行動学 ETHOLOGY
- 植物学 BOTANY
- 動物学 ZOOLOGY
- 組織学 HISTOLOGY
- 顕微鏡観察 MICROSCOPY
- 寄生虫学 PARASITOLOGY
- 生態学 ECOLOGY
- 古生物学 PALEONTOLOGY

環境 ENVIRONMENT
- 環境生理学 ECOPHYSIOLOGY
- 個体群生態学 POPULATION ECOLOGY
- 園芸学 HORTICULTURE
- 農学 AGRICULTURE
- 汚染防止技術 POLLUTION TECHNOLOGY
- 再生可能なエネルギー RENEWABLE ENERGY
- バイオーム BIOMES

地球科学 EARTH SCIENCE
- 地形学 GEOMORPHOLOGY
- 層位学 STRATIGRAPHY
- 陸水学 LIMNOGRAPHY
- 自然地理学 PHYSICAL GEOGRAHY
- 海洋学 OCEANOGRAPHY
- 気象学 METEOROLOGY
- 気候学 CLIMATOLOGY
- 堆積学 SEDIMENTOLOGY

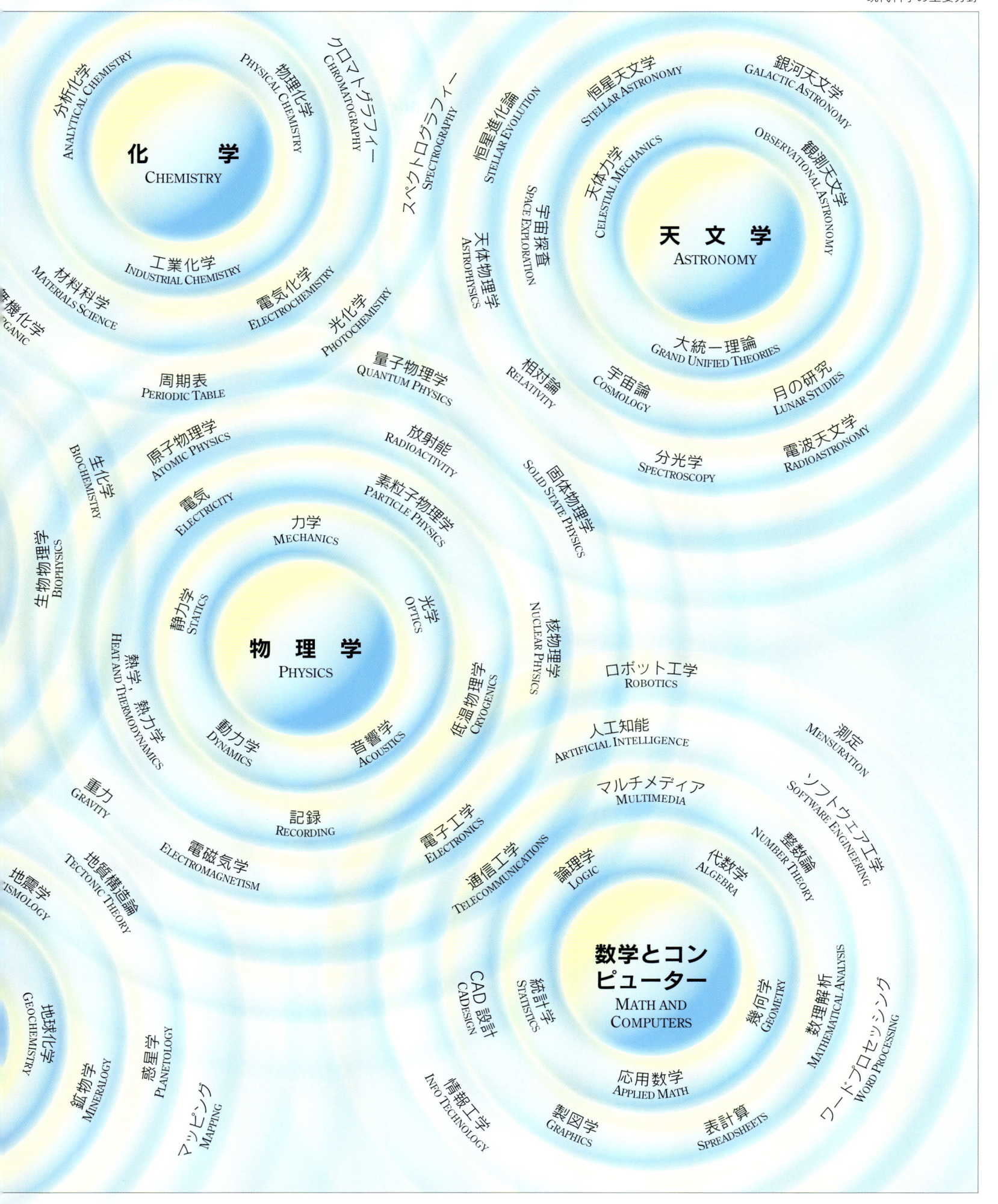

現代科学の主要分野

化学 CHEMISTRY
- 分析化学 ANALYTICAL CHEMISTRY
- 物理化学 PHYSICAL CHEMISTRY
- クロマトグラフィー CHROMATOGRAPHY
- スペクトログラフィー SPECTROGRAPHY
- 工業化学 INDUSTRIAL CHEMISTRY
- 電気化学 ELECTROCHEMISTRY
- 光化学 PHOTOCHEMISTRY
- 材料科学 MATERIALS SCIENCE
- 無機化学 INORGANIC
- 周期表 PERIODIC TABLE
- 生化学 BIOCHEMISTRY
- 生物物理学 BIOPHYSICS

天文学 ASTRONOMY
- 恒星天文学 STELLAR ASTRONOMY
- 銀河天文学 GALACTIC ASTRONOMY
- 恒星進化論 STELLAR EVOLUTION
- 観測天文学 OBSERVATIONAL ASTRONOMY
- 天体力学 CELESTIAL MECHANICS
- 宇宙探査 SPACE EXPLORATION
- 天体物理学 ASTROPHYSICS
- 相対論 RELATIVITY
- 大統一理論 GRAND UNIFIED THEORIES
- 宇宙論 COSMOLOGY
- 月の研究 LUNAR STUDIES
- 分光学 SPECTROSCOPY
- 電波天文学 RADIOASTRONOMY

物理学 PHYSICS
- 力学 MECHANICS
- 量子物理学 QUANTUM PHYSICS
- 放射能 RADIOACTIVITY
- 原子物理学 ATOMIC PHYSICS
- 電気 ELECTRICITY
- 素粒子物理学 PARTICLE PHYSICS
- 固体物理学 SOLID STATE PHYSICS
- 静力学 STATICS
- 光学 OPTICS
- 核物理学 NUCLEAR PHYSICS
- 熱学・熱力学 HEAT AND THERMODYNAMICS
- 動力学 DYNAMICS
- 音響学 ACOUSTICS
- 低温物理学 CRYOGENICS
- 重力 GRAVITY
- 記録 RECORDING
- 電磁気学 ELECTROMAGNETISM
- 電子工学 ELECTRONICS
- 通信工学 TELECOMMUNICATIONS
- 地質構造論 TECTONIC THEORY
- 地震学 SEISMOLOGY
- 地球化学 GEOCHEMISTRY
- 鉱物学 MINERALOGY
- 惑星学 PLANETOLOGY
- マッピング MAPPING

数学とコンピューター MATH AND COMPUTERS
- ロボット工学 ROBOTICS
- 人工知能 ARTIFICIAL INTELLIGENCE
- マルチメディア MULTIMEDIA
- 測定 MENSURATION
- ソフトウエア工学 SOFTWARE ENGINEERING
- 論理学 LOGIC
- 代数学 ALGEBRA
- 整数論 NUMBER THEORY
- 統計学 STATISTICS
- 幾何学 GEOMETRY
- 数理解析 MATHEMATICAL ANALYSIS
- CAD 設計 CAD DESIGN
- 応用数学 APPLIED MATH
- 情報工学 INFO TECHNOLOGY
- 製図学 GRAPHICS
- 表計算 SPREADSHEETS
- ワードプロセッシング WORD PROCESSING

現代生物学の領域

生物学
BIOLOGY
生きている生物についての学問で，その形態，構造，生命維持機能，起源，分類，分布，習性などを研究すること．生物学は，生物の生きざま，周囲のものに対する反応の仕方，特定の生息場所に住んでいる理由，他の生物との関係などについて明らかにする．その主要な分野は解剖学と動物学である．

分類学
TAXONOMY
多くの生物を，それらの間の関係を示すピラミッド型の系統図の中のしかるべき位置に分類すること．分類は，生理学的，形態的，生化学的特徴や，遺伝子を似た生物と比較する方法により行われる．自然界の生物のすべてをカバーするには，分類様式はいくつかに分かれる．

解剖学
ANATOMY
動植物の形状や構造を研究すること．肉眼による解剖学と，顕微鏡による解剖学がある．内部構造を調べるに当たっては，切開と検鏡がふつうである．関連のある生物に対して行われる比較解剖は，進化の上での関係を知るのに重要である．解剖学は生理学と密接な関係をもつ．

植物学
BOTANY
植物についての学問で，その形状，構造，生命維持機能，病気，起源，分類，分布などを研究すること．しばしば，菌類や藻類や化石化した植物についての研究も含まれる．植物学の知識を深めることは，農業や園芸や林業に重要で，植物の品種改良は新しい土地での食糧増産の期待を抱かせる．

動物学
ZOOLOGY
動物についての学問で，その姿，構造，生命維持機能，生殖，発育，起源，分類，分布，生態などを研究すること．その研究対象には，動物の体の働き方（生理）だけでなく，行動の仕方，仲間同士の間での反応の仕方，他の動物や環境によって害される様子（生態）も含まれる．

細胞学
CYTOLOGY
生きた細胞の形状，構造，機能などを研究することで，その一生や増殖の仕方，それに細胞を害する病気についての研究も含まれる．さらに，細胞の中で起こる物理的ないし化学的変化，細胞同士の間での相互反応，顕微鏡を使っての詳細な調査も，細胞学に含まれる．体外での細胞の培養は，発生学の研究のための材料を提供し，ある種の遺伝性疾患の治療に役立つことが期待される．

生理学
PHYSIOLOGY
生きている生物維持機能について研究することで，その研究対象には，細胞や組織や器官の機能と活動，および生体内で生じる化学反応も含まれる．生体内を調べることもあれば，細胞を取り出して培養し研究することもある．生理学は，体の不調や疾患の原因を明らかにする場合の基礎になる学問で，細胞の顕微鏡を使っての検査から体全体の反応をみることまで，その研究方法の幅は広い．

組織学
HISTOLOGY
生きている組織や細胞を研究することで，ふつうは顕微鏡を使って行う．組織学者は，動物や植物の多くの型の組織の相違を調べる．医学分野での組織学では組織の病理を研究する．生体から切り離された組織は生体組織検査法により調べられる．

微生物学
MICROBIOLOGY
微生物についての学問で，その形状，構造，生命維持機能，生き方，生態，起源，分類，分布などを研究することであるが，研究対象が微小なものなので，顕微鏡を使わなければ研究できない．研究対象としては，ウイルス，藻類，菌類，酵母，原生動物などがあげられる．微生物学は，生物工学（バイオテクノロジー）や医学の発生学の研究などに応用される．

現代生物学の領域

寄生虫学
Parasitology
ヒトや動植物の体表に取りつき、または体内にまで入る種々の寄生虫、寄生植物について研究すること。寄生動植物の解剖、生理、起源、成長などについて調査するが、医学上または経済的観点から見逃すことのできない寄生生物を制御する方法を見出すことも、その重要な研究目的の1つである。主要な関連分野としては、獣医学、医学的寄生虫学および農業寄生学があげられる。

発生学
Embryology
動物の胚の形成と成長を研究することで、胚や胎児が周囲の環境に物理的または化学的に反応する様子や、成長をつかさどる遺伝子を点滅させる要因を調べることも含む。

生物物理学
Biophysics
生物の生命維持機能の中に見出される物理法則について研究すること。X線回折など、物理学的な方法・技術を使って、神経系や、動物の移動、海中遊泳、相互連絡の仕方などを調べる。

顕微鏡観察
Microscopy
顕微鏡を使って、対象物の構造を詳細に調べること。対象物には生きたものも、死んだものもあり得る。対象物を見る方法にいろいろある。対象物に光を当ててその反射で見る方法、光を対象物を通過させて見る方法、きわめて薄い組織の切片にして見る方法（2,000倍にまで拡大することが可能）、さらには電子顕微鏡でより倍率を高くして見る方法もある。

病理学
Pathology
病気の原因と性質、および病気が生体に与える悪影響について研究すること。病理学の研究対象は、大きな寄生生物から顕微鏡的に小さい原生動物、細菌、ウイルス、菌類まで多岐にわたる。それらの病原体の生活環や、生体への害の及ぼし方や、生体の病原体に対する自己防衛の仕方を研究するのも病理学である。

動物行動学
Ethology
動物の行動や習性を研究すること。動物の進化と成長の観点から、また生息地の環境が動物の行動に及ぼす影響についても、解明しようとする。動物行動学者は、種々の異なった動物群の間に特定の似た行動を見出して、それらの比較研究を行う。

昆虫学
Entomology
昆虫の研究をすること。昆虫の形態、構造、生命維持機能、生活の仕方、生態、発生起源、分類、分布などを調べる。昆虫の中には害虫が少なくないので、昆虫学は生物学の重要な1分野になっている。

生態学
Ecology
生物とそれが住む環境との間の関係について研究すること。周囲の物理的・化学的状況が生物に与える影響や、敵あるいは餌になり得る生物など、他の生物がいた場合の変化などを調べる。生態学はまた、生物の個体群の数がこのような外部との関係でどう変化するかの点も解明しようとする。

菌類学
Mycology
菌類について研究すること。その形態、構造、生命維持機能、生態、起源、分類、分布などを調べる。菌類学の応用範囲は広く、菌によって引き起こされる病気の研究から、抗生物質の開発や、ブドウ酒、ビール、パン種の発酵、および染料の製造などの生物工学（バイオテクノロジー）的活用まで、実にさまざまである。

生化学
Biochemistry
生体の中で起こる化学的作用やその結果生じる化合物について研究すること。細胞の中で起こる化合物と物質代謝の分析や、物質代謝の反応結果に関する研究を含む。生化学の進歩によって、食物のエネルギーへの転化、遺伝子からの情報の読み取り、体の各部分の成長など、肉体の内部で生じているさまざまなプロセスについての理解が進むようになった。

歴 史 年 表

　生物学は，数ある諸科学の中でも，最も直接的に，しかも実際的な利益をもたらしてくれる学問である．太古の人々でも，彼らが食料用に捕らえる動物の種類とその習性を理解しておくと好都合なことを知っていたに違いない．しかし，そのような知識を意識的に追究し体系的にまとめようと試みたのは，やはりギリシャ人たちであった．古代ギリシャの哲学者たち──アルクマイオンやエンペドクレスなど──の流れを汲むアリストテレス（紀元前384-322）は，当時のあらゆる知識を1冊の百科事典のようなものに集大成できないかと考えた．というのは，世の中のことはすべて先例にならって起こるものであり，今後起こることもその一般原則に従うはずだ，という考え方が彼の頭の中にあったからにほかならない．博物学者のアリストテレスは，イオニアの海岸（現在はトルコ領）近くのレスボス島で，まわりの海の生き物を眺め（おそらく，それらの解剖もしてみて），何事にも一定の法則があるという考えを抱くに至ったのだろう．

　アリストテレスが提起した問題のいくつかは，その後2,000年間も科学者たちの関心を引き続けることになるのだが，そのうちの1つが分類の問題だった．アリストテレスは生物の多様性に着目し，動植物をグループないしクラスに分類しようとした．ピラミッド型の図の頂点にヒトを置き，下へ向かって順に，四足の獣，鳥，ヘビ，魚，昆虫，軟体動物，そして最低位のところにカビを配置するなど，アリストテレスは分類法についていくつもの原則を決めたが，それを動植物の双方をカバーする包括的で系統

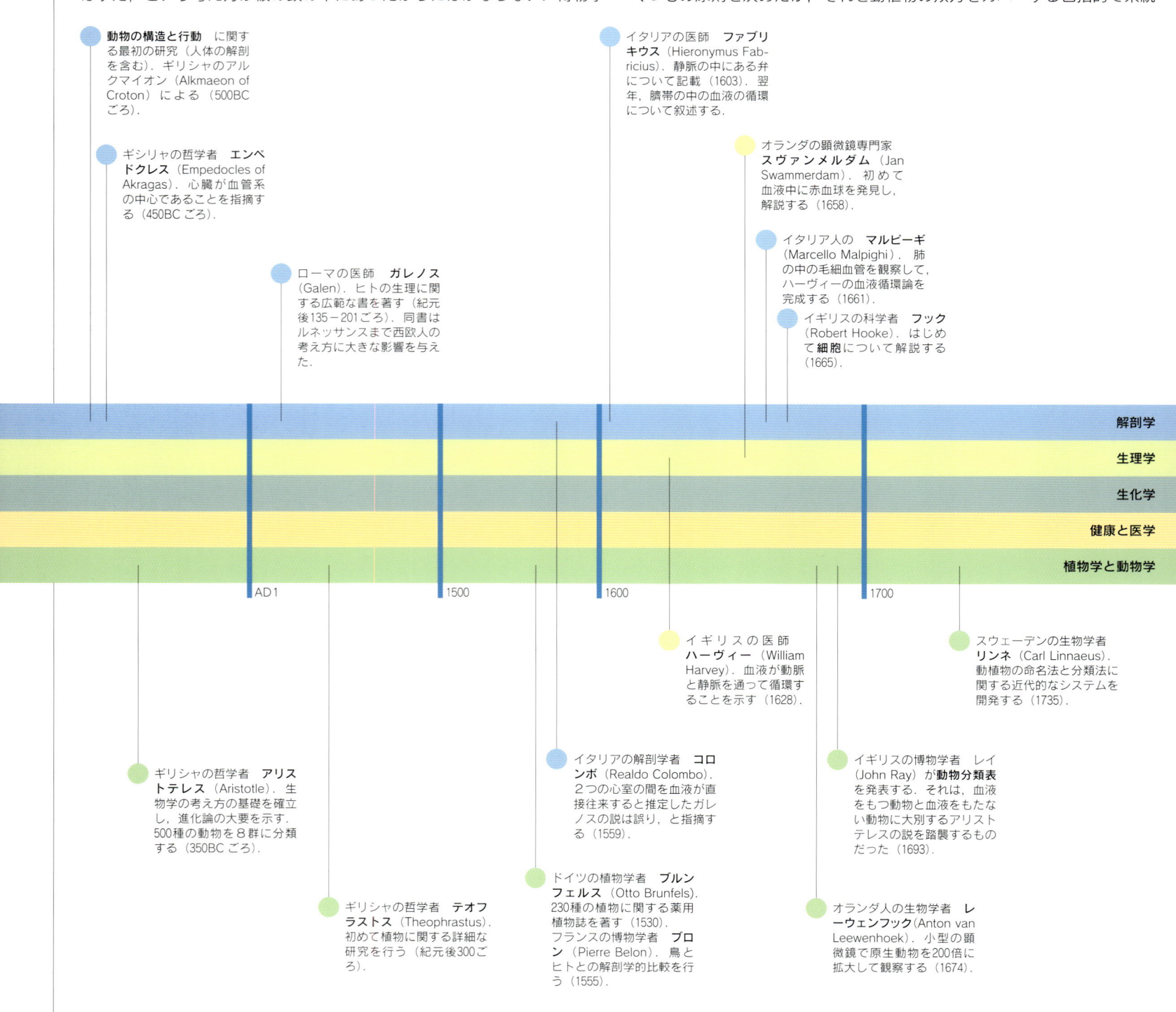

- **動物の構造と行動**に関する最初の研究（人体の解剖を含む）．ギリシャのアルクマイオン（Alkmaeon of Croton）による（500BCごろ）．

- ギリシャの哲学者　**エンペドクレス**（Empedocles of Akragas）．心臓が血管系の中心であることを指摘する（450BCごろ）．

- ローマの医師　**ガレノス**（Galen）．ヒトの生理に関する広範な書を著す（紀元後135－201ごろ）．同書はルネッサンスまで西欧人の考え方に大きな影響を与えた．

- イタリアの医師　**ファブリキウス**（Hieronymus Fabricius）．静脈の中にある弁について記載（1603）．翌年，臍帯の中の血液の循環について叙述する．

- オランダの顕微鏡専門家　**スヴァンメルダム**（Jan Swammerdam）．初めて血液中に赤血球を発見し，解説する（1658）．

- イタリア人の　**マルピーギ**（Marcello Malpighi）．肺の中の毛細血管を観察して，ハーヴィーの血液循環論を完成する（1661）．

- イギリスの科学者　**フック**（Robert Hooke）．はじめて**細胞**について解説する（1665）．

解剖学
生理学
生化学
健康と医学
植物学と動物学

AD1　　1500　　1600　　1700

- ギリシャの哲学者　**アリストテレス**（Aristotle）．生物学の考え方の基礎を確立し，進化論の大要を示す．500種の動物を8群に分類する（350BCごろ）．

- ギリシャの哲学者　**テオフラストス**（Theophrastus）．初めて植物に関する詳細な研究を行う（紀元後300ごろ）．

- イタリアの解剖学者　**コロンボ**（Realdo Colombo）．2つの心室の間を血液が直接往来すると推定したガレノスの説は誤り，と指摘する（1559）．

- ドイツの植物学者　**ブルンフェルス**（Otto Brunfels）．230種の植物に関する薬用植物誌を著す（1530）．フランスの博物学者　**ブロン**（Pierre Belon）．鳥とヒトとの解剖学的比較を行う（1555）．

- イギリスの医師　**ハーヴィー**（William Harvey）．血液が動脈と静脈を通って循環することを示す（1628）．

- イギリスの博物学者　**レイ**（John Ray）が**動物分類表**を発表する．それは，血液をもつ動物と血液をもたない動物に大別するアリストテレスの説を踏襲するものだった（1693）．

- オランダ人の生物学者　**レーウェンフック**（Anton van Leewenhoek）．小型の顕微鏡で原生動物を200倍に拡大して観察する（1674）．

- スウェーデンの生物学者　**リンネ**（Carl Linnaeus）．動植物の命名法と分類法に関する近代的なシステムを開発する（1735）．

だった分類法にまとめ上げたのはカール・リンネ（Carl Linnaeus, 1735年）だった．

アリストテレスはまた，ひよこが卵からかえるころの生育ぶりも研究した．受精卵が殻の中で成長するのを観察するために毎日1個ずつ割ってみたというから，まさに発生学の草分けというべき研究だった．彼が組み立てた生物学の枠組みの中で，後の人たちがそれを発展させていったと言える．ちなみに，発生学と胚の生育に関する研究でアリストテレスの次に重要な著作（彼の本に詳細な解説などを加えたもの）を発表したのは，17世紀初頭のヒエロニムス・ファブリキウスだった．

アリストテレスは，さらに生物の多様性の理由についても考えをめぐらせた結果，自然界のあらゆるものは何かの目的をもって存在している，したがって，その目的が何であるかわかれば動植物の種の間に見られる違いも理解できるはずだ，と考えた．この彼の考え方も長い間根強く人々の間に残っていたが，1800年代の半ばにチャールズ・ダーウィンが生物の多様性に関する別の解釈を打ち出した．それが自然選択による進化論（theory of evolution by natural selection）だった．

生物学の発展にもう1つ重要な転機をもたらしたものに，顕微鏡の登場がある．それが発明されたのは1590年ごろだったであろうと推定される．この新しい道具のお蔭で，アントン・ヴァン・レーウェンフックは，細菌，原生動物，その他の微生物を見ることができた．ロバート・フックは顕微

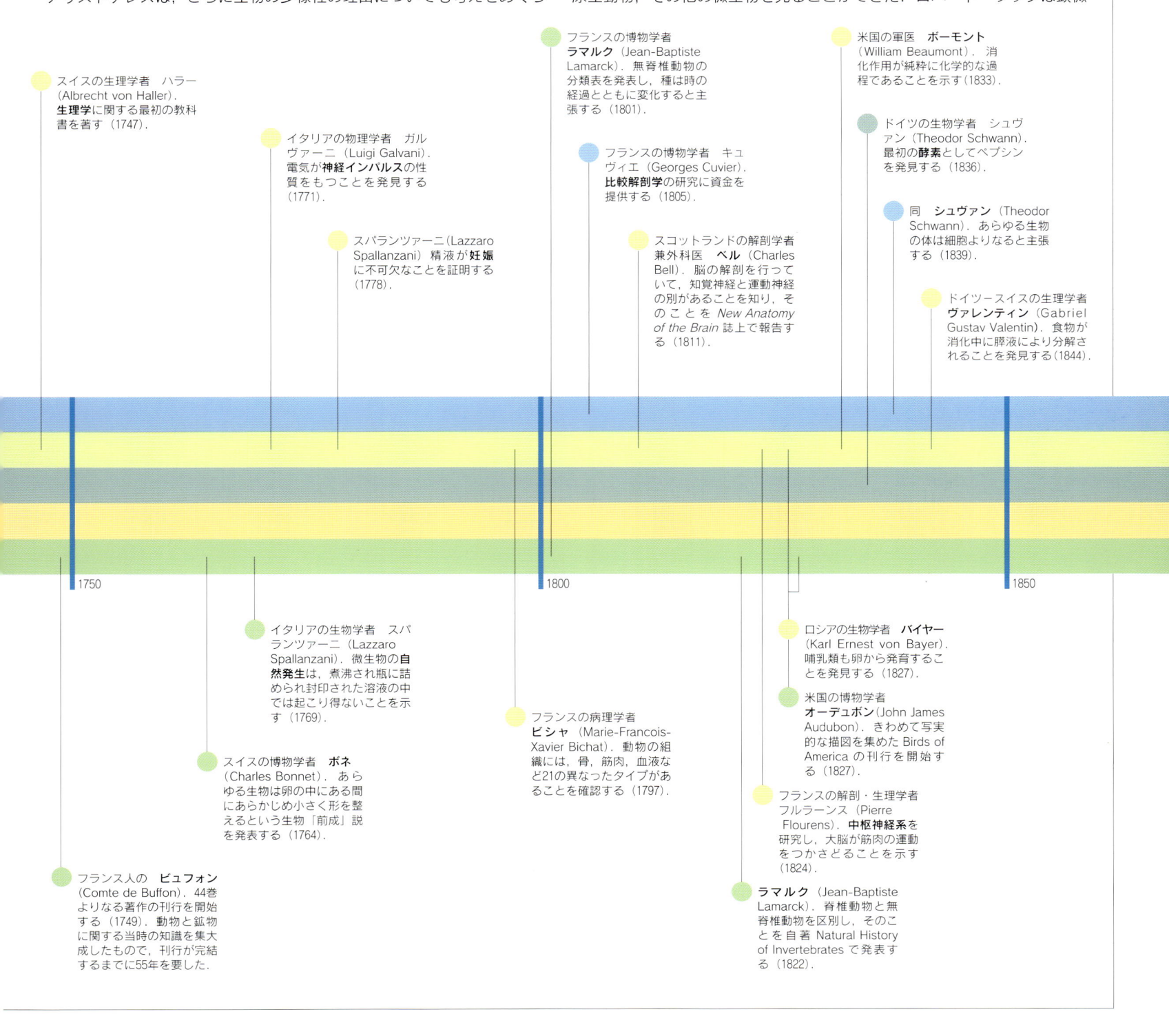

歴史年表

- スイスの生理学者 ハラー（Albrecht von Haller）．**生理学**に関する最初の教科書を著す（1747）．

- イタリアの物理学者 ガルヴァーニ（Luigi Galvani）．電気が**神経インパルス**の性質をもつことを発見する（1771）．

- スパランツァーニ（Lazzaro Spallanzani）精液が**妊娠**に不可欠なことを証明する（1778）．

- フランスの博物学者 ラマルク（Jean-Baptiste Lamarck）．無脊椎動物の分類表を発表し，種は時の経過とともに変化すると主張する（1801）．

- フランスの博物学者 キュヴィエ（Georges Cuvier）．**比較解剖学**の研究に資金を提供する（1805）．

- スコットランドの解剖学者兼外科医 ベル（Charles Bell）．脳の解剖を行っていて，知覚神経と運動神経の別があることを知り，そのことを *New Anatomy of the Brain* 誌上で報告する（1811）．

- 米国の軍医 ボーモント（William Beaumont）．消化作用が純粋に化学的な過程であることを示す（1833）．

- ドイツの生物学者 シュヴァン（Theodor Schwann）．最初の**酵素**としてペプシンを発見する（1836）．

- 同 シュヴァン（Theodor Schwann）．あらゆる生物の体は細胞よりなると主張する（1839）．

- ドイツ=スイスの生理学者 ヴァレンティン（Gabriel Gustav Valentin）．食物が消化中に膵液により分解されることを発見する（1844）．

1750 — 1800 — 1850

- イタリアの生物学者 スパランツァーニ（Lazzaro Spallanzani）．微生物の**自然発生**は，煮沸され瓶に詰められ封印された溶液の中では起こり得ないことを示す（1769）．

- スイスの博物学者 ボネ（Charles Bonnet）．あらゆる生物は卵の中にある間にあらかじめ小さく形を整えるという生物「前成」説を発表する（1764）．

- フランス人の ビュフォン（Comte de Buffon）．44巻よりなる著作の刊行を開始する（1749）．動物と鉱物に関する当時の知識を集大成したもので，刊行が完結するまでに55年を要した．

- フランスの病理学者 ビシャ（Marie-Francois-Xavier Bichat）．動物の組織には，骨，筋肉，血液など21の異なったタイプがあることを確認する（1797）．

- ロシアの生物学者 バイヤー（Karl Ernest von Bayer）．哺乳類も卵から発育することを発見する（1827）．

- 米国の博物学者 オーデュボン（John James Audubon）．きわめて写実的な描図を集めた *Birds of America* の刊行を開始する（1827）．

- フランスの解剖・生理学者 フルーランス（Pierre Flourens）．**中枢神経系**を研究し，大脳が筋肉の運動をつかさどることを示す（1824）．

- ラマルク（Jean-Baptiste Lamarck）．脊椎動物と無脊椎動物を区別し，そのことを自著 *Natural History of Invertebrates* で発表する（1822）．

鏡を使ってコルクの組織を観察し，その組織を構成する微小な部屋を細胞（cell）と名づけた．すると，1839年にドイツ人の生理学者テオドール・シュワンが，細胞はすべての生きものの体を築き上げている煉瓦のようなものであるとの説を発表した．

　生命とは基本的に生化学的な現象である，ということが認められるようになったのは，1830年ごろのことだった．ドイツ人の化学者フリードリッヒ・ウェーラーが無機物質から有機物質の尿素を合成し，米国人の軍医ウィリアム・ボーモントが，ある負傷した兵士の胃を観察していて，消化はまさに純粋な化学的過程にほかならないと指摘したのが最初だった．それ以降，徐々に「生命＝化学」説は精緻さを増していったのである．

　19世紀にはチャールズ・ダーウィンの卓見が動物行動学を科学的な軌道に乗せた．ダーウィンは，動物の行動は環境への適応の一部をなすものであり，その生存にとって体内の構造と同程度に重要なことである，したがって，日常的な行動すなわち習性は遺伝されるはずで，またその際に自然に選択される，と論じた．彼のこの考え方は，動物の行動を自然という舞台の中で研究しようとする科学的な動物行動学の誕生を意味するものだった．

　ドイツ人の鳥類学者オスカー・ハインロートは，卵からかえったばかりのガチョウの雛は生まれて最初に見るものを親と考える，と指摘した．今でいう「刷り込み」現象である．1925年にオーストリアの動物学者コン

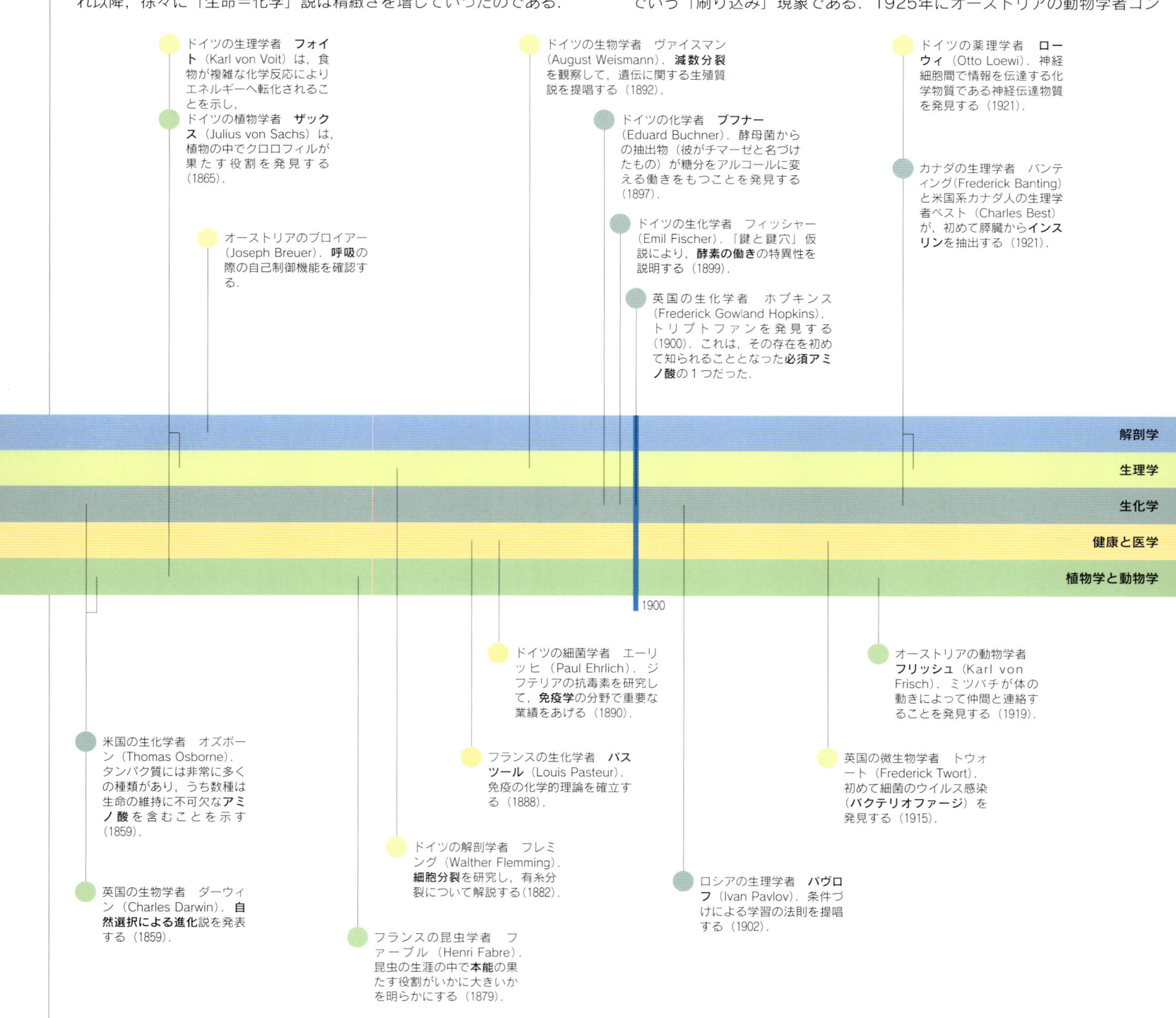

解剖学 / 生理学 / 生化学 / 健康と医学 / 植物学と動物学

- ドイツの生理学者　フォイト（Karl von Voit）は，食物が複雑な化学反応によりエネルギーへ転化されることを示し，
- ドイツの植物学者　ザックス（Julius von Sachs）は，植物の中でクロロフィルが果たす役割を発見する（1865）．
- オーストリアのブロイアー（Joseph Breuer）．**呼吸の際の自己制御機能**を確認する．
- ドイツの生物学者　ヴァイスマン（August Weismann）．**減数分裂**を観察して，遺伝に関する生殖質説を提唱する（1892）．
- ドイツの化学者　ブフナー（Eduard Buchner）．酵母菌からの抽出物（彼がチマーゼと名づけたもの）が糖分をアルコールに変える働きをもつことを発見する（1897）．
- ドイツの生化学者　フィッシャー（Emil Fischer）．「鍵と鍵穴」仮説により，**酵素の働きの特異性**を説明する（1899）．
- 英国の生化学者　ホプキンス（Frederick Gowland Hopkins）．トリプトファンを発見する（1900）．これは，その存在を初めて知られることとなった**必須アミノ酸**の1つだった．
- ドイツの薬理学者　ローウィ（Otto Loewi）．神経細胞間で情報を伝達する化学物質である神経伝達物質を発見する（1921）．
- カナダの生理学者　バンティング（Frederick Banting）と米国系カナダ人の生理学者ベスト（Charles Best）が，初めて膵臓から**インスリン**を抽出する（1921）．

1900

- 米国の生化学者　オズボーン（Thomas Osborne）．タンパク質には非常に多くの種類があり，うち数種は生命の維持に不可欠な**アミノ酸**を含むことを示す（1859）．
- 英国の生物学者　ダーウィン（Charles Darwin）．**自然選択による進化説**を発表する（1859）．
- ドイツの細菌学者　エーリッヒ（Paul Ehrlich）．ジフテリアの抗毒素を研究して，**免疫学**の分野で重要な業績をあげる（1890）．
- フランスの生化学者　パスツール（Louis Pasteur）．免疫の化学的理論を確立する（1888）．
- ドイツの解剖学者　フレミング（Walther Flemming）．**細胞分裂**を研究し，有糸分裂について解説する（1882）．
- フランスの昆虫学者　ファーブル（Henri Fabre）．昆虫の生涯の中で**本能**の果たす役割がいかに大きいかを明らかにする（1879）．
- ロシアの生理学者　パヴロフ（Ivan Pavlov）．条件づけによる学習の法則を提唱する（1902）．
- オーストリアの動物学者　フリッシュ（Karl von Frisch）．ミツバチが体の動きによって仲間と連絡することを発見する（1919）．
- 英国の微生物学者　トウォート（Frederick Twort）．初めて細菌のウイルス感染（**バクテリオファージ**）を発見する（1915）．

ラート・ローレンツは，習性のうちの特定のものへの刷り込みは動物の一生の間のさまざまな瞬間に顕在化する，ということを証明した．オランダ人の動物学者ニコ・ティンバーゲンは，動物行動学の研究を続けた末，本能が果たす役割を強調した．動物行動学の創始者の1人でオーストリア人のカール・フォン・フリッシュは，ミツバチの研究から，彼らが蜜のありかを仲間に教えるのは，いわゆる（蜂の）「ダンス」によってであることを明らかにした．

1964年に生物学者ウィリアム・ハミルトンが提唱した説明によれば，アリやミツバチなど，社会性昆虫の利他行動（注：警告声のように，自分には不利になっても仲間を助ける行動）は，自分たちの遺伝子をより多く次の世代に引き渡すため，つまり自分たちの種が絶滅しないためとのことである．そして1975年に，米国の生物学者エドワード・ウィルソンは社会性昆虫の行動に関する研究を発展させ，特に，それが動物の行動一般を説明する上で重要な意味をもつことを示して，動物行動学を生物学の新しい分野の1つに確立した．

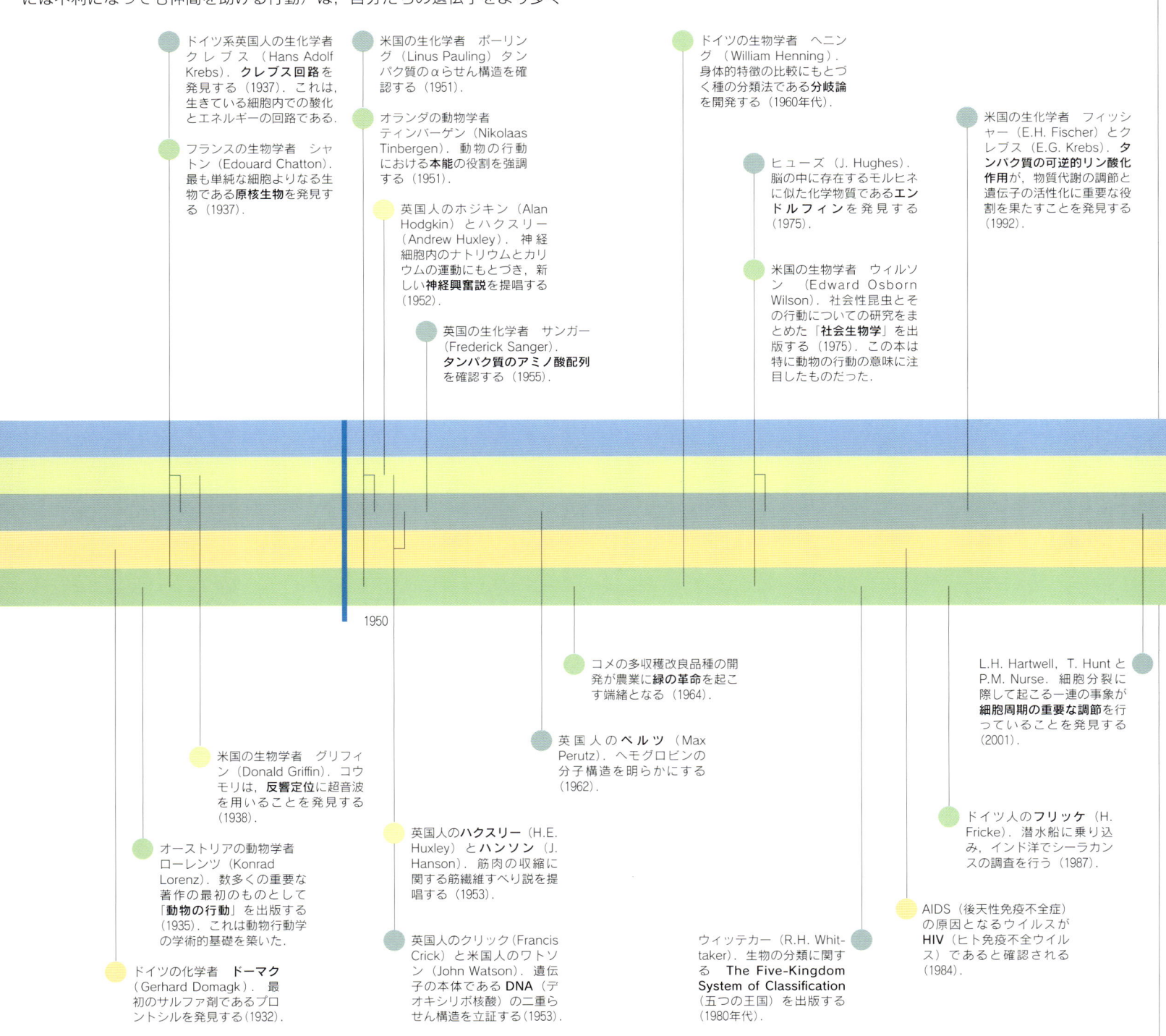

- ドイツ系英国人の生化学者 クレブス（Hans Adolf Krebs）．**クレブス回路**を発見する（1937）．これは，生きている細胞内での酸化とエネルギーの回路である．

- フランスの生物学者 シャトン（Edouard Chatton）．最も単純な細胞よりなる生物である**原核生物**を発見する（1937）．

- 米国の生化学者 ポーリング（Linus Pauling）．タンパク質のαらせん構造を確認する（1951）．

- オランダの動物学者 ティンバーゲン（Nikolaas Tinbergen）．動物の行動における**本能**の役割を強調する（1951）．

- 英国人のホジキン（Alan Hodgkin）とハクスリー（Andrew Huxley）．神経細胞内のナトリウムとカリウムの運動にもとづき，新しい**神経興奮説**を提唱する（1952）．

- 英国の生化学者 サンガー（Frederick Sanger）．**タンパク質のアミノ酸配列**を確認する（1955）．

- ドイツの生物学者 ヘニング（William Henning）．身体的特徴の比較にもとづく種の分類法である**分岐論**を開発する（1960年代）．

- ヒューズ（J. Hughes）．脳の中に存在するモルヒネに似た化学物質である**エンドルフィン**を発見する（1975）．

- 米国の生物学者 ウィルソン（Edward Osborn Wilson）．社会性昆虫とその行動についての研究をまとめた「**社会生物学**」を出版する（1975）．この本は特に動物の行動の意味に注目したものだった．

- 米国の生化学者 フィッシャー（E.H. Fischer）とクレブス（E.G. Krebs）．**タンパク質の可逆的リン酸化作用**が，物質代謝の調節と遺伝子の活性化に重要な役割を果たすことを発見する（1992）．

1950

- 米国の生物学者 グリフィン（Donald Griffin）．コウモリは，**反響定位**に超音波を用いることを発見する（1938）．

- オーストリアの動物学者 ローレンツ（Konrad Lorenz）．数多くの重要な著作の最初のものとして「**動物の行動**」を出版する（1935）．これは動物行動学の学術的基礎を築いた．

- ドイツの化学者 ドーマク（Gerhard Domagk）．最初のサルファ剤であるプロントシルを発見する（1932）．

- 英国人のハクスリー（H.E. Huxley）とハンソン（J. Hanson）．筋肉の収縮に関する筋繊維すべり説を提唱する（1953）．

- 英国人のクリック（Francis Crick）と米国人のワトソン（John Watson）．遺伝子の本体である**DNA**（デオキシリボ核酸）の二重らせん構造を立証する（1953）．

- コメの多収穫改良品種の開発が農業に**緑の革命**を起こす端緒となる（1964）．

- 英国人の**ペルツ**（Max Perutz）．ヘモグロビンの分子構造を明らかにする（1962）．

- ウィッテカー（R.H. Whittaker）．生物の分類に関する **The Five-Kingdom System of Classification**（五つの王国）を出版する（1980年代）．

- L.H. Hartwell, T. Hunt と P.M. Nurse．細胞分裂に際して起こる一連の事象が**細胞周期の重要な調節**を行っていることを発見する（2001）．

- ドイツ人の**フリッケ**（H. Fricke）．潜水船に乗り込み，インド洋でシーラカンスの調査を行う（1987）．

- AIDS（後天性免疫不全症）の原因となるウイルスが**HIV**（ヒト免疫不全ウイルス）であると確認される（1984）．

1 壮大な多様性

　地球上に生息する動植物その他の生物としてこれまでに確認されたものは150万種以上にのぼる．今後さらに1,000万種，いや1億種の新種が発見されるかもしれない．1 km^{2}の熱帯雨林には，数百種の樹が生え，数百種の鳥が飛び交い，数千種のその他の動物（チョウ，カブトムシなどの昆虫，それに爬虫類や両生類や哺乳類と，土の中の生物等々）が生息している．最も大きな生き物としては，重さ200トン，長さ33.5 mのシロナガスクジラ，重さ2,000トン以上で高さ84 mのセコイア杉，長さ17 m超の巨大イカなどがあげられる一方で，その対極には，顕微鏡の助けを借りなければ見えないほど小さい藻類や動物も存在する．生命は地球のほとんどすべての場所，すなわち高い山の頂上から暗闇の洞穴や太陽の光の届かない深海まで，あるいは灼熱の砂漠から極寒の氷原に至るまで，あまねく見出されうる．

　そのような驚くべき多様性にもかかわらず，あらゆる生物は共通点ももっている．植物と藻類は太陽光からエネルギーを吸収し，それを使って自分の体の細胞や組織をつくり上げる．他方で，動物などの生物は食物を摂取し，それからエネルギーを獲得する．また，生物は例外なく，老廃物を体外に排出し，子を産み，生存競争に打ち勝ち，変化する環境にも順応して行かなければならない．そのようなきわめて重要な機能を果たすために，生物は，数十億年にわたってその体の構造を無限ともいえるほどに多様化させてきたのである．

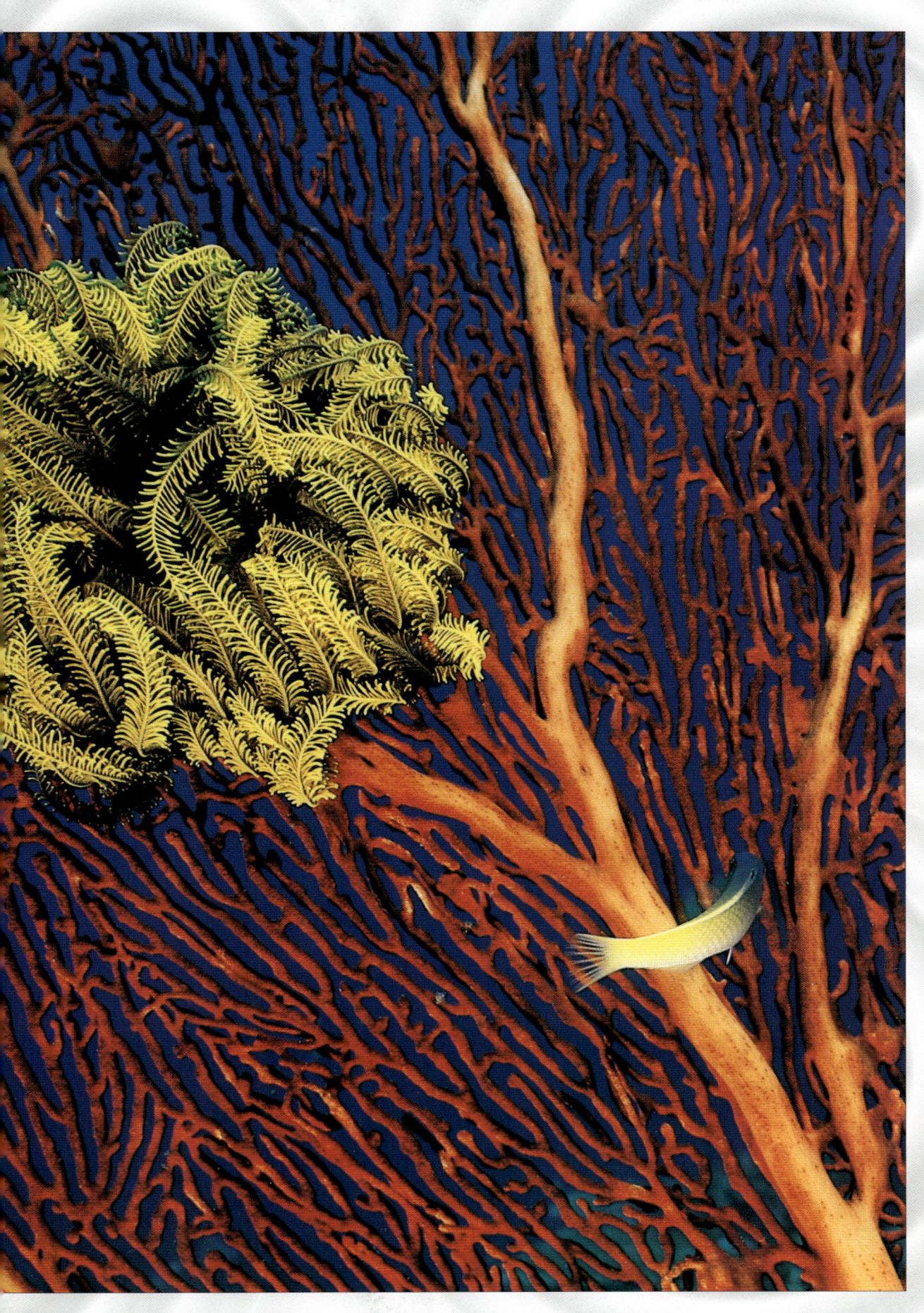

水草様のヤギに付着して生活するウミシダ．パプア・ニューギニア沖のサンゴ礁の上で，腕を伸ばして海中から食物になりうるものを漉し取る．ウミシダは動物であるが，ヤギは動物であると同時に藻類でもあり，一種のサンゴであるといえる．ただし，その赤い色はヤギの体内に住む別の藻類による．サンゴ礁は地球上で最も恵まれた動植物の生息地の1つで，全海洋性生物の約25％を養っている．動物だけでざっと125,000種，小さな甲殻類から巨大なサメやタコまでがサンゴ礁を住みかとしている．

単細胞生物の驚異

　現在，1つの細胞だけで生きている生物として6万種が知られているが，今後さらに多くの単細胞の微生物が発見される可能性がある．ほとんどの単細胞生物は顕微鏡がないと見えないほど小さい．しかし，彼らが生息している場所の範囲は，より進化した多細胞生物のそれよりずっと広い．世界で最も高い山の雪原や，北極または南極で，何百万もの単細胞の藻類が発生して雪がピンク色に染まることがある．太陽の強い紫外線から身を守るために，藻が赤みがかった色素をもっているからである．熱帯の海では，海面に渦鞭毛藻（かべんもうそう）という微生物がいて，波が光って見えることがある．また，ウシの胃袋の中で無数の単細胞生物が植物性繊維の分解を助けている一方で，ヒトにとって最も恐ろしい病気の1つであるマラリアも，マラリア原虫という単細胞の寄生生物が原因で起こる．

　単細胞生物の体の構造は，より進化した生物のそれと比べて簡単なように見えるが，決してそうではない．その単細胞の働きは，多細胞生物のいろいろな機能をミニチュアにして1つの細胞に詰め込んだようなものである．多細胞生物の体の中がいくつもの器官に分かれていて，各器官が呼吸，消化，排泄など，別々の機能を果たしているのに対して，単細胞生物では，必要な働きがすべて1個の細胞の中で行われる．細胞の中のいろいろな細胞小器官と呼ばれる部分（それぞれが独立して1つの区画をつくっている）が一定の組み合わせで生化学的な反応ひいては機能を分担しているのである．ミトコンドリアという細胞小器官は呼吸を担当し，食物を分解してエネルギーを取り出す．核は遺伝物質を含み，タンパク質の合成を行う．液胞は食物または老廃物の貯蔵場所になる．リソソームは食物や古くなった細胞部分を消化する．そして藻類の場合には，葉緑体が光合成を行う，といった具合である．

　このような細胞小器官は多細胞生物の細胞にもあるが，1個の細胞の働きとしては，多くの機能を併せもつ単細胞の方がはるかに複雑である．単細胞の場合には，余分な水分を集めて細胞外（体外）へ押し出す液胞を使って細胞（体）内の水分の調整が行われる．渦鞭毛藻には毛胞という刺す細胞小器官があり，これが刺（とげ）のある糸を体外へ伸ばして餌を捕る．ある種の単細胞は，波状足（短いものは繊毛とも呼ばれる）という毛を震わせて，体を前進させたり水中から食物になるものをからめ取ったりする．さらに，ミドリムシなどの単細胞生物は，眼点というものをもっている．これは，細胞の光に敏感な点ないし部分のことで，これが働いて進むべき方向がわかるということらしい．

　以上のような単細胞生物の大部分は間違って原生生物界に属するとされているが，彼らは単細胞生物であるから，

▷池の水の1滴にもふつう何千という微生物が含まれている．それは生き物の小宇宙とも言うべきもので，その複雑さは熱帯雨林の場合とまったく変わりがない．珪藻やツヅミモが太陽光を捕らえ，そのエネルギーを利用して有機物を合成すると，それが食物連鎖の出発点になる．ラッパ状のツリガネムシやラッパムシは，何かに付着しながらも波状足の束を使って食物を見つけ出し，口へ運ぶ．渦鞭毛藻は水中を自由に泳ぎ回る単細胞生物であるが，その中には光合成を行うものもあれば，捕食者や寄生者のものもある．

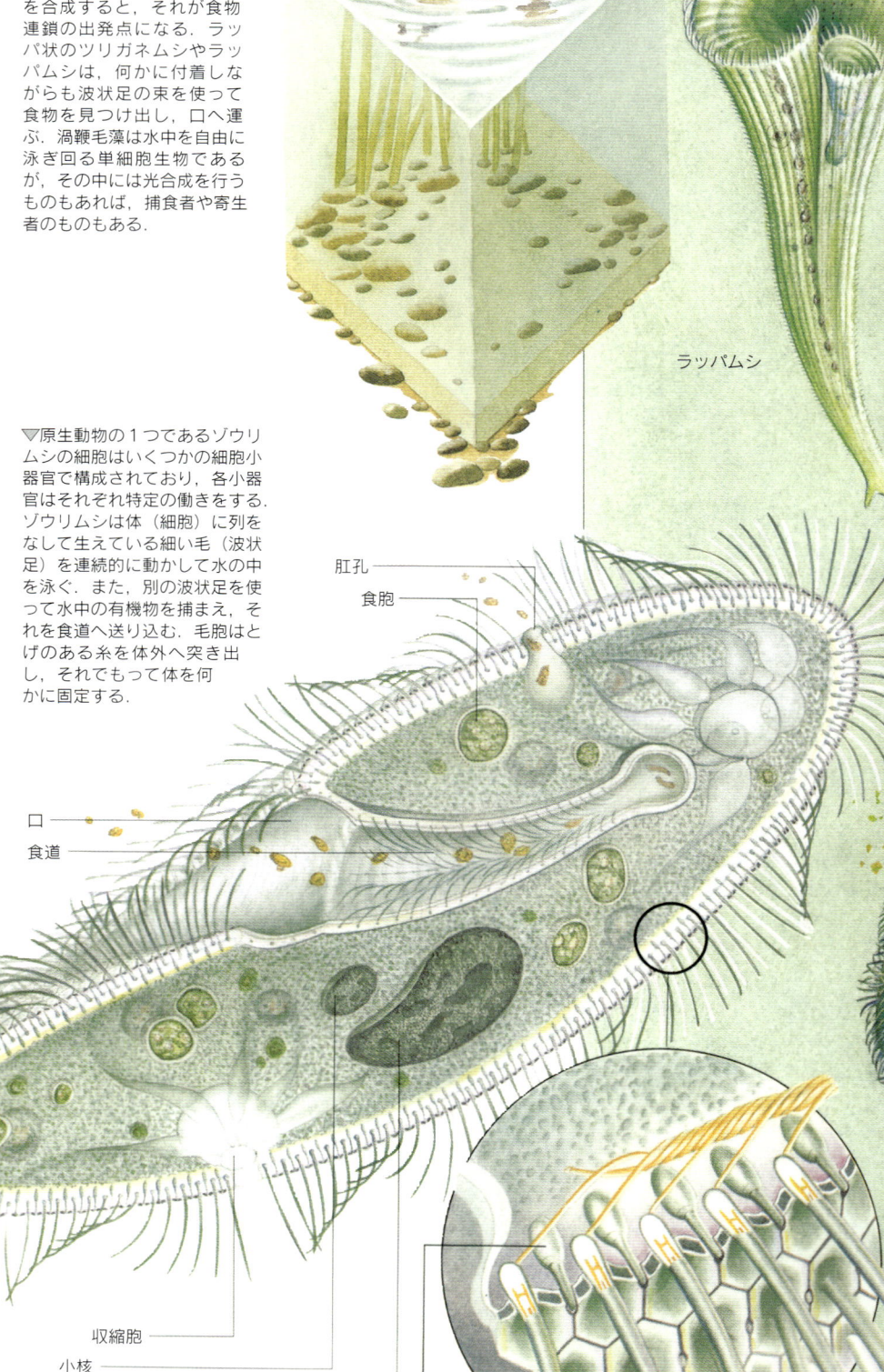

ツリガネムシ

ラッパムシ

▽原生動物の1つであるゾウリムシの細胞はいくつかの細胞小器官で構成されており，各小器官はそれぞれ特定の働きをする．ゾウリムシは体（細胞）に列をなして生えている細い毛（波状足）を連続的に動かして水の中を泳ぐ．また，別の波状足を使って水中の有機物を捕まえ，それを食道へ送り込む．毛胞はとげのある糸を体外へ突き出し，それでもって体を何かに固定する．

肛孔
食胞
口
食道
収縮胞
小核
大核
毛胞
繊毛

1．壮大な多様性

▷目にも鮮やかな放散虫は，いわば海に浮かぶ罠で，波間に漂いながら繊細なガラス状の針に沿って粘液を流し，それで顕微鏡的に微細な生きものを捕らえて食べる．その綺麗な色は，放散虫に共生する渦鞭毛藻のためである．渦鞭毛藻は放散虫に共生するお陰で水面近くに居続けることができ，したがって光合成に必要な太陽光にこと欠かない．その代わり，放散虫に余った食物を提供する．

植物と動物のどちらにも属さない．しかし，彼らの遺伝物質はヒストンという特殊なタンパク質に包まれた染色体の中に保管されているので，彼らは細菌でも古細菌でもない．彼らの生活環のある段階では，配偶子（性細胞）についてだけとしても波状足をもつから，菌類ともいえない．しかも彼らは互いに関連性をもっていない．要するに，彼らは他の生物界に属していないというだけのことで，1つの界にまとめられうる存在ではないのである！

顕微鏡がなければ見えないほど小さいということには，利点もあれば欠点もある．微生物はその体の体積の割に体表の面積が大きいわけであるから，近くにある酸素やミネラルや水中に溶けている栄養物を体内に取り込みやすく，また老排物を対外へ押し出しやすい．体内でそれらをあちこち輸送して回る必要もない．しかし，他方で，水その他のものによって彼らの動きが妨げられるという欠点は大きく，移動に要するエネルギーの確保が大きな問題である．

単細胞生物が這ったり泳いだりするのにはいくつかの方法がある．鞭毛虫は長い鞭のような波状足を水中でくねらせることによって体を前進させる．繊毛虫は，何列にも並んで生えている小さな毛を一斉に漕ぐように動かして移動する．アメーバとその仲間は流れるように動くが，それは，まず触角のように長く偽足を突き出し，次に細いタンパクの繊維を収縮させて体の残りの部分を前方へひきずり出しているのである．ある種の珪藻は，水中の泥や植物の上を滑って移動するのに，自分の殻の溝に粘液を分泌して潤滑油代わりにする．多くの珪藻と放散虫などの単細胞生物は殻から長い針を突き出しているが，これは体の表面積を大きくして海面の近くに浮き，プランクトンが多数集まっているところに漂っていられるようにするためである．

藻類（セルロースの細胞壁をもった単純な水生生物で光合成を行うもの）は，光合成によって自分の食料をつくり出す．すなわち，水と水に溶けている二酸化炭素を結合させて糖をつくり，水中から無機質も吸収してより複雑な化合物を製造する．珪藻は，海でも湖でも，極寒地方の海氷の下でさえ繁茂して小さなエビや魚の餌となり，食物連鎖の基盤になる．また，ある種の単細胞生物（腐生菌）は，消化酵素を分泌して餌に塗りつけ，それを水に溶ける物質に分解してから細胞膜を通して吸収する．

以上のほか，アメーバなどは，偽足を伸ばして食物になるもの（細菌を含む）を取り込み，自分の細胞の中の食胞に貯える．そして，その食胞の中へ分泌された酵素が食物を消化することになるが，食胞を包む膜はその酵素が細胞内の他の部分まで消化することを防ぐ．消化されずに残ったものは最後に体（細胞）外へ排出される．

池，溝，湖，海などの表層水や土壌中の薄い水の膜にも多数の生きものが生活していて，互いに食べたり食べられたり，死んだり腐って分解したりしていることは，アフリカのサバンナや熱帯降雨林での状況と，基本的には何ら変わるところがない．

軟らかい体の動物

　単純な単細胞生物から進化した最初の動物が地球上に出現したのは少なくとも7億年前のことであった．その最初の動物たちは，多くの細胞からなる大きな体をもち，より多量の食物を摂取し，より速くそしてより遠くまで移動し，新しい土地に群落をつくった．

　多細胞動物の中で最も単純なものは刺胞動物（ヒドラ，クラゲ，イソギンチャク，サンゴなど）で，彼らの体は外胚葉と内胚葉という2つの層からなり，細胞群（すなわち組織）が消化，運動，調整，生殖等々のために特化しているだけで，器官と呼べるものをもたない．海綿は，特殊化した単細胞生物の群集のように思われるかもしれないが，実はこれも多細胞動物である．

　次に進歩したものは，体が3つの層からなるもの，すなわち扁形動物門のヒラムシ，吸虫類，条虫類などであった．この門の動物では，胚の段階で中胚葉という中間層組織が発達し，筋肉その他の器官をつくっている．成体になると，この中間層は特殊化されていない「実質組織」の細胞ネットワークで満たされる．

　ヒラムシでは，いくつかの感覚器官が頭部に左右対になってでき，それで刺激がどの方角からくるのか感知し得るようになった．化学物質を識別する感覚細胞も頭部の先端に発達した．おそらく味もわかり，ヒラムシの採食を助けているのであろう．頭部の先端には神経組織の2つの中枢も形成されたが，これは脳の神経節にほかならない．もしこの神経節が破壊されれば，ヒラムシは採食も運動も生殖もできなくなる．腸は，管の形をとって，消化を効果的に行えるようになった．食物が腸の内壁の細胞の中にまで取り込まれて消化されるからである．

　動物の体が大型化するに伴い，体内の各部に栄養を送り届け老廃物を集めて回る，いわゆる循環系と呼べるものが必要になった．そこで次に登場したのが，ミミズやヒルなどの環虫類である．環虫類では，ある特別な液体（つまり血液）がその中に溶けた栄養や酸素を含んで，体内のあちこちにできた心臓から押し出され，一連の管の中を巡る．環虫類の体は細長いので，まだ十分な酸素を体壁を通して体外から吸収することができる．体壁と袋状の腸の間には腔（体内の隙間，すなわち体腔のことで，内臓の諸器官が収納される場所）が生まれ，そこが体液で満たされるようになったから，その体液が内側から体壁に与える圧力で体形を維持する．ミミズなどでは体液が骨格の代わりになっているというわけである．また，体壁の筋肉細胞を収縮させれば，体液に圧力がかかって，それで体の形を変えることができる．

　環虫類の口は餌を噛み切れるように硬くできており，消化系もヒラムシのそれより複雑である．ミミズの場合には，土をそのまま呑み込み，その中から食物となり得る有機物を抽出する．腸は，体腔によって体内の他の部分から仕切られているので，体壁の動きとは関係なく伸縮できる．腸の筋肉の波のような動き（蠕動運動）が腸内の食物を押し動かす．消化作用のほとんどは腸内の消化液によって行われる．ミミズの腸の出口（肛門）は体の末端にあり，食物を取り入れるための口とは別になっている．

　ミミズの体がいくつかの体節からなっていることは体表の環を見ればわかるが，体が体節に分かれているのは，体内の構造を複雑にしないで長い体をつくるためである．各体節は，それぞれ自分自身の血管や神経節，筋肉や排泄器官をもっている．体腔は少し硬い組織なので，ミミズが体を動かそうとするときは，筋肉でこれを押さなければならない．

◧美しいが危険なクラゲ（右図）は，触角を水中にたなびかせながら，それで小さな生きものを捕まえる．前進するのは，傘の部分を急にすぼめると生じるジェット水流による．傘の縁（へり）の多数の凹みの中にある感覚細胞が，水中の光度の変化や餌の動き（化学物質の変化）を感知し，特殊な硬い粒子（耳石）がクラゲの姿勢と泳ぐ方角についての情報を提供する．触角と口葉にある多数の「刺す細胞」がとげのある毒をもった糸を餌や敵に突き刺す．

▷ヒラムシ（右図）の方が，動きはクラゲよりもうまい．多数の繊毛を動かして固体面上を滑るように移動するが，そのとき粘液を分泌して摩擦を減らす．中には，体をうねらせて水中を泳ぐものもいる．筋肉質の咽頭を突き出して餌を捕らえる．その咽頭は頑丈で，餌を細かく砕くことができる．

1. 壮大な多様性

■クラゲ（右図）とヒドラ（下図）はともに刺胞動物で，似た体の構造をもつ．体壁は2つの層からなり，その間を間充ゲルというゼリー状の物質が埋めている．体に開いた1つの孔で食物をとり，老廃物を排出する．刺胞によって捕らえられた餌は触手によって口へ運ばれる．クラゲでは，餌は繊毛により口葉の溝に沿って口に引き込まれることもある．傘の内側に生えているより多数の繊毛が食物や酸素を含んだ水を周囲から招き寄せる．クラゲの傘の収縮も，ヒドラの触手の動きも，筋肉細胞の縦走束と環状束の相反する作用によって実現するが，それを調整しているのは単純な神経細胞網である．

▷ヒラムシの体は3層よりなり，各層が別個の器官になっている．腸は枝分かれして食物を体内の各部分へ届ける．腸に連なる一連の炎細胞は腸から老廃物を抽出して排出管の中へ送り込み，排出孔から体外へ押し出す．頭部の先端にある神経細胞の塊すなわち神経節は，眼点その他の感知組織部分として機能する．

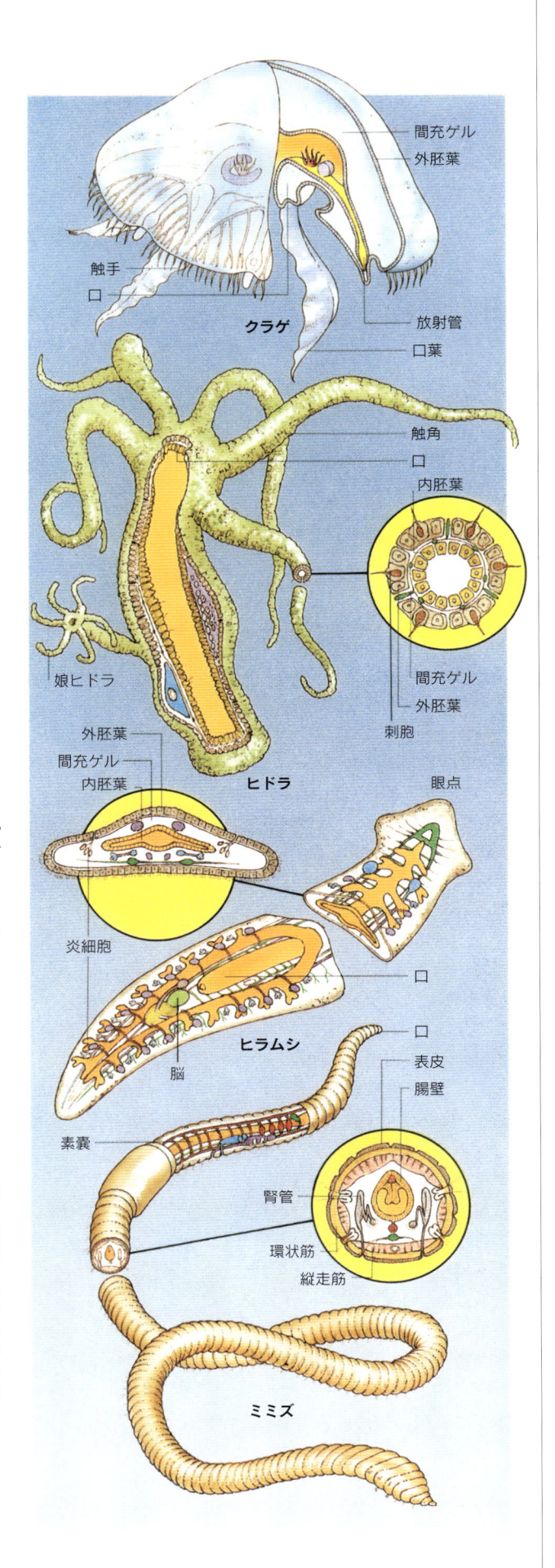

▷ミミズでは，口と肛門が別である．素嚢と呼ばれる袋状のものは食物の貯蔵用である．砂嚢は食物を砕くための筋肉でできており，その中で，ミミズが食物と一緒に呑み込んだ小石が消化を助ける．老廃物は，腎管と呼ばれる器官によって排出される．各体節を満たす体液がある程度の硬さをもつ体形を維持しており，それを動かすときには筋肉が働く．体内にはいくつも心臓があって，それらが血液を血管の中へ押し出す．

殻 と 刺

　軟体動物と棘皮動物は，呼吸や消化や排出のために複雑な器官をもっている．これら両グループの動物たちはどちらも，その進化の初期には硬い護身用の殻をつけていたが，体が大きくなると，酸素や栄養や老廃物の体内輸送用に，より効果的な循環系が必要になる．それで軟体動物では，体腔（体内の液体で満たされた空間）が大きく減少した代わりに，血液が発達して，酸素，食物，二酸化炭素その他の老廃物の輸送に当たることになった．今や，筋肉質の心臓は血液を血管を通じて体腔へ送り込み，血液は静脈を通って心臓へ戻る．血液で満たされた体腔は骨格の代わりになり，移動の際には筋肉がそれに逆らって働く．大部分の軟体動物は鰓をもっていて，それで水中から酸素を吸収し，二酸化炭素を水中へ放出する．鰓の中を走る細かい血管がガス交換に役立つ．鰓は，内臓諸器官と殻との間の外套腔の中にあり，外套膜（殻の分泌物でできた薄い組織層）が内臓諸器官を包んで保護している．

　二枚貝（ホタテガイ，ハマグリ，イガイなどの軟体動物）では，鰓は水中から食物を漉し取るための篩の役目を果たす．その他の軟体動物ではたいてい歯舌と呼ばれるやすり状の組織になっていて，それで食物を細かく砕く．軟体動物の消化系は，咽頭，胃および腸よりなる．筋肉質の咽頭は食物を胃へ送るが，その際，太い消化腺から消化液が供給される．カタツムリのような草食性の軟体動物は長い腸をもつ．植物繊維が消化されにくいからであるが，腸には盲嚢という袋がついていて，その中にいる細菌が硬い植物繊維を分解する．血液に吸収された老廃物は腎臓で除去されたのち，体壁にある小さな孔を通じて体外へ排出される．大多数の進化した軟体動物（イカ，タコなどの頭足類）は，獲物を追いかけるために高度に発達した眼と複雑な神経系，それに軟体動物にしては大きな脳ももっている．

　ほとんどの棘皮動物（ヒトデ，ウニ，ナマコなど）では，体が5つまたは5の倍数の部分から成り立っているが，この体構成は棘皮動物以外には全く見られない特徴である．棘皮動物の殻が体表になく，その内側にあって内臓を保護している点ももう1つの特徴と言える．棘皮動物は，水圧で機能する水で満たした循環系をもつ．筋肉が収縮すると管足が伸びる仕掛けになっているが，この管足の先端が強力な吸盤になっている種類もあり，その力はイガイの殻をこじ開けるほど強い．

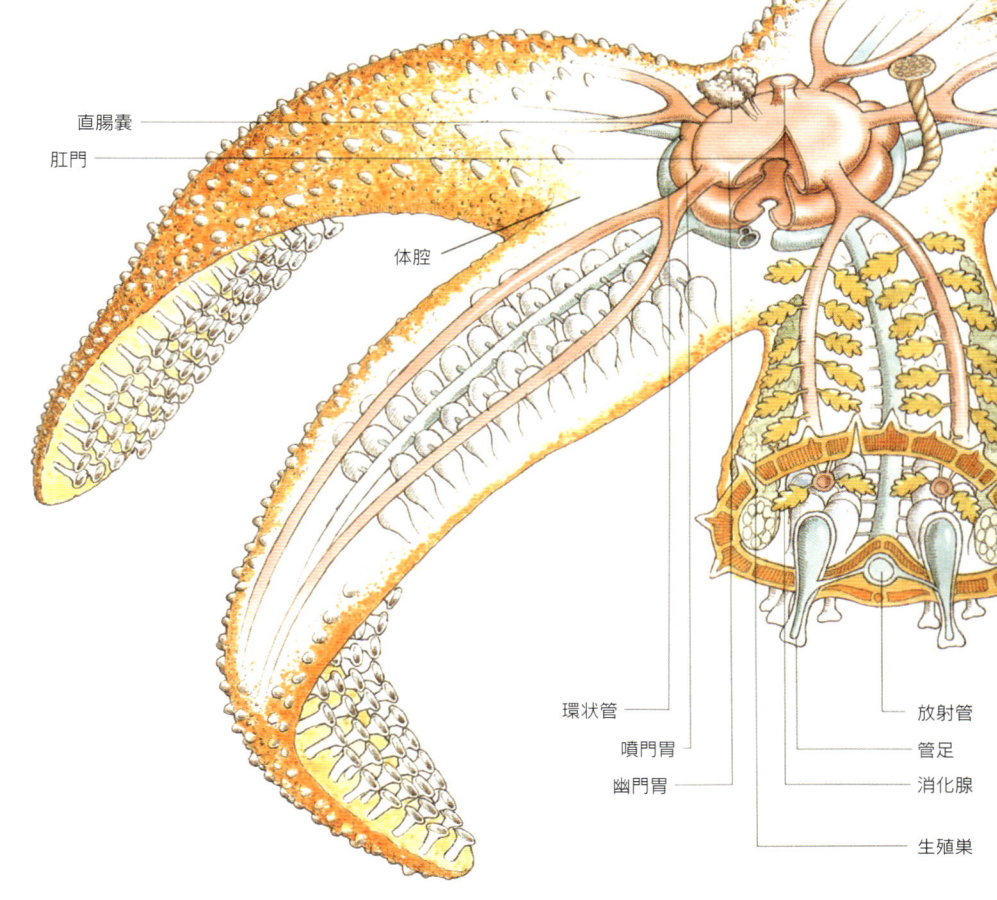

■最もふつうに見られる軟体動物は，腹足類（カタツムリやナメクジ），二枚貝，ヒザラガイ，頭足類（タコ，イカ）およびオウムガイである．頭足類は，外套腔から漏斗状の管を通じて水を後ろへ強く噴出させることにより前進する．腹足類と二枚貝とヒザラガイは，移動したり穴を掘ったりするのに大きな筋肉質の足を使う．

　腹足類とヒザラガイは，歯舌と呼ばれるやすりのような舌をもち，それで植物や獲物を細かくすりおろす．ホタテガイ，イガイ，ハマグリなどの二枚貝は濾過摂食動物である．水管でもって水を吸い込み，鰓の間を通すと小さな食物になる粒子が漉し取られる．その後，水は外套腔から別の水管を通って体外へ排出される

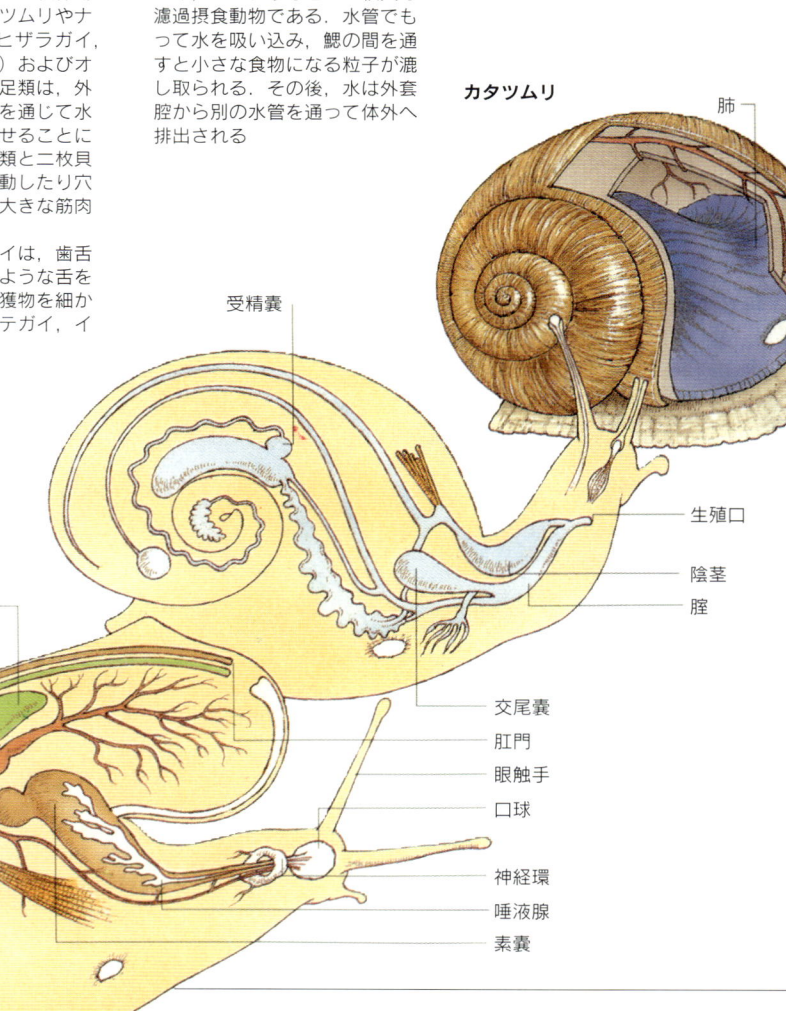

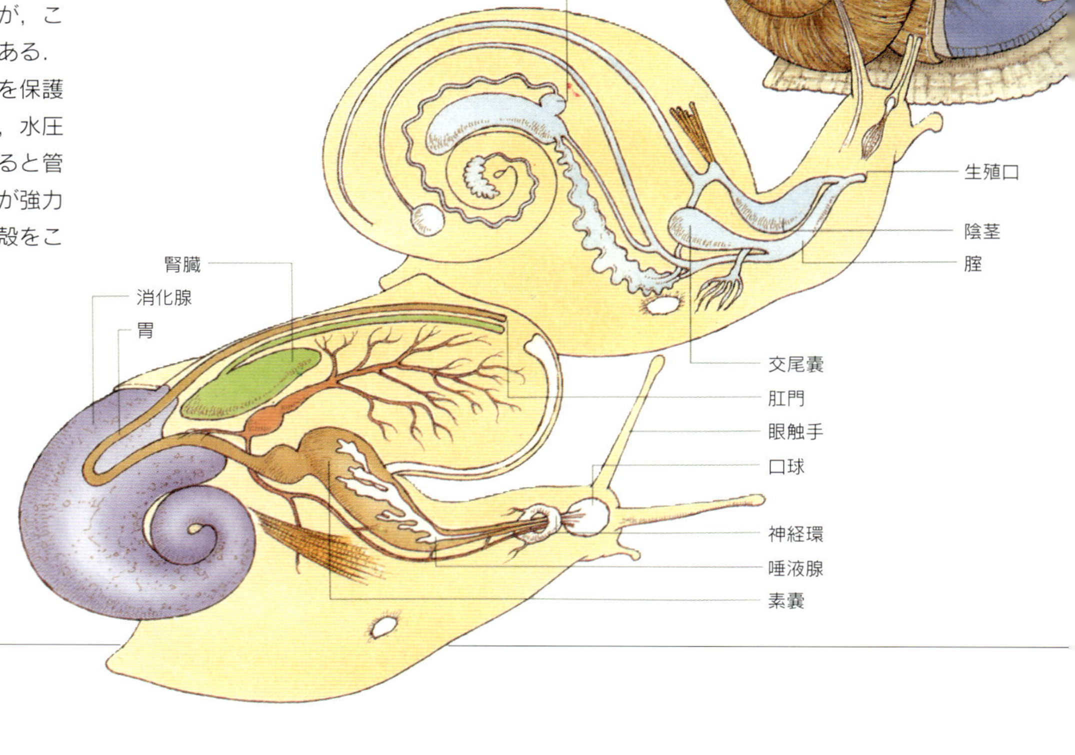

1．壮大な多様性

■ヒトデ（左端の図）とウニ（左の写真）は，水圧によって機能する独特の脈管系をもち，それを使ってガスや食物や老廃物の輸送を行う．水が満ちた管は運動と捕捉に用いる小さい管足もみたす．筋肉が収縮すると管足が伸びる．管足の先端は，ある種では強力な吸盤になっており，その力はイガイの殻をこじ開けられるくらい強い．神経系は（この図には示されていないが），皮表と殻の間にある．ヒトデとウニの体表にある鋏棘（はさみとげ）は，自分の体の清掃を行ったり，護身用の毒液を発射したりするのに用いられる．ウニは動くとげももっている．

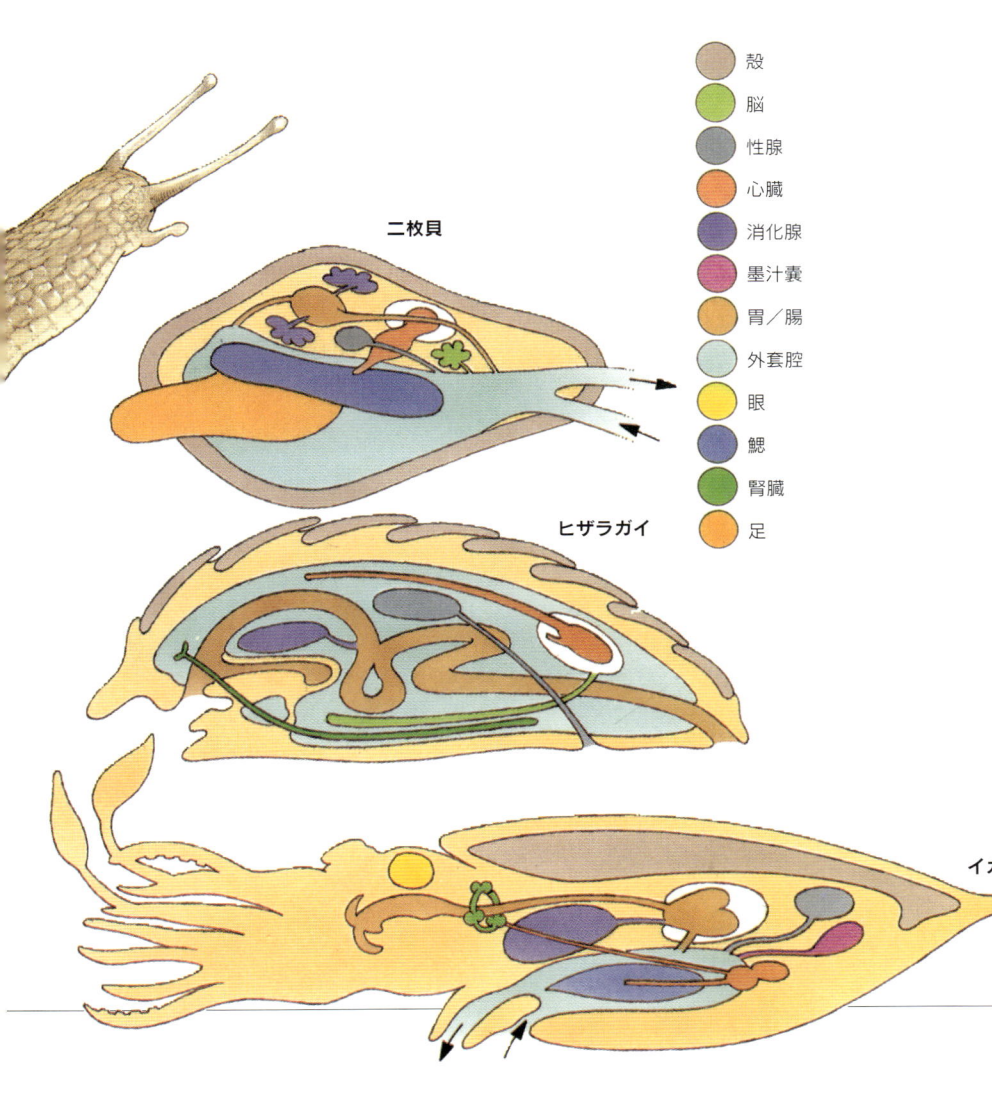

色	部位
	殻
	脳
	性腺
	心臓
	消化腺
	墨汁嚢
	胃／腸
	外套腔
	眼
	鰓
	腎臓
	足

二枚貝

ヒザラガイ

イカ

体の中央にある神経環が腕の動きを調節するが，神経は枝分かれして腕を下って行き，先の方の細い神経繊維は管足の動きも制御する．腕の先端では，管足の変化したものが眼点の機能を果たす．そのほかにはっきりした感覚器官は見当たらないが，棘皮動物は概して水に溶けた化学物質に敏感である．ガス交換は，床板という薄い皮膚状の鰓を殻の間から外へ伸ばしてこれを行う．より小規模ではあるが，管足もガス交換を行う．排泄のための器官といったようなものは存在しない．

口の形状や機能は，食料にしているものの種類によって異なる．ヒトデは口から胃を裏返しに外へ出して餌を包み込み，柔らかい部分だけを消化して呑み込む．ウニは，サンゴや藻類を磨りおろせる平たい硬い歯を多数もっている．多くのナマコは有機堆積物を食べるための触手をもち，ウミシダとウミユリはねばねばした板状の舌のようなものを水中に泳がせ，それに付着した食物を漉し取って食べる．

ヒトデなどの棘皮類は，体表に多くの鋏棘（はさみとげ）と呼ばれる小さな突起をもっており，これを使って餌を捕らえたり，体の掃除をしたり，身を守ったりしている．ナマコの場合には，口の周囲にある管足が触手のようになっていて，これを採食に用いる．

節のある脚

　現在知られている昆虫は約75万種であるが，このほかに未発見の昆虫が何百万種あるかわからない．この地球上で最も永く生き続け，数も最大という意味で，昆虫は他のどの動物よりも生存競争に成功した生物であると言える．昆虫は，極地の氷原から乾き切った酷暑の砂漠まで，あるいは雨水の小さな水溜まりにさえ，生きものが見出されうる場所ならどこにでも生息している．海の中にだけほとんどいないのであるが，その代わり海には昆虫の近い親戚である甲殻類が住んでいる．

　甲殻類と昆虫とクモ形類（クモとサソリ）は，いずれも節足動物門，すなわち「関節のある脚（肢）をもつ動物」のグループに属する．節足動物の体は，キチン（一種の炭素水化物）の硬くて軽い殻で覆われている．肢や触角やその他の付属肢は，関節で結びつけられた多数の小さな体節よりなる．昆虫では，これらの体節が融合して3つの主要部分（頭部，胸部，腹部）を構成するが，クモ形類と甲殻類では2つだけ（頭胸部と腹部）である．

　硬い外骨格は筋肉にとって頑丈な基盤になっている．重さの割には，節足類の中空の外骨格は，脊椎動物の中が詰まった背骨などよりはるかに強い．節足動物は，歩き，走り，跳ね，泳ぎ，飛ぶことができる．その堅固なキチンの外骨格は，敵だけからでなく厳しい天候，特に太陽や風による乾燥からも身を護る．多くの節足動物は体が小さいので，他の動物たちの手が届かない場所に住むことができる．

　節足動物は，成長するためにはときどき脱皮しなければならないが，古い殻を脱ぎ捨てた直後は柔らかい体を捕食者から狙われやすく，危険である．彼らが成長できる限界は殻の大きさによって決まるわけであるが，最大の節足動物は海に住むクモガニで，脚をひろげると5.79mに達する．陸上の節足動物で最大のものは南米産のカミキリムシの一種であるが，20cmの長さしかない．

　節足動物はある意味で環形動物に似ている．体の多くの構造（呼吸のための気管，血管や神経系の枝分かれした部分など）が各体節で繰り返されたり，肢が1対ずつ各体節についている点などである．しかし，節足動物は，軟体動体と同程度によく発達した複雑な器官をもつ．

　消化系では諸器官がそれぞれ異なった役割を分担し，循環系では1個の心臓と単一の血管系統とで血液を血液嚢へ送り込む．また，1個の脳と神経系があり，感覚器官としては，眼と，触覚と味覚のための触角と，感覚器官としての毛および剛毛がそれぞれ分化している．

　外骨格は体外から浸透によって取り入れうる酸素の量を少なくしているが，昆虫の場合には，多数の細い気管が体表の小さな孔に通じている．多くのクモ形動物には書肺（体壁が何重にも折りたたまれたもの）と呼ばれるものがあって，ガス交換のための表面積を大きくしている．甲殻類は各体節にある鰓を通じて呼吸する．

　節足動物は，有機物なら大てい何でも食べる．バッタや毛虫やスズメバチには硬い歯のある口があり，硬い木の実でも噛み砕くことができる．アブラムシとナンキンムシは棘針で植物の茎から樹液を吸う．カニとロブスター（ウミザリガニ）ははさみと頑丈な口で貝類に挑む．そして多くのエビ，フジツボその他の小さな水生動物は，剛毛の列を篩のように使って水中から食物になるものを濾し取る．また，トンボなど空中で獲物を捕まえるもの，カマキリのように餌が近づくのをじっと待つ捕食者的なもの，クモのように網を張って虫などを罠にかけるものもある．さらに，その他の節足動物，特に昆虫と甲殻類の中には，他の動物に取りついて生活する寄生生物になったものが少なくない．

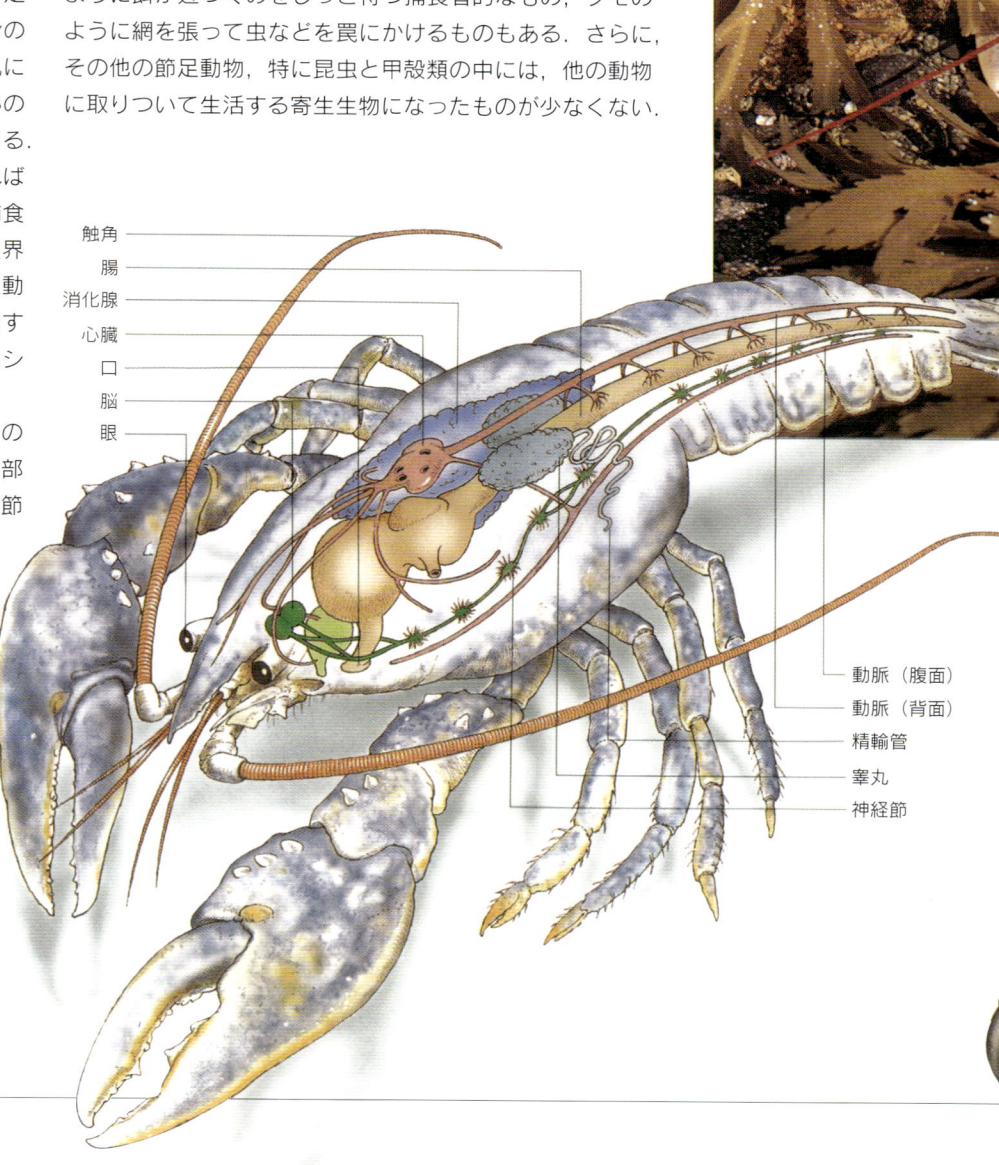

1. 壮大な多様性

昆虫の体

　昆虫の体の大きさは，わずか0.1mmの長さの甲虫類から，翼を広げたときの幅が30cmにも達する熱帯のガまで，さまざまである．100万近くの種の昆虫が他の節足動物と区別される．

　昆虫の体は，頭部，胸部，腹部の3つの部分に分かれる．頭部には1対の触角と2個の大きな複眼（成虫で）がある．中には1個または複数個の単眼をもつものもある．胸部は3つの体節よりなり，そこに通常，3対の肢と1対または2対の翅がついている．腹部はさらにいくつかの体節に分かれ，中に，消化器，排泄器および生殖器をもつ．雄と雌が似ていないことも少なくない．

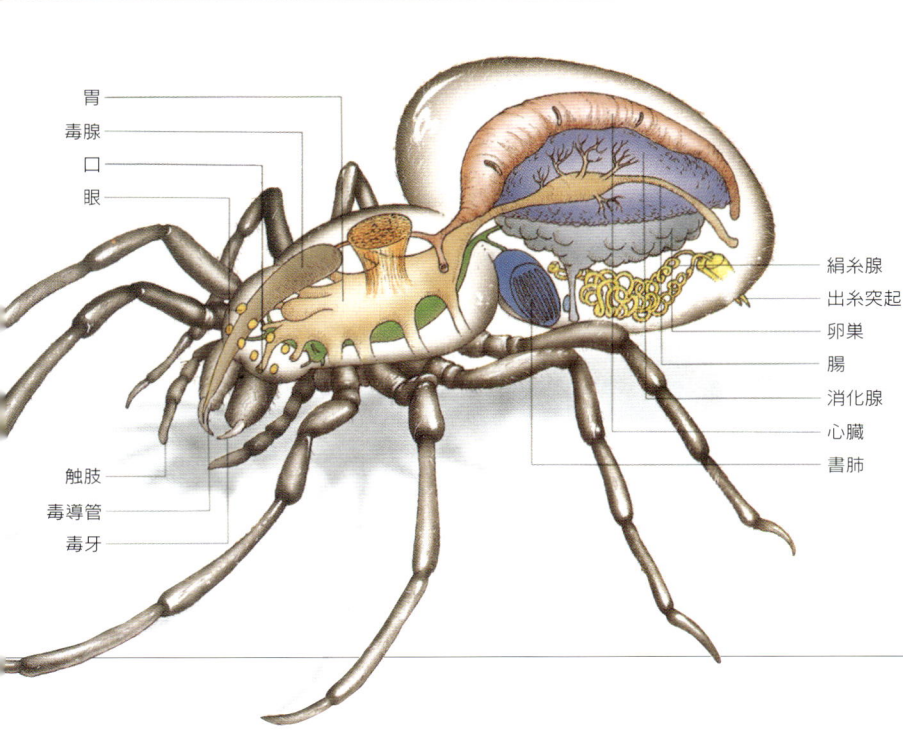

■甲殻類には，カニ，ロブスター（ウミザリガニ，左下の図），エビ，フジツボ，カイアシ，ミジンコ，ワラジムシ，ダンゴムシなどが含まれる．甲殻類の大部分は，カルシウム塩で強化された硬い殻をもつ．触角は，昆虫には1対しかないのに対して甲殻類には2対ある．甲殻類の触角には枝分かれしたものもあり，肢も先が分岐している場合が少なくない．

　クモ形類には，クモ（上の写真および下図），サソリ，ダニ，チーズダニなどが属する．クモ形類動物は単純な眼（クモは複数対の眼をもつことが多い）と，4対の歩脚をもつ．クモの体は頭胸部と腹部の2つの部分からなる．触角はないが，触肢が感覚器の役割を果たす．クモは，捕らえた獲物の体に消化液を塗りつけるか注射するかしてそれを溶かし，液化したものを吸う．

背骨をもつ動物

　最も数の多い動物のグループの1つに脊椎動物がある．海には魚類やクジラやイルカがいる．陸の水気の多いところにはカエルやイモリやサンショウウオが住む．爬虫類は砂漠にも蒸し暑いジャングルにも見出される．哺乳類は地上を，鳥類は空中を支配している．

　以上列挙した動物はみな脊椎動物で背骨をもつ．背骨は多数の骨がつながった内骨格のことである．骨は硬くて強く，相当な体重にも耐える．アフリカゾウの体重は5.7トンもある．頭蓋骨は脳のデリケートな組織を包み，胸郭は内臓の大部分を保護する．脂肪層もまた主要な器官の保護に役立っている．脊椎動物の骨は，節足動物の肢の体節と同様に一連の関節を軸に回るテコとして働くが，肩や腰の関節のように球関節になっているところの骨は自由に動ける範囲がさらに大きい．

　脊椎動物の体の構造は，泳ぐこと，水に潜ること，這うこと，穴を掘ること，歩くこと，走ること，飛び跳ねること，木などによじ登ること，滑ること，飛ぶことなどができるように，必要に適応して発達してきた．このように幅広い運動ができるためには，高度に発達した感覚器官が必要とされる．脊椎動物の眼は，動物界で最も進歩したものであり，頭蓋骨の中の2つの大きな眼窩を満たして埋まっている．多くの脊椎動物は，眼を2つもつこと（両眼視）によって，対象物との距離や速度を判断することができる．聴覚や嗅覚が高度に発達した哺乳類も少なくない．音とにおいが彼らの重要なコミュニケーション手段だからである．魚類とある種の両生類は側線系というものをもっていて，それで水中の振動，ひいては近くの物や動物の動きを敏感に察知する．

　感覚器官から送られてくる種々さまざまな信号の意味を読み取り，それに対する体の反応と動きを調整しながら指令するには，大きな特殊化した脳と複雑な神経系が不可欠である．

　脊椎動物では，骨格が体の内部にあるので，体の外側を怪我その他から守ることも重要であり，そのために皮膚は複雑になっている．傷つけばある程度まで自然に回復する機能をもつだけでなく，接触，圧力，熱，痛みなどを感知する各種の細胞を備えている．また，皮膚の一部が変形したものは，脊椎動物のそれぞれのグループに顕著な特徴となっている．魚の鱗は，体の防水と流線形化の両方に役立ち，両生類はその湿った皮膚で酸素を吸収する．爬虫類の硬い鱗は皮膚の乾燥を防ぐ．鳥の羽は，体温の保持と同時に，空中を飛ぶときの体の流線形化と，空気の抵抗に対する軽くて強い補強材の役割を果たす．哺乳類も体温保持のために体毛をもつ．羽や毛の色どりは，自己顕示かカモフラージュのためのことが多い．なお，羽や毛は，ふつう，油性の分泌液で防水効果を高めている．

　分類学上，脊椎動物はより大きな分類項目である脊索動物門に属する．ホヤやナメクジウオ（海底に住む，小さな魚に似た動物）まで含むこの大分類に属する動物は，すべて脊索と称するものをもつのが特徴である．脊索とは，動物の背中に沿って走る，しなやかで節のある支柱（骨とは限らない）を指す．背骨になっていない脊索はホヤの幼生やナメクジウオにも見られるが，脊椎動物では脊索が背骨すなわち脊椎になっている．

　脊索動物のもう1つの特徴は，脊索に沿って背中を走る神経索であるが，脊椎動物の神経索は背骨（連続した椎骨とその間にはさまっている椎間板）の中を貫いている．

　そして，脊索動物の第3の特徴は，口の後ろの鰓腔の両側に鰓裂があることである．この点が容易に確認できるのは魚類と幼生段階の両生類についてだけであるが，その他の脊椎動物にも，すべて胚の初期段階には鰓裂の存在が認められる．

□哺乳類は脊椎動物の進化の頂点に立つ．哺乳類の肢は体側というよりむしろ体の下についている．より敏捷に，より効果的に動けるためである．ライオン（下図）などの長距離を走る動物では，地面との摩擦を少なくするために足の一部が地面につかない．頭蓋骨の端は強力な顎（あご）の筋肉の連結点になっている．

　カエルの骨格（右図）は跳躍に適している．強い後肢で跳び出す一方で，前肢の連結した骨と背骨とで着地の際の衝撃が弱められるようにできている．

　魚（右端の図）の場合には，体が水で支えられているとはいっても，前進するためには，頑丈でしなやかな骨格とそれを動かす筋肉の塊が欠かせない．

1．壮大な多様性

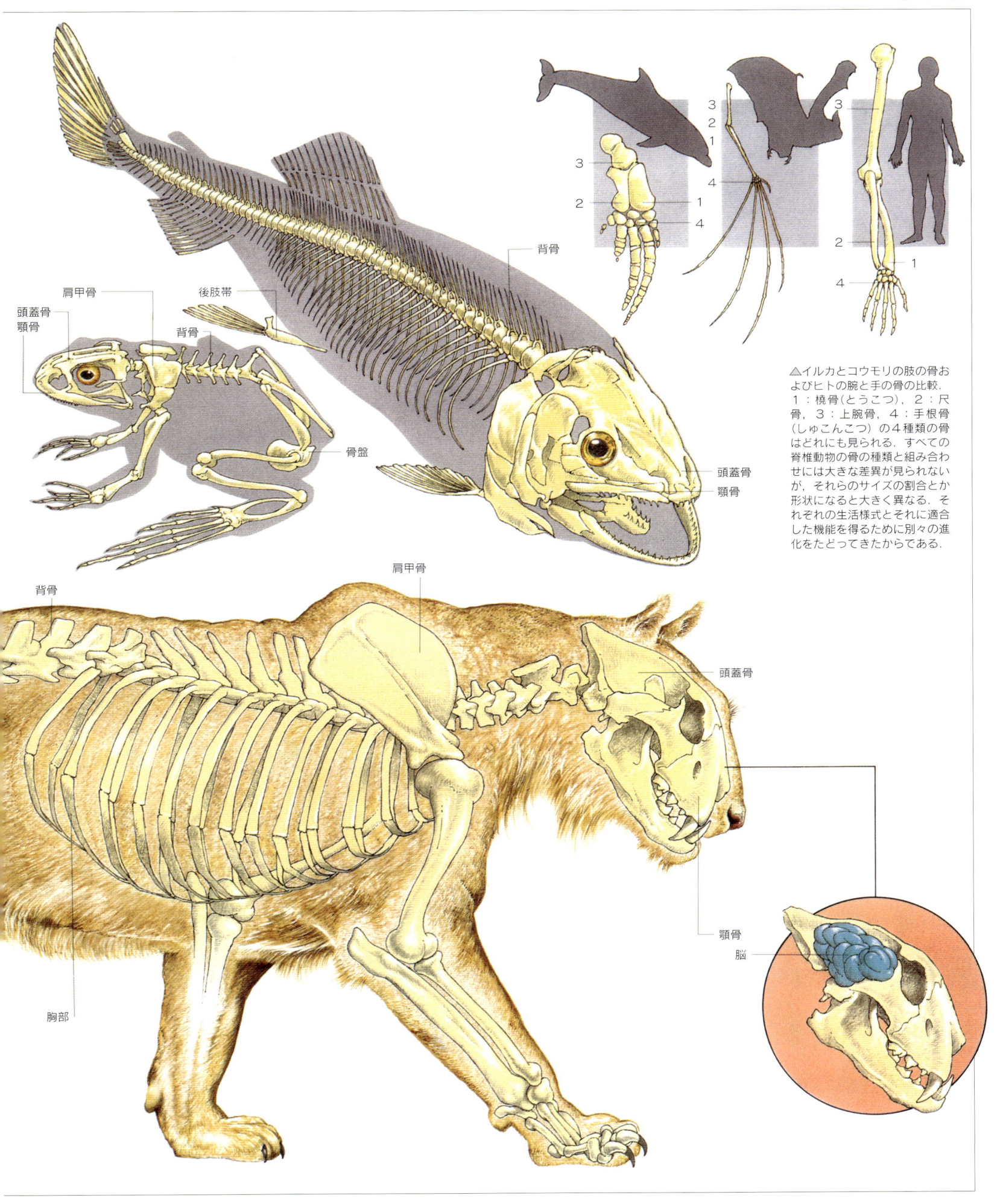

△イルカとコウモリの肢の骨およびヒトの腕と手の骨の比較．1：橈骨（とうこつ），2：尺骨，3：上腕骨，4：手根骨（しゅこんこつ）の4種類の骨はどれにも見られる．すべての脊椎動物の骨の種類と組み合わせには大きな差異が見られないが，それらのサイズの割合とか形状になると大きく異なる．それぞれの生活様式とそれに適合した機能を得るために別々の進化をたどってきたからである．

花を咲かせる植物

　日常見かける植物の多くは花を咲かせる．ただし，花がいつも人目をひくとは限らない．たとえばイネ科の草は，茎の先に小穂(しょうすい)と呼ばれる花弁のない小さな花をつけるだけであるから，人に気づかれないことも多いであろう．もちろん，多くの花は鮮やかな色をしていて素晴らしい．園芸家は，バラ，チューリップ，ヒヤシンス，センニンソウ，カーネーション等々を育てて，美しい（そしてしばしば，よい匂いの花）を愛でる．樹や低木にも美しい花を咲かせるものが少なくない．モクレン，ツバキ，シャクナゲなど，数え上げればきりがない．しかし"ラフレシア"という植物を育てる人はまずいないであろう．ラフレシアの花は高さが2m，直径が1m以上もある世界最大の花なのであるが，この熱帯性植物はめったに花を咲かせないということのほかに，そのにおいが何ともすさまじい（腐肉のにおいがするところから「死骸の花」とも言われる）からである．

　花を咲かせる植物が地上にはじめて出現したのは約1億5,000万年前のことで（2億年前にすでに存在していたと考える学者もいるが），いったんそれが新しい種として定着すると，その後は急速に広がるとともに進化して多数の種へと分化して行った．それまでこの世を我がものにしていた「花の咲かない植物」に代わって，花を咲かせる植物は，概して種子をつくる植物であるから，大きく進化しえたのである．

　花は植物の生殖器官を含む構造部分である．雄花と雌花を別につける植物もあれば，同じ花の中に雄性器官と雌性器官を併せもつ植物もある——もっとも，同じ花の中では受精が実現しえないようになっているが．

　植物の場合，受精は授粉で始まる．授粉とは，雄性の胞子（小胞子とも呼ばれる）である花粉粒が雌性生殖組織である心皮の先端部分すなわち柱頭に付着することであるが，それが生じるためには，花粉粒が何らかの方法で雄花から雌花へ運ばれて行かなければならない．ある種の植物，たとえばイネ科の草などでは，その運び役を風がつとめる．ふつう，その種の植物の花にはきれいな花弁もなければよい香りもない．その代わり，花粉は大量につくられる．そして，その花粉の大部分は雌花に届かず，授粉の目的を達さないまま無駄に終わってしまう．

　他方で，色鮮やかで香りもよい花は授粉の媒介を動物に頼る．多くの場合昆虫が授粉者になるが，媒介者は必ずしも昆虫に限らない．ハチドリのこともあれば，コウモリのこともある．コウモリが授粉の手助けをするのは夜間に開く花である．

　しかし，最初の花粉媒介者は昆虫たちであった．そしてそれ以後，花を咲かす植物と昆虫は一緒に進化の過程をたどることになった．多くの植物について，その花粉を媒介する昆虫は特定の昆虫に決まっており，昆虫の方もその種の植物の蜜しか吸わない．

　チョウは，吻管(ふんかん)という細長い一種の舌をもっていて，飛んでいるときは頭の下にコイル状に丸めているが，花に止まるとそれを伸ばして，植物が蜜腺から分泌する甘い蜜を吸う．そして，蜜を吸っている間にチョウに付着した花粉が，次にチョウが止まる花の柱頭にすりつけられて授粉が完成する．

　ミツバチが授粉の媒介をする花については，ミツバチをその花の花蜜へ誘導する何らかの信号のようなものがあるらしい．それは，昆虫の眼が識別できる（ヒトには見えない）紫外線で行われているようである．ともあれ，花と花粉媒介者の間のこのような緊密な関係は双方に利益をもたらす．花は授粉を約束され，昆虫は自分たちだけ花蜜へ近づくことを許される，というわけである．

　昆虫は色にもにおいにも鋭敏な感覚をもつが，植物はそのことをうまく利用して昆虫を花へ誘う．そして，多くの植物と昆虫との間に上記のような密接な関係があればこそ，かくも多様な色，形，においの違いが花に生まれたのだと

△ランは，その際立った美しさのゆえに多くの人に愛される花である．ランはおびただしい数の細かい種子をつくるが，種子から発芽するのにも成長するのにも非常に長い月日を要する．写真のランは *Paphiopedilum rothschildianum* と名づけられたものであるが，野生では，ボルネオ島のある特定の山の傾斜地にしか育たない．しかし，1880年代の末以降，人工的に栽培されるようになった．

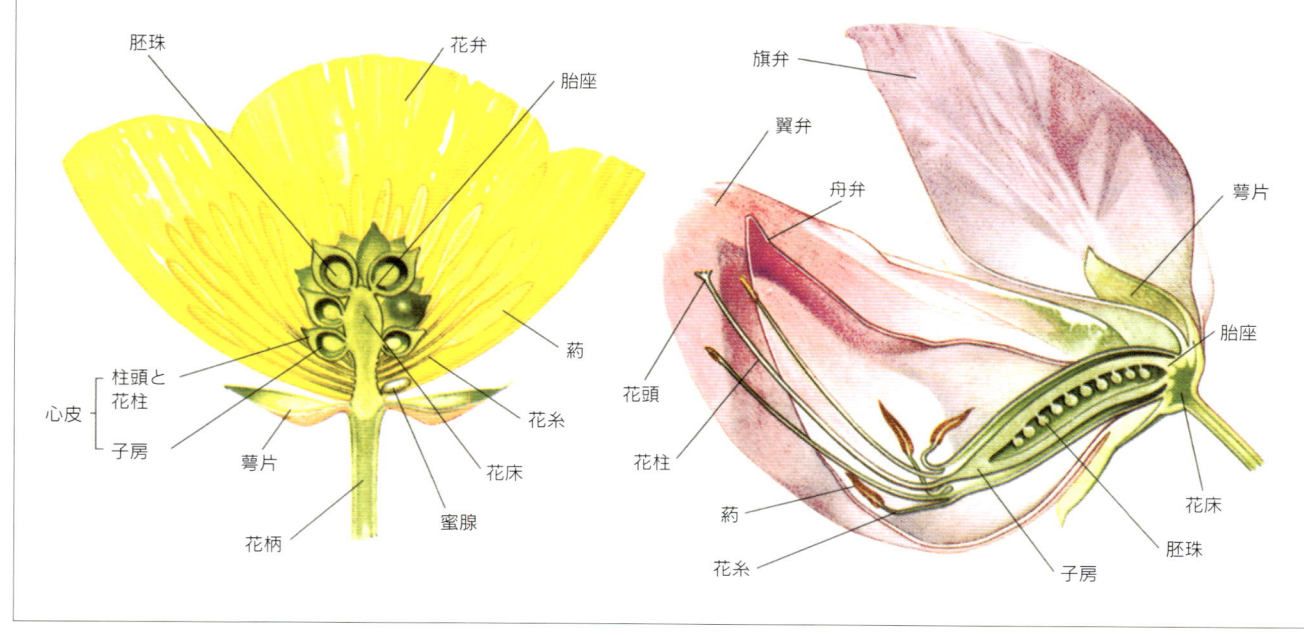

◁2種の花の構造を示す断面図．左側はキンポウゲの花で放射相称（中心を通る直線をどの方向に引いても左右が対称）である．右側はエンドウの花で両側相称（特定の方向の軸について左右対称．ふつうに言う対称）である．

◁これはハシバミの花で，小さい風媒花が多数集まったこの形は尾状花序と呼ばれる．この花には萼も花弁もないから，大量につくられた軽くて乾いた花粉は風により容易に近くの雌花へ運ばれて行く．

▽このミツバチなど，授粉媒介者の昆虫たちは，長い吻管（一種の舌）を花の中に挿し入れて，その底の方にある花蜜を吸う．その際，この花の花粉が昆虫の体に付着して，昆虫の移動とともに別の花へ運ばれる．

も言える．なぜなら，花に個性があれば，昆虫にとってさまざまに咲き乱れる多数の花の間に特定の花を見出すことが容易になり，ひいては植物にとっても受粉の成功率が増大するからである．悪臭を放つ「死骸の花」も，その受粉の手伝いをする昆虫にとっては甘い香りを漂わせているのかもしれない．

花の形や色は種類によって大きく異なるが，花の構造はすべて同じであり，4つの部分からなる（ただし，中にはその一部を欠くものがある）．その4つの部分はいずれも葉が変形したもので，円い輪生体の形で，入れ子になっている．

最初に，つまり花が咲く前から見えるのは蕾である．蕾は通常（必ず，ではない）緑色で，一番外の輪生体である萼（萼片の輪生体が萼）に包まれている．開花後は萼は下へ垂れ下がり，外側から2番目の輪生体すなわち花弁（花びら）の集まりがあらわれる．花弁の役目は昆虫を誘致することである．花弁も萼も，直接には生殖に関与しない．大部分の風媒花植物（イネ科の草など）は昆虫の助けを必要としないから花弁をもっていない．

花弁の輪の中に第3の輪生体の雄ずい（雄しべ）がある．雄ずいは植物の雄性生殖器官で，細長い茎ないし花糸よりなり，先端に葯と呼ばれる花粉嚢がついている．葯は花粉粒がつくられるところである．

最後に，雄ずいに囲まれて花の中心に位置するのが心皮すなわち雌ずい（雌しべ）で，これは花頭と花柱と子房からなる雌性生殖器官である．花柱は子房から伸びている細い管で，その先端が柱頭，すなわち粘液で覆われていて花粉が付着するところである．花柱のつけ根の子房の中にあるのが胚珠（動物の場合の卵子に当たるもの）であるが，これが受精（受粉）すると種子になる．そして，子房は果実になる．

花弁と雄ずいや雌ずいのつけ根に当たる部分は花床と呼ばれる．ある種の植物，たとえばリンゴやナシの樹では，この花床が成長して偽果（ナシ状果とも呼ばれる）になる．偽果と名づけられるのは，真の果実すなわち種子はいわゆる核であって，食べられる果肉の部分は核を包む花床の膨らんだものにすぎないからである．

先に述べたとおり，すべての花を咲かせる植物では胚珠が子房の中に包まれているが，その点から，この種の植物は被子植物（angiosperm）と呼ばれる．ギリシャ語で容器を意味するaggeionと種子を意味するspermの合成語である．これに対して，種子を結んでもはっきりとした花を咲かせない植物は，胚珠（種子になる部分）が子房に保護されていないので裸子植物（gymnosperm．同じくギリシャ語の「裸」の意のgumnosからきている）と呼ばれる．

花を咲かせる植物が出現して以来，多くの種に分化し進化してきたことも先に述べたとおりであるが，しかし実は，花の構成部分の数は減る傾向にあり，その構造は昔より簡単になってきていると言える．

最後に，花を咲かせる植物は大別して，単子葉類と双子葉類に分類されるが，両グループの相違点は，発芽のとき最初に出る葉が1枚なのか2枚なのかという違いだけでなく，成長したのちの葉脈にも見られる．イネ科の草，ユリ，ランなどの単子葉類の葉脈が葉を縦に平行して走っているのに対して，バラやスミレのような双子葉類の葉脈は網の目のようになっている．

花の咲かない植物

陸上に出現した初期の植物の代表的なもの（コケ類とシダ類）は，種子でなく胞子で繁殖した．胞子は1個か2～3個の細胞がケースに入ったもので，幼い植物はその胞子から生まれるが，生まれたらすぐ独りで生きて行かなければならない．種子植物と比べると，はるかに恵まれていない．種子（新しい植物になる前の胚）は，皮で包まれて保護されているうえに，その包みの中に独り立ちできるようになるまでの食料を入れてもらっている．しかも，種子は風や動物によって運ばれたり，あるいは水に流されたりして，遠くの場所で発芽できる可能性をもつ．それに対して，胞子はわずかな距離にしか広がることができない．

種子植物がはじめて地球上に姿をあらわしたのは約3億年前の石炭紀で，沼地の中であった．種子植物の前に繁茂していたのは，樹のように大きなシダ類その他の種子をもたない植物であったが，石炭紀の終わりに気候の変動があって沼地などが干上がると，彼らは死滅してしまった（それらが押しつぶされ，熱せられ，炭化して後に残ったものが石炭である）．シダの大木などの間で細々と生き延びていた種子植物は，彼らがいなくなってようやく我が世の春を謳歌できるようになった．現在では，植物の中で，種子植物が最も優勢であり，種類も数も多い．

種子植物は，はっきりした（きれいな）花を咲かせる植物と，そうした花の咲かない植物に分かれる．後者の方が出現した時期は早かったが，現在その数は800種前後で，はっきりした花を咲かせる植物の約422,000種に比べはるかに少ない．しかし，いずれも広範囲に分布している．

すべての植物は一生の間に2つの相（期）をもつ．胞子をつくる胞子体期と，生殖力のある配偶体期である．配偶子をつくる配偶体期の細胞は，染色体を一組しかもたない半数体細胞よりなるが，胞子体期の細胞は二組の染色体をもつ二倍体細胞である．種子をつくらない植物は配偶体期にある植物であり，種子をつくる植物は胞子体期の植物であって，配偶体はその生殖器官の中に隠されている．

はっきりした花を咲かさずに種子を結ぶ植物を裸子植物（gymnosperm．ギリシャ語の「裸」gumnos と「種子」sperma の合成語）という．はっきりした花を咲かせる植物の場合のような種子を保護する組織を欠き，種子が裸になっているからである．裸子植物には，ソテツ類，イチョウ類，マオウ類，および針葉樹類（または球果植物）の4つのグループがある．

ソテツはヤシに似ているが，ヤシの仲間ではない．ただ，ある種のソテツの幹からデンプン（サゴデンプン）がとれるので，その種のソテツは俗にサゴヤシと呼ばれる．また，別のある種のソテツの種子は食用になる．現在熱帯地方や植物園の温室の中に見られるソテツは，2億年以上前に恐竜が食料にしていたものとほとんど同じである．ソテツ類では雄と雌の樹が別である．種子は，葉に似た組織の中にできるものもあれば，茎の上端の大きな円錐形の包みの中にできるものもある．

イチョウは，恐竜の時代（約1.5億年前）に繁茂していたイチョウ目の植物の中で今日まで生き残っている唯一の種である．イチョウの葉は，他の大部分の裸子植物の葉と異なり，秋には黄色くなって落ちる．イチョウにも雄性株と雌性株の別がある．雄の樹は胞子をもつ球果をつけ，雌の樹は食用になる種子をつける．その種子は2つに枝分かれした短い柄の先についていることが多い．イチョウの樹は高く伸び，1,000年以上も生きることがある．

マオウ類は3つに分かれる．いずれも背の低い潅木であるが，3つのグループは互いにあまり関係がないようである．マオウ類の *Welwitschia mirabilis* という樹は，世界中で最も奇妙な植物の1つである．南西アフリカの砂漠に生えるこの樹は，遠くから見ると巨大な葉が地上に広がって，こんもりしている．しかし実は，砂漠の上を絶え間なく吹く風で，その紐のような葉は，先端部分を引きちぎられ，3m以上に伸びない．それでもこの樹の葉は他のいかなる植物の葉よりも長いのであるが，風が吹かなければさらに長く伸びることであろう．この樹自体は巨大なハツカダイコンのような形をしていて，その丸い部分は直径が1mもあり，茎は地上に約30cm出ている．

現存している裸子植物の大部分を占めるのは針葉樹，すなわちマツ，モミ，カラマツ，エゾマツ，アメリカスギ，アメリカツガ，セイヨウイチイ，ヒマラヤスギ，イトスギ，トショウ（杜松）などである．これらの大部分が大木になる．カラマツを除いてすべて常緑樹である．

針葉樹の葉は，針状または小さな鱗（うろこ）状になっており，カシやセイヨウブナの葉と（また，その点ではイチョウの葉とも）大きく異なるように見受けられるが，それが真の葉であること，および葉としての機能を同じように果たしていることには変わりがない．乾燥した環境での生活に適応した結果であるにすぎない．外側のワックス状の物質が葉を保護している．空気や炭酸ガス（二酸化炭素）が出入りする気孔も葉にある．

■イチョウは生きている化石であると言える．恐竜の時代，すなわちジュラ紀に繁茂していた同族の植物の中で今日まで生き延びている唯一のものだからである．イチョウは公園などに植えられ，大木に成長する．その種子の核の部分は食用になり，中国や日本では珍味とされている．

1. 壮大な多様性

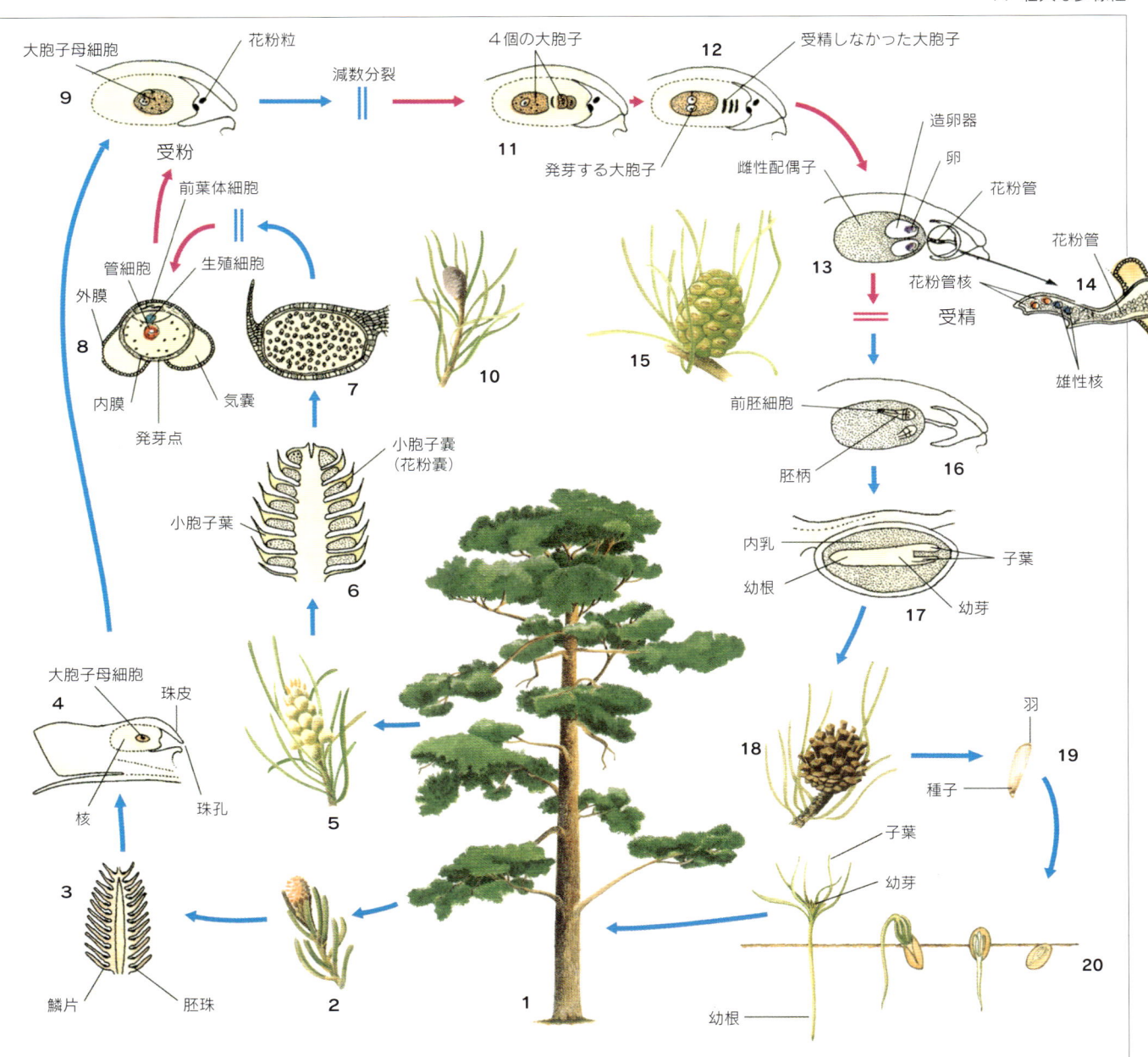

裸子植物の一生．ここにはオウシュウアカマツ（欧州赤松）（1）を例にとる．雄と雌の球果（2）ができる．雌の球果は多数の鱗（3）からなり，各鱗は2個の胚珠（4）をもつ．胚珠は1個の核と1個の大胞子母細胞よりなり，その全体を珠皮が包む．雄の球果（5）は多数の葉の変化したものをもち，そのそれぞれが小胞子嚢（花粉嚢．6）を抱える．小胞子嚢は花粉母細胞（7）をもつ．花粉母細胞は分裂して小胞子になり，その小胞子は花粉粒（8）になる．花粉粒は胞子の外膜と内膜に包まれ，2つの気嚢に付着している．1個の花粉粒が雌の球果に付着すると（9），その花粉粒は胚珠の中に入り込み，球果の鱗は閉鎖する（10）．大胞子母細胞は4個の大胞子をつくるが（11），そのうちの1つしか発芽しない（12）．その発芽した大胞子は雌性配偶子になり，中に雌の生殖細胞をもつ（13）．その各細胞は1個の卵をもつ．花粉細胞は，核を通って雌性配偶子に達する花粉管（14）へ成長する．2個の精子が花粉管の中を下ると，そのうちの1つが卵と融合して接合子をつくる——これが受精である．緑色の雌の球果が大きく成長すると（15）接合子は前胚（16）になり，それが分割して細胞数を増加し，胚（17）を形成する．そして，胚柄が胚を胚珠に付着させる．胚は新しい植物である．胚珠は種子になり，雌の球果の鱗の1つ1つに付着する（18）．それが放出されると，その羽（19）が風に乗るのを助けるので，種子は遠くにまで飛ぶ．種子は地上に落ちて発芽する（20）．

　針葉樹は松かさのような球果をつける．雄性の球果は小さく，雌性の球果は大きいが，通常，両方とも同一の樹にできる．雄性の球果は胞子をつくり，その胞子はのちに花粉粒に成長し，風に乗って遠くまで運ばれる．メスの球果は多数の鱗からなり，1つ1つの鱗が2つの胚珠を有している．各胚珠の中に大胞子の母細胞があり，花粉は，雌性球果に付着するとその胚珠の中に入り込み，その母細胞を目指して進む．すると，母細胞は分裂を2回繰り返して4個の細胞になるが，その中で生き残って大胞子となるのは1個だけである．大胞子はさらに分裂を繰り返して雌性配偶体になる．配偶体の中には2〜3個の造卵器ができ，各造卵器の中で1個ずつ卵が育つ．こうして卵が成熟するころには花粉粒も精子になっていて，卵を受精させる．卵は，受精すると，最初の葉と根を出して新しい植物になる．新しい植物に育つことができなかったその他の雌性配偶体は，新しい植物が光合成を開始できるようになるまでの間，その栄養源になる．針葉樹に球果が出現してから種子の放出に至るまでの，この過程には3年近くの年月を要する．

2 生命活動

　生物は，体内での化学物質の相互作用とエネルギーの種々の形態への転換，および体内各部分間の迅速な連絡に依存して生活している．動植物の体は，細胞から諸器官に至るまで，組織体の各レベルにおいてさまざまな生命活動のための条件を整えている．すべての動物細胞の発電所であるミトコンドリアの折りたたまれた膜も，植物がもつ葉緑体のチラコイド膜も，エネルギーを獲得したり放出したりする化学反応が容易に行われるように，広い表面積を有している．多くの脊椎動物では，弾力性に富む肺が膨らんだり収縮したりして新しい空気を体内に取り入れているので，酸素が血管の中に溶けて体中の細胞へ行きわたる．また植物では，葉にある小さな気孔が開いたり閉じたりしてガス交換を調節している．

　動植物の体の各部分がそれぞれ異なった機能を果たさなければならないから，体内での化学物質の輸送やそれを調整するための信号システムも必要になる．多細胞の動植物では化学物質と電気による体内連絡が行われているし，大型の生物になると複雑な輸送システム（動物の場合の心臓，植物の場合の師部など）が血液や水に溶けた栄養と酸素，二酸化炭素などの運搬に当たっている．生物体のそれらの機能と構造はすべて，それぞれの生活様式と生息地の状況に適応して進化してきたものである．

カワセミが見事な急降下ぶりを見せうるのは，その体内で複雑な化学的反応と物理的反応の両方がうまく機能しているからである．第1に，急降下できるように翼と肢の動きがよく調和すること．第2に，獲物を的確に捕らえるために，迅速に脳で視覚情報が解読され，かつ脳からの指令が筋肉に伝達されること．第3に，獲物に飛びかかるときには，より多くのエネルギーを必要とする筋肉だけでなく，種々の情報処理を行う脳にも，より多くの酸素が供給されること．第4に，必要な化学反応ができるだけ早く実行されるように，体の各部の細胞にも酸素と栄養が補給されると同時に，老廃物が細胞から除去されること．カワセミが成功するためには，これらの条件がすべて満たされなければならない．

生命の化学

　生物が生きている限り，エネルギーの転換は不可欠である．ここでいうエネルギーの転換とは，生体内で，放出されたごくわずかなエネルギーが捕らえられ，それがある目的に利用されることを指す．そのようなエネルギー転換の小さな段階が多数積み上げられ，一定の決まりでまとめられることによって生命活動が維持されている，という意味である．動物は実に多くの種類のエネルギーを利用している．体の組織をつくり上げるには化学的なエネルギーが消費され，食物を分解して熱エネルギーを得，移動したり重い物を持ち上げたりするときは機械的なエネルギーに頼る．電気エネルギーは体中に神経信号を送り，光エネルギーは外界の様子を察知するのに用いられる，という具合である．このような生物の体内で生じているさまざまな形のエネルギー転換を一括して物質代謝という．

　自然に任せておけば，あらゆる構造物は最小の単位（最低のエネルギーの状態）へ分解して行く傾向があるというのは，物理学の基本原則の1つである．換言すれば，複雑な分子をつくり出すためには構成要素である原子をつなぎ合わせて化学結合を形づくる必要があり，そのためにはエネルギーの供給が欠かせないということである．逆に化合物が分解するときには，その結合のエネルギーが，熱や光の形で，あるいは機械的なエネルギー（手足を動かしたりするときの力）として放出される．酵素と呼ばれる種類のタンパク質は，こうした化学反応の開始に必要とされるエネルギーを節約させることができるので，物質代謝の進行を加速する．なぜタンパク質にそのような力があるのかというと，タンパク質は，互いに化学反応を起こす物質の間の距離を縮めたり，それらの物質の電気的負荷を変えたり，分子の形を歪めたりして，化学反応が生じやすいように仕向けるからである．

　ところで，生命のそもそもの根源は，植物が太陽光すなわち光エネルギーを捕捉してそれを化学エネルギーへ変え，それでもって植物の体を構成する化合物をつくり出すことにある．大気中から吸収された二酸化炭素と土中から吸い上げられた水に種々の無機質も加わって，それらが植物の体内で結合され，実にさまざまな有機化合物（炭素を含む化合物）に合成される——この過程が光合成である．そして，動物が植物を食べ，植物の有機化合物を分解したり再構成したりして自らの体をつくる．その動物もまた，捕食者と呼ばれる他の動物に食われ，栄養とエネルギーを提供することになる．

　食物の分解とその結果できた化合物の体内蓄積には酸素が必要なので体外から取り入れられるが，酸素は，分解の最終段階でできた化合物と結びつくと二酸化炭素と水を放出する（最初に植物が必要な化合物をつくるのに用いた材料も二酸化炭素と水であった）．この過程が呼吸である．

　化学結合は，分子間のエネルギーの移動にも用いられる．ATP（アデノシン三リン酸）という化合物は高エネルギーのリン酸結合を2個もっていて，それらをアデノシンに結びつけている接着材であるが，このATPは細胞内でのエネルギーの運搬を担当し，エネルギーが必要とされるところに来ると1個のリン酸塩を失ってアデノシン二リン酸（ADP）になる代わりにエネルギーを放出する．ただし，細胞と細胞の間などの長距離にわたるエネルギーの輸送には糖が用いられる．糖は，呼吸で分解されると，そのとき放出されるエネルギーでもってADPをATPへ戻す．

　細胞から水分を除いた部分の99％以上（重さで）は，すべて6つの元素からなる化合物でできている．炭素，水素，窒素，酸素，リン，および硫黄の6つの元素である．細胞内で起こる化学反応のほとんどの媒介をしている水は，生きている細胞の場合，その重さの約70％を占める．水以外の化合物の大部分は炭素を含む有機物である．

　有機分子について見ると，その主な構成要素は，糖類，脂肪酸，アミノ酸およびヌクレオチド（核酸の主要部分）の4種類である．糖は主としてエネルギー源として用いられるが，細胞の遺伝物質にも含まれている．細胞膜に付着している糖は，ホルモンや侵入する細菌など他の細胞の存

▷物質代謝反応の進行速度は，それぞれの動物の生活様式と密接に関係している．例えば，ナマケモノは動作が緩慢なうえ，長い時間を眠って暮らすから，エネルギーの消費量が少なく，したがって食料も少なくてすむ．あまり栄養分のない硬い木の葉を常食にして生きて行けるのはそのためである．彼らが住む南米の雨林で，硬い木の葉を食物とするならば，それをめぐっての競争も少ない．

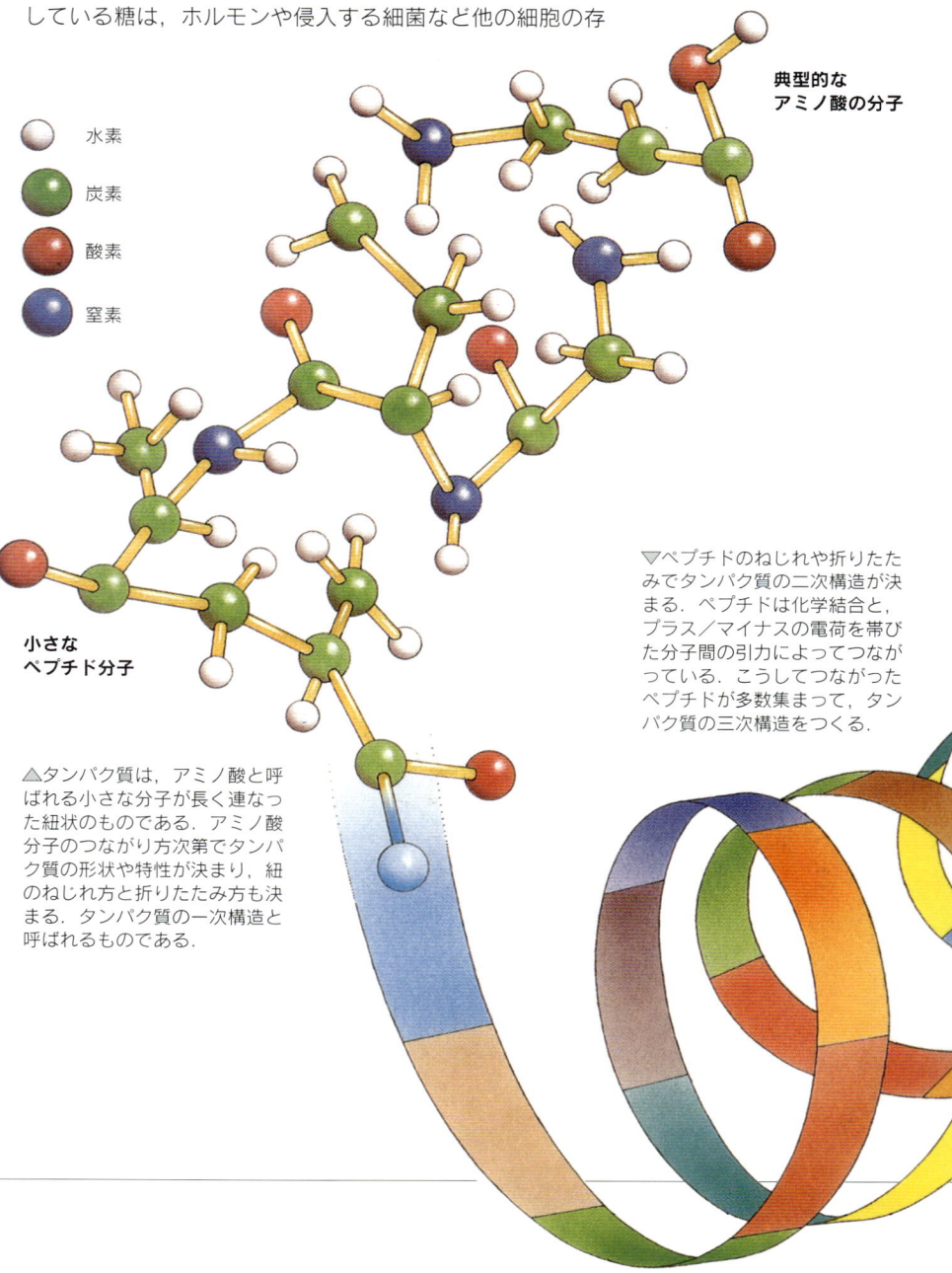

○ 水素
● 炭素
● 酸素
● 窒素

典型的なアミノ酸の分子

小さなペプチド分子

△タンパク質は，アミノ酸と呼ばれる小さな分子が長く連なった紐状のものである．アミノ酸分子のつながり方次第でタンパク質の形状や特性が決まり，紐のねじれ方と折りたたみ方も決まる．タンパク質の一次構造と呼ばれるものである．

▽ペプチドのねじれや折りたたみでタンパク質の二次構造が決まる．ペプチドは化学結合と，プラス／マイナスの電荷を帯びた分子間の引力によってつながっている．こうしてつながったペプチドが多数集まって，タンパク質の三次構造をつくる．

在を認識する．糖の分子が糸状に細く長く連なったものは，デンプンやグリコーゲンのような不溶性の貯蔵物質となり，また植物ではセルロースの細胞壁をつくる．脂肪も重要で，糖以上のエネルギーを含むと同時にエネルギーの貯蔵場所となり，また熱の遮断に役立つ．脂肪酸は細胞膜の主要部分をなす．脂肪酸以外の脂肪には，水をはじくワックス類と液状の油類，ステロイドホルモンや神経細胞を包む鞘になるものもある．

アミノ酸は細胞質の大部分を占め，細胞内の化学反応を制御しているタンパク質の主要構成要素である．生命を維持するための多くの化学反応は一連の物質代謝作用，すなわち多くの酵素の触媒作用によって制御された連鎖反応で成り立っている．

タンパク質の働きは細胞内の化学作用の制御にとどまらない．筋肉や靭帯，血液中の抗体や凝血素，骨や皮膚や爪の中の硬い部分，血液中で酸素の輸送に当たるヘモグロビン，物質代謝の反応に用いられる多数の電子担体，潤滑液としての粘液，インスリンその他のホルモン，核の中の遺伝物質を包む保護膜など——これらのすべてをつくっているのがタンパク質である．

ヌクレオチドは，すべての生物の遺伝物質を構成している．その1つ1つの並び方によって，新しく生まれる子のあり方，怪我したときの治り方，あるいはふだんの体の機能や成長の仕方などが制御される．

生命の構成要素

生物の非常な多様性にもかかわらず，すべての動植物の体は，細胞と呼ばれる構造の基本単位で構成されている．ある種の動物と原生生物はただ1つの細胞で生きているが，ヒトのような大きな動物の体になると，約200の異なったタイプの，全部で10^{12}万個にも達する細胞でできている［訳注：〜60兆個とされている］．しかも，それらがすべて一緒に働いて，1個の生物体を形成しているのである．また各細胞は，それぞれ独自の機能（たとえば消化液の分泌とか光合成とか）を果たすだけでなく，他の細胞の働きを妨げることがないように，互いによく連絡し合う必要がある．

細胞は，同種のものが集まって，植物の場合の木部（水を通す部分）や動物の場合の脂肪組織（体脂肪の部分）のような組織をつくる．そして，さまざまな組織が組み合わされて，葉，花，あるいは心臓，胃といった器官ができている．動物の少数の細胞と単細胞の藻類に肉眼でも見えるものがあるが，大部分の細胞は10〜20ミクロン（1μmは1mmの1,000分の1）程度のものであるから，顕微鏡の助けを借りなければ見えない．細胞の中の詳細な構造を知るためにはふつうの光学的顕微鏡の1,000倍の解像力をもつ電子顕微鏡が使われることが多い．

顕微鏡で観察すると，動物の細胞は二重の膜に包まれた小さな袋状の構造のように見える．二重の膜とは，細胞膜と，ゼリー状の物質からなる細胞質のことである．種々の物質は拡散により容易に細胞を通り抜けることができる．細胞の中にもいろいろな膜があって，細胞小器官と呼ばれるものを包んでいる．細胞小器官の膜は，細胞内で生じる種々の化学反応が互いに妨害し合わないようにしている．細胞小器官の膜のタンパク質で縁取りされた細孔は特定の水溶性物質の出入りだけを許すので，各細胞小器官の周囲にはそれぞれ独自の環境が生まれる．細胞内での化学反応を促進する酵素（タンパク質の一種）は，自らを取り巻く環境にきわめて敏感である．各細胞小器官はそれぞれ特定の化学反応を担当し，それらの化学反応が円滑に生じるように，可能な限り最善の環境をつくり出す．ふつう，細胞小器官の中で最も目立つ存在は核である．核は遺伝情報を格納し，細胞の活動と複製を制御する．ミトコンドリアは細胞の発電所で，呼吸をつかさどる．そして，粗面小胞体の上には，タンパク質の合成にたずさわるリボソームがある．葉緑体やミトコンドリアのような細胞小器官の膜の内側の大きい部位は，エネルギーを生み出す化学反応の配列となる膜に結合した一連の担体に沿って電子を移送する場となっている．細胞小器官の間を埋める液体部分はサイトゾルと呼ばれ，細胞小器官とともに細胞質を構成する．サイトゾルの中に散らばっている管状のタンパク質の繊維が微小管で，建築現場の足場の柱のように組まれたり解かれたり，細胞の中をあちこち動かされたりしている．微小管は，細胞の骨格を形づくっているとも言え，新しい細胞小器官や膜が形成されるときに特に数が増える．微小管の役割は細胞をまとめてより大きい構造へと組織化することらしいと考えられるが，その機能について正確なことはいまだにわかっていない．

植物の細胞は，セルロースの比較的硬い細胞壁をもつ点で動物の細胞と異なる．一度成熟すると，その形状は容易に変わらない．植物の細胞はまた，その中心部に，水や老廃物をためる液胞なるものをもっている．動物の細胞は新しい細胞質ができることによって成長するが，植物の場合は細胞が成長してもその中の液胞が大きくなるだけである．植物の細胞は，浸透で水を吸うと液胞が膨れ，細胞壁がこれ以上伸びないというところまで細胞質が細胞壁を圧迫する．タイヤが空気で膨れたときと同じ具合で，そうなると細胞は硬くなる．

動物の細胞が分裂する場合は，細胞は新しい細胞膜を形成するようにくびれ，2つの細胞に分離する．植物の細胞の場合はそうならない．代わりに，いくつもの小胞（膜胞）が2つの新しい娘の核の間に並ぶ——細胞板である．

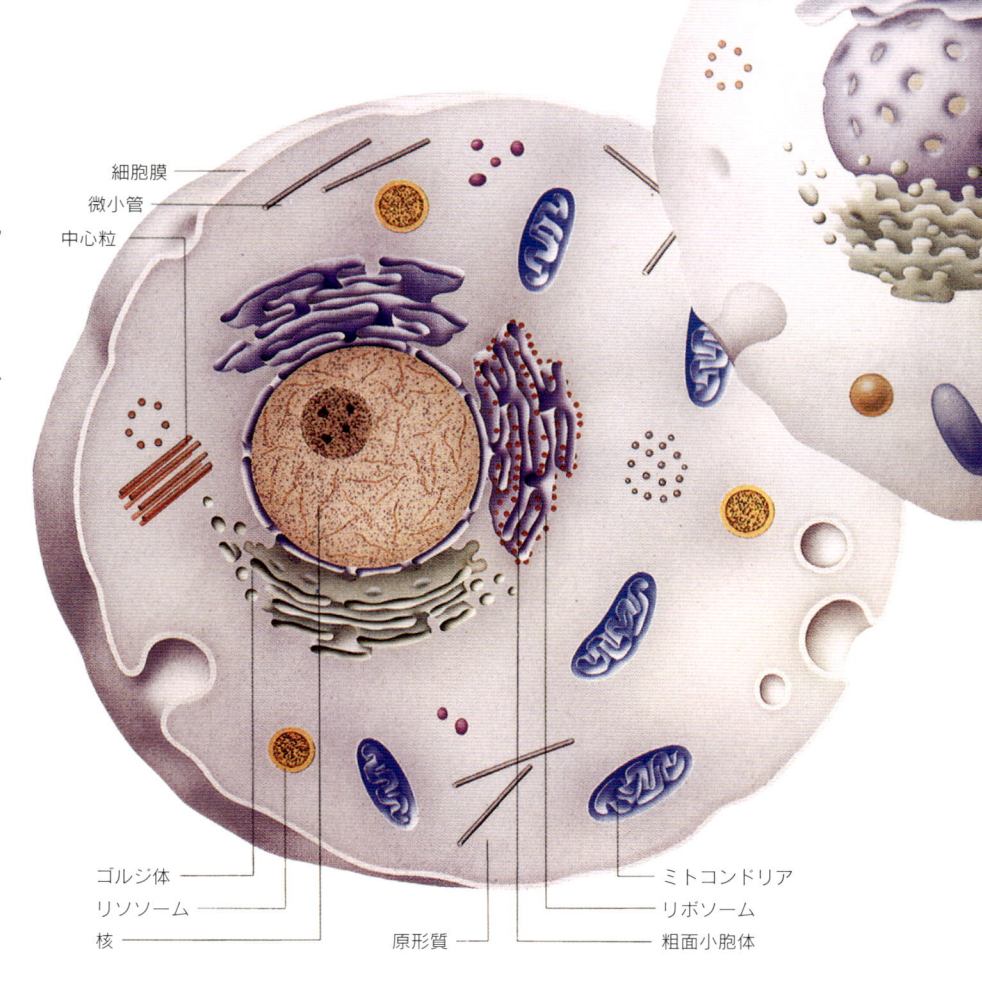

△動物の細胞内の核は細胞の活動を制御している．ミトコンドリアは呼吸で得られたエネルギーが放出される場所である．タンパク質の合成はリボソームで行われる．その他の物質の多くがゴルジ体と，細胞質のあちこちに散在している小胞体の中でつくられる．つくられた物質は，膜に包まれた小胞に輸送される．細胞は種々の物質の細胞への出入りを制御する．古くなった細胞小器官はリソソームで破壊される．中心粒は，有糸分裂と減数分裂の際の核分裂を制御する微小管の紡錘体をつくる．細胞の形は，ある程度，隣接する細胞の圧力による．

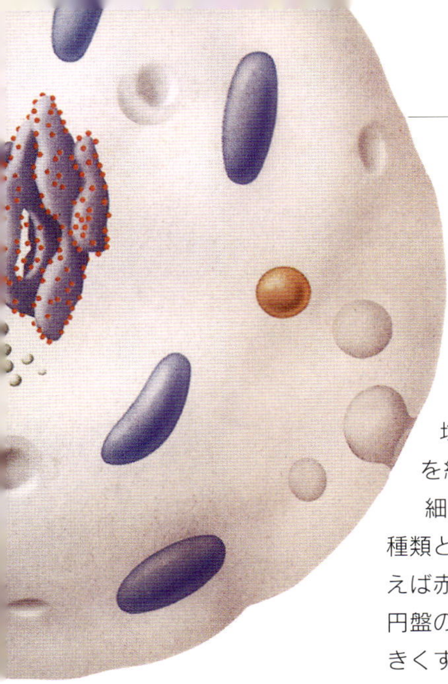

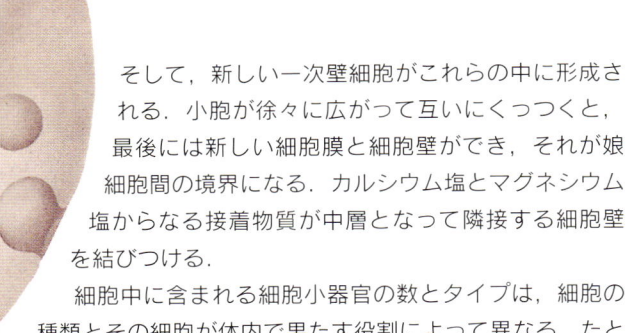

そして，新しい一次壁細胞がこれらの中に形成される．小胞が徐々に広がって互いにくっつくと，最後には新しい細胞膜と細胞壁ができ，それが娘細胞間の境界になる．カルシウム塩とマグネシウム塩からなる接着物質が中層となって隣接する細胞壁を結びつける．

細胞中に含まれる細胞小器官の数とタイプは，細胞の種類とその細胞が体内で果たす役割によって異なる．たとえば赤血球の細胞は核をもたない．赤血球は中央が凹んだ円盤の形をしているが，これは酸素を吸収する表面積を大きくするためである．精子の細胞は，泳ぐための尾を有し，エネルギー供給のためのミトコンドリアの含有量も多い．腎臓の小管や腸の内壁の細胞は吸収面積を広くするために多数の微絨毛を備えている．胃の中の杯状細胞は，粘液と消化酵素を分泌するゴルジ体というものを多数もっている．耳の中の感覚細胞には，耳の中の液体の動きを感知する細い繊毛がある．神経細胞は電気信号を伝達するための軸索や，他の神経細胞との連絡のための多数の樹状突起をもっている．筋肉細胞は収縮繊維の束でできている．

一方，多くの植物の細胞は葉緑体をもっていて，その葉緑体の膜に含まれている緑色の色素（クロロフィル）は太陽光のエネルギーを捕らえて光合成を行い，二酸化炭素と水から簡単な糖も合成する．これらの化学反応は各葉緑体の液体基質の中で起こる．葉緑体は植物の緑色の部分にはあるが，根や茎の内部にはない．木部や師要素のような構造の細胞は細長く，末端が孔の開いた壁になっている．もっとも，成熟した木部の道管では末端の壁自体が消滅する．水の輸送に当たる木部の道管にはその細胞壁の中にリグニンという硬い水をはじく物質がたまる．そうなると栄養が届かなくなって細胞は死に，細胞質や核などもなくなるから，水の動きは自由になる．その他の，繊維と呼ばれる部分の細胞も厚いリグニンの沈殿をもち，植物の体に強度を与える．木材は，木部と繊維の塊である．

細胞の形や構造が特定の機能をもつために特殊化することを分化という．分化は，DNAの一部である遺伝子によって制御される．種々異なった種類の細胞の中で，いろいろな遺伝子が点滅するわけである．どの遺伝子が働くべきかは，隣接した細胞から浸透してくる化学物質の濃度によっても決まる．そして，その化学物質の濃度は，その隣接細胞の遺伝子の活動に依存し，そのときホルモンの影響を受けることもありうる．動物の細胞の多くは一生を通じて分裂を続け，同じ細胞をつくって行くが，ある種類のものから他の種類のものへ形質を変える細胞も少しはあり，それらは幹細胞と呼ばれる．

植物に見られる細胞分裂は，分裂組織と呼ばれる特殊な部分と花の生殖器官に限られる．分裂によって生まれた植物の細胞は，通常まず最初に長く伸び，次いで分化する．主な分裂組織は成長する芽や根の先端部分にあるが，幹や根には側部分裂組織と呼ばれるものもあり，これは幹や根を太くする．分裂組織，すなわち形成層の細胞は，植物が成長しても分化しない．

▷植物の細胞は，硬いセルロースの細胞壁で囲まれていて形が変わりにくいこと，およびその中心部に大きな液胞をもつことの2点で動物の細胞と大きく異なる．光合成を行う植物には葉緑体があり，その中に光合成に必要な緑色の色素すなわちクロロフィルが含まれている．多くの植物の細胞は，葉緑体より簡単な，しかし似たような構造の色素体というものをもっている．色素体は緑以外の色素を含んでいたり，デンプンなどを貯蔵したりする．

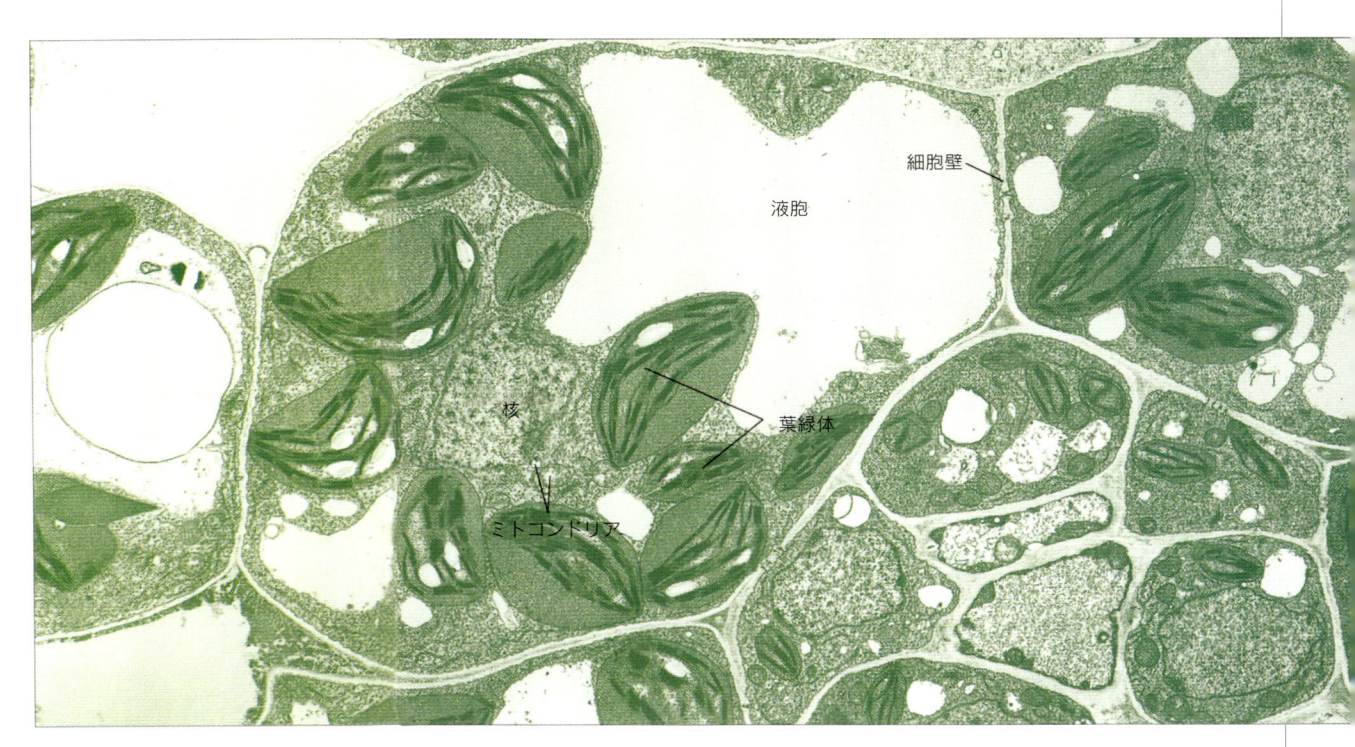

寄生植物と食虫植物

　光合成は，緑色の植物（とある種の細菌）が太陽光のエネルギーを利用して炭水化物の食物をつくり出す過程である．そして，そのようにして得られた食物は，逆の過程により，エネルギーの供給源として活用される．たとえば呼吸作用のとき，そのエネルギーで炭素化合物が酸化される．生物は，エネルギーを使って，栄養になりうるものを自分の成長や自分の組織の修復に必要な物質へ転換する．植物は，必要な栄養物を自分が生育する土壌または水の中から摂取する．栄養物は水に溶け，その溶液が根を通して吸収される．

　以上が大部分の植物の栄養のとり方であるが，他の方法で栄養を摂取するものも若干ある．他の植物から栄養を盗んで生活する寄生植物である．

　ゴマノハグサは，世界中に最も広く分布している寄生植物の一種で，アジアのほぼ全域，南アフリカおよびサハラの南縁に見られるが，1950年代に南北カロライナ州にはびこり始めた（もっとも後に制圧された）．50種以上の草と，スゲ，トウモロコシ，サトウキビ，イネ，コウリャン，およびその他さまざまな穀物にも取りついた．この寄生植物は，宿主（寄生される植物）の根から栄養分と水を奪うので，宿主の方はやがてしおれて黄色または茶色く立ち枯れてしまう．ゴマノハグサは，地上20〜25cmの高さに成育し，赤，黄または白の小さい花を咲かせ，何十万もの微細な褐色の種子を結ぶ．そして，その種子は土の中で何年も眠った状態で生き続け，宿主である植物の根から何らかの分泌があって刺激されれば発芽する．

　ネナシカズラも世界中で見られる寄生植物の1つであり，約145の種類がある．その別名——首絞め草，悪魔の髪，悪魔のはらわた，かさぶた，引き倒し，地獄縛り，愛の蔓草，金の糸——が，この寄生植物の生き方をあらわしているとも言える．ネナシカズラは葉がなく，黄色がかったオ

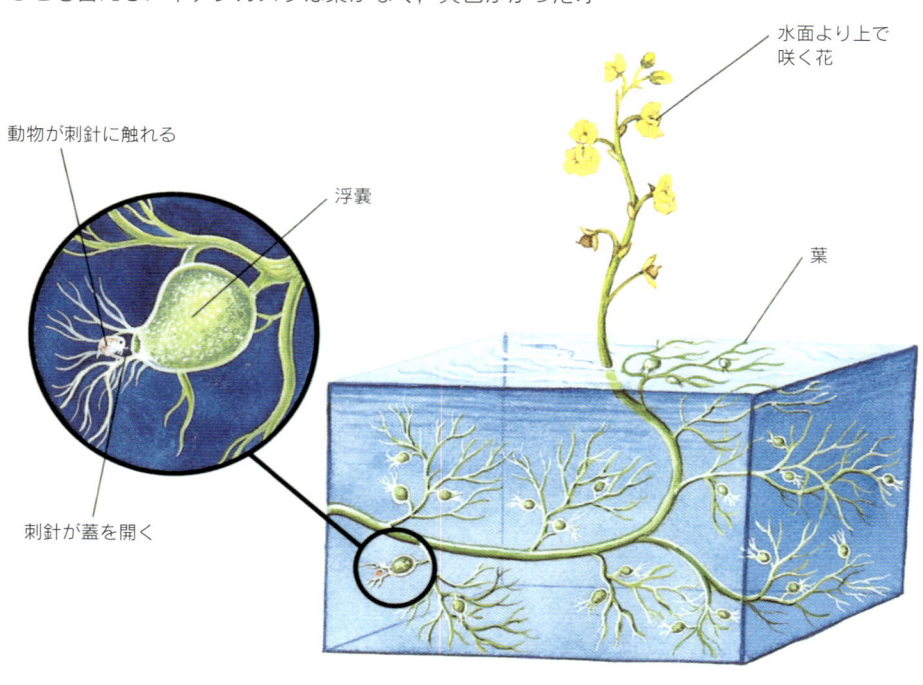

△ウツボカズラ（サラセニア類の植物）は葉が変形してできた罠をもっていて，その中にある液体で昆虫を捕らえる．これはアジアに生育する *Nepenthes rafflesiana* で，その壺形の部分はふつう長さが15cm，幅が5cmほどであるが，中には長さが30cmに達するものもある．

◁タヌキモはその浮嚢で餌を捕らえる．その外側に生えている毛に小動物が触れると，嚢（袋）の蓋がぱっと開き，流れ込む水と一緒に餌も呑み込まれる．

△ハエジゴクの葉は，茎のような葉柄（ようへい）と半開きの葉裂片2枚からなっており，葉裂片の外縁には歯が並んでいる．昆虫が止まると葉は閉じて，歯が組み合わされる．少し大きな昆虫であれば逃げ出すことができず，徐々に消化されてしまう．

△モウセンゴケは葉に触角をもっており，その触角の先端には粘液の小さい滴がついている．それに魅せられた昆虫がそれに触れると逃げることができない．多数の触角が，網のようにそれにまとわりつくからである．この写真は南アフリカ産のケープ・モウセンゴケ（Drosera capensis）で，観賞用に栽培されることもある．

レンジ色の細い茎だけの植物で，宿主にまとわりつき，隣りの植物も巻き添えにして，すべてをこんがらがった塊にしてしまう．ネナシカズラは，土中で発芽したときはふつうの植物と同様の根をもっているが，成長すると特殊化した根を出すようになり，それが宿主植物の中に侵入して栄養分と水を奪う．そうなると，最初に出たふつうの根は機能しなくなり，ネナシカズラは完全に宿主植物に寄生することになる．

クリスマスの装飾に用いられるヤドリギは半寄生植物である．というのは，ヤドリギは緑色の葉をもち，自分自身光合成を行うにもかかわらず，他の栄養分を宿主に仰ぐからである．ヤドリギには多数の種類があり，米国産のものは主として Phoradendron serotinum であるが，その他の種の Phoradendron もヤドリギと呼ばれる．ヨーロッパ産のヤドリギ（Viscum album）はリンゴ，カシその他の樹木に寄生する．花はハエによって授粉され，種子は鳥によってばらまかれる．鳥は，その魅力的な白い実をついばむが，まずいので，嘴（くちばし）を枝にこすりつけてその掃除をする．すると，そのときヤドリギの種子が樹皮の割れ目に入り，後日発芽するというわけである．

多くの植物は，その授粉の媒介をする昆虫との間に緊密な関係を築いてきた．たとえばアリストロキア（Aristolochia durior），蛇草（A. serpentaria），アルム（Arum maculatum）などの花は，強いにおいを発して昆虫を誘い寄せ，花弁の内側に下向きに生えた毛で昆虫が逃げられないようにする．その間に葯（花粉袋）が成熟してはちきれると，昆虫は花粉まみれになる．そうなったところで毛がしおれ，昆虫は飛び立って行く．

その他の植物で，壺形の特殊な葉をつけるものがある．ある種の植物はそのような壺形の葉の中に雨水をためる．上に述べたような植物と昆虫の間の緊密な関係からすれば，植物が昆虫を壺形の葉の中に捕らえてそれを食べるのはいとも簡単なことである．食虫植物には約400種あり，そのすべてが変形した葉を罠にしている．しかし，栄養の摂取方法として昆虫を食べるのはあまり効果的な方法ではないので，食虫植物が生育する場所は概して，そうする以外に栄養をとれないような所に限られる．沼地のほとりの苔（こけ）むした岩の上とか，池の開水面の中とかである．

タヌキモ（Utricularia vulgaris）は小さな水生植物で，根をもたないが，葉や花をつけた水に浮く茎のほか浮嚢（bladder．浮き袋）をもっているところから，英語名では"bladderwort"と呼ばれる．浮嚢は小さな袋で，ふだんはその蓋が閉じていて，中の水圧が外より低くなっているが，水中の小動物（昆虫の幼生，ミジンコ，蠕虫など）が蓋に生えている毛に触れると，蓋がぱっと開き，水もろとも浮嚢の中に吸い込まれる．すると蓋が閉じ，タヌキモが分泌する消化液で溶かされ，栄養物が吸収される．15分から30分後には廃液が外へ出され，浮嚢は元の状態に戻る．

ウツボカズラは，マツだけが生える荒地とか，海岸の湿地，あるいは熱帯の森の中に生育する食虫植物で，その葉が壺形に変形している．壺の内側の上部には硬い毛が下向きに生えており，甘い花蜜を分泌する腺が縁から壺の内部の下の方へ通じている．花蜜に誘惑された昆虫がその硬い毛に触れれば，もう逃れることはできない．毛の下の壺の内面がつるつるに滑りやすくなっていて足掛かりになりうるものがないから，虫は壺の底の消化液の中に落ちるよりほかないのである．

北アメリカ産のウツボカズラ類には，北西地方のコブラ草（Darlingtonia californica）や，東部に見られる瓶子草，またはふつうのウツボカズラ（S. purpurea）を含むサラセニアの8～9種がある．旧大陸産のウツボカズラ類70種はすべて Nepenthes という属に属し，マダガスカルからオーストラリアにかけての熱帯に分布している．中には，壺の長さ30cm，容積が2ℓに達するものもある．オーストラリア南西部産のハエトリソウ（Cephalotus follicularis）はユキノシタの仲間である．

モウセンゴケは，ウツボカズラ類とは違った方法で餌を捕る．その葉の一部が敏感な触角をもち，その先端に昆虫にとって魅惑的な露をつけている．ところが，この露が鳥もちのようなもので，これに止まった昆虫はくっついて離れることができない．しかも，触角が寄り集まってきて昆虫をがんじがらめにしてしまう．モウセンゴケの仲間で最も広く知られているのはハエジゴク（Dionaea muscipula）で，観賞用に栽培されることも少なくない．

植物内での物質の輸送

　植物が水中に浮かぶ1個の細胞に過ぎなかった間は，生命の営みは単純なものであった．栄養物は，細胞壁を通して取り込めばそれで足りた．しかし，陸上で生活する大型の植物になるとそれでは済まない．大気中の二酸化炭素から炭素を，そしてその他の栄養物をすべて土壌の中から摂取しなければならない．栄養物が植物の体内に取り込まれたならば，それを体内各部の細胞に送り届ける手段が必要になる．だが，アメリカスギの大木ともなれば，てっぺんの葉と根との間の距離は相当なものである．

　スギゴケは維管束植物の1つで，茎あるいは幹の中に2種類の管の束をもっている．木部と師部で，それらが根から吸い上げた水と栄養物の体内各部への輸送に当たる．

　木部の組織をもつようになった最初の植物の細胞は，おそらく現在の針葉樹の細胞と同様のものであった．仮道管と呼ばれる細長い先の尖った細胞で，次の細胞の端に重なり合い，しかもその部分に穴が開いているから，水は両方の細胞を通り抜けることができる．したがって，仮道管細胞が連なれば1本の長い管と同じことになる．

　大部分の顕花植物（花を咲かせる植物）は，仮道管細胞が進化した道管要素（仮道管細胞より太く短いもの）をもつ．この道管要素は中空の円筒型細胞で，末端の隔壁がなくなって次の導管要素とつながっているので，仮道管よりも効率よく水を通す．

　仮道管細胞も道管要素も，その側壁はリグニンという硬い物質で補強されている．もっとも，細胞が若いとき（細胞壁の組織が木部になる以前の原生木部である間）はリグニン層が環状からせん状をなしているだけなので細胞は大きくなりやすいが，のちにリグニン層が広がると細胞壁が水を通さなくなり，細胞は死ぬ．しかし，それでも細胞の両端の穴は開いたままなので，水は引き続き仮道管あるいは導管要素の中を通ることができる．

　要するに，木部は死んだ細胞の集まりで，その部分がいわゆる木材である．裸子植物の一部と被子植物の全部は，こうしてリグニン化した厚い繊維質の壁の道管をもつことになり，これが根から吸い上げた水を体内各部へ運ぶ．しかし水が吸い上げられる高さは，アメリカスギのような大木の場合には100m以上に及ぶ．したがって，水の吸い上げは，根の部分だけでは不十分で，葉の裏にある気孔によって助けられなければならない．

　気孔は，光合成のために必要な二酸化炭素を吸い込み，代わりに酸素を放出する孔であるが，このガス交換が行われている間に，水分が気孔から蒸発する．すると細胞内の水圧が低下し，浸透作用によって下に続く細胞から水が入ってくる．そして，その繰り返しが根まで続く．

　しかし，この浸透作用だけでは水をそんなに高い所まで

2．生命活動

▷植物の幹の断面図．表皮の内側に厚角組織があり，そのまた内側に柔組織と呼ばれる部分があり，他のタイプの細胞が含まれている．木部と師部で維管束を構成する．維管束は，繊維細胞とリグニンが滲み込んで硬くなった厚膜組織によって強化されている．

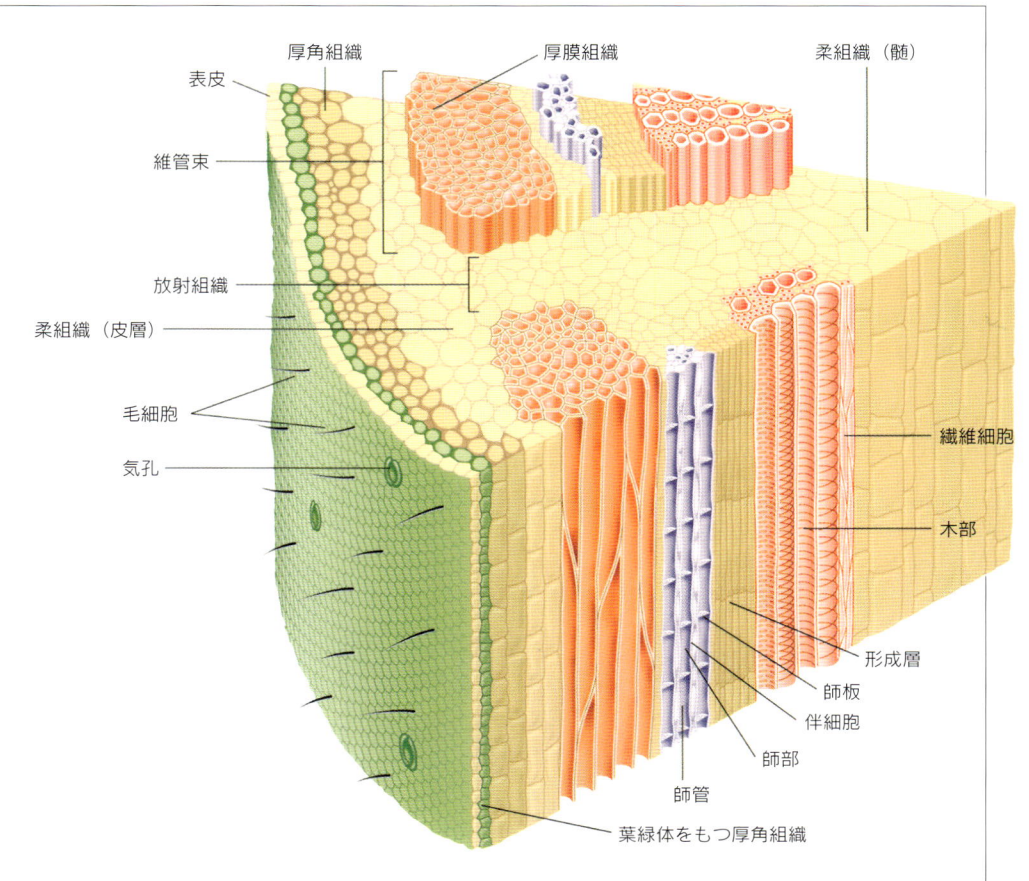

◁水は根から葉へ流れ，葉の気孔（1）から蒸発する．水分が失われると，より多くの水が根（3）と，幹（2）の中の木部を通って引き上げられ，補給されるから，植物の体の中には切れ目なく水が続いていることになる．水は毛根（4）を経て木部へ入る．カスパリー線はゴム状の物質で，水の通り道を生きた細胞の中だけに限り，幹の中心部の内皮の壁を通らないようにする．

（labels: 厚角組織, 厚膜組織, 柔組織（髄）, 表皮, 維管束, 放射組織, 柔組織（皮層）, 毛細胞, 気孔, 繊維細胞, 木部, 形成層, 師板, 伴細胞, 師部, 師管, 葉緑体をもつ厚角組織）

吸い上げることはできない．実は，水自身がその上昇を助けていると言える．というのは，水の分子は，1つの分子の酸素と隣りの分子の水素との間で，水素結合により互いに結びついているからである．幹の部分を通って連続した水の柱があるから，道管の一端からの水の喪失は，水素結合により管の残りの部分を通しての張力を生じ，水を上へ引き上げる．その上，水の分子は逆の電荷をもつ道管の内壁の分子にしっかりとくっついているから，その内壁からすべり落ちることもない．

木部は，土壌から吸収した水と栄養物を植物の体の各部分へ送る．師部は，葉でつくられた炭水化物を体内の生きた細胞へ届ける．有機物を含んだ溶液が輸送されることを転流という．

師部の構造は木部のそれより複雑である．師部は，縦につながった円筒形の師管細胞の束でできている．成熟した師管細胞は核をもたず，その細胞質は管の内壁に押しつけられている．師管細胞の端同士はくっついているが，その継ぎ目のところに師板があり，それに多数の孔が開いていて，その中を原形質連絡という細胞質の糸が通っている．その孔の開き方が篩（ふるい）に似ているために，師板（←篩板）とか師管（←篩管）とか呼ばれるわけである．［訳注：「篩」の文字が当用漢字にないために，一般に「師」が使用されている］

師管細胞は，木部の細胞と異なり生きた細胞であるが，それが生きていられるのは伴細胞の助けがあるからである．伴細胞も円筒型の細胞で，師管細胞の間に挟まれている．核を有し，細胞のエネルギーをつくり出すミトコンドリアを多数含んでいる．伴細胞の細胞壁は非常に薄く，その細胞壁を通る多数の原形質連絡で師管細胞につながっている．

植物の細胞の外側は，細胞膜という膜でできているが，この膜は特定の物質だけを選択的に通す．ある種の分子は，細胞内の濃度が外より低ければ細胞内に浸透するが（受動輸送の例），その輸送速度は徐々であるから遅い．それに対して能動輸送の方は速い．能動輸送というのは，細胞膜の中の特殊化したタンパク質がある分子を捕まえて細胞内に引き込む（あるいは引き出す），もしくはタンパク質が細胞膜に孔を開けて特定の分子だけを出入りさせるケースである．種々の化学物質は，こうして木部や師部に入ったり出たりしながら，能動輸送または受動輸送によって体中の細胞の間を運ばれる．

▽師部は，水を通す師管よりなる．その個々の細胞は師管要素と呼ばれ，伴細胞からエネルギーの供給を受けて生きている．

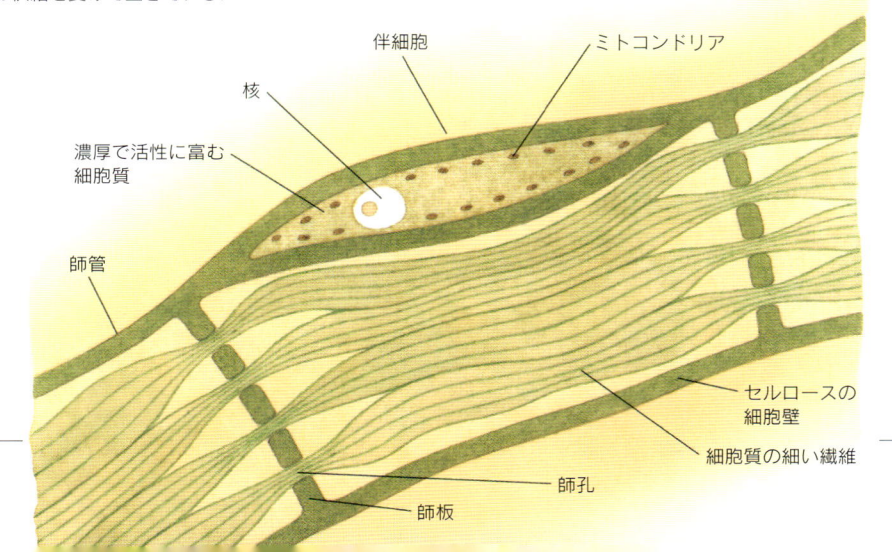

（labels: 伴細胞, ミトコンドリア, 核, 濃厚で活性に富む細胞質, 師管, セルロースの細胞壁, 細胞質の細い繊維, 師孔, 師板）

葉 と 根

維管束植物（木部と師部をもつ植物）の場合には，葉と根が栄養摂取の上で重要である．葉は光合成によって炭水化物をつくり，根は土壌から水と無機質の栄養分を吸収する．

葉の形と大きさは驚くほど多様である．花を咲かせる植物の典型的な葉は，平たい葉身とそれについている葉柄からなる．葉柄は，葉ができるだけ多く光に当たるようにそれを支える．葉脈は栄養物の輸送管であり，木部と師部が並んで束になったものである．カシやバラのような双子葉類の場合には，葉柄から伸びた主脈が中央を走り，それから多くの支脈が左右に出ている．それに対して，ほとんどの単子葉類（イネ科の草，タマネギ，トウモロコシ，ユリなど）の場合には，葉脈がすべて縦方向に平行して走っている．もっとも，それらの平行した葉脈の間をごく細い葉脈がつないでいる．葉柄はなく，代わりに，葉のつけ根が鞘のようになって茎を包んでいる．イネ科の草の葉はこのタイプである．サボテンその他の砂漠の植物は，葉の中に水をためるので，葉が肉厚になっており，その外側は水の蒸発を少なくするためにワックス状の物質で覆われている．針葉樹の場合も，水の蒸発を減らすために葉が針状になったり，重なり合った小さな鱗状のものになったりしている．

すべての植物の葉は，その多様性にもかかわらず，ほとんど同一の構造をもつ．葉の大部分は柔細胞よりなる．葉の柔細胞は特殊化していない細胞で，植物のすべての細胞に分化する前の形質を有している．細胞壁の中に核や細胞質があり，液胞と呼ばれる液体のつまった空間もあるが，液胞の大きさはまちまちである．

柔細胞は葉の大部分を占めるが，葉肉層と呼ばれる葉の中心部では海綿状の組織を形成する．それらの細胞はソーセージ状または丸い形をしていて，中に葉緑体（光合成を行うもの）をもつ．細胞同士の結びつきは緩やかで，間に空気を含む空間があり，気孔につながる．気孔の主な機能は，二酸化炭素と酸素を葉から出したり入れたりすること，つまりガス交換である．

ただし，葉の上面のすぐ下にある柔細胞（柵状組織細胞）は柵の丸太のような形でぎっちり詰まって並んでいる．葉緑体を含んでいるから緑色をしている．葉緑体は細胞の中で動く．光が弱いときは細胞の上の方に集まり，明るくなると底の方へ移動する．

葉脈は厚角細胞と厚壁細胞に包まれている．これらの細胞は葉の先端にもあり，堅くて，葉の形を保つ．厚角細胞は細長く，その壁は，厚さはいろいろであるが，リグニンという硬い物質で補強されている．厚壁細胞の方は，長いものは繊維に，丸みを帯びたものは厚壁組織になってゆく．リグニンが厚壁細胞を完全に取り囲んでしまうようになると，その細胞は死ぬ．

厚角組織と厚壁組織と葉脈が一緒になって葉の維管束組織を構成し，海綿状の葉肉と柵状組織細胞が基本組織を形づくる．もう1つの種類の組織である表皮組織は外側の保護層を形成する．

表皮細胞は煉瓦に似た形をしており，それが層になって表皮を構成する．陸生植物の表皮細胞はクチクラというワックス性の物質を分泌して防水層をつくり，それで葉の外側を覆う．クチクラは水の蒸発を抑えるためなので，水生植物にはその必要がない．

表皮には小さな孔（気孔）が多数あり，それを通してガス交換が行われ，また水が発散される．各気孔を2つの孔辺細胞が囲んでいて，孔の開き加減を調節し，水分が不足気味のときはこれをぴったり閉じる．通常，気孔は葉の上

△ふつうでない位置から伸びた不定根．このトウモロコシの場合には主茎の根元から伸びている．

▽根はさまざまな形をとるが，2種に分かれる．主根は垂直に下方へ伸び，横へも主根から細い根が出る．ひげ根は，細い根がからまって塊になったようなもの．根はふつうでない部分（茎など）から出ることもあり，これは不定根と呼ばれる．

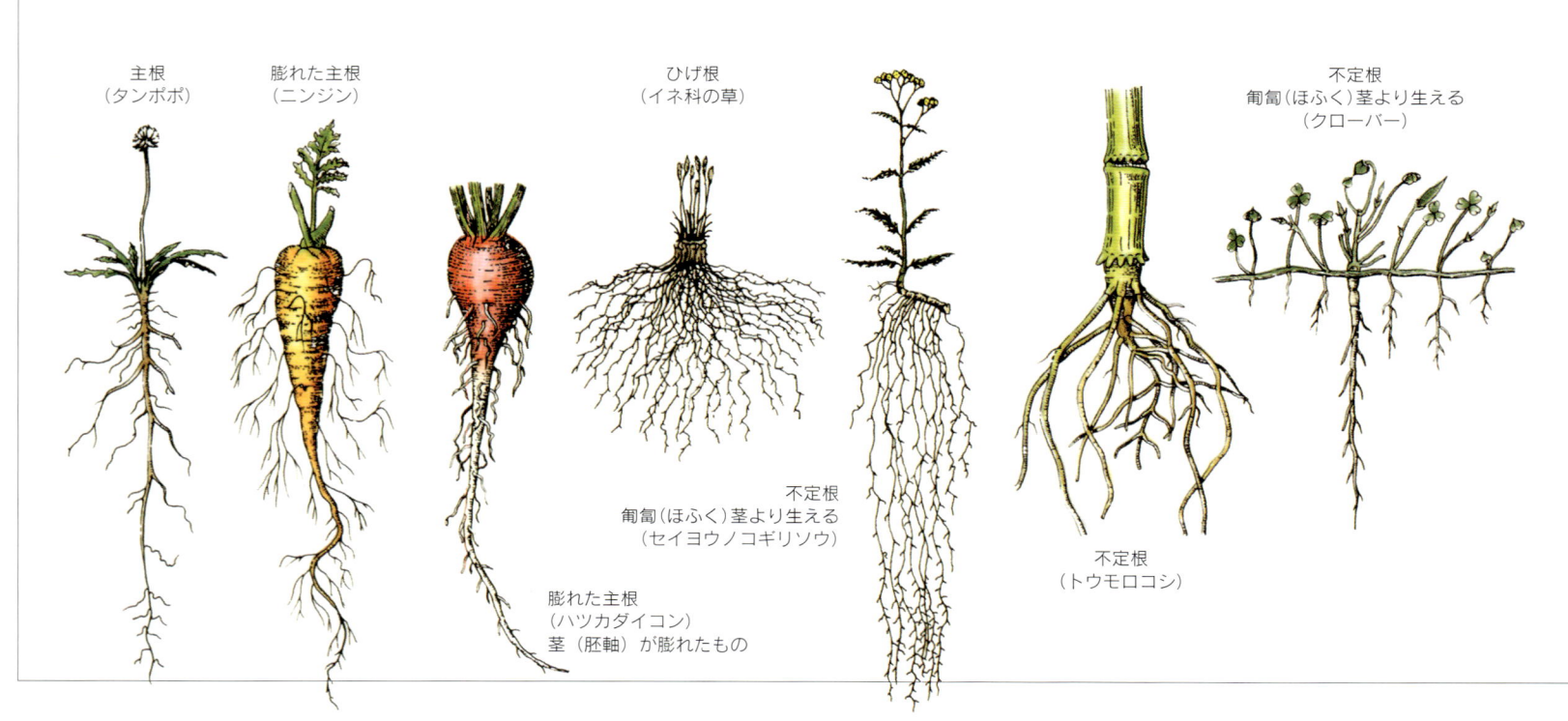

主根（タンポポ）

膨れた主根（ニンジン）

膨れた主根（ハツカダイコン）茎（胚軸）が膨れたもの

ひげ根（イネ科の草）

不定根　匍匐（ほふく）茎より生える（セイヨウノコギリソウ）

不定根（トウモロコシ）

不定根　匍匐（ほふく）茎より生える（クローバー）

2．生命活動

▷植物の葉の断面図．表皮の上をワックス性のクチクラが保護している．表皮の下に柵状葉肉細胞があり，その中で光合成が行われる．葉の厚みの中央部は海綿状の葉肉細胞でできていて，そこでガス交換が行われる．この層につながる気孔は孔辺細胞により開閉される．木部と師部は中肋（ちゅうろく，主脈）の中や支脈に沿って走る．

クチクラ
上面の表皮
葉脈
木部
師部
柵状葉肉
海綿状葉肉
孔辺細胞
気孔
下面の表皮

△イネ科の草は，地面のすぐ下に繊維のように細い根を多数伸ばし，そうすることによって土壌の粒子をつなぎ留める．葉を縦に平行に走る長い葉脈は単子葉類の特徴である．

面には少なく裏面の方に多い．上面は太陽光に照らされて温まりやすく，陰になる裏面より水分の蒸発が多いからと考えられる．しかし，ガス交換は両面で同じように行われる．

　根も表皮の層をもつ．細胞壁は薄く，クチクラ層はない．根の先端から少し上の表皮層では，薄い細胞壁の管状根毛として外側へ伸びる特殊な細胞がつくられる．根毛は，根が土壌と接する表面積を大きくするために出されるもので，水と無機物質を吸収する．

　根の表皮の内側にある皮層は柔細胞よりなり，それらの細胞の間には多くの空隙がある．根の細胞の呼吸に必要な空気を確保するためである．根は，空気を取り込むことができなければ死んでしまう．マングローブのような沼地に育つ植物は，輪や瘤(こぶ)になった根の一部を水面上に出して空気との接触を保っている．

　皮層の中心部には細胞1層の厚みの内皮があって，これが維管束を取り巻く．その維管束と内皮の間にある厚壁細胞の層は内鞘(ないしょう)と呼ばれるもので，維管束をさらに保護している．中心柱を形成する維管束は木部が始まるところである．内皮細胞の内側は，コルク質という脂肪分の多い物質で覆われており，このコルク質がカスパリー線になっている．カスパリー線は，おそらく，水が皮層から維管束へ，そして木部へと入って行くときの誘導役をつとめているのであろう．

　根系には2つのタイプがある．1つは，種子が発芽する際，幼根がまっすぐ土中へ伸びるタイプである．この最初の幼根が成長すると，小さな根が横へ張り出す．これが主根を中心とするものである．もう1つのタイプでは，最初の幼根は間もなく死んで，代わりに不定根と呼ばれるものが多数出る．不定根は若い植物の茎の根元や葉のつけ根から生じることもある．不定根はどれも大体同じ長さや太さのもので，土中で四方八方へ伸びる．ただし，地面からそう遠くまでは届かず，茎の根元でひげ根がからみ合った感じである．タンポポやカシの樹の根は主根型で，イネ科の草の根はひげ根型である．

動物における体内での食物処理

　すべての動物の生命は不断に食物をとることにより維持される．食物は分解されてエネルギーを生む．さらに細かく分子のレベルにまで分解されたものは他の物質と結合してその体の一部になる．

　食物を摂取し，分解し，吸収する仕方は，動物の食餌習慣と体の構造によって異なる．クモやハエなど，若干の動物は，餌を口に入れる前に，その一部を消化してしまう．消化酵素を分泌して餌になすりつけ，その酵素の働きで溶かされ液体になったものを啜るのである．しかし大部分の動物は，水に溶けない複雑な有機物からなる食物の塊をそのまま摂取し，体内で消化する．消化の結果得られたものは体液中に溶けて吸収される．そして，食物の中の消化されずに残った部分は体外へ排出される．

　動物では，その消化系の酵素が体の他の部分とは別に，独自に働く必要がある．食物は長い消化管の中を通って行くときに消化酵素の作用を受ける．消化管は胃，種々の腺，共生する細菌を宿す消化嚢，大腸・小腸・十二指腸などに分かれていて，それぞれに異なったタイプの消化を担当する．ある種の動物（ミミズやある種の鳥など）では，消化管の一部が強力な筋肉質の袋のようになっていて（砂嚢または前胃と呼ばれるもの），その中にある小さな硬い石が食物をすりつぶす．植物の細胞は消化しにくいので，概して草食動物は肉食動物より長い腸をもつ．植物繊維の分解

▷ヒトの消化系では，食物はまず口の中で砕かれる．唾液が食物の喉（のど）の通りをよくする．唾液中に含まれる酵素アミラーゼが炭水化物を消化し始める．胃の中の塩酸が細菌を破壊し，食物を酸性化する．胃の中の酵素がタンパク質を分解してペプチドへ変え始める．食物は十二指腸を通って小腸に入る．腸の皺（しわ）の寄った内壁に生えている多数の絨毛は，消化・吸収のための表面積を増やしている．肝臓でつくられた胆汁が胆嚢から分泌される．胆汁酸塩と，膵臓でつくられた重炭酸塩が脂肪の乳化（微細な分子にすること）を促進する．膵臓と腸の内壁から分泌される酵素がタンパク質，脂肪，炭水化物および核酸を分解する．水溶性の生産物は腸の絨毛の細い血管の中に吸収される．吸収された脂肪酸とグリセロールは絨毛の細胞の中で脂肪に再構成され，リンパ管へ運ばれて行く．大腸では水分が吸収され，血管を通って除去される．

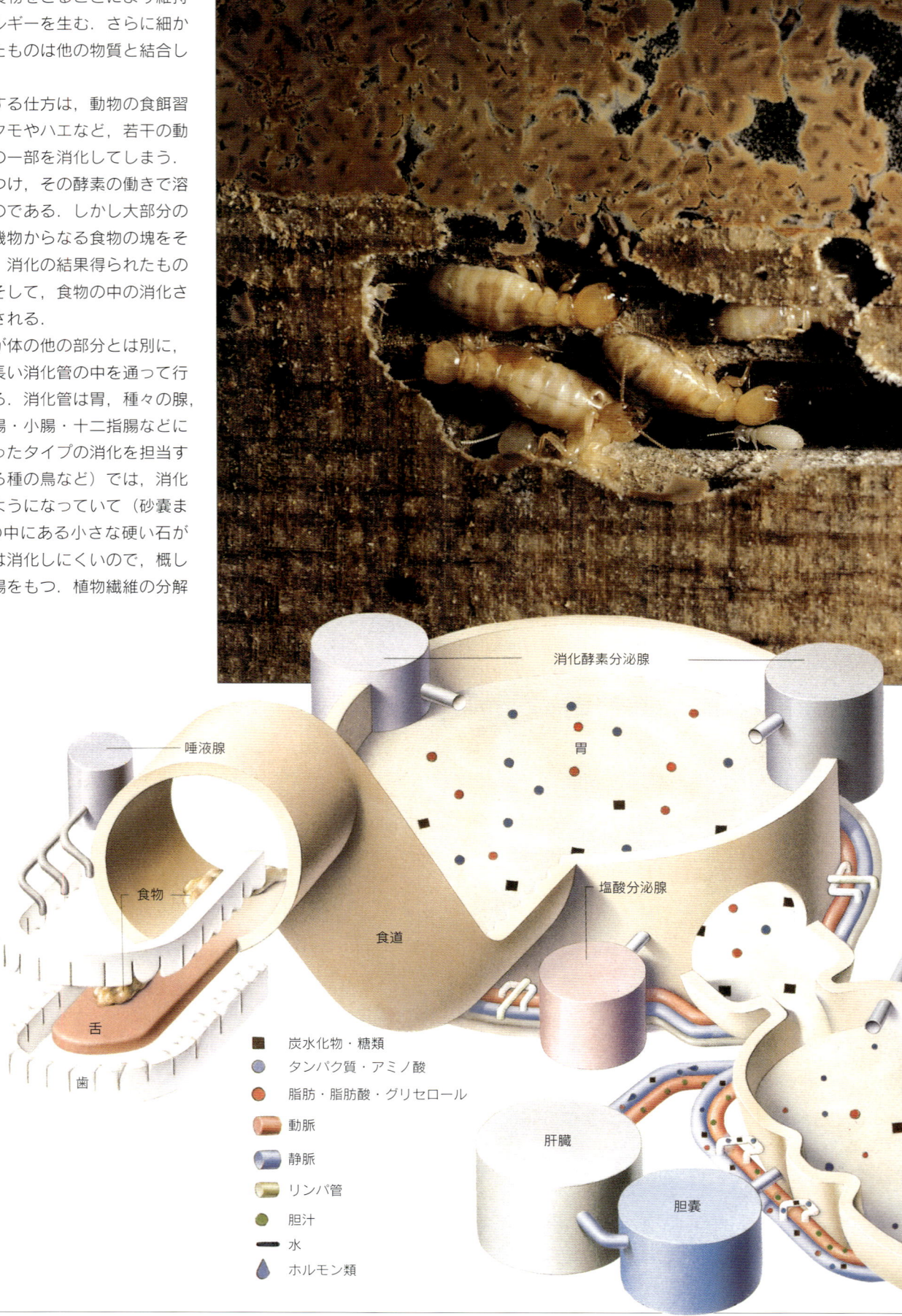

2．生命活動

△十分に餌を食べたワシ（タカ）の餌袋が膨れている．餌袋（えぶくろ）は食道の一部が膨れたもので，食物を一時ためておくのに使われる．餌を全部呑み込んでも，胃に余分な負担をかけないで済む．

◁木材は餌としては最も硬いものの1つであるが，シロアリはそれを食料とする．シロアリの消化器の中には100種以上の細菌や単細胞生物が住んでいて，それらが木材の繊維を分解し，栄養として吸収しうる物質に変える．

膵臓でつくられたホルモン
膵臓でつくられた消化酵素

小腸

大腸

を助ける細菌を宿す袋状のもの（盲腸など）を消化管の一部にもつ草食動物も少なくない．シカ，レイヨウ，ウシなどの反芻（はんすう）動物は，この種の消化が行われうるための特殊な胃をもっている．

　消化された食物は，消化管の内側の血管の中に取り込まれる．小さい分子ならば浸透によって消化管の壁を越えることができるが，そうでないものはエネルギーを消費して血管の中へ送り込まれる．こうして血液の中に入った食物（栄養物）が体内各部の細胞へ送り届けられるわけであるが，一部の脊椎動物の場合には，栄養物はリンパ系にも入って体内を巡る．消化済みの食物を摂取し，それを体内の構造の一部につくり変えることを同化という．

　消化，吸収および同化は，ホルモンと神経が制御している．感覚細胞が消化管の中の食物の状態に関する情報を脳へ送ると，ホルモンが働いて消化酵素その他の物質の分泌を促す．その際，腸壁の神経も一緒に作動して，腸の筋肉に蠕動（ぜんどう）運動（消化のための，波のうねりのような運動）を起こさせる．消化後，余った栄養分は，ふつうグリコーゲンの形で筋肉などの中に，あるいは脂肪の小球にして脂肪組織の中に蓄えられる．栄養分の貯蔵や放出・分解もホルモンによって制御されるが，その調節は血液の成分の変化に対応する．

老廃物の処理

　動物の体の物質代謝に関連して生じる多種多様な化学反応は，体に不必要なものもつくり出す．それらの物質のうち，あるものは他の化学反応の妨げとなり，またあるものは有毒の可能性がある．それで動物は，老廃物を体外へ排出する方法をいろいろと進化させてきた．

　老廃物には実に多くの種類のものがある．不必要な炭水化物は，通常，不活性の（化学的に反応しない）比較的大きな不溶性分子（グリコーゲンなど）または脂肪に転換されて体内に貯蔵される．タンパク質は毒性の強いものになりうるので，そのままでは体内に貯めておくことができない．それゆえ，より毒性の弱いものに変えられた上で体外へ排出される．すなわち，アミノ酸へ転換されたものが肝臓へ運ばれ，そこで脱アミノ化され，アンモニアと二酸化炭素に分解される．

　しかし，アンモニア自体は毒性が強い．ただ，アンモニアはすぐ水に溶けるので，魚類や水生動物の場合には，水に溶かして水中に放出すればよい．海洋性の魚類はアンモニアを排出することができない．そうすると体内の水分が大量に失われるからである．そこで，あるものはアンモニアと二酸化炭素を肝臓で結合させてトリメチルアミンオキシドと呼ばれる物質に，またあるものは尿素に，それぞれ転換して排出する．

　尿素はアンモニアより毒性が弱く，それを排出するときに必要とされる水も少なくて済む．ヒトを含む哺乳類がアンモニアを排出するのはこの方法による．しかし，それでも尿素の排出にはかなりの量の水を必要とするので，乾燥地帯に住む爬虫類や飛ぶときに体重を軽くしなければならない鳥類などの動物は，尿素を白っぽい尿酸の結晶につくり変える．体の体積の割には体表面積の大きい節足動物も，地上では体表からの水分の蒸発を抑えなくてはならないから，尿を尿酸の結晶の形にして排出する．なお，この形は，鳥などの卵の中で胚からの老廃物を貯めておくのにも便利な方法である．

　しかし，尿のほかにも処理を要する老廃物がいろいろある．呼吸作用の結果生じる二酸化炭素は各細胞から血液中へ滲み出し，肺または鰓へ運ばれて，そこで体外へ排出される．肝臓で古い赤血球が破壊されるとその中の色素も破壊され，いったん胆嚢に蓄えられたあと腸の中へ放出され，糞の一部となる．肝臓はまた，体にとって好ましくない種々の物質を分解する．たとえば，余計なホルモン，体外から侵入した細菌によってつくられた毒素，植物性食物の中で有毒な物質や薬物，それに多くのヒトにとってのアルコールなどである．

　動物の体液や細胞の中にはさまざまな物質が溶けている．動物の細胞を包んでいる細胞膜は，いつでもすべての物質を通すわけではない．水は，細胞内の液体の濃度の方が高い場合に，浸透により細胞内へ引き入れられる．こうして細胞内の濃度が変化すると，細胞の中で進行中の化学反応が混乱することがありうる．細胞が破裂することさえある

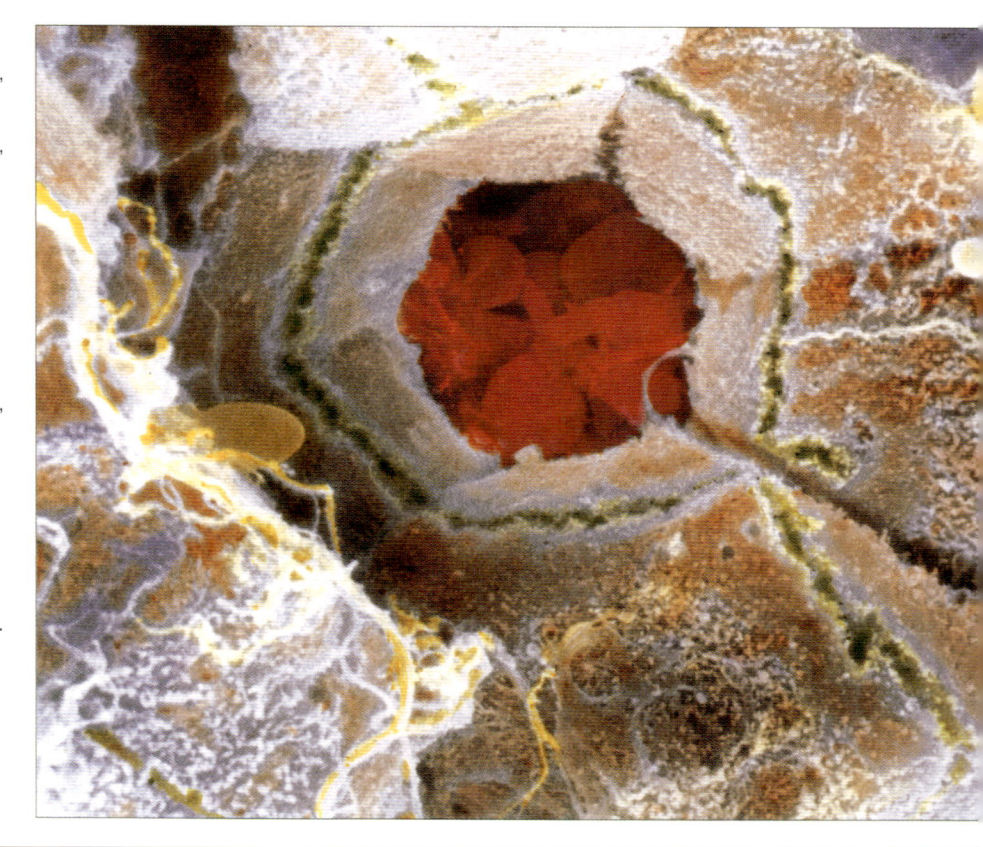

2．生命活動

◁アフリカ南部のナミビア沖のシンクレア島に産卵のために集まった鵜．岩は厚いグワノ（鳥の糞が固まったもの）で覆われている．グワノは硝酸塩とリン酸塩に富むので，肥料として世界各地で利用されている．南太平洋の島ナウルからは，かつて年間200万トンものグワノが輸出されていたが，近年その量は激減しつつある．

かもしれない．過剰な水は細胞の外でも問題を引き起こす．血液中に余分な水があればそれによって血液の量が増えるから，心臓は余計に鼓動しなければならなくなる．

余分な水分の処理は，淡水中に住む動物にとって特に問題である．海水面で生活する動物には正反対の問題が起こる．海水の濃度は体液のそれより高いから，浸透によって水分が彼らの体から海水中へ失われがちなのである．液体の濃度をコントロールすることを浸透圧調節という．多くの老廃物が溶液の形で排出されることからすれば，動物の排出器官が二重の機能をもつ——老廃物を排出するだけでなく，水と血液その他の体液中に含まれる塩分の制御もする——ということは驚くに当たらない．

非常に小さな動物の場合には，老廃物は単に細胞膜を通って体外へ滲み出るだけであり，その際の濃度の調節は細胞内にある収縮胞によって行われる．ヒドラのような小さな多細胞動物は老廃物の大部分を口から吐き出す．大型の動物では，体液の中から老廃物を抽出し，それを腎臓などの独立した排出器官の中を通す．そして水と塩分の含有量が調整されたのち体外へ排出される．哺乳類では，適切なバランスは，血圧，浸透圧，神経信号，およびホルモンの変化を検出する効果器の相互作用により維持される．

△糞の山の上にとまるヨーロッパ産のウ（鵜）．鳥類の糞は水気が少なく固い．水分が多いと飛行中の体を重くするからである．

◁肝臓の小葉の写真．そこを通って血液が流れ，肝細胞により清浄化される．シヌソイドのまわりにある茶色に見えるのが肝細胞．胆汁が微細な毛細管（緑色）の中へ押し出されている．

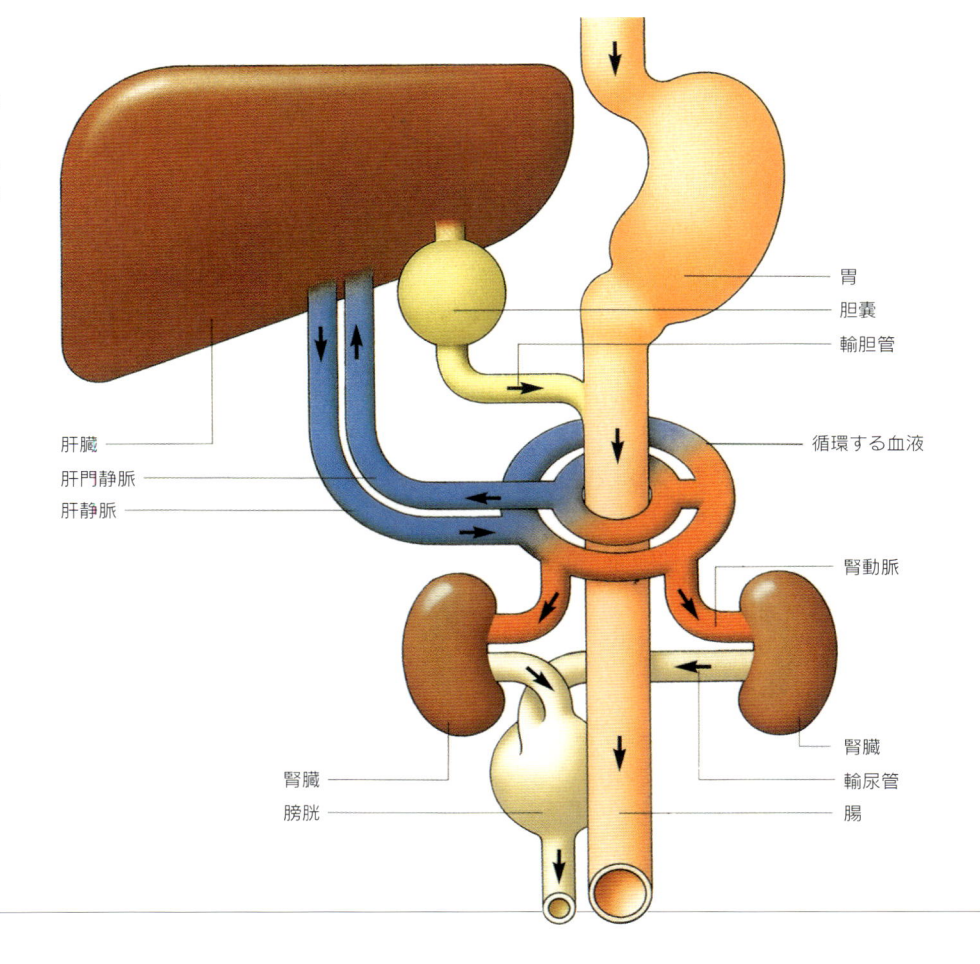

胃
胆嚢
輸胆管
循環する血液
腎動脈
腎臓
輸尿管
腸
肝臓
肝門静脈
肝静脈
腎臓
膀胱

◁消化された食物が胃から腸へ入ってくると，腸のまわりを取り巻く血管網によって栄養分が吸収される．種々の栄養分は血液によって肝臓へ運ばれる．肝臓で，余分な糖は不溶性の炭水化物グリコーゲンとして蓄えられる．あるいは，体が必要とする場合はグリコーゲンが糖へ戻されて血液の血糖値を高める．糖以外の栄養分はビタミンその他の有用な物質へ変えられる．もしそれらに余分なものがあれば，体の物質代謝の妨げにならないような不活性な化合物へ転換され，貯蔵される．同じく肝臓で，使命を終えた赤血球は破壊され，腸内へ移され，他のものと一緒に排出される．肝臓はまた，アルコールや薬物のような毒素も他の物質に変えるが，それらは腎臓で排除される．タンパク質を消化して得られたアミノ酸も，肝臓によって他の種類のタンパク質につくり変えられる．有害な物質の場合には，脱アミノ化作用によって解毒される．このときつくられるアンモニアは二酸化炭素と結びついて尿素になる．尿素は血液によって腎臓へ運ばれ，腎臓で血液から除去されるとともに，尿の中へ出される．

47

動物の循環系

　生物の進化の上で，循環系が出現した時期はかなり早かったのではないかと思われる．最初期の生物体の細胞の中でも，生命の維持に必要な化学物質はあちこち移動しなければならなかったはずだからである．移動の最も単純な形としての拡散は，水に溶解した物質が1つの細胞から隣の細胞へ移るだけなら十分に速いが，多細胞動物の体内で種々の物質を輸送する必要性からすると遅すぎる．それに，拡散には別の欠点もある．化学物質が拡散で移動する場合は，その移動の途中で他の化学物質と反応して壊れてしまう危険性がかなりあるということである．そこで細胞は，ある物質を輸送しようというときは，それを膜でくるんで，細胞内の残りの部分と区別する．それらの物質のうちのあるものは小胞の中に入ったままで移動するが，その移動には微小管（細胞の中にある微細な中空の管で，伸び縮みする柔軟なタンパク質でできているもの）が関係しているらしい．その他の物質は，小胞体とゴルジ体の平たい膜の袋の中を移動する．

　大型動物の場合も，その体内輸送の仕組みは細胞内輸送と同じことである．ただ，膜の代わりに，結合組織と筋肉繊維でできた管が用いられる．血液その他の体液は体中を巡り，栄養物，老廃物，酸素，ホルモン，抗体などを各細胞へ運んだり，各細胞から除去したり，あるいはまた体内に取り込んだり体外へ排出したりしている．

　最も単純な循環系では，繊毛とか鞭毛とかの脈打つ小さな毛が用いられる．鞭のような鞭毛（むち）や，何列にも並んで生えている繊毛が，海綿や多くの原生動物の中へ，またイガイの場合には篩（ふるい）状の鰓（えら）の上へ食物と酸素を含んだ水を招き入れる．哺乳類では，繊毛は，鼻や咽喉や肺から胃へ粘液を送るのに使われる．粘液が捕らえた異物の粒子が胃で無害なものに変えられるためである．繊毛はさらに，輸卵管の中の卵子を子宮の方へ押しやったり，腎臓の細管の中を液体が流れるのを助けたりもする．

　多くの陸生動物の場合に，空気を体内に取り入れ，または体外へ吐き出すのは筋肉の活動による．ふつう血液を循環させるポンプの役目を担うのは心臓であるが，ある種の無脊椎動物では主要な血管が心臓と同程度に重要な働きをする．ミミズや節足動物のような無脊椎動物は1個あるいは複数個の心臓をもっていて，それが体の中を縦方向に走る管の中へ血液を送り込む．すると，血液はその管の末端から漏れ出し，体腔に入ってまわりの細胞を潤す．心臓のポンプ運動は，また，管の先端から血液を吸い込み心臓へ引き戻すこともする．このような血液循環の仕方を開放循環というが，開放循環には大きな圧力（ポンプの力）を必要としない．

　それに引き替え，大型の動物の場合には，より強力な循環系が必要とされる．血液はより強い圧力で押し出されて細い血管の中を通り，管の外へ漏れ出ることはない．細胞

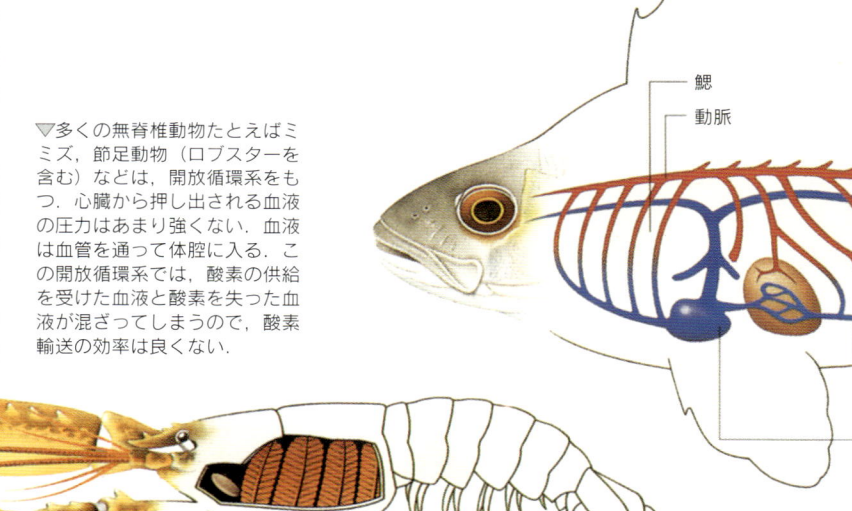

▽多くの無脊椎動物たとえばミミズ，節足動物（ロブスターを含む）などは，開放循環系をもつ．心臓から押し出される血液の圧力はあまり強くない．血液は血管を通って体腔に入る．この開放循環系では，酸素の供給を受けた血液と酸素を失った血液が混ざってしまうので，酸素輸送の効率は良くない．

魚類

鰓
動脈
静脈
心臓

節足動物

体組織
心臓
鰓
体腔

2．生命活動

■野ウサギ（左の写真）の薄い耳には細い血管が網の目のように縦横に走っていて，それらの血管から熱は容易に失われ，砂漠の熱気の中でも耳を冷やすのに役立つ．

魚類（左下の図）は単一の閉鎖循環系をもつ．心臓は血液を直接肺または鰓（えら）へ送り，そこで酸素の供給を受けた血液が体の各部を巡る．ただし，体の各部を巡る血液の圧力はあまり大きくない．血液はまず最初に肺や鰓の細い血管を通過しなければならないからである．

が必要とする種々の物質は，網目のように張りめぐらされた毛細血管の薄い壁を通って拡散し，細胞の中へ入って行く．同時に，老廃物はこれと逆方向で，細胞から血管へ浸透する．

しかしながら，血液にかかる圧力が強いだけに，血液の一部が毛細血管の薄い壁を通って漏れ出すこともある．そのような場合には，もう1つの血管系ともいえるリンパ系が，その漏れ出たものを集めて，低い圧力の段階で血液循環の本道へ戻す．この閉鎖循環系では，いつでも毛細血管の3〜5％が開放血管になっていて，各組織への血液供給の微妙な調整を可能にしている．

閉鎖循環の利点はこのほかにもある．閉鎖系内の高い血圧が腎臓の濾過作用を助け，老廃物の除去を効果的に行えるようにしている．酸素の輸送を血液に頼っている動物では，開放循環系の血液のように流れが遅いと物質代謝の速度が制限され，ひいてはすべての活動が緩慢にならざるをえない．昆虫がこの欠点を克服できたのは，呼吸のガス交換のためにもう1つ別の循環系をもつようになったからである．

哺乳類と鳥類の場合，体温を常時ほぼ一定に保つためには熱を早く体中に届ける必要があり，したがって速く流れて，しかも高い血圧の循環系が不可欠である．ある種の動物，特に冷たい水の中で長時間を過ごす海洋性動物などは，特別に進化させた毛細血管の仕組みを備えている．すなわち，細動脈（動脈の先端）と細静脈（静脈の毛細管部分）が並んで走っていて，両者の間で熱交換とガス交換ができる．——ということは，熱効率を高めるわけである．このような毛細血管の複雑な仕組みは，海洋性哺乳類の鰭足（ひれあし）だけでなく，海鳥類の足にも見られる．

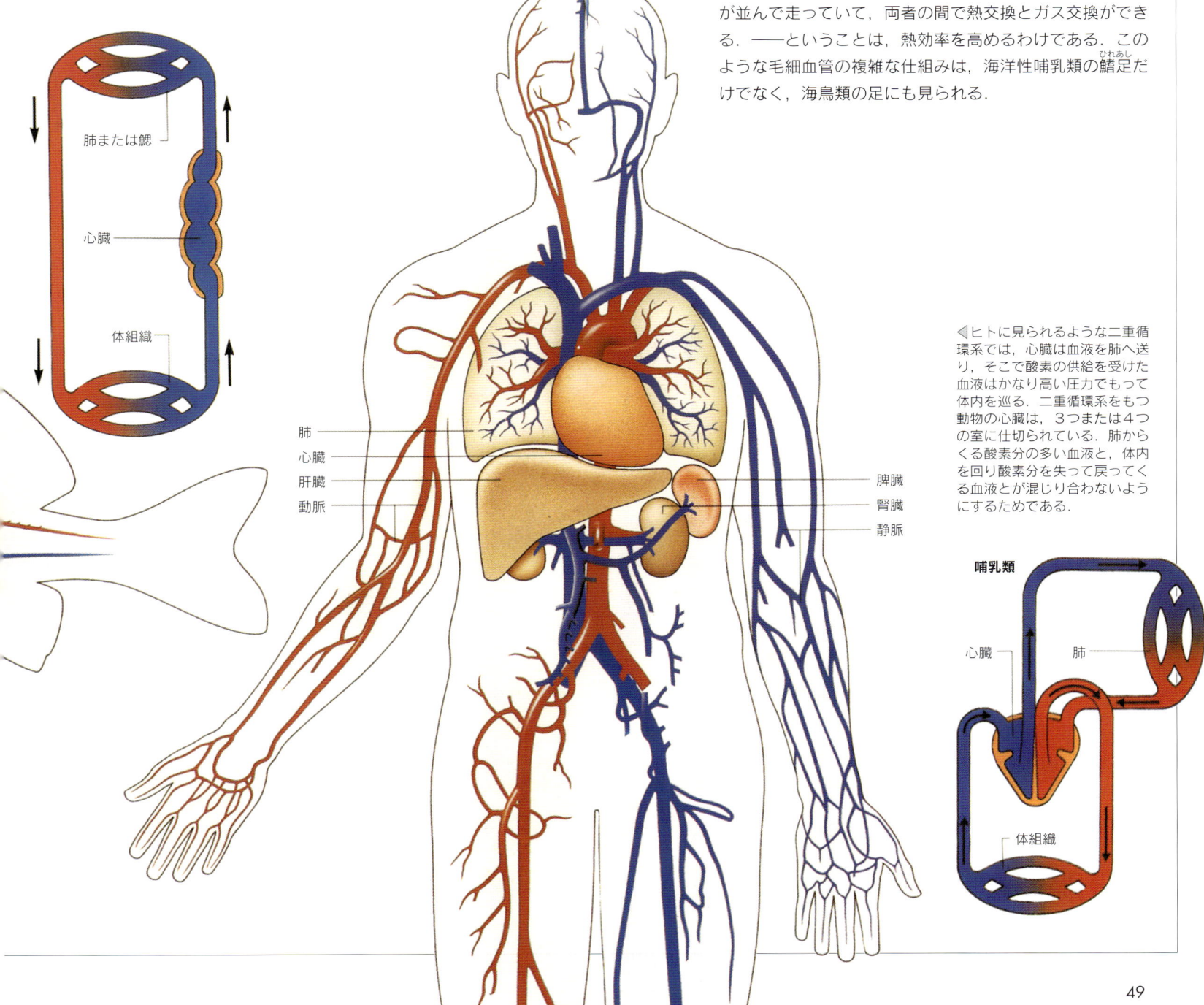

◁ヒトに見られるような二重循環系では，心臓は血液を肺へ送り，そこで酸素の供給を受けた血液はかなり高い圧力でもって体内を巡る．二重循環系をもつ動物の心臓は，3つまたは4つの室に仕切られている．肺からくる酸素分の多い血液と，体内を回り酸素分を失って戻ってくる血液とが混じり合わないようにするためである．

肺または鰓
心臓
体組織

肺
心臓
肝臓
動脈
脾臓
腎臓
静脈

哺乳類
心臓
肺
体組織

空気ポンプ

　ふつう，ヒトの体は約300億個の赤血球をもっているが，そのうちの20〜100億個は毎秒破壊され，新しくつくられるもので置き換えられている．それほど大量の赤血球がそれほどの速度で更新されているということは，肺から体の各部へ酸素を届ける赤血球の役割がいかに重要であるかを示していると言える．

　動物は，呼吸（酸素を活用し，二酸化炭素を放出すること）の過程を通じて必要とするエネルギーの多くを獲得する．多くの動物は肺または鰓を使ってガス交換を行う．細かい櫛の目のような鰓や，肺の多数の気胞は，そのガス交換のための表面積を大きくしている．ヒトの場合，体の表面積はせいぜい2m²に過ぎないのに，肺の気胞の表面積は合計すれば100m²に達する．

　鰓や肺胞を覆っているのは厚さが1,000分の5mm にもならないほどの薄い細胞の層で，その中をごく細い毛細血管が網の目のように走っている．毛細血管は組織の中でガス交換も行うが，その先端は，その場所で酸素が必要とされる度合に応じて開いたり閉じたりする．体が激しい運動をしているようなときには，筋肉の中の毛細血管の先端は，そうでないときの10倍も多く開く．

　大部分の動物では，血液が呼吸色素というものをもっていて，それが酸素の獲得能力を高めている．呼吸色素はタンパク質の分子であるが，しばしば鉄や銅などのイオンと結合して，酸素との強い親和性を示す．ヒトの血液は，ヘモグロビンをもたなければ容積にして0.3％の酸素しか運搬しないが，ヘモグロビンが十分にあれば，この割合は20％へ増大する．

　ヘモグロビンは，高い濃度で存在するとき（たとえば肺の中）は酸素を容易に取り込み，酸素の少ないところ（組織の中）ではそれをすぐに手放すという特性をもつ．もう1つの色素のミオグロビン（筋肉ヘモグロビンとも呼ばれるもの）は筋肉の中にあって酸素の貯蔵を行い，酸素が非常に少なくなったときだけ，それを放出する．アザラシその他の水中に潜って生活する哺乳類は，かなり長い時間呼吸を止めていなくてはならないことが多いので，大量のミオグロビンを体内にもっている．

　酸素を含む空気や水を体内に導入することを換気という．換気の仕方は動物によっていろいろである．魚類は，口を開けて水を吸い込むと同時にリズミカルに鰓蓋を開けたり閉じたりして，新しい水が鰓の間を通るようにする．カエルは，口を閉じたまま，鼻から空気を吸い込んでいったん口の中にため，次に鼻孔の弁を閉じ，口の底の部分を上へ持ち上げて，空気を押し出すように肺へ送る．息を吐くときも，口の底の部分を上へ狭める．カエルでは，ガス交換は口の内壁を通しても行われる．

　大多数の爬虫類と哺乳類は，肋骨を膨らませて胸郭をひろげ，胸郭内の圧力を減らして空気が肺の中に入るようにする．哺乳類では，胸腔を完全に閉ざしている横隔膜の筋肉を縮めることにより呼吸の過程が強められる．鳥類は，肺につながる気嚢をもち，それを胸骨と肋骨の運動で締めつけて呼吸する．

　換気に関する動作は，脳の中の呼吸中枢により調節される．一組の神経が呼気の動作を促し，もう一組の神経が吸気の筋肉を刺激する．肺の細気管支の張受容器が，呼気と吸気のどちらの組の神経が活性化されるべきかを，そのつど脳に教えるわけである．ヒトの場合には，呼吸を制御する仕組みが高度に発達しているので，口笛を吹いたり，歌を歌ったり，話をしたりすることもできる．

　すべての動物において，呼吸の速さと深さは，感覚器から送られてくる信号に呼応して変化する．その感覚器は血管や脳の中にあり，血液内の酸素と二酸化炭素の濃度および血液の酸性度の変化を常時監視している．受容器は，粘液，埃その他の異物によって刺激されれば，咳を誘発させる．

▽ヒトの換気系では，枝分かれした気管支と細気管支と袋状の肺胞がガス交換のために湿った広い表面を確保しており，網状の毛細血管が各肺胞を包む．気管と気管支，および細気管支の筋肉のまわりでは，環状の軟骨が，空気の通路を塞がれないように保っている．一種の表面活性剤が各肺胞を覆い，それらがくっついてダメになることを防いでいる．2つの肺は側膜に包まれている．この膜から分泌される油状の側膜液が，両肺間の摩擦や，呼吸時の胸郭壁との摩擦を緩和している．

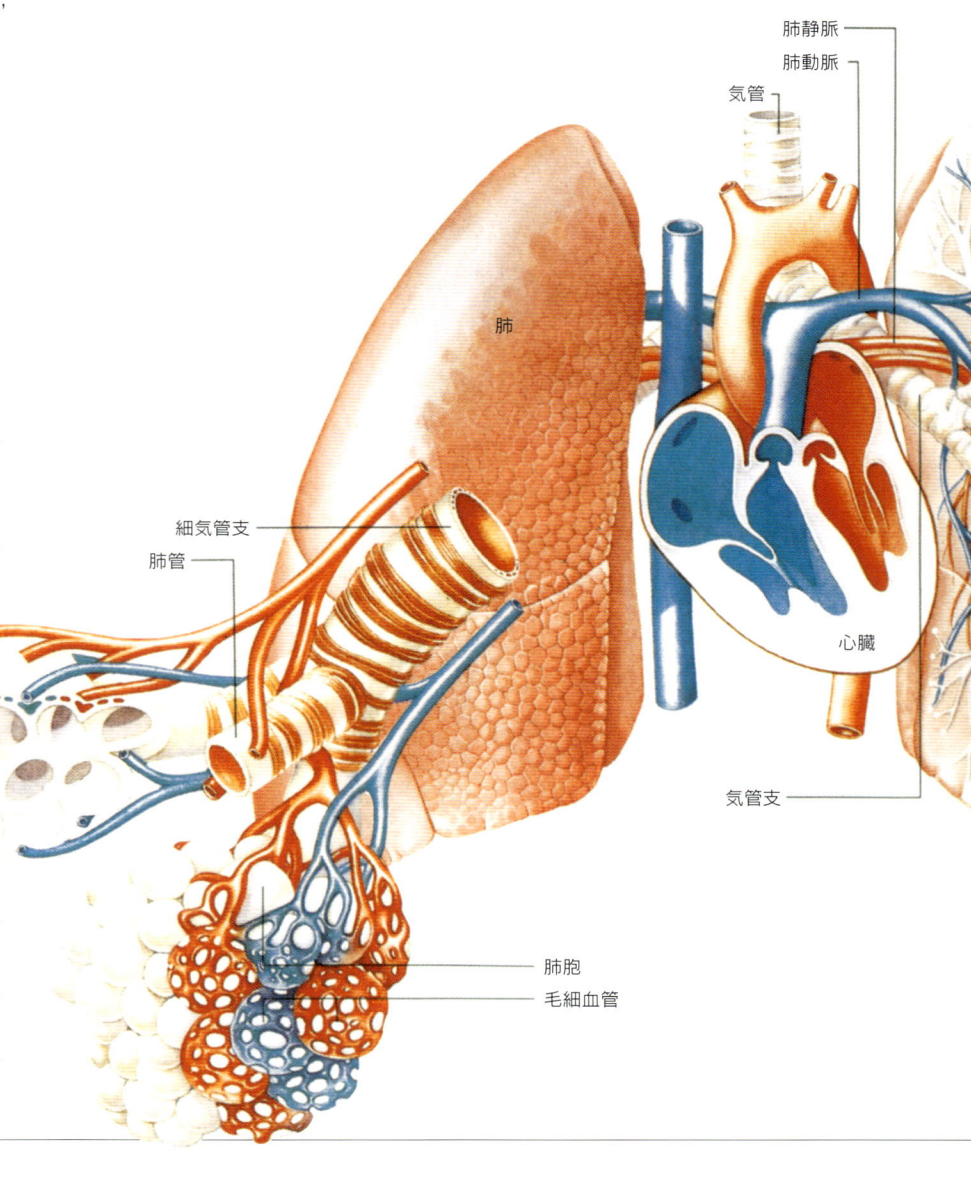

2．生命活動

▽クジラやイルカはときどき海面へ浮上してきて呼吸する．頭のてっぺんにある噴気孔を通して，水蒸気と空気の混じったものを吹き出し，代わりに新鮮な空気を吸い込む．水中に潜っている間は強力な筋肉で噴気孔を閉じている．

◁ウーパールーパー（またはメキシコサンショウウオ）は一種のサンショウウオで，成体になっても幼時からの外鰓（がいさい）を残し持っている．水はその鰓の間をゆっくり通過し，ガス交換に十分な時間をかけるようにしている．

△昆虫では，体表の呼吸孔に連なる細管が体内で多数の枝に分岐して各組織へ酸素を送る．この毛虫の呼吸孔は，各体節に見られる色のついた点々である．

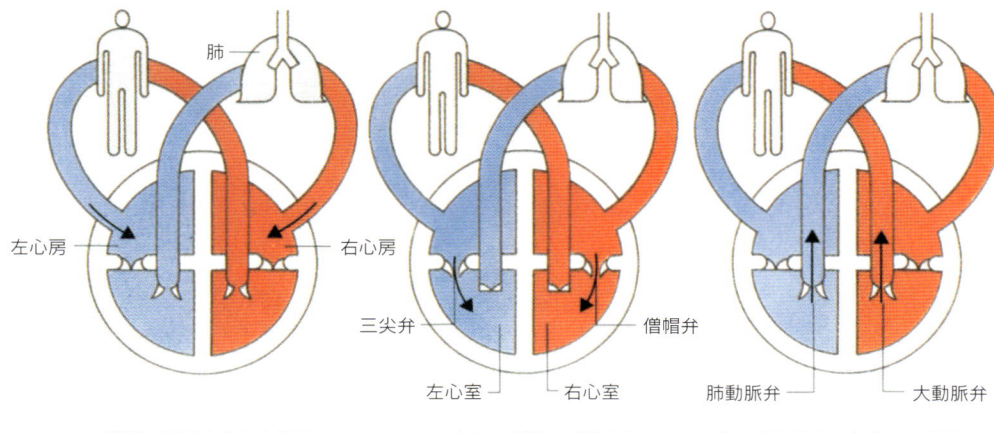

細気管支
側膜

肺
左心房 — 右心房
三尖弁 — 僧帽弁
左心室　右心室
肺動脈弁 — 大動脈弁

1．肝臓で酸素を得た血液と，体内各部で酸素を失った血液がそれぞれ心房に入る．

2．三尖弁と僧帽弁が開くと，血液がそれぞれ心室に入る．

3．肺動脈弁と大動脈弁が開くと，血液はそれぞれ肺と体の各部へ向けて押し出される．

◁鳥類と哺乳類に見られる二重循環系は，血液を体の各部へ向けて効果的に送り出す．その際，心臓が血液を送り出すためにかける圧力は強く，肺はそれに耐えられない．それゆえ，二重の循環系になっている．この循環系によれば，体温を維持し，体の各組織へ迅速に血液を送り届け，ひいては物質代謝を活発に行うことができる．肺からくる酸素に富んだ血液が体中へ送り出され，体内各部から集まった酸素を欠く血液が肺へ送り込まれる．

化学的な制御

　動物は，生き残るためにはさまざまな刺激に対応して行かなくてはならない．外部からの種々の信号（危険や異性からの働きかけなど）を識別したり，季節的変化を認識して移動や冬眠の時期を決めたりする必要がある．また，栄養や水が不足しつつあるとか，血圧が高すぎる，または低すぎるとかの体内からの警告にも対処する必要がある．

　これらの体の内外からの刺激に適切に対応するためには，体内の連絡システムが整備されていなければならない．体内の信号には2種類のものがある．神経インパルスと化学的メッセージである．神経インパルスが迅速な反応を呼び起こすのに対して，化学的メッセージの方は，反応の仕方は遅いが，その効果はより永続的である．微細な動物では，化学物質は細胞から細胞へ拡散によって移動する．しかし，より大型の，体の構造がより複雑な動物では，体の特定部分が特殊化して，細胞内の長距離連絡の必要を満たすための機能を備えるようになった．体内のある部分でつくられて他の部分に作用を及ぼすような制御用の化学物質のことをホルモンという．

　循環系をもつ動物の場合には，大部分のホルモンは，内分泌腺と呼ばれる分泌細胞の集まったところから直接血液の流れの中へ放出される．たとえば，脳の中の脳下垂体，首にある甲状腺，腎臓の上についている副腎などから分泌される．ホルモンが効力を発揮するのは，それぞれが標的地として目指す細胞の膜にある受容器によって認識された場合である．

　神経系も，ホルモンをつくる腺も，脳によって制御されている．ホルモンの分泌を起こさせるのは，血液中のある種の化学物質，または他のホルモン，もしくは神経系からの信号である．脊椎動物の脳の中には，視床下部と脳下垂体という2つの主要な分泌腺がある．視床下部は，神経系とホルモン制御系の間の連係を担当する．脳の他の部分と脳の中を通っている血管の受容器から情報を集めて，脳下垂体につながる血管の中にホルモンを流すことにより，脳下垂体が他のホルモンを血流中に放出したり放出を止めたりするように仕向ける．また体内各部には，神経と化学物質が局部的に共同して反応の微調整を行っているところもある．

　分泌腺のうちのいくつか（視床下部，脳下垂体，副甲状腺，副腎髄質部，膵臓の一部など）は水溶性のホルモン（ペプチドあるいはアミノ酸）をつくり出しているが，それらのホルモンは，特殊なタンパク質によって標的細胞まで運ばれたのち，そこの細胞を刺激して活動を開始させたり止めさせたりする．さらに，ある種のホルモン，たとえばインスリンやエピネフリン（アドレナリンともいう）は細胞膜に直接働きかける．

　甲状腺，副腎皮質，睾丸，卵巣などでつくられる脂溶性のステロイド系ホルモンは，細胞の中にまで入って行って，遺伝子の一部を活性化させたり不活性化させたりする．その結果，たとえば思春期における生殖器の発達が促され，

2．生命活動

▽差し迫った危険に直面すると，エピネフリン（アドレナリン）とノルエピネフリン（ノルアドレナリン）という2種のホルモンが分泌されて，体に緊急対応の態勢をとらせる．とっさの「攻撃‐逃走反応」である．血液は消化系へ向かうのを止めて，筋肉と肺へ集まる．呼吸用の酸素の供給量を増すためである．心臓は脈拍数を増加させ，血圧も上がる．肝臓は貯蔵中の栄養の一部を糖に変え，通常以上のエネルギー需要に備える．以上のような反応を迅速に起こさせるのは神経であるが，反応を持続させるのはホルモンの働きである．

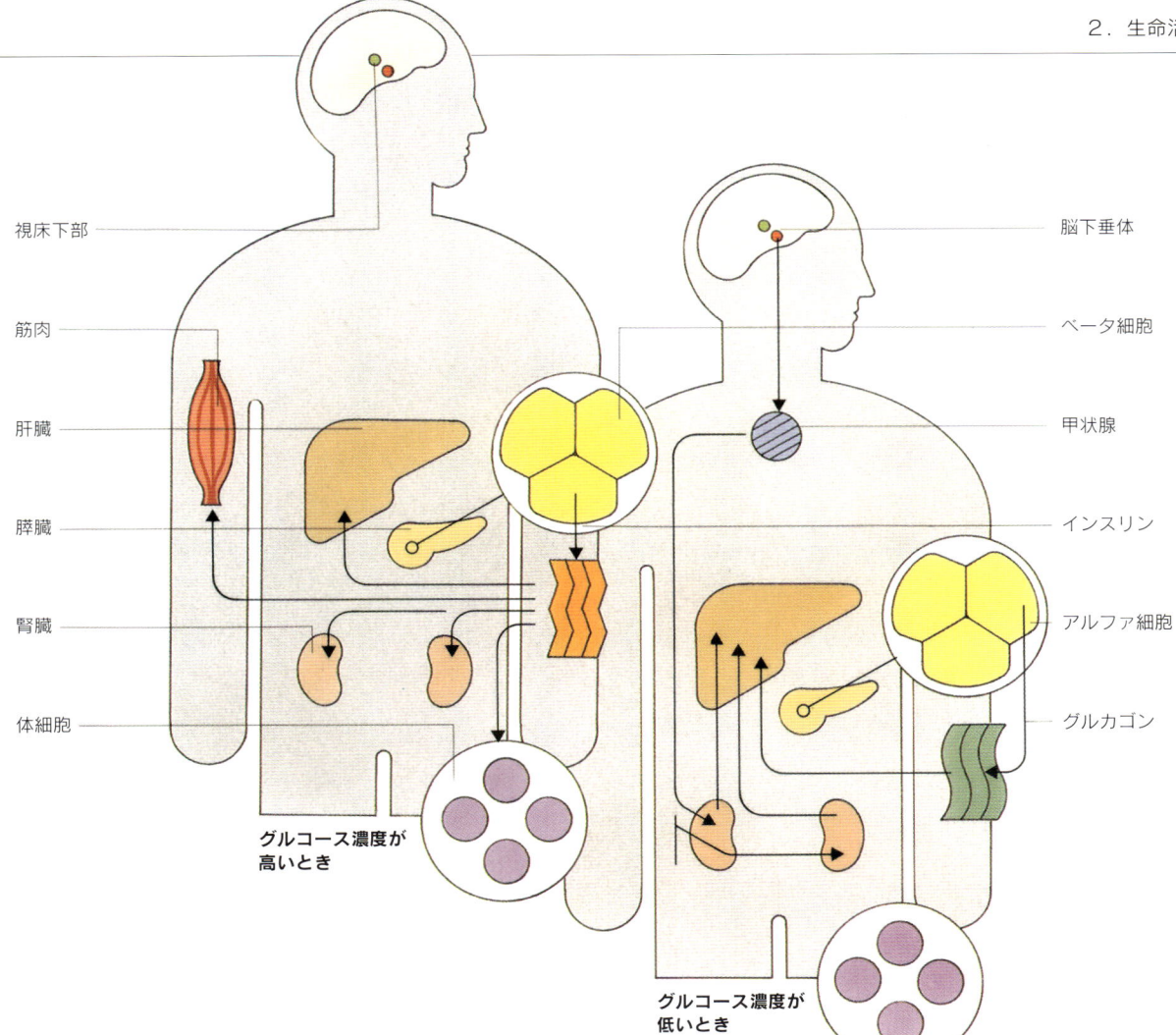

視床下部
筋肉
肝臓
膵臓
腎臓
体細胞

グルコース濃度が高いとき

脳下垂体
ベータ細胞
甲状腺
インスリン
アルファ細胞
グルカゴン

グルコース濃度が低いとき

△血糖値の調節は膵臓が行う．膵臓がもっている受容器が血液中のグルコースの量を監視しており，それが多すぎるときは，膵臓の中のランゲルハンス島と呼ばれる腺に含まれているベータ細胞がインスリンをつくり出す．インスリンは体細胞を刺激してグルコースを捕らえさせ，それを消費するか，脂肪へ転換する．同時に，肝臓はグルコースをグリコーゲンへ変える．逆に血糖値が低すぎる場合には，インスリンの製造が中止され，アルファ細胞からグルカゴンが放出される．このホルモンは，肝臓を刺激してグリコーゲンをグルコースへ戻させ，体細胞に脂肪を分解させる．以上のような仕組み（ある反応が終わると逆方向の反応が誘発されるという仕組み）はフィードバック制御と呼ばれる．

ヒトの男性の場合には顔にひげが生え，声変わりするということも起きる．

不安や危険に直面すると，自律神経系からの信号で，エピネフリン（アドレナリン）やノルエピネフリン（ノルアドレナリン）というホルモンが分泌される．この2種のホルモンは，俗に「攻撃‐逃走反応」と呼ばれるような，急迫した脅威に対する迅速な対応を体にとらせるものである．そのような場合，心臓は鼓動を激しくして通常以上の量の血液を筋肉へ送り，血圧が上昇する．他方で，血糖値が上がると，膵臓はインスリンの分泌量を増し，それがさまざまな生化学的な反応を起こして血糖値を下げるように働く．

ホルモンの働きは動物だけでなく，**植物**にも見られる．目の醒めるような秋の紅葉や，年中風に吹かれていじけたような樹の形，それに蔓草のからみも，すべて植物ホルモンのなせるわざなのである．植物ホルモンとは，植物が種子から生まれて成熟するまでの間に変化する形を整え，環境の変化を仲介する化学物質のことである．植物は環境の変化を識別する受容器をもっているが，ホルモンは，実際にそれらの変化への対応措置を植物にとらせる効果器である．植物の成長は，それを促進しようとするホルモンと抑制しようとするホルモンなど，いろいろな種類の植物ホルモンの相互作用によって制御されている．

オーキシンというホルモンは，植物の各細胞にそれが占めるべき位置を指示することにより，植物の成長と形状を制御する．オーキシンはまた，新しい細胞がつくられるときに，それがどのような細胞に分化すべきかということも決める．側根の成長や，二次木部の分化を促したりもする．オーキシンは新しい芽の先端でつくられ，下へ降りてきて，頂上に近いところで側芽が出るのを抑制する働き，すなわち頂芽優性と呼ばれる性質をもつので，茎の上端の芽（頂芽）が摘み取られると側芽（腋芽）が成長する．このことが利用されて，庭などの低木が刈り込まれ，こんもり茂るようになるわけであるが，このオーキシン効果が頂芽からどのくらい下まで及ぶかは，逆に根の方から上へ昇ってくるサイトカイニンというホルモンとオーキシンとの間のバランスで決まる．サイトカイニンの方は側芽の伸びを促進するからである．なお，果物の中で発達する種子がつくるオーキシンは，果物の成長を促進する．

　オーキシンはさらに，植物が光や重力やその他さまざまな刺激に対して反応する仕方も制御している．オーキシンは細胞を細長く引き伸ばす．オーキシンが細胞壁を柔軟にする酵素を活性化させると，細胞がより多くの水を吸い込み膨張するというわけである．草や穀物の芽生えで，その片側だけに光が当たると，フォトトロピンという黄色いタンパク質が光の方向を感知し，その結果，頂芽で合成されたオーキシンが下へ降りてくる際，光の当たらない側へより多く回る．それで，光の当たらない側の細胞が縦に伸び，結果的に植物全体を光の方へ向けることになる．このような，刺激のくる方向へ伸びようとする植物の成長反応を屈性という．新芽は強い屈光性（光のくる方向へ成長する性質）をもっているが，重力に対しては逆行して伸びる．対照的に，根の方が屈地性（重力屈性）をもち，屈水性（水の方へ伸びる性質）ももっている．

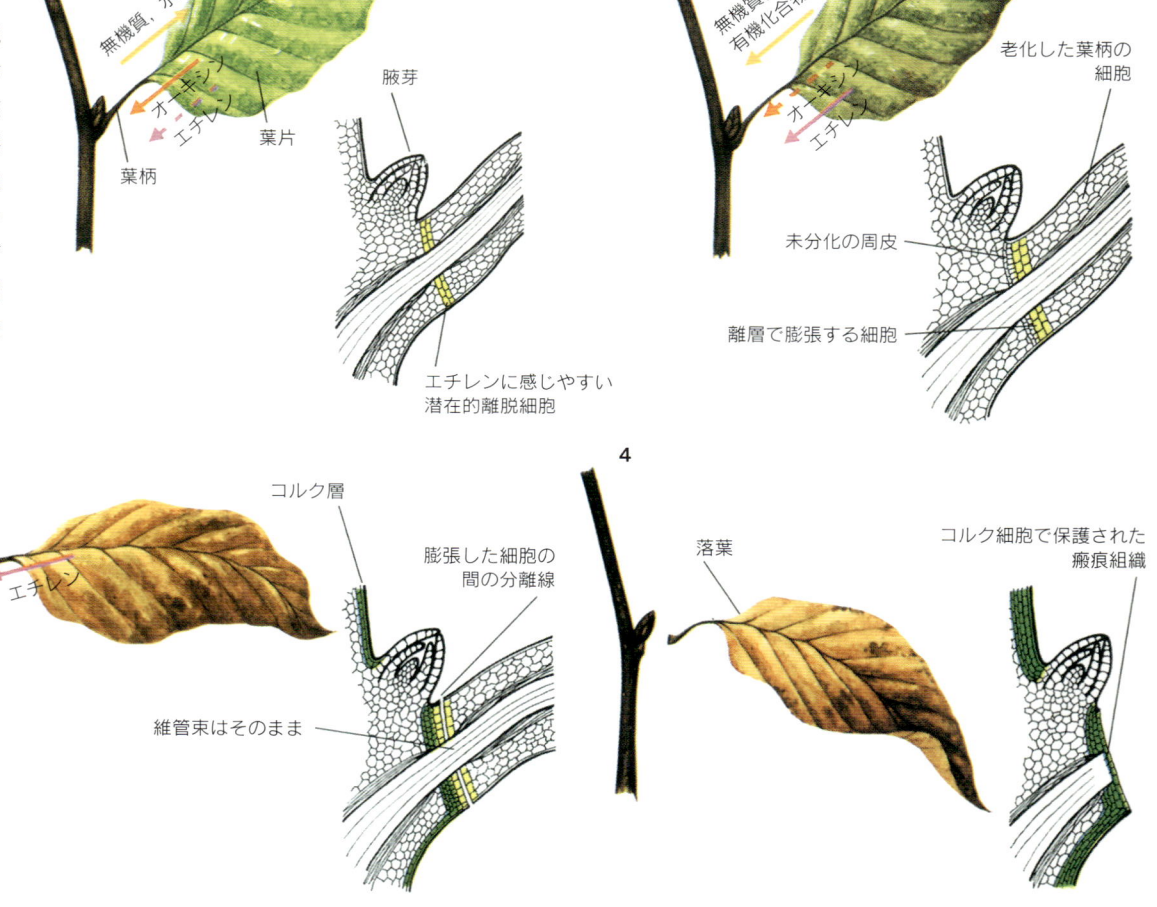

■葉が落ちるとき（離脱の過程という），葉柄は離層と呼ばれる葉柄のつけ根に近いところにある細胞の層に沿って離れる．離層の細胞壁は非常に薄くて，繊維がない．葉が自分の重さで離れ落ちるまで，酵素が細胞壁を分解する．この現象は，オーキシンとエチレンのバランスの変化によって生じる．すなわち，老化した葉がつくるオーキシンの量は少なく，そのために離層の細胞がエチレンに対して敏感になる．と同時に，エチレンは細胞壁を破壊する酵素の合成を進める．

2. 生命活動

　根にはまた，光を避けようとする傾向がある．それは，オーキシンが根の伸長を抑制するもう1つの植物ホルモン，すなわちエチレンをつくり出すからである．エチレンは，芽生えが土の中で障害物に出遭ったとき，植物がそれを克服して伸びるようにもする．若い植物が土中から芽を出そうとして何か固い障害物に遭遇したりすると，エチレンがつくられ，それが茎の伸びる速度を緩める代わりに茎を太くして（より強くして）水平方向へ伸びるように仕向ける．芽がときどき上を向こうとしても，なお障害物が邪魔する場合は，もう1回エチレンがつくられて，芽を横に伸ばす．そして，障害物を通り過ぎるとエチレンの製造は止み，芽は再び上を向く．エチレンはまた果物を成熟させ，秋の落葉のときにも働く．エチレンは気体なので，成熟開始の信号は迅速に果物の間に広がり伝わって行く．

　ジベレリンという植物ホルモンは，茎の細胞が縦に伸びたり分裂したりするのを促進させる．キャベツなどは，最初の年は葉が放射状に重なり合ったロゼット形をしているが，2年目には大量のジベレリンの影響で葉の節間部分が急速に伸び，それが花をつける茎を地上高くへ成長させる．多くの場合，果実が成熟するときには，ジベレリンとオーキシンの両方ともが必要とされる．トウモロコシなどの種子が発芽する際には，胚の成長に伴ってつくられるジベレリンが種子の中に貯められている栄養分を解き放つ役割を果たす．

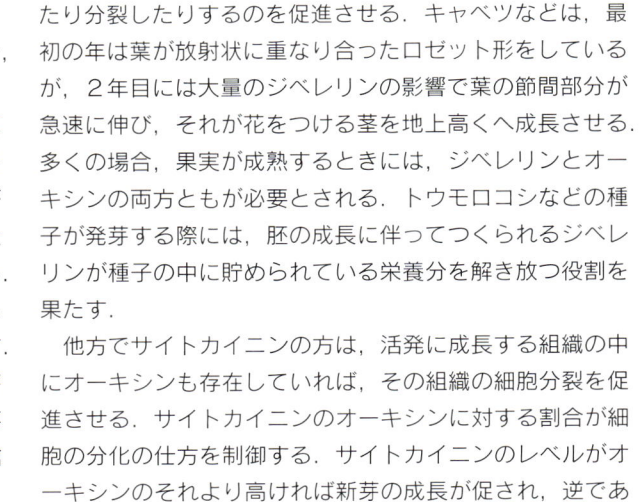

　他方でサイトカイニンの方は，活発に成長する組織の中にオーキシンも存在していれば，その組織の細胞分裂を促進させる．サイトカイニンのオーキシンに対する割合が細胞の分化の仕方を制御する．サイトカイニンのレベルがオーキシンのそれより高ければ新芽の成長が促され，逆であれば根が伸びる．

　アブシジン酸は，成長速度を低下させる傾向をもち，しばしば成長ホルモンに拮抗して働く．種子が成熟すると，アブシジン酸は100倍にも増え，種子の発芽を抑える．多くの種子が眠りから覚めて発芽するのは，アブシジン酸が雨水で洗い流されたり，太陽光の熱や長期間の寒さで不活性化されたりしたときである．種子が発芽するタイミングは，ジベレリンとアブシジン酸のバランスによって決まることが多い．アブシジン酸は，種子が成熟すると陥りやすい脱水状態にならないようにするとともに，根から吸い上げられる水が足りなくなると，葉にある気孔を閉ざすことによって植物が萎れる（しお）のを防ぐ．

　オリゴ糖というホルモンは，植物が菌類や細菌やウイルスに侵されそうになったときに，その植物の防衛機能を発揮させるように働く．

　植物ホルモンはごく低い濃度でも有効に作用する．動物ホルモンの場合と同じく，細胞の表面で働く．細胞膜の中にある受容器に付着して，物質代謝の経路を整え，遺伝子を活性化させたり不活性化せたりする．植物ホルモンのあるものは木部や師部の中を通って移動する．エチレンは拡散によって動く．オーキシンは，特殊な担体タンパク質が関係して，エネルギーが必要な活性作用によって細胞から細胞へと移送される．

△落葉は，種々のホルモンの間のバランスの変化によって誘発される．アブシジン酸のような成長を抑制する化学物質は老化や落葉を促進する．

◁ある種の植物の蔓（つる）が支柱にからみつくのは，接触点に向かって伸びようとする反応によるもので，接触屈性と呼ばれる．植物の茎が何か固いものに触れると，オーキシンというホルモンがその茎の反対側に集まって，その部分の細胞を縦長に伸長させる．それによって，茎は支柱のまわりにからみつく．図の植物はツタ（*Coccinea grandis*）である．

神経系

ヒトの神経系は，毎秒120mにも達する速度でメッセージを体内各部へ送る．そして，そのコントロールセンターすなわち脳からは，体の活動を規制する無数の指令が間断なく発せられている．脳は，感覚細胞や感覚器官から情報を受け取って，それに対する対応ぶりを決めるだけでなく，その情報を蓄積された過去の経験に関する情報（記憶）と照らし合わせて，考えた結果としての答えを出す．また，そうすることによって，情報の新しい解釈方法も覚える．

1個の細胞内では，距離が非常に短いから，情報の伝達方法として電気信号が有効に働く．しかし，信号を遠くにまで速く送るためには，電気的なインパルス（神経の作用によって生じる電気の衝撃波）が周囲のものから絶縁されていなくてはならない．インパルスが神経細胞の繊維の中を通って行くような場合のことである．

神経細胞すなわちニューロン（神経伝達の単位）が2個以上つながってインパルスの通過する道をつくっているわけであるが，ニューロンとニューロンの間にはシナプスと呼ばれるごくわずかな隙間がある．そこで化学物質が分泌されて2つのニューロンの間をつなぎ，次のニューロンへ神経インパルスを伝える．こうした仕組みがシステムとして体中に張り巡らされていればこそ，信号の伝達方向や伝達先が制御され，また，多数のニューロンの活動が同時に調整されうるのである．たとえば，いくつかの特定のインパルスがシナプスに届かなければその信号は次のニューロンへ伝達されないとか，他のニューロンから送って来られる信号によって次のニューロンへの伝達が抑制される，といった具合である．

進化の過程からすると，動物の体の構造の発達を反映してニューロンの数が増え，ニューロン間の連絡方法も複雑さを増してきた．ふつう，1本1本の神経繊維（神経細胞のつながったもの）は束にまとめられ，頑丈な覆いないし鞘（さや）で包まれ保護されている．隣同士の神経繊維の細胞体は，ところどころでくっついて神経節を形成する．スペースの節約のためである．調節センターまたはコントロールセンターとして発達してきた中間ニューロンが多数集まって複雑な組織を形成している部分として最大のものは脳である．動物が移動するとき，最も前方に位置するのが頭部であるから，頭部は通常一番早く外部からの刺激を経験する．眼や耳や，化学物質の受容器のような感覚器も頭部に集まっているので，動物は刺激に対して敏速に反応することができる．

ある種の動物（節足動物）は，脳以外にも重要な神経調整センターをもつ．節足動物は胸部に肢（そして翅）がついているので，胸部にある神経節で運動を制御している．しかし，高等な動物になると脳の重要性が断然高まる．脊椎動物では，脳と脊髄が主要な神経調整センターを構成する．それで，この両者を併せて中枢神経系（CNS）と呼ぶ．

CNSからは二組の神経が体の各部へ通じている．1つは体性神経系すなわち随意神経系で，骨格筋に通じ，主として反射的ないし機械的な応答をつかさどっている．随意神経系は，また，体の各部の意図的な動きも受けもつ．歩くときなど，運動の方向やスピードは意識の制御下にあると考えられるが，それでも大概の場合，筋肉の運動には，筋肉，平衡器官等々にある張感覚器から送られてくる情報に対する反射的な対応が含まれている．もう1つは不随意神経系すなわち自律神経系で，これはふつう意識の制御下にない．意識とは関係なく，心臓の鼓動，血圧，呼吸，腸の中の食物の流れ，ホルモンなどの分泌，体温の調節などを行う．

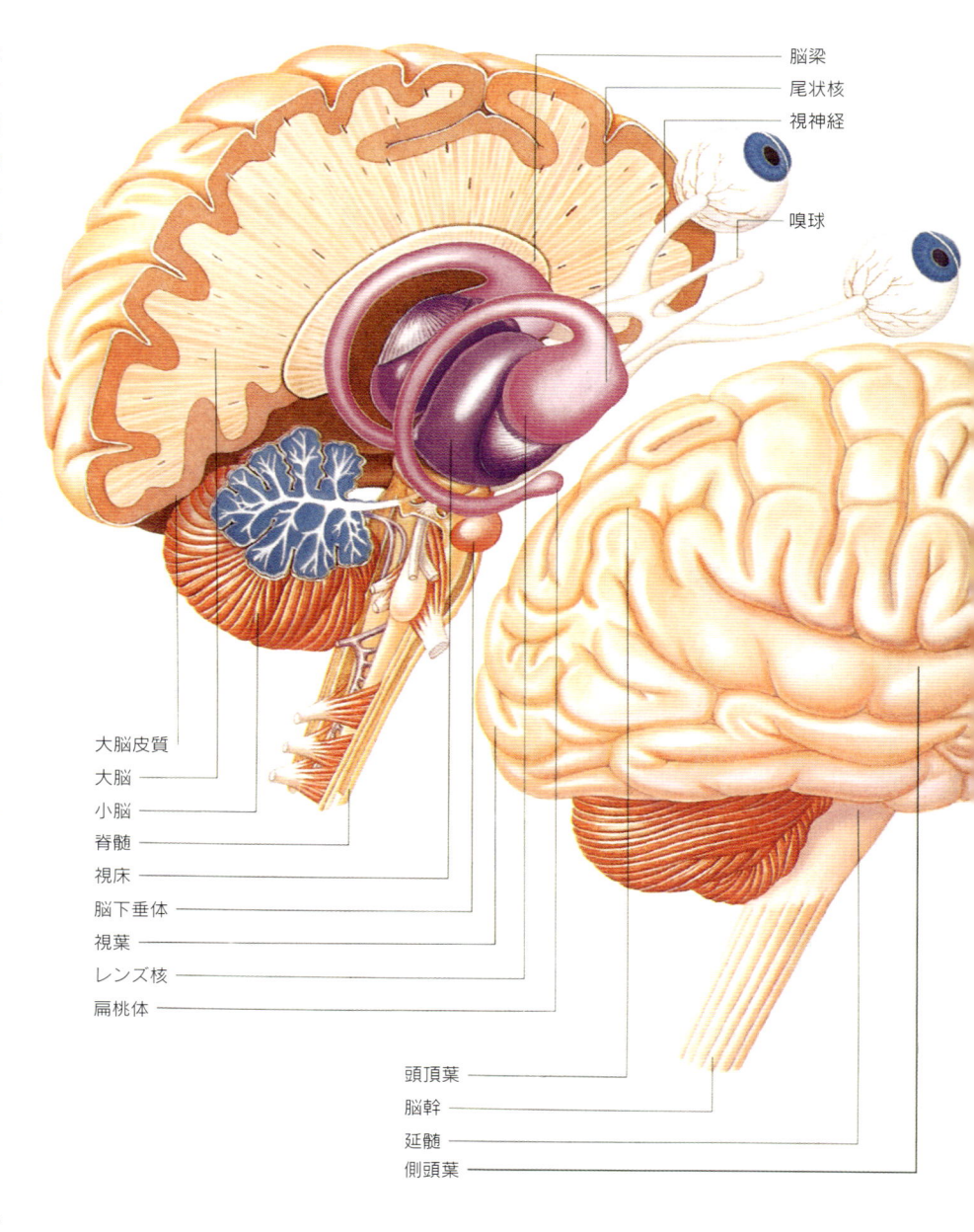

△ヒトの脳は，大脳皮質が顕著に発達しているという点で，他の大多数の動物の脳と大きく異なる．大脳皮質とは，大脳半球の外側を包む厚さ3mmほどの層で，ここで感覚器から寄せられる情報のほとんどが処理される．入ってくる情報は，それが到着した大脳皮質内の到着点で解読される．大脳皮質の中の連合野では，入ってきた情報が記憶に残されている過去の経験と照合されて解釈される．そして，効果器領域では，体の特定部分に対して活動の指令が出される．

脳梁
尾状核
視神経
嗅球
大脳皮質
大脳
小脳
脊髄
視床
脳下垂体
視葉
レンズ核
扁桃体
頭頂葉
脳幹
延髄
側頭葉

2．生命活動

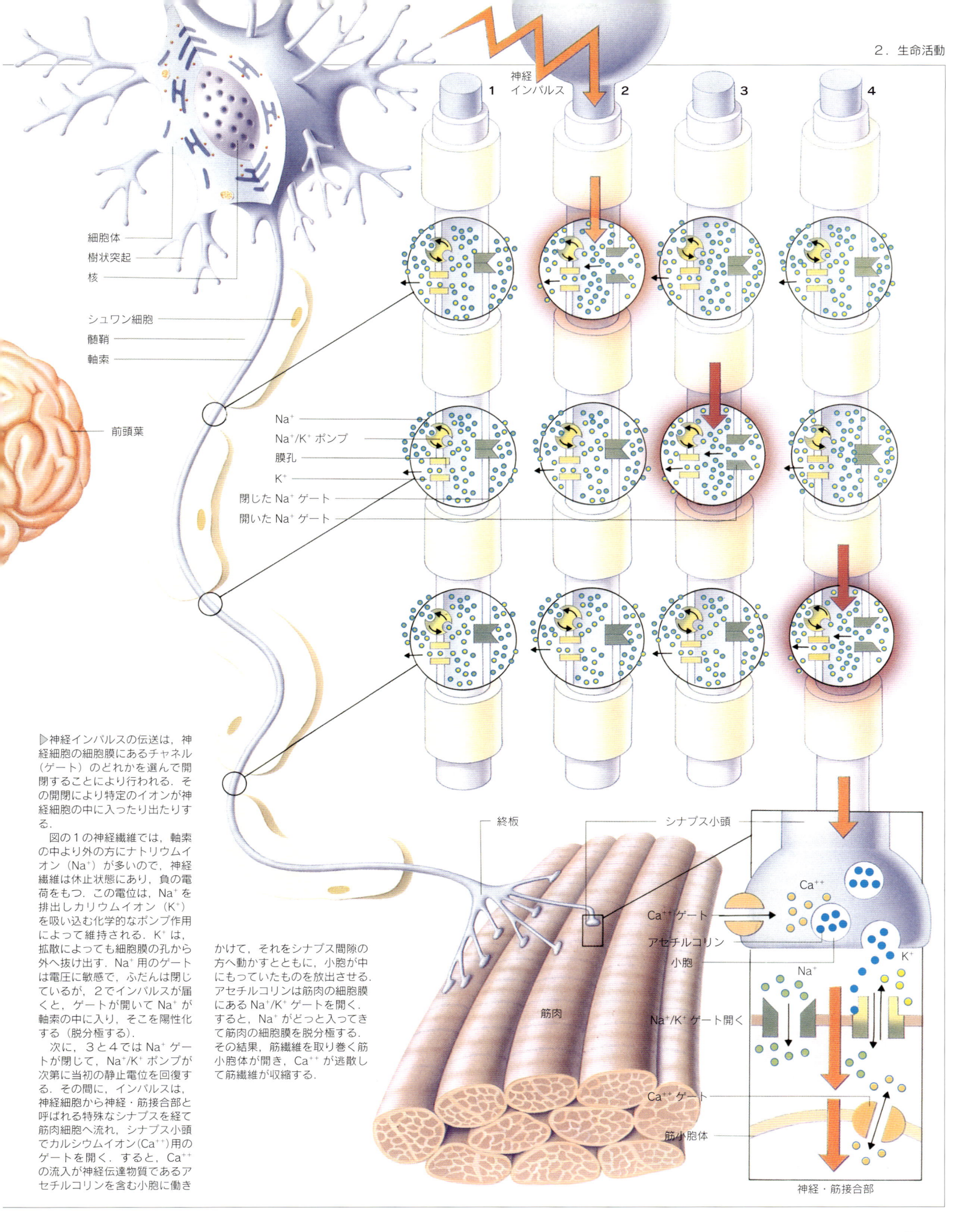

細胞体
樹状突起
核

シュワン細胞
髄鞘
軸索

前頭葉

Na⁺
Na⁺/K⁺ ポンプ
膜孔
K⁺
閉じた Na⁺ ゲート
開いた Na⁺ ゲート

神経インパルス

1　2　3　4

終板
筋肉

シナプス小頭
Ca⁺⁺
Ca⁺⁺ゲート
アセチルコリン
小胞
Na⁺　K⁺
Na⁺/K⁺ ゲート開く
Ca⁺⁺ ゲート
筋小胞体

神経・筋接合部

▷神経インパルスの伝送は，神経細胞の細胞膜にあるチャネル（ゲート）のどれかを選んで開閉することにより行われる．その開閉により特定のイオンが神経細胞の中に入ったり出たりする．
　図の1の神経繊維では，軸索の中より外の方にナトリウムイオン（Na⁺）が多いので，神経繊維は休止状態にあり，負の電荷をもつ．この電位は，Na⁺ を排出しカリウムイオン（K⁺）を吸い込む化学的なポンプ作用によって維持される．K⁺ は，拡散によっても細胞膜の孔から外へ抜け出す．Na⁺ 用のゲートは電圧に敏感で，ふだんは閉じているが，2でインパルスが届くと，ゲートが開いて Na⁺ が軸索の中に入り，そこを陽性化する（脱分極する）．
　次に，3と4では Na⁺ ゲートが閉じて，Na⁺/K⁺ ポンプが次第に当初の静止電位を回復する．その間に，インパルスは，神経細胞から神経・筋接合部と呼ばれる特殊なシナプスを経て筋肉細胞へ流れ，シナプス小頭でカルシウムイオン（Ca⁺⁺）用のゲートを開く．すると，Ca⁺⁺ の流入が神経伝達物質であるアセチルコリンを含む小胞に働きかけて，それをシナプス間隙の方へ動かすとともに，小胞が中にもっていたものを放出させる．アセチルコリンは筋肉の細胞膜にある Na⁺/K⁺ ゲートを開く．すると，Na⁺ がどっと入ってきて筋肉の細胞膜を脱分極する．その結果，筋繊維を取り巻く筋小胞体が開き，Ca⁺⁺ が逃散して筋繊維が収縮する．

ヒトの脳

　脳は，ヒトが生きて行く上で中核になっているものである．意識，周囲で起こることに対する理解と反応，記憶，感情，体のさまざまな機能の制御——これらはすべて脳の働きによる．脳は，実際には脊髄の延長部分で，多数の襞をもち，内部はいくつかの室（脳室）に分かれている．各脳室には脳脊髄液が詰まっており，この液は脊髄につながる．脳の約85％が水で，それが衝撃に対するクッションにもなって脳の損傷を和らげている．

　ヒトの脳の重さは1.5kg前後である．重さではゾウやクジラの脳に及ばないが，脳の体重に対する割合ではヒトの場合が最大である．そして，ヒトの脳は最も高度に発達した大脳皮質の部分をもつ．大脳皮質とは，学習や行動の仕方，それに知的な働きもつかさどる脳の部分で，体中の感覚器から寄せられる情報が総合され，既存の情報と照合される場所である．脳と脊髄を合わせると（両方合わせて中枢神経系という），それらを構成する神経細胞の数は約1,000億個にのぼり，その中を走るインパルス（電気的衝撃波）の速度は毎時275kmにも達する．

　大脳，すなわち2つの半球状の脳組織の塊で表面に多くの皺がある部分は，感覚情報を受け取って処理し，それを意識や行動にあらわすために翻訳する．大脳の外側の層（大脳皮質）は，哺乳類では，脳の中で最大の部分（ヒトの場合は約80％）を占める．その複雑な構造（回脳と呼ばれる）は，襞を多くすることによって大きな表面積を比較的小さなスペースに収めている．大脳皮質は認知能力ひいては行動の複雑さにも関係している．大脳皮質は4つの葉に分かれており，それぞれの葉が明確に機能を分担している．前頭葉は運動の制御を，頭頂葉は感覚情報の分析を，後頭葉は視覚情報の分析と言語を受け持ち，側頭葉は聴力，話し言葉，事物の認識と名称の記憶をつかさどる．

　前頭葉と頭頂葉の境目あたりにある運動皮質と体性感覚皮質はきわめて重要である．運動皮質は，感覚器から送られてくる信号に反応して骨格筋へ指令を出す．体性感覚皮質の方は，体中に散在している触覚，痛み，圧力および温度に関する受容器から情報を受け取り，その処理を行う．このように，大脳皮質の各部分は，それぞれ体の特定部分との間で情報を交換する．各部分が大脳皮質の中で占めるスペースの割合は，それぞれが処理を担当する情報の重要度に従って決まっている．

　言語（読み書き話すこと）は，脳の中で行われる情報処理の複雑さを示すものであるが，その意味で，脳の右側と左側の区別も重要である．大多数の人の場合（例外はあるが），言語は主として大脳の左半球で処理されている．言語の使用は，大脳皮質のいろいろな部分の間を駆け巡る情報の流れに依存する．左半球は，適切な言葉を見出したり，他人の言葉の意味を理解したりはするが，ニュアンスとか含蓄とか，より広い意味での解釈になると，右半球からの情報の入力を必要とする．もちろん，文字を読んだり，人の表情を読み取ったりするのには，大脳皮質の視覚を担当する部分が重要であり，話し言葉を聞く場合には聴覚センターからの入力が必要である．

　左半球の中には，特に言葉との関連で2つの重要なコン

▷大脳皮質の体性感覚野（下図の紫色の部分）の断面図．大脳皮質の中で占める割合について，腕や脚に関する部分が比較的小さいのに対して，手や顔など敏感な部位をつかさどる部分が比較的に大きい．

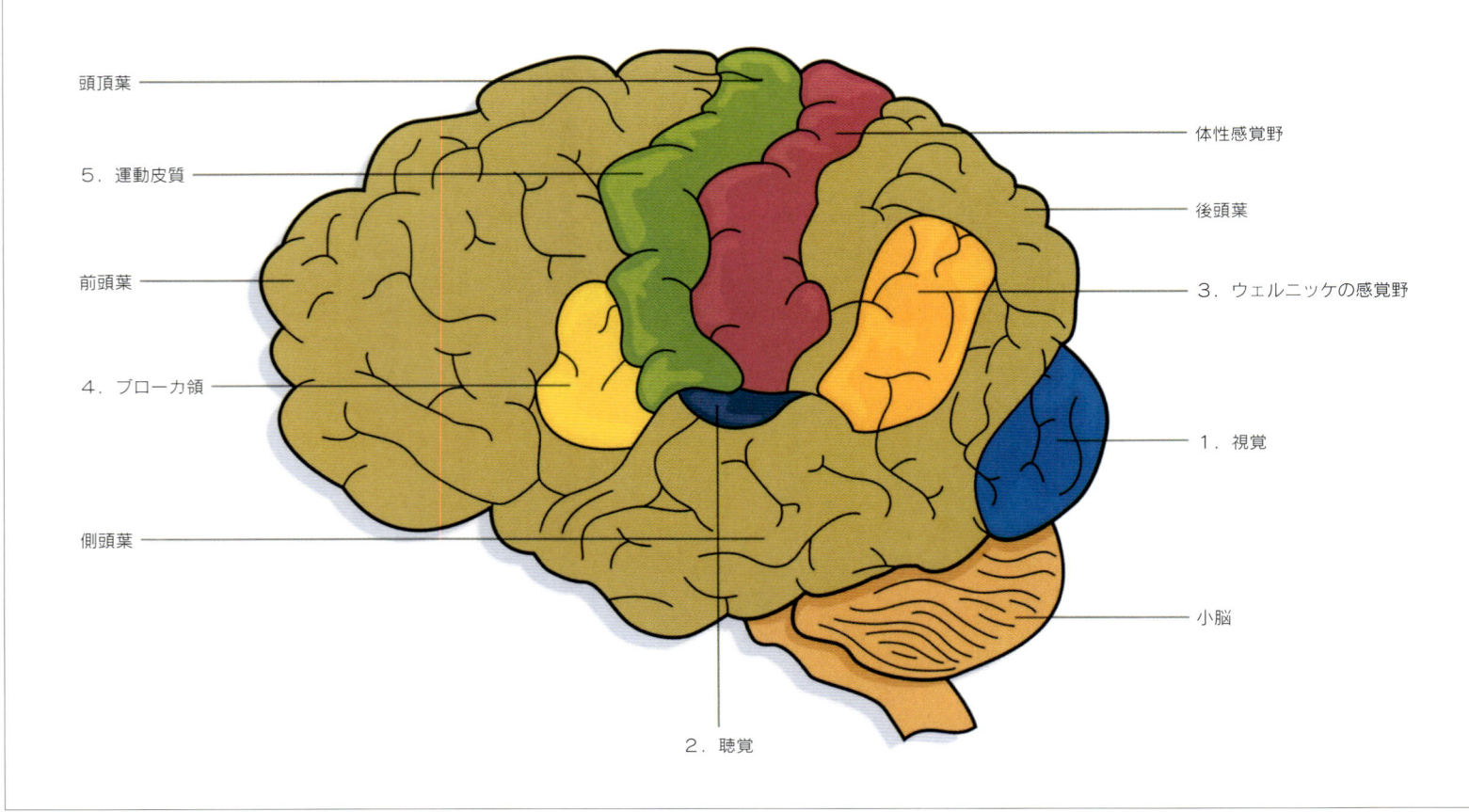

2．生命活動

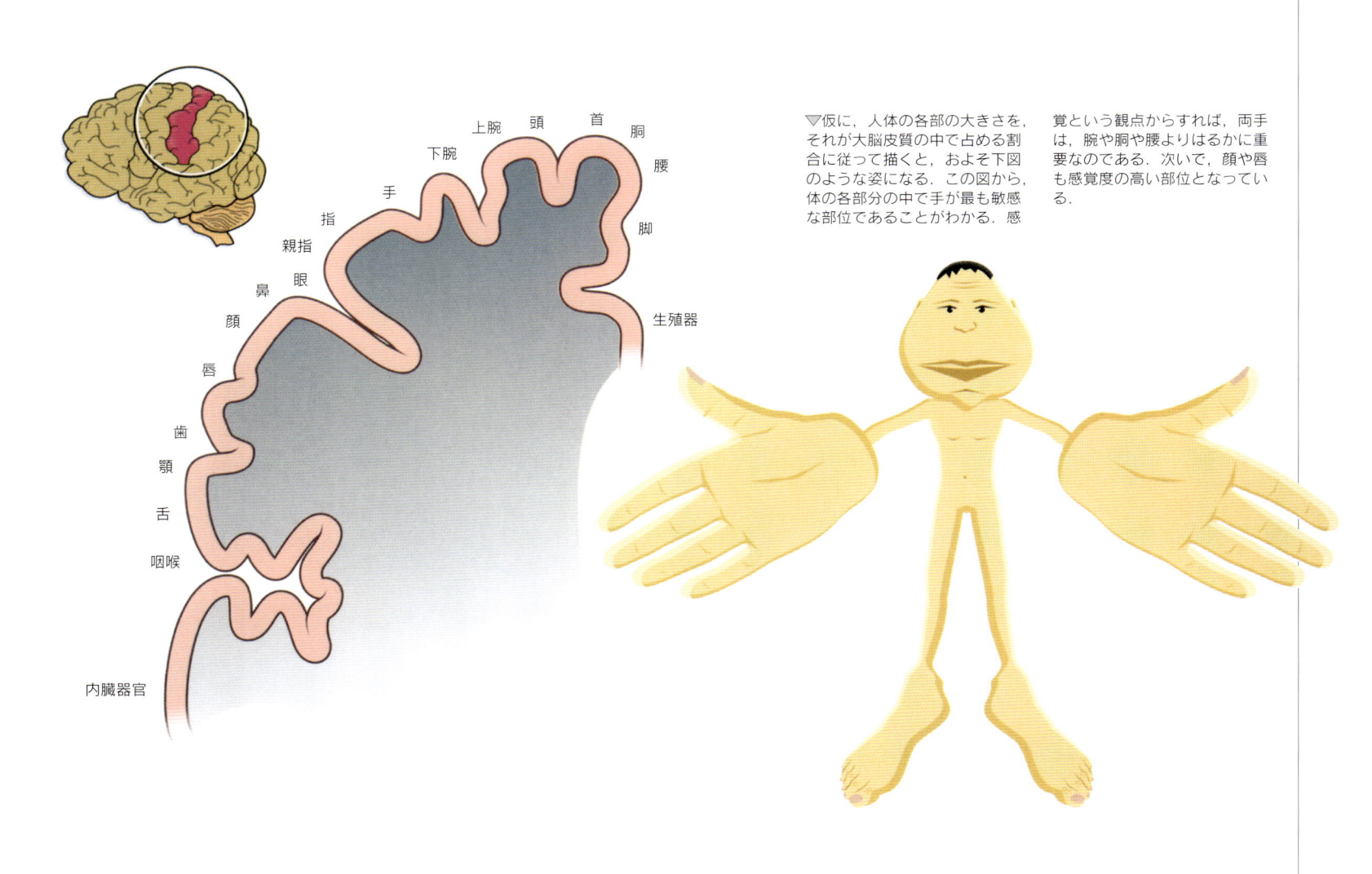

▽仮に，人体の各部の大きさを，それが大脳皮質の中で占める割合に従って描くと，およそ下図のような姿になる．この図から，体の各部分の中で手が最も敏感な部位であることがわかる．感覚という観点からすれば，両手は，腕や胴や腰よりはるかに重要なのである．次いで，顔や唇も感覚度の高い部位となっている．

◁読むこと，聞き取ること，言葉を繰り返すこと，文章をつくることなどの言語活動に際しては，大脳皮質のいろいろな部分が連係して機能しなければならない．
感覚器からの情報は1の視覚担当部分または2の聴覚センターに届く．それらの情報は3のウェルニッケの感覚野で言語として解釈され，4のブローカ領へ伝達される．すると，そのブローカ領から5の運動皮質へ指令が行く．そして，そこからまた口や舌や肺などに指令が飛んで，結果として正しい音が発せられることになる．

トロールセンターがある．発音の明確さのためのブローカ領と，言葉の理解のためのウェルニッケの感覚野と呼ばれるものである．ブローカ領が損傷されると，話す言葉がもつれたり，あるいは全く話せなくなったりする．しかし，読み，理解することはできる．これに対して，ウェルニッケの感覚野に故障が生じたときは，発音は明瞭で話すリズムも正常ながら，言っていることが意味をなさず，聞き手にとって理解不可能ということになる．筆談や手紙で書いたものも同様である．

前にも述べたとおり，脳が果たすさまざまな機能は，脳の各部分の相互作用の上に成り立っている（p.56の図を参照のこと）．たとえば，何か見えたものがどういう経路を通って解釈されるのかというと，まず眼の神経細胞によって，眼球の奥にある網膜の特定の部分が捉えた情報が脳へ送られる．大脳皮質の視覚部分には数百万のニューロンがあるが，両眼それぞれの網膜から脳へ送られてきた情報を受け取るのは，せいぜい百万個程度のニューロンである．網膜から発せられた信号は大脳皮質の何百もの細胞へリレー方式で伝達されるが，その際，1つ1つの細胞は，網膜上の映像を構成する光線の方角，位置，動きなどのさまざまな組み合わせに対応している．左右両方の半球の視覚をつかさどる皮質部分（両眼に対応するもの）は情報を共有して，対象物までの距離を割り出す．

脳の基底部にある視床下部は主要な情報調整センターで，自律神経系または内分泌（すなわちホルモン）系を通じて情報に対する対応を指示する．視床下部はまた，体温の調節のような基本的な身体機能も制御する．脳幹の一部で網状組織になっている部分は，睡眠のサイクルや平衡感覚を担当している．大脳辺縁系と呼ばれる皮質のもう1つの部分は，情緒や生理的欲求や本能に関する機能を受け持ち，学習過程や，短期的記憶の長期的記憶への切り換えにも関係している．

熱と水の制御

　鳥類と哺乳類で効果的な物質代謝が行われるのは，いつも体温がほぼ一定に保たれているからである．そのような動物は内温動物（恒温動物）と呼ばれ，ふつう，その体温は35〜44℃より低くなることも高くなることもない．ヒトの体温は37℃前後である．内温動物は物質代謝で熱が失われるのを制御して，その体内温度を調節する．

　脳の中にある体温調節センターは，温度の変化を感知する感覚細胞（特に温度の高下の激しい皮膚の感覚細胞）と神経でつながっている．

　多くの動物は，単に，陽の当たる所に入ったり出たり，あるいは年中温度差が小さい土の中に穴を掘って住んだりして，体温の調節を図る．しかし，定期的に気温が大きく変動するところでは，活動の休止状態に入ることがある．そうすれば，物質代謝の機能が大きく低下し，体温も下がって，周囲へ逃げ出る熱量が少なくなるからである．たとえば，ある種の動物たちは冬眠をして，寒くて食料の乏しい冬を生き抜く．

　すべての動物は，自己の体内に集中暖房のシステムをもつ．物質代謝関連の無数の化学反応が（特に肝臓で）熱を発生させる．高等動物では，血液の循環が熱を体中へ運ぶ．熱の消費は筋肉の活動（震えの場合も含む）の間増大する．動物の体温と周囲の温度との間に差があれば，動物の体は熱を吸収するか失うかのどちらかである．

　羽や毛は，皮膚との間に空気の層を確保することにより，鳥類や哺乳類が行う体温調節を助ける．空気は熱の伝導がよくないから，体の保温に役立つのである．毛や羽が膨らめば空気の層が厚くなり，その断熱効果が増す（ヒトには体毛がほとんどないが，それでも寒いときは鳥肌が立って毛が逆立つ）．毛はまた，まわりの熱が体内に侵入するのを防ぐとともに，蒸発するとき冷却効果を発揮する水分の蒸発も抑えている．

　多くの熱が失われるのは，皮膚の表面に近いところを通っている毛細血管の中の血液からである．暑いときは神経からの指示で毛細血管が収縮するので，血液はあまり温まらない．寒ければ逆になる．水分の蒸発による体温の調節も重要である．哺乳類の中には，汗をかいて体を冷やすものがある．ヒトは酷暑のとき1時間1ℓも汗をかくことがあるし，高温のところで激しい運動を続ければ1日に30ℓの水を失うことさえある．そのようなときには，水と同時に大量の塩分も失われる．イヌの場合は，毛が体を覆っているから汗をかくと都合が悪く，したがって皮膚にはほとんど汗腺がない．代わりに，口を大きく開けて，舌や口を通る血液を冷ます．ウサギは自分の毛を舐めて，唾の蒸発により体を冷やす．

　蒸発による冷却は，しかし塩分と水の喪失を伴う．血液中の塩分の量が減れば，浸透作用によって血液の中へ引き込まれる水も減り，血液は濃くなって送り出しにくくなる．その結果，血圧が高まる．もっとも，血液の量が多すぎても，血圧は高くなる．体内の水の調節は腎臓で数種のホルモンにより行われる．それらのホルモンは，視床下部の血管にある浸透圧センターからの情報にもとづき，腎臓でつくられるものである．もし血液に水分が不足しているならば，抗利尿ホルモンが分泌されて腎臓がより多くの水を再吸収するから，尿が濃くなる．また，腎臓が水の確保のために構造的な適応を示すこともある．たとえば，砂漠に住む動物たちは，ふつう非常に長い腎小管をもっており，それでなるべく多くの水を再吸収しようとしている．

　他方で，水中に住む動物も，体内の水と塩分の調節のために特別な仕掛けをもたなくてはならない．淡水に住む動物の場合には，体の組織内の塩分濃度の方がまわりの水のそれより高いから，浸透作用で水が余分に体内に入ってしまう傾向がある．それゆえ，彼らは非常に薄い尿を大量に排出する．しかし海に住む動物の場合には，水を飲めば塩分も入ってくるから，余分な塩分を鰓または特別な腺を通して体外へ出さなくてはならない．特別な腺とは，たとえばウミガメの場合の涙腺などである．魚の中には，余分な塩分が入ってこないように血液の中に尿素を保持しているものもある．

▶ヤマネというリスに似た動物は冬じゅう冬眠する．冬眠中，物質代謝の速度を落とし，ある程度体温も下げる．失う熱を少なくするためである．また，その毛皮と尾も体の保温に役立つ．

熱：放射
冷却：放射
熱：伝導
冷却：伝導

2．生命活動

△ゾウの耳には表面に近いところに細い血管が走っているので，熱は容易に周囲の空気の中へ逃げる．また，耳をバタバタさせることによって風を起こし，体温を下げるように努力する．

◁動物はすべて周囲の温度の影響を受ける．このネコは，太陽光線から熱を吸収し，塀など自分より温かい物に体を寄せて直接伝導によって暖まる．周囲の温度の方が低ければ，同じく伝導や放射によって体温の一部を失う．

△皇帝ペンギンは極寒の南極の冬に卵をかえす．その脚から鰭（ひれ）足へかけては特殊な血管が通じており，足の先から戻ってくる冷たい血液に胴体からの温かい血液が流れ込んで足が温められる．

◁カンガルーが前肢をよく舐めるのは，唾液の蒸発によって皮膚のすぐ下の血管が冷やされるからである．唾液で湿った体表から水が大気中に逃げるときは皮膚から気化熱を奪う．

3 動物の摂餌方法

　自然の営みには無駄がない．ごく微細な藻類や原生動物から巨大なゾウやアメリカスギまで，永久に生き続ける生物は1つもなく，ほとんどのものがリサイクルされる．大部分の植物や動物は，結局は他の生物の食物になってしまう．この食う食われるのサイクルを食物連鎖という．食物連鎖は，太陽光のエネルギーが植物や藻類によって捕らえられるところから始まる．植物や藻類は動物に食べられて彼らの体の一部になるが，その動物たちも，寄生生物によって体液を吸い取られたり，他の動物に殺され食われたりする．そして，それらの動物が死ねば，その死骸はハゲタカやハイエナなどのスカベンジャー（清掃動物）の餌食になるが，それらのスカベンジャーの死体はさらに多くのスカベンジャーと分解者（死骸の処理・分解をもっぱらとする生物）を惹きつける．カブトムシ，ミミズ，そして多数の微生物によって分解された動物の死骸は，最終的には細菌や菌類の食物になる．こうして，食物連鎖の終局では栄養物は土へ帰り，再びリサイクルが繰り返し開始される．

　動物が何を食料とするかは，動物それぞれの体の構造による．自然界に存在する多種多様なものを食物とするために，動物たちの方も実にさまざまな対応を発達させてきた．食物の見出し方，餌の捕まえ方や殺し方，食べ方や消化の仕方などについてであるが，その逆も真なりで，動物が食物を選択できる幅は餌の大きさ，形，強いか弱いか，逃げ足が速いか遅いかによって制限され，とりわけ自分の口器のサイズと噛む力の大小によって決まる．今日地球上に見られる生き物の多様性は，食べる必要性と敵に食べられないように身を守る必要性に応じて発達してきたのである．

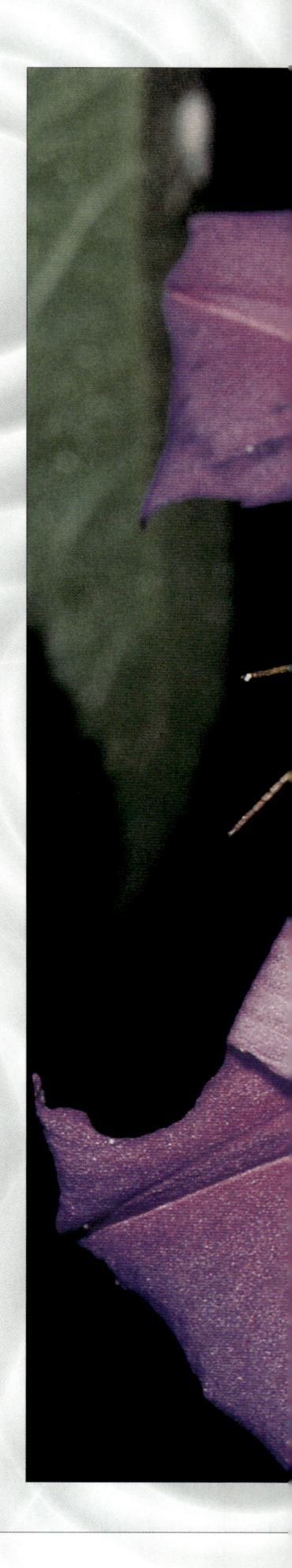

良い香りの花を貪（むさぼ）るバッタ．植物性のものは硬く繊維が多いから，植物を食料とする動物は強靭な口器を有する必要がある．それも，植物繊維を噛み切れるような，よく切れる刃がついたものでなくてはならない．バッタの下顎はキチンという硬い物質でできており，しかも鋸（のこぎり）のようなギザギザがあるから，物をよく噛み切ることができる．バッタの体のあちこち（特に触角上）にある味覚センサーは，ある葉や花が食べるのに適しているかどうかを見分ける．バッタは，その大きな複眼で周囲を360°見ることができるので，物を食べている間でも，敵になりそうなものが近づけばすぐわかる．

豊富な食料

腹を空かせることは，動物が生命を維持する上で必要なことであり，生き物の多様性は彼らの食べ物の多様性に原因している．動物の食料となりうるものは，あらゆる種類の有機物，すなわち花から肉，樹皮，木，そして糞にまで及ぶ．動物は，それが食料とするものの種類によって，草食動物，肉食動物，雑食動物（植物と肉の両方を食料とする動物）の3種に大別されるが，死肉を食べる動物，死んだ動植物の遺骸を食べる分解者，土中や水中にある有機物の微粒子を食べるデトリタス・フィーダー（浮泥食者），他の生き物の中に入り込んで，あるいは取りついてそれを蝕む寄生生物などもある．

植物は陸上の食物連鎖の基盤を形成し，藻類は海中ないし水中での食物連鎖の出発点となる．植物の細胞の壁はセルロースでできているが，これは大方の動物にとって消化しにくい物質である．たいていの動物は，セルロースの分解に必要なセルラーゼ酵素を体の中にもっていないからである．それに，セルロースは硬い物質なので，動物は，その細胞壁を砕いて細胞の中身を取り出すためには丈夫な歯をもたなくてはならない．

イナゴの大群が瞬く間に作物を食い荒らしてしまうことからもわかるように，昆虫は草食動物の最たるものである．昆虫の硬いキチンの外骨格は，進化の過程で驚くほど多様な口器をつくり出した．噛む口だけでなく，鋸のように噛み切る口，食いつく口，吸いつく口，刺す口，等々である．多くのガやカブトムシの幼虫は木の芯にトンネルを掘って身を隠すが，それは食料の確保のためでもある．アブラムシやメクラカメムシなどの昆虫は，直接，樹や草の師部に食い込んで——師部なら長い管になっているから，いちいち細胞壁を食い破る必要がなく——甘い汁を吸う．チョウやミツバチは管状の口で花から花蜜を吸い取る．そして脊椎動物は，強力な顎と顎の筋肉をもち，歯や嘴や舌を，ときには胴体までさまざまに進化させて，植物を食いちぎったり噛み砕いたりできるようになった．

植物は動物が必要とする栄養を全部もっているわけではないから，動物は他の物も食べて栄養のバランスをとる必要がある．カナダの一部に住むオオジカは，ふだんは森の中で樹の葉を食べて暮らしているが，それだけではナトリウム不足に陥るので，湖に行き，ナトリウムに富んだ水草を食べる．しかし，水草はエネルギー源にならないから，オオジカはエネルギーとナトリウムの双方を摂取する必要がある．

肉と比較すると植物は低カロリーなので，動物は餌を捜し回るのに必要とされるエネルギー源を何かで補わなければならない．ハチドリやスズメが花のまわりを飛び回るときは大量のエネルギーを消耗するが，首尾よく花蜜を吸えれば報われる．ナマケモノやコアラが食料とする樹の葉は，その他の多くの動物にとっては好みに合わないか毒にさえなるものであり，その消化には物質代謝の上で相当なエネルギーが消費される必要がある．それで，その埋め合わせ

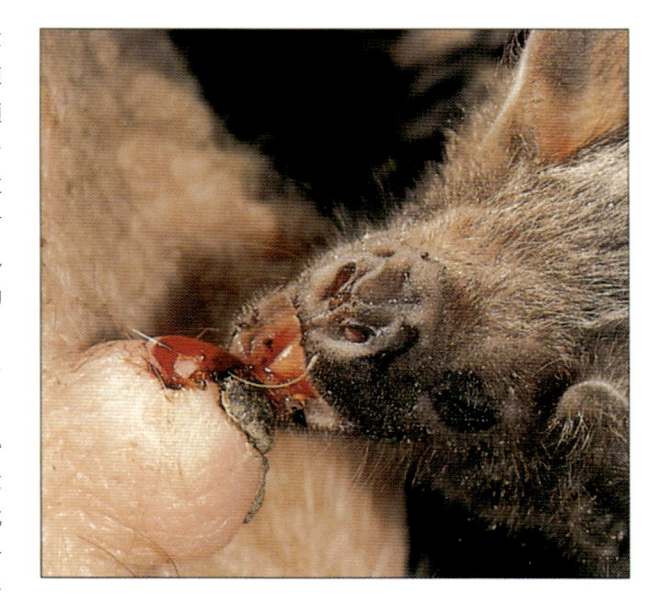

■チスイコウモリ（吸血コウモリ．上の写真）は哺乳類の血液を食料とし，相手が眠っているときに襲うことが多い．その歯は非常に鋭く，噛まれてもそのときはわからず，あとになって痛む．チスイコウモリは，血を存分に吸えるように，血を凝固させないための液をその中に注入する．

ライオン（右の写真）が食べているような生肉は植物性の餌よりも良いエネルギー源になるが，そのエネルギーも，激しい狩りのためにたちまち消費されてしまう．狙われた動物は必死になって逃げるから，ライオンはそれを追跡し，仕留め，そしてしばしば曳きずってどこかに隠さなくてはならない．見栄のための狩りをするのは，ほとんどの場合雌の方であるが，雌のライオンは仔が一人立ちできるようになるまで餌を獲ってきてやる必要がある．雌のライオンは何頭かが共同して狩りを行うことによってエネルギーを節約する．1頭か2頭が待ち伏せしている所へ他の雌のライオンたちが獲物を追い立ててくるというやり方である．

3. 動物の摂餌方法

◁コアラののんびりした生き方は，実は，理に適（かな）っている．ゆっくりとした動作はわずかなエネルギーしか必要としないから，コアラは硬いユーカリの葉を食べて生きることができる．またユーカリが食料であるために，他の動物との食物をめぐる争いも生じない．

▽ドングリキツツキは，樹に穴を掘ってその中に木の実を蓄える．食料の貯蔵は，多くの鳥や齧歯類の動物たち（ネズミ，リスなど）が食物の乏しい冬を越すのに役立つ．木の実や種子は土中に埋めて蓄えられることもある．

のために，ナマケモノやコアラは，じっとしているか，動いても緩慢な動作の，いわば省エネ・スタイルの生き方をしているわけであるが，餌を他の動物たちと奪い合わないで済むという利点はある．

「最適採餌説」によれば，動物が餌を捜すときは，正味のエネルギー摂取量（餌から得られるエネルギーと餌を獲得するのに消費されるエネルギーとの差）を最大にするように行動するという．動物による獲物狩りが進めば，その地域で入手できる食物が見出しにくくなり，獲物捜しに要するエネルギーが増大する．最後には新しい餌場を求めて移動せざるをえないときがくるが，そのタイミングは，移住に必要とされるエネルギーがどのくらいのものか，また，それだけのエネルギーがまだ残っているか，による．

この説は，次の餌場までどれほどの距離があるか，また，そこまで移動するのにどれだけのエネルギーが必要かということを，動物が前もって知っていると想定している．確かに，多くの動物は彼らの生息地の周囲の状況を詳しく知っており，そのような移住の意思決定をする動物も少なくない．あるいは，少なくとも遺伝子プログラム上は，そのように行動することが予定されている，と言うべきであろう．

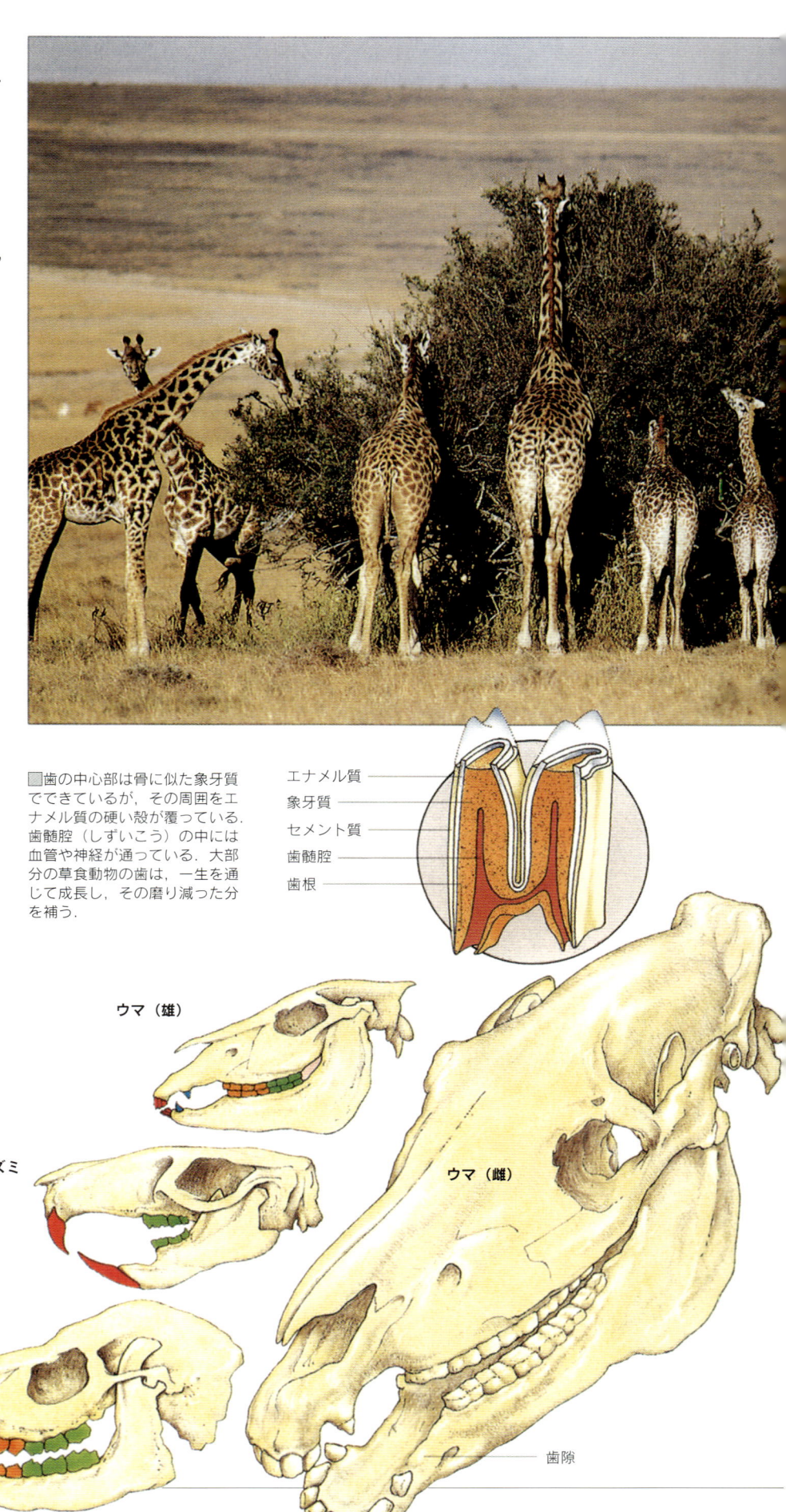

アフリカのサバンナには多くの草を食む哺乳類（シマウマ，ヌー，大小さまざまのレイヨウなど）が生息している．北アメリカの草原にも，かつては見渡す限りバイソン（野牛）の群がうようよしていた時代があった．これらの動物はすべて植物の葉，主にイネ科の草を常食にするが，それでうまく行くのは，彼らが腸の中に何百万もの微生物を宿しているからである．彼らの消化器の一部を構成する特殊な室ないし袋の中に住む細菌その他の単細胞生物や菌類は，嫌気性の生物で，腸の中の酸素欠乏状態に耐えられる．

宿主である哺乳類は微生物に暖かくて快適な居場所と食物を与え，微生物の方は宿主のために複雑な構成の植物繊維などを分解し栄養物を取り出してあげる――つまり両者は相利共生的な関係にあるわけである．微生物がつくる酵素（セルラーゼ）は，植物の細胞壁のセルロースを分解して宿主が吸収できる糖へ変える．次に，その糖の一部が微生物によって発酵され脂肪酸へ変えられると，それを宿主は自分の血流の中へ取り込む．また，その他の植物性化合物で，より単純な物質に分解され宿主の体に吸収されるものもある．

偶蹄目（偶数の足指に分かれた蹄をもつ哺乳類）に属する草を食む動物には，ヌー，レイヨウ，シカ，カバ，キリン，ラクダ，バイソン，ウシなどが含まれる．これらの動物は，上の述べたような特殊な消化のために，いくつかの室に分かれた胃をもつ．また，彼らの顎や歯も特殊化している．臼歯の噛み合う面は，磨り合わせのために広くなっているだけでなく，凹凸が上下でうまく噛み合い，植物の繊維などをよく磨りつぶせるようになっている．上顎には門歯や犬歯がなく，代わりに角質の盛り上がりがあって，それに下顎の門歯または門歯状の犬歯をこすりつけて噛み砕く．筋肉質の舌も葉などを引きちぎるのに用いられる．門歯と臼歯の間には大きな隙間（歯隙）があり，そこで舌が食物を唾液とよく混ぜ合わせられるようになっている．唾液は食物を湿らせて滑らかにするとともに，アミラーゼという酵素を供給して炭水化物の消化を開始する．

噛み砕かれた食物はこぶ胃（第1胃）へ行き，そこで微生物により発酵され始め，できた脂肪酸の一部は動物の血流の中へ吸収される．しかし，こぶ胃の中の物はときどき

■歯の中心部は骨に似た象牙質でできているが，その周囲をエナメル質の硬い殻が覆っている．歯髄腔（しずいこう）の中には血管や神経が通っている．大部分の草食動物の歯は，一生を通じて成長し，その磨り減った分を補う．

エナメル質
象牙質
セメント質
歯髄腔
歯根

ウマ（雄）

ネズミ

ウマ（雌）

シカ

▷蹄（ひずめ）のある草食性の哺乳類は，前歯と奥歯の間に典型的な歯隙（歯の間の隙間）をもつ．食物が呑み込まれる前に舌で唾液とよく混ぜ合わされる場所である．概して，反芻動物の下顎は浅く，上顎には歯がないか，あったとしても非常に小さい．ウマなど，後腸で食物を消化する動物の下顎は深く，口にたくさんの食物を含むことができる．ネズミの鋭い門歯は，シカやウマの鈍い門歯と好対照をなす．

● 門歯
● 犬歯
● 前臼歯
● 臼歯

歯隙

3. 動物の摂餌方法

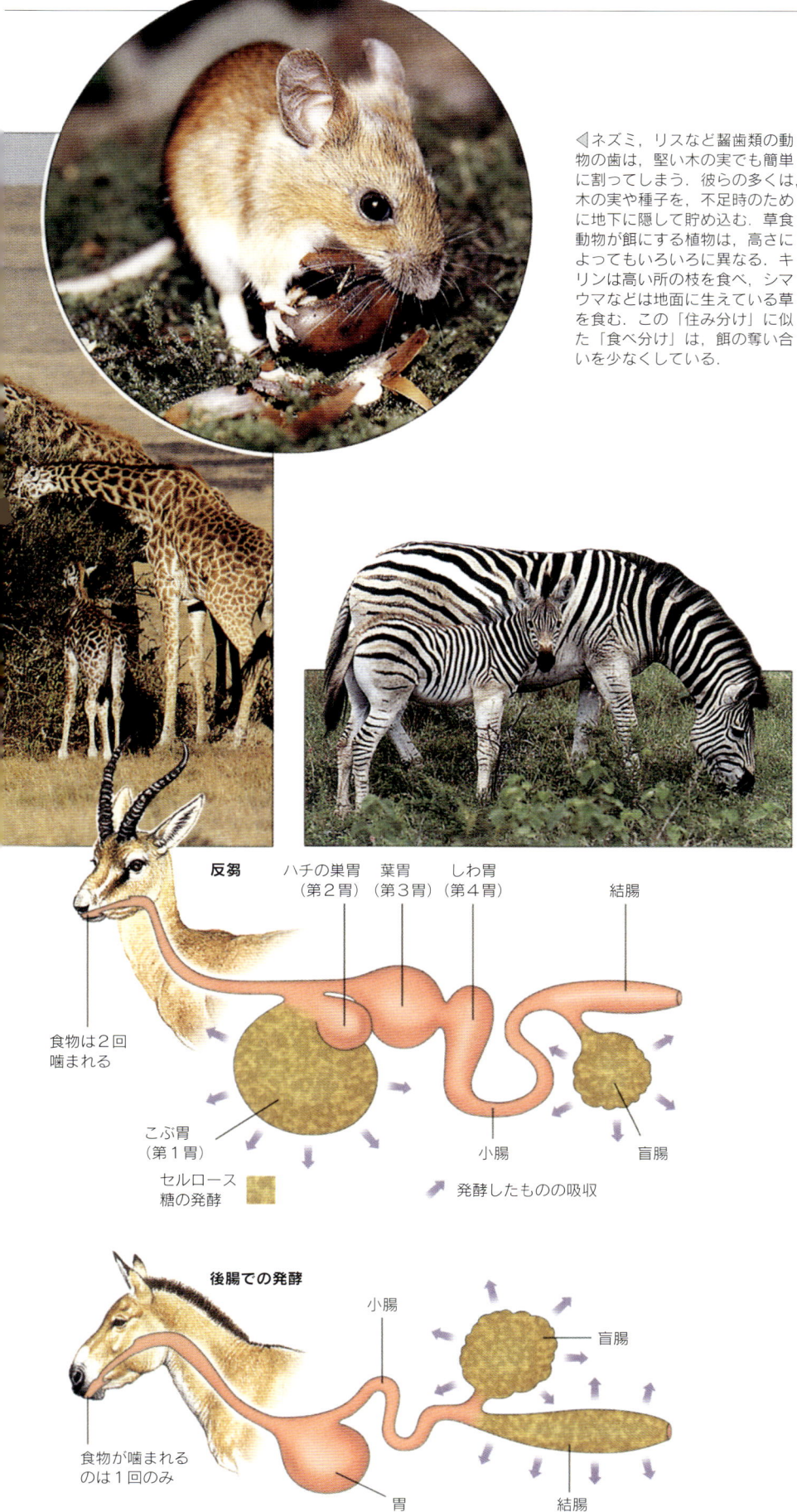

◁ ネズミ，リスなど齧歯類の動物の歯は，堅い木の実でも簡単に割ってしまう．彼らの多くは，木の実や種子を，不足時のために地下に隠して貯め込む．草食動物が餌にする植物は，高さによってもいろいろに異なる．キリンは高い所の枝を食べ，シマウマなどは地面に生えている草を食む．この「住み分け」に似た「食べ分け」は，餌の奪い合いを少なくしている．

口へ戻されて再び噛まれる．いわゆる反芻であるが，これは食物の新しく噛み砕かれた面にもう一度細菌を作用させるためである．反芻する動物は反芻動物と呼ばれる．こうして消化された食物は次にハチの巣胃（第2胃）へ送られ，微生物によってさらに消化される．そしてその次の葉胃（第3胃）では，より多くの脂肪酸と70％の水分が吸収される．最後のしわ胃（第4胃）では――これが真の「胃」であるが――塩酸と消化液が分泌されて，余分な微生物も消化されてしまい，動物の肉となるタンパク質の75％がここで作り出されることになる．

反芻動物は体内に独自の窒素循環をもっている．彼らの食物に含まれているタンパク質が微生物によって発酵させられるとアンモニアができるが，その一部は血流に吸収される．血流に乗ったアンモニアは肝臓で尿素に変えられ，その一部が唾液の中へ放出される．唾液は食物と一緒にこぶ胃へ行き，そこで唾液の中の尿素が微生物によって再びタンパク質へ戻される――という循環であるが，この循環のお蔭で，反芻動物は排出しなければならない尿の量ひいては水の必要量を節約できる．ロバのような反芻をしない動物が毎日水を飲む必要があるのに対して，ラクダやオリックス，それにガゼルの一部（オリックスもガゼルもアフリカなどに住むレイヨウの一種）もあまり水を飲まないで済む理由である．

ウマやシマウマの場合も，後腸と盲腸には同じような微生物が共生しているが，彼らは反芻しないから，その食物消化率は反芻動物の場合の80％に対して50％止まりである．したがって，後腸での発酵に消化を頼る動物は，同じエネルギー量を摂取するのにより多くの草などを食べなくてはならない．その代わり，消化のスピードが速い．食物が消化系を通過し終えるのに，ウシの場合の80時間に対して，ウマの場合はわずか48時間しかかからない．しかし反芻動物でも，マメジカのような小型の動物は，その体重の割に多くのエネルギーを消費するので，あまり発酵させる必要のない良質の餌を選んでたくさん食べる傾向がある．

ウマなど，後腸で食物を消化する動物の多くは，大方の反芻動物が食べる植物よりも質の良くない硬い草などを食べる．彼らは，反芻動物と異なり，植物を噛み切るための上顎の門歯を失わずにもっている．それに，食物は発酵以前に通常の胃を通過するから，果物を食べると都合がよい．反芻動物の場合には，果物に糖やその他の栄養が含まれていても，それらは微生物を喜ばすだけだろう．

反芻

食物は2回噛まれる
こぶ胃（第1胃）
ハチの巣胃（第2胃）
葉胃（第3胃）
しわ胃（第4胃）
結腸
小腸
盲腸
セルロース糖の発酵
発酵したものの吸収

後腸での発酵

食物が噛まれるのは1回のみ
小腸
盲腸
胃
結腸

△ウシなどの反芻動物とウマなどの後腸で食物を消化する動物の消化系には特別な室ないし嚢があり，その中で微生物が食物を発酵させ，セルロースの分解を促進し，宿主のための栄養物をつくり出す．反芻動物の一種であるガゼルの胃（図の上段）はロバのそれ（下段）よりも多くの室に分かれている．

肉食動物

　木の葉と比べて，肉は脂肪の含有率が高く，高エネルギーの食物である．それに，肉は植物性のものより消化しやすい．イタチは肉食動物でハタネズミは草食動物であるが，餌からのエネルギー摂取の点では，イタチの方がハタネズミより26倍も効率がよい．動物は，消費するエネルギーと食物から得られるエネルギーとをバランスさせなくてはならない．

　鳥類と哺乳類は，温血動物すなわち内温動物（定温動物）であるから，周囲の温度が高くても低くても，体温をほぼ一定に保つ必要がある．定温動物の休んでいるときのエネルギー消費量の80〜90％は体温の維持に当てられる．クジラやイルカのように冷たい水の中に住んでいる動物については，このパーセンテージはさらに高くなる．彼らが保温のために行う物質代謝（体内での化学反応）の速度が大きくならざるをえないからである．

　このエネルギーのバランスの問題には動物の体の大きさも関係する．小型の動物の場合には，体のわりに体表の面積が大きいので，体温は容易に失われる．ウマが休息しているときに消費するエネルギーの量は，その体重との割合でいうと，ハツカネズミの場合の10分の1にしか相当しない．体重がわずか2gの，白い歯のヒメトガリネズミという小さな哺乳類は四六時中何かを食べている．速い速度の物質代謝のために，大量または良質の食物をとる必要があるからである．キツネなどの肉食動物はまた，高カロリーの糖を含む果物を好んで食べる．

　他の動物を食べる動物のことを肉食動物と言うが，食肉目に属する哺乳類（イヌ，ネコ，アナグマ，クマ，イタチ，アライグマなど）で，裂肉歯をもつものすべてを肉食動物とみなすこともある．裂肉歯とは，上顎の一番奥の前臼歯と下顎の一番前の臼歯が鋭く盛り上がった尖端をもっていて，肉などを噛み切るのに都合よくできているものである．しかし，実は，食肉目に属する動物の中にもオオパンダなどもはや肉食でないものもあり，それらの動物の場合には，植物性の餌をすりつぶしやすいように裂肉歯の磨り合わせ面が平たくなっている．

　肉食動物は，獲物に噛みつき引き裂くために，頑丈な顎の骨と二組の強力な筋肉をもっている．一組は，獲物の喉や首に噛みついて殺すとき，あるいは骨を引き裂くときに力を発揮するこめかみの筋肉で，もう一組は，肉を骨から削り取ったり，骨を噛み砕くのに使われる咬筋である．

　捕食者と呼ばれる肉食動物の多くは，歯や爪を使って獲物を殺す．猟犬などは，相手の柔らかい部分に咬みつくだけで，ショック死させたり出血死させたりする．他の捕食者は，狙いを定めて即死させうるような部位に咬みつく．ライオンやその他の大型のネコ科の動物は，獲物の喉に歯を食い込ませる．

　昆虫は歯をもたないが，その口器で固い物も食べることができる．カマキリやトンボなどは肢を使って餌を捕らえる．ウニは，サンゴや海綿のような硬い骨格の動物を食べ

3. 動物の摂餌方法

■獲物をたおす雌のライオン（完全に仕留めるにはもう1頭の雌のライオンが獲物の喉に食いつく必要があるだろう）．ライオンの頭蓋骨（左下の図）の頂上には，大きく口を開けるときの筋肉の端が固定されている．ヌーの頑丈な下顎の上端は噛む筋肉に結びついている．ライオンの門歯は噛みつくため，長い犬歯は餌を捕らえて離さないためのものであり，裂肉歯は肉を呑み込みやすい大きさに食いちぎるためにある．草食動物には犬歯はないが門歯はある．大きな臼歯は食物をすりつぶす．

るときは，5枚の平たいやすりに似た歯を用いる．ウニと同様のものを食べるブダイの場合には，歯がくっついて嘴（くちばし）のようになっており，それを使ってこそいで食べる．

ワニとオナガザメは強力な尾で相手を叩きつけ気絶させる．シャコはその大きなはさみで餌を捕まえる．イルカとマッコウクジラは，大きな音を出して魚を気絶させたり殺すことさえあるようである．デンキウナギは550ボルトにも達する電気ショックを相手に与えることができる．オウジャ（王蛇）は，敵の体に巻きつき，そのとぐろを締めつけることによって窒息死させる．

その他の捕食者で，獲物より力が劣るものの間には，毒でもって相手を麻痺させたり殺したりするものがある．イソギンチャクやサンゴやウニは触手に多数の刺胞をもっていて，その有毒な針を相手の体内に刺し込む．毒グモや有毒な昆虫の場合には，咬む口器または針のつけ根に毒を出す腺をもっていることが多い．

◁サメの歯は針の先のように鋭く尖っており，獲物をその大きな口から逃がさないように内側へ向いている．サメは餌の肉を食いちぎって食べることもあれば，丸ごと呑み込むこともある．

△ガラガラヘビの大きな毒牙は，ふだんは折りたたまれ，口の中に仕舞われている．毒液は牙の溝を伝ってにじみ出て，獲物の体内に注入される．多くのヘビは，口を大きく開けるために，顎のうしろに蝶番（ちょうつがい）をもっている．

△鳥の嘴（くちばし）の形は，何をどういうふうに食べるかによってさまざまに異なる．1：ワシの鉤（かぎ）形に曲がった嘴は動物の死骸を引き裂くことができる．2：ミヤコドリは長く尖った嘴で浅瀬に住む二枚貝の殻をこじ開けて食べる．3：ワライカワセミの丈夫な嘴はトカゲやヘビを捕らえるのに使われる．4：ヨタカ（夜鷹）の大きく開いた嘴は，飛んでいる昆虫を捕まえる「動く罠」である．5：ツノメドリは，鋸（のこぎり）のようなギザギザのある嘴で，一度に20尾以上の小魚をくわえることができる．

餌を捕る技術

　すばしこくて，音を発せず，執念深い，ヒョウに似た動物であるチータは，通常独りで獲物を追いかけ，その速度は時速95kmにも達する．しかし，追いかけることだけが餌を入手する方法ではない．獲物が近づいてくるのを待つ動物も少なくない．ハチクイドリやヒタキのような鳥は，適当な昆虫が近くを通るのをじっと待ち，チャンスと見れば飛び出して行って捕らえる．トカゲやハエトリグモの餌の捕まえ方も同様である．カマキリ，カメレオン，カエル，ヒキガエルの場合もみな同じで，長い間じっと待っていて，不注意な昆虫などが近くを通ると，長い腕や長くてねばねばした舌を突き出してさっと捕まえる．待ち伏せにはカモフラージュも有効な手段で，カメレオンやカマキリから，タコやカレイまで，さまざまな動物がこの手を使い，自分の体の色を背景のそれに似たものに変えてしまう．

　あるものは囮(おとり)を使って獲物を近くへ引きつける．たとえば，カミツキガメは，下顎にピンク色の虫のような形の肉の囮をもっていて，餌になりそうなものを見ると，これをうごめかす．クモの巣には実にいろいろなものがあるが，どれも立派な罠になっている．飛んでいる昆虫を捕らえる円い網もあれば，地上の軽率な虫などを引き込む漏斗形の網もある．また，トダテグモの巣は円筒形のものに蓋がついており，糸の動きで獲物のかかったことがわかると，クモは直ちに飛びかかって行く．ウスバカゲロウの幼虫（アリジゴク）は，砂にすり鉢状のくぼみをつくって，やってきた昆虫がそこに滑り落ちるのを待ち，上から砂をかけて仕留める．また，水中に漂う罠もある．クラゲなどは，獲物を刺す糸のようなものがついた触手を水中にたなびかせている．ほかに，無関心を装いながら獲物に忍び寄るホッキョクグマのような例もあり，彼らはその方法で氷の上にいるアザラシを襲う．

　獲物は大きければ大きいほど良い食料になる．ネズミなどでは皮や骨のわりに肉の部分が少ないから，大型の動物は大型の餌を狙う．しかし，その成功率は低い．トラが単独で獲物を追いかけて成功するのは20回に1回程度にすぎない．チータの場合，この成功率は50％に達するが，しばしばハゲタカやライオンに獲物を横取りされてしまう．

　ヤマイヌ，オオカミ，ライオンなどは集団で大型の獲物を襲うことがある．オオカミは，数頭が協力してオオジカやバイソンさえもたおす．アフリカのヤマイヌやヤブイヌは，ふつう群れをなして獲物を追いかけ，それがレイヨウやシマウマの群れである場合には相手をパニック状態に陥れるとともに，数匹が逃げようとする獲物の行く手を阻む．ライオンやコヨーテなど多くの動物が協力するのはいつもではなく，その必要があるときだけである．雄のライオンの場合は，成功率が1割以下らしいと思えば，単独で行動する．雌のライオンは，何頭かで違った方角から獲物に忍び寄り，1頭か2頭が突進して，その他のものは敵の逃げ道を絶つ．大きな餌は良い栄養源になるものの，それだけ狩り手である大型動物は大きな餌を必要とする．雄のライ

オン（成獣）は1日当たり10kgの肉を必要とし，1回に食べる量は43kgにも達する．

シャチは，60頭にも及ぶ群れが協力して狩りをする．ふつうアザラシか，小型のクジラ，イルカが遠巻きにされるが，魚の群れのこともあり，彼らは浅瀬に追い詰められてしまう．アメリカシロペリカンも同じような手を使う．6〜10羽が馬蹄形に魚の群を取り囲んで固まらせ，そこをそれぞれが口一杯にほおばる．

群れをつくって生活する動物はいつも一緒に狩りをするとは言い切れない．ユーラシア産のアナグマは，20〜30頭が集団で住むが，獲物を捜すときは単独である．彼らは，主としてぬかるんだ土の中から這い出す虫を食料としているが，虫がどこから出てくるかわからないので，毎晩食料を入手するためには広い縄張りを確保する必要があるからである．ブチハイエナにとっては，獲物の死骸に食いつくとき，集団で行動する方が他の動物を寄せつけないために都合がよい．

わずかながら，道具を使って狩りをする動物もいる．チンパンジーは，木の枝を折り皮を剥いでシロアリの巣に突っ込み，彼らを穴から追い出す．エジプトハゲワシは，他の鳥の卵の殻を割るために石を投げつけることがある．ヒゲワシは，非常に高い所からカメや髄骨を岩の上に落として砕き割ったりする．ツグミの中にもカタツムリを石に叩きつけて殻を割るものがある．ラッコは，よく海面にひっくり返って浮かび，腹の上にアワビとか大きなカニを抱えているが，そんなとき海底から拾ってきた石で餌の殻を割る．

■ワニの眼と鼻孔は頭の上に少し膨らんでついているから（左の図），ワニは水中に潜んでいれば見つかりにくい．彼らは水中で獲物を待ち伏せし，動物が水を飲みに岸辺にやって来るとにじり寄り，急に飛び出して行って，その強力な尾で相手を叩きのめして捕らえる（下の図）．

■北極海でオキアミを食料としているザトウクジラの群れ（前ページの上の写真）．彼らは，深く潜ってから浮上するとき一斉に潮を吹くが，その潮でできるあぶくの網がオキアミを網の中心部に寄り集まらせる．そうしておいて，クジラたちは大きな口の中にオキアミを呑み込む．

◁ハエトリグモ（左の写真）が餌に飛びかかろうとしている瞬間．真中の2つの大きな眼の視野が重複しているから，クモは獲物との距離やそれが動く速度を判断することができる．両脇の眼は，他の餌や敵が近づかないかどうかを見張る．

何でも食べる動物

　すべての動物が草食動物と肉食動物のどちらかに分類されるというわけではなく，ヒトを含む多くの動物が植物性のものと動物性のものの両方を食べる．多数の濾過摂食者（流れる水の中から食物になるものを濾し取って食べる動物）は，やって来る適当な大きさのものを何でも，生物の死骸でも，捕らえて食べる．

　巨大なシロナガスクジラも，ホヤも，両方とも濾過摂食者である．シロナガスクジラは，歯がない代わりに，上顎に大きな櫛のようなものをもっている．クジラヒゲと呼ばれる非常に大きな剛毛が一列に密生していて，遠くから見ると板のように見えるものである．シロナガスクジラが口を開けて大量の海水を飲み込んだあと，このクジラヒゲ（櫛の歯）の間を通して水を吐き出すと，エビその他の生き物が口中に残り，餌となる．この餌の取り方は，小さな海中生物ばかりを食料とするヒゲクジラにとっては都合のよいものである．

　このほかにも，餌の漉し方や濾過摂食者にはさまざまな種類がある．フラミンゴの餌の取り方はヒゲクジラのそれとほとんど同じであるが，ニシンその他の多くの魚の場合は異なる．魚の濾過器（フィルター）は頭部の両側にある鰓で，鰓杷と呼ばれる細い糸のようなものが櫛の歯に相当し，ふるい（篩）の役目を果たす．ニシンは口を開けたまま泳ぐから，海水は常にふるいにかけられていることになる．体調が9mもあるウバザメも同様で，大口を開けて海水面近くを泳ぎ回るときは，1時間当たり200万ℓもの海水を鰓で濾過している．

　ホヤとかイガイその他の二枚貝は，大体が動かずじっとしているが，繊毛という震える毛を使って海水を体内に招き入れ，内部にあるフィルターを通す．たとえば，イガイは鰓をフィルターに用いる．ホヤとか海綿とかの場合も同じであるが，二枚貝は別に水管を備えており，それらを使って海水を吸い込んだり体外へ出

▷クマは，祖先が肉食動物であったのに雑食化し，何でも豊富に手に入るものを食べる．右の写真のクマは，産卵のため川を遡上するタンパク質に富んだサケを食べている．しかし，魚を獲って食べるのがクマの本性ではない．秋になれば，甘い木の実をしゃぶっているクマ（次ページの右の写真）を見かけることの方が多いであろう．クマはまた，町の近くのゴミ捨て場を荒らすこともある．

▽フラミンゴとフジツボの餌の獲り方（水中から食物になるものを漉し取る方法）は同じである．フジツボは，羽のような肢を水中に伸ばして，その剛毛で餌を捕らえ，肢で口に運ぶ．フラミンゴは，舌を使って，嘴（くちばし）のギザギザのある縁から水を絞り出し，嘴の中に残った食物を丸呑みにする．

したりするので，食物を含む水が排出される老廃物と混じって汚くなることはない．多くの単細胞生物は，繊毛を，水を体内へ導入するのと漉すのと両方に用いる．エビなどの小さな甲殻類の中には肢に生えている剛毛でもって食物の粒を捕らえるものがあるが，これは体外フィルターの一例と言える．そして，最も顕著な濾過摂食者の1つとしては，ハオリムシの類，特にケヤリムシがあげられる．ケヤリムシは，色鮮やかな触手を羽のように拡げて，その剛毛に付着する餌を食べる．

　なお，ねばねばする粘液を鳥もちのように使う動物も少なくない．たとえば，ウミシダの腕（枝）は粘液で覆われていて，それに餌が捕らえられると，特殊な溝に沿って生えている繊毛が働いて，それを口へ送り届ける．

　以上に述べたような，水中から食物を漉し取って食べる動物は懸濁物摂食者と呼ばれることもある．水中に浮遊す

るものを捕らえて食べるからである．この種の食物（生物の死骸や単細胞生物などの有機物で海中に漂うもの）は海洋に多い．その中で海底に沈んだ有機堆積物（デトリタス）を常食とする動物をデトリタス・フィーダー（浮泥食者）という．ナマコや多くの種類のハオリムシなどがこのグループに属し，ねばねばする触手や舌や粘液網をもったものが少なくない．

　もちろん，陸上にも，植物性の食物と動物性の食物を混ぜてとる動物はたくさんおり，そのときどきに入手しやすいものを食べる．カモメはクマと同じようにヒトの食べ残しをあさることを覚えた．アライグマもしばしば残飯の豊富な町中をうろつき回る．いろいろな種類のものを食べる動物は雑食者と呼ばれる．

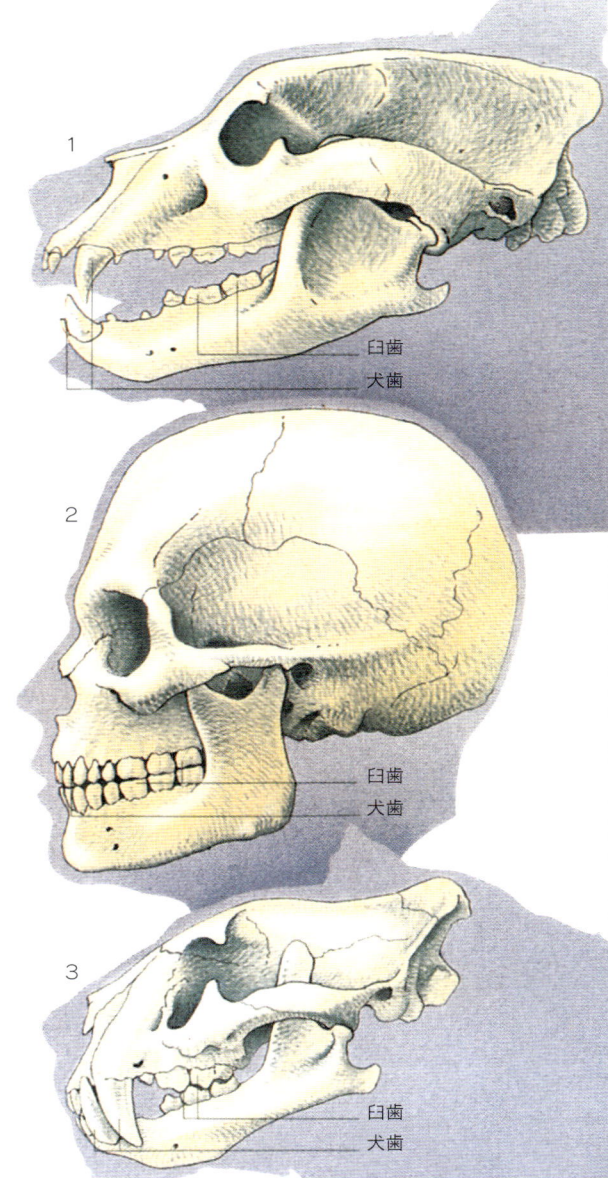

▷雑食動物の頭蓋骨（1のクマや2のヒト）は，肉食動物（3のライオン）と草食動物の間の，中間的な形をしている．雑食動物の下顎は，硬い植物性繊維を噛み砕かなくてはならないから大きく頑丈にできている．すべての雑食動物も犬歯をもっているが，肉食動物の犬歯ほど大きくも丈夫でもない．臼歯は，穀物などの磨りつぶしのために大分平たくなってはいるが，肉を噛み切るための尖った盛り上がりを残している．

分解の専門家

地球上に分解者（植物や動物の残骸を食料とする生物）というものが存在しなかったならば，地球はすぐに死んだ生物だらけになり，植物は栄養失調に陥って，食物連鎖は崩壊してしまうであろう．植物全体では，それが生きている限り，約9割は動物に食われることはない．落ち葉や枯れ枝やしおれた花など，植物の死んだ部分は種々の動物と微生物によって分解され，その中に含まれていた栄養分は土壌へ帰り，いずれまた成長する植物の体内に取り込まれる．動物の死骸や糞その他の排出物についても同様の過程が生じる．陸上でも海中でも同じことである．この過程が分解と呼ばれるもので，分解を担当する生物のことを分解者という．

分解の過程には実にさまざまな生物が関係する．ある種のものはそれこそ真の分解者（分解の専門家）であるが，その他の多くのものは，食べやすい肉の部分あるいは植物の最も植物的な部分だけの分解を手伝う．ハイエナ，アライグマ，ハゲタカ，カモメなどは大型のスカベンジャー（清掃動物）で，死体の処理の最初の段階を受け持つ．そして，彼らによって細かくされた肉片などは次々により小型の分解者によって分解の程度を進められ，最後は菌類と細菌によって止めを刺される．

イヌ科の動物は清掃動物として重要な役割を果たす．ジャッカルやキツネは死んだ動物の外側の肉に食いつくだけであるが，ハイエナは骨格をばらばらにして内臓まで平らげる．ハイエナの顎や歯は頑丈にできていて，骨を噛み砕き，筋肉を引き裂くことができる．25頭のハイエナが集団でかかれば，3頭のシマウマとその仔1頭を骨だけにするのに30分しかかからない．

ワシタカは，大きな翼を広げて草原の上を高く舞い上がり，上から死んだ動物を捜す．何かを見つけて急降下すると，その翼の風を切る音が仲間のワシタカを呼ぶ．すると，それを見てハイエナやライオンも集まってくることになる．実は，ワシタカにも何種類かあり，あるものは柔らかい肉の部分しか食べないが，あるものは筋とか腱とか骨とかまで食べる．骨の中のものを食べるのに，ヒゲタカは非常に高い所から岩の上へ骨を落として砕く．

大型の清掃動物がひとしきり死体の処理を終えると，小型の動物たちの出番となる．ハエやユスリカやカブトムシの幼虫（蛆類）は死体の柔らかい部分にたかり，ヒロズコガとカワカブトムシの幼虫は皮を侵食し，シロアリは筋や腱に食い入る．クロバエ（キンバエを含む）の幼虫は，ネズミ1匹の死骸であれば2週間も経たないうちに骨だけにしてしまうという．しかし，その骨も結局は分解を免れない．動物の糞も他の動物の食料となる．フンバエや食糞コガネムシは他の動物の糞を常食とし，卵もその中に産みつけるから，彼らの幼虫も糞を食べて育つ．

植物性のもの，特にその繊維は動物の死体より硬く，消化にくい．それに，大木の幹や枝を割っても，大型の動物にとっては何の得にもならない．樹皮や木を侵すのはカ

▷シマウマの死骸に群がり，それを分解しはじめるスカベンジャーたち．ハゲタカが最初にやって来ることが多い．ハゲタカの鋭い嘴（くちばし）は，肉をついばむのにおあつらえ向きである．この背の白いハゲタカの頭と首にはほとんど羽毛が生えていないから，死骸の中に首を突っ込んでも，あとで頭や首を清掃するのが容易である．ハイエナは頑丈な顎と歯で骨まで噛み砕くことができる．骨も，のちにはハイエナの糞の中に粉状になって混じって出る．

▷カタツムリとナメクジとヤスデは落ち葉を食べる．菌糸は枯死した木と葉の中に入り込む．ハエはネズミの死骸に卵を産みつけ，ウジは死骸を食べて成長する．ミミズとアリは木の葉を地下へ曳きずって行く．地下の方が枯れ葉が早く腐るからである．彼らの糞は，細菌や原生動物や微小な線虫が食べる．ワラジムシとハネカクシは，動植物の死骸や動物の糞を常食とする．ムカデやクモなどの捕食者は，以上のような分解者を食料とする．

アリ

ハエ

ハネカクシ

ワラジムシ

ナメクジ

ミミズ

ブトムシと菌類である．彼らは共同して樹皮をはがし，木の芯にまで潜り込む．カブトムシは他の樹から菌類の胞子や細菌を運んできて樹の中に埋める．菌類は木を柔らかくする．すると，他の動物（キツツキ，ワラジムシ，ガガンボ，サスデなど）がやって来て樹を侵食する．暖かい所では，木を破壊する動物の最たるものはシロアリである．シロアリは，木に穴を開けるその他多くの動物と同様，消化管の特殊な嚢の中に飼っている微生物のお蔭で，植物繊維のセルロースを消化する．

また，地上の落ち葉など，食物の屑にも多数の分解者が集まる．わずか1gの土の中に400万もの細菌がいることがある．ミミズは，それ自身が分解者の1つであるが，他の分解者たちが植物の屑に食い込みやすいように準備する生物の主たるものである．

しかし海では，まったく違った種類の動物が分解者として働く．海岸沿いでは，カモメやカニやトビムシが，波によって打ち上げられた海藻などの間を回って屑物の処理に当たる．海中では，どの深さのところでもエビなどの甲殻類が重要なスカベンジャーの役割を果たす．海中などでは細菌も分解者として活躍するから，何かの生物の死骸がそのままの形で深海底まで落ちて行くということは滅多にない．波もまた有機物の分解を助ける．というのは，海中に浮遊する無数の有機物の粒子を波が動かすので，濾過摂食者や懸濁物摂食者はそれらを体内に取り込めるのである．多くの有機物は海面近くの動物プランクトンの餌食になるが，一部は逃れて海中をゆっくり降下する．いわゆるマリンスノーである．そして，このマリンスノーが海底に堆積したものがデトリタス（有機堆積物）であり，ナマコ，ボラ，いろいろな種類のハオリムシなどのスカベンジャーの餌になる．

なお，生物の死体のより大きな破片で深海底にまで達するものがあれば，それらはすぐメクラウナギ，甲殻類，海の蠕虫（ぜんちゅう）などにたかられることになる．彼らは，暗闇の中でも，触覚と嗅覚で獲物を捜し出すのである．

△センチコガネは埋葬虫の一種である．この虫は，他の動物の糞の下に穴を掘って隠れ，その糞が穴の中に落ちてくるのを待ち，その中に卵を生みつける．幼虫は糞を食べて育つ．

― ムカデ
― キノコ
― カタツムリ
― ヤスデ
― トビムシ
チーズダニ

◁トビムシとチーズダニは，最もふつうに見られる小型の分解者である．どちらも平たい体をしているので，わずかな隙間でも入り込める．クモ形綱に属するチーズダニは，多くの脊椎動物に取りつく寄生虫でもある．

△カニは，海岸でも，海中のどの深さのところでも，重要なスカベンジャーである．彼らは，死骸の分解を強力なはさみで切り裂くところから始める．すると，より小さいスカベンジャーや分解者が割り込んでくる．

食物にうるさい動物

　地球上で珍しい動物とされるものの中には，ごく限られたものしか食べない（食物にうるさい）動物が少なくない．彼らは，特定のもの以外は食料にしえないため，今日の急速な環境変化について行けず，しばしば自滅の道をたどる．しかし，その変化が緩慢で，彼らが適応して行ける程度のものであれば，他の動物たちが口にしえないものを食べることができるという利点をもつ．食料をめぐる競争に煩わされることが少なければ，その分に相当するエネルギーを，自分の成長なり子孫の増殖なりへ回すことができる．

　どのような食物でも，何かの割れ目や殻の中に入っていれば取り出しにくい．マダガスカル産のユビザル（夜行性のキツネザル）は1本余計に長い指をもっており，それを使って樹皮の割れ目から昆虫を掻き出す．それ相当の御利益(ごりやく)があるわけである．オーストラリアに住むフクロシマリスも，同じ目的で余分な指を特別に進化させてきた．ハワイにいるカワリハシハワイミツスイという鳥は，曲がった長い上嘴(くちばし)と，短いが鋭く尖った頑丈な下嘴をもち，下嘴で樹皮を剥き取ると同時に上嘴で昆虫を捜し出す．サンゴ礁は多くの凹みと割れ目をもっているが，もぎ取るには特別の道具を必要とする．チョウチョウウオとヨウジウオは，細長い鼻口部で穴の中を探り，小さな無脊椎動物を捕らえる．またカイガラムシや扁形動物やウナギは，岩などの割れ目にすべり込んで行って獲物を急襲する．

　アリやシロアリを食べるには，その巣を爪で暴き，細長い鼻面を突込んで，嚙まれても刺されてもものともせず，長いねばねばする舌でそれらをからめとるのが一番よいが，アリクイはまさにそのとおりにする．アリクイは，獲物となるアリを捜そうともしないで，ただ穴の中の巣を鼻面で引っ掻き回し，べたべたする唾液にまみれた舌を挿し込んでアリをすくい取る．アリクイだけでなく，アフリカ産のツチブタ，アフリカとアジアに分布するセンザンコウ，オーストラリアとニューギニアに住むハリモグラも，みな同じように，細長い鼻口部と舌，それに大きな鉤爪(かぎづめ)をもつ．つまり，これは収束進化（収斂進化(しゅうれんしんか)）と呼ばれる現象——動物は地球上で遠く離ればなれに住んでいても，その生活の仕方が似ていれば，別々に，しかし同じような進化を遂げるということ——の一例なのである．

　食物にうるさい動物といっても，必ずしも食物が特定のものだけに限られるというわけではない．花蜜や樹液を吸って生きる動物は多くの種類の植物を相手にするし，血を吸って生活するカやハエもいろいろな種類の動物を犠牲にする．液状の食物であれば，嚙みついたり嚙んだり嚙み砕いたりする必要がなく，栄養物はすでに消化しやすい溶液になっている．植物は液状の食物を樹液や花蜜の形で提供する．花蜜はただ，吸うか舐めるかするだけでよい．チョウやガの口器は長く伸びる管になっていて，花の奥の花蜜にまで届く．花蜜を食料にするコウモリやミツスイドリのような鳥の舌の先端には，液を吸い取るのに都合がよいように，細い毛が密集して生えていることが多い．これらの

▽パンダは限られた数種類のササの葉しか食べない．ところが，それらのササは40〜100年に一度花が咲き枯れるという代物なので，パンダは，それらを食べ尽くしたら新しい種類のササを見出さなくてはならない．パンダの成獣が1日に食べるササの葉は約20kgに達する．新しい食料を見つけようにも時間が足りない．

▷ハチドリは花蜜を食料とするようにできている．ふだん丸めている長い舌を，硬い棒状に突き出して蜜を吸う．2本に分かれている舌がそれぞれ内側に丸くなって合わさり管をつくる．それが花蜜に触れると，毛細管現象で（おそらく吸う力も加わって）それが管の中に入ってくる．

▽ハワイに住むミツドリは，その食物の種類に応じて嘴（くちばし）を進化させてきた．1は昆虫用．2は昆虫と花蜜兼用．3は種子用．

カワリハシハワイミツスイ
ベニハワイミツスイ
マウイ産ダルマエナガ
Akialoa
Akepa
イカル・フィンチ

3. 動物の摂餌方法

動物の多くは，花蜜を吸う間花弁にしがみつくか，花の上に止まっているが，ガとハチドリは静止せずに花の前で羽ばたきを続ける．そうするには大量のエネルギーを消費しなければならないが，花蜜を吸えば報われる．羽ばたきの上手なハチドリが飛び回る花の種類は多岐にわたる．

樹液を吸うには，まず植物の茎や幹の中に口を突き入れなくてはならない．そのために，アリマキは口針と呼ばれる管状の口器をもっている．植物の茎の中で樹液はかなりの圧力を受けて流れているから，口針がそこまで届けば，樹液は容易にアリマキの体内へ流れ込んでくる．樹の太い幹になると，樹液のあるところまで到達するのはなかなか難しいが，シルスイキツツキには可能であり，キヌザルも歯で樹皮を剥ぎ取って中の樹液を舐める．

動物の血を吸う場合にも似たような問題がある．それで，カやツェツェバエは口針をもつ．また，チスイコウモリは鋭い歯をもっていて，眠っている動物を目覚ますことなくその血を吸うことができる．ヒルなどの吸血動物については，彼らが血を吸っている間それが固まらないように，相手の血液の中に抗凝固剤として働くものを注入するものがある．

さらに，昆虫やクモの中には自分で食物を液化してしまうものもある．彼らは，消化液を分泌して獲物の上に滴らせ，すぐ消化できる液状の食物に溶かした上で，それを吸い取る．干からびたハエがクモの巣に残っているのは，その柔らかい部分がそういうふうにして吸い取られたあとであることを示す．小さな肉食動物や死骸を食べる小動物は，硬い獲物を食べるのに，この体外消化の手をよく使う．

最後に，ヒトデの餌のとり方について述べると，それは実にユニークである．自分の胃を裏返しにして体外に出し，それで獲物を包み込み溶かし，消化済みの液状になったものを食物として体内に取り込むのである．

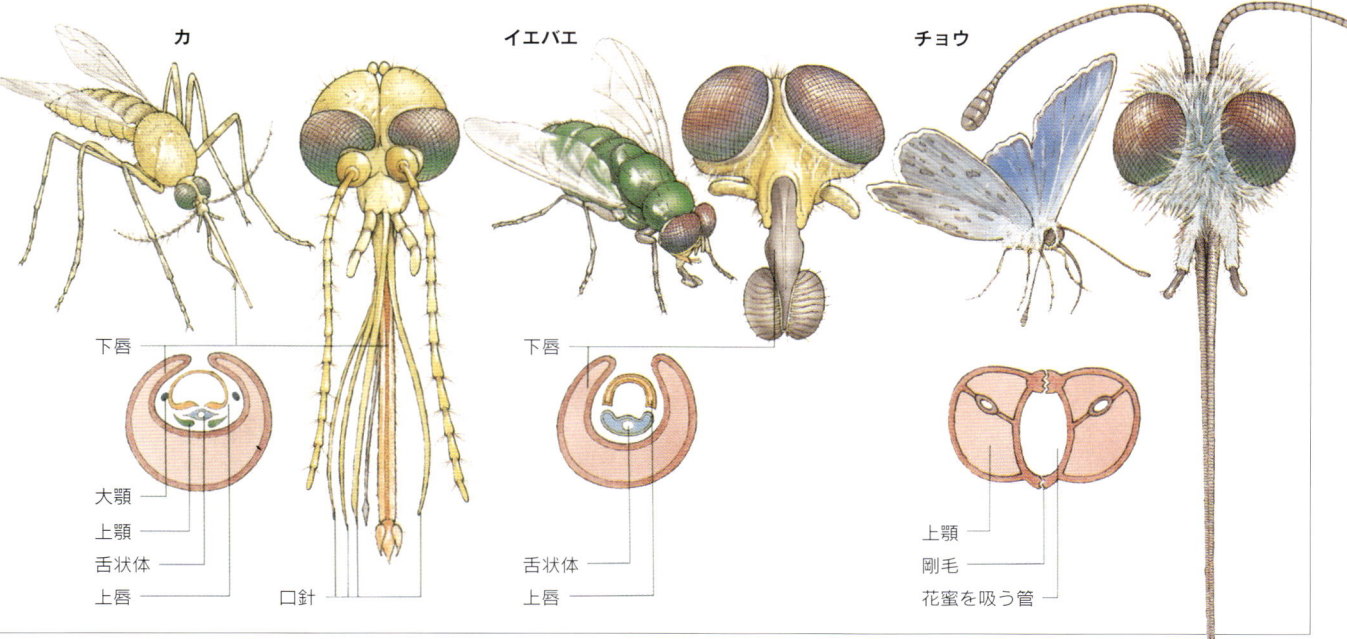

▶昆虫の口器はそれぞれの食物に適応している．カの場合には，大顎と上顎で刺すための口針をつくり，それを下唇で支える．抗凝固液は舌状体の中を通って獲物に注入され，その血液は上唇を伝って吸い取られる．イエバエの下唇は，幅が広くて，中に多数の管が通る吻（ふん）を構成する．そして，唾液は舌状体から分泌され，液化された食物は上唇を通って吸い込まれる．チョウでは，2つの上顎が組み合わされて花蜜を吸う管になる．

他の生物を食い荒らすもの

　寄生生物とは，他の生きている動植物（宿主または寄主ともいう）に付着し，または宿主の体内に入り込んで，その宿主の犠牲において生活する生物のことをいう．寄生生活をすれば自分のエネルギーを節約できる．極端な場合には消化管の一部をもたないで済ませることもできる．しかし，寄生生物にとって宿主の存在は不可欠で，自分独りでは生きて行くことができない．

　外部寄生生物は宿主の体表（皮膚，毛，毛皮，鱗など）に取りついて生活するもので，その大部分は昆虫，クモ形動物（ダニやチーズダニ），甲殻類などの節足動物である．ナンキンムシの類いの多くは植物の体液を常食とする．ノミ，シラミ，ダニ，チーズダニは，哺乳類にふつうに見られる外部寄生虫である．彼らは，宿主に食いつくために鉤形の爪や特別の口器あるいは吸盤をもっており，体は概して，簡単に引き剥がされることがないように扁平な形をしている．そして，宿主の皮膚やすぐその下の部分を食べたり，宿主の血を吸ったりする．彼らの口器があまりにも鋭いため，宿主は食われている間は気づかず，あとになって痒みを覚えるということが多い．それは，宿主の体内に注入された寄生虫の唾液や抗凝固剤的な物質（血が固まるのを妨げる化学物質）に対する免疫反応がむずがゆさの原因になるからである．

　外部寄生虫が宿主の体に取りつくのは一時的であることが多い．ヒルやトコジラミでも，血を吸って満腹になれば宿主から離れて身を隠す．しかし，彼らは新しい宿主を見出すのに，高度に特殊化した感覚を働かす．ノミは哺乳類の存在を，その体温で，またはその呼気に含まれる炭酸ガスで察知する．強力な後肢でかなり遠くにいる動物へ跳び移ることもできる．もっとも，外部寄生生物でも，寄生性フジツボのように長期間宿主から離れないものもある．

　ところで，寄生虫が1匹だけなら大したことはないとしても，多数のノミなどにたかられると大変である．受けた被害の修復には多大のエネルギーを要し，余分な食物をとらなくてはならなくなる．病気に対する抵抗力や生存競争のための活力も弱まりかねない．外部寄生虫自体が宿主に致命傷を与えるということは滅多にないものの，寄生虫が危険な病気の媒介をする可能性，特に血を吸う寄生虫が病原菌やウイルスを伝播する危険性は大いにある．チフス，疥癬，腺ペストなどはみな，外

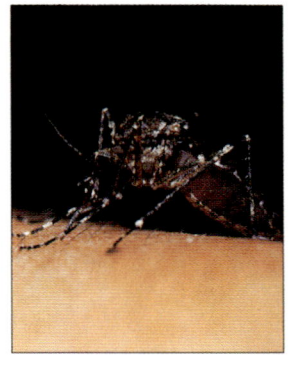

△雌の力は，卵を産むのに必要な栄養をとるため，他の動物の血を吸う．その際，他の動物の病気をうつすこともある．

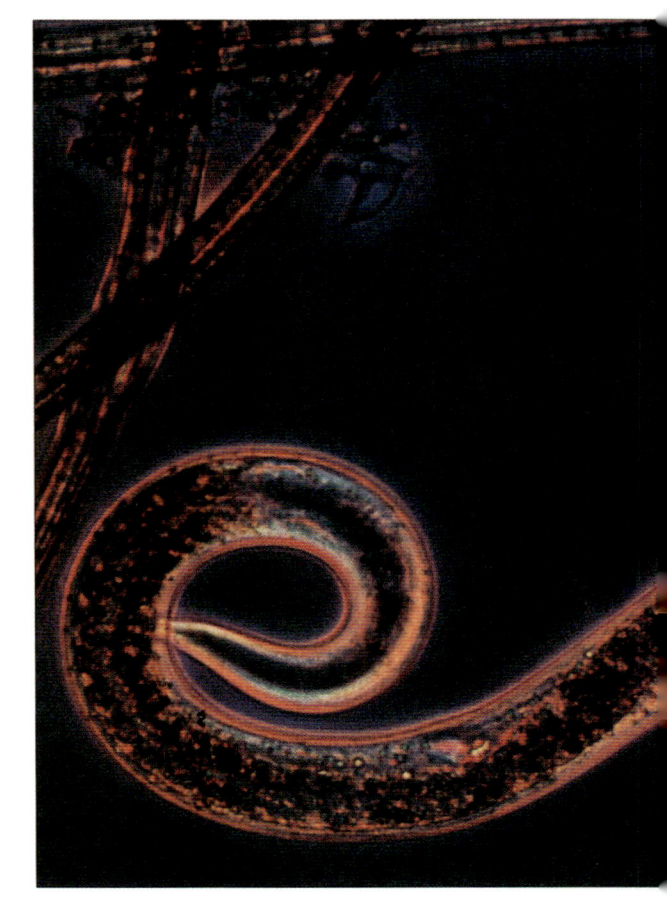

▷線虫には何千もの種類があるが，その多くが寄生虫である．線虫は，農作物や家畜に被害を与え，ヒトに病気を起こさせる．1個のイチジクの実に，8種以上の種類の線虫が5万匹もいることがある．

▷川に住むヤツメウナギはマスの生き血を吸う．成熟したヤツメウナギの多くは他の魚に寄生し，その吸盤のような口にある角質の歯で獲物の肉をこそぎ取る．

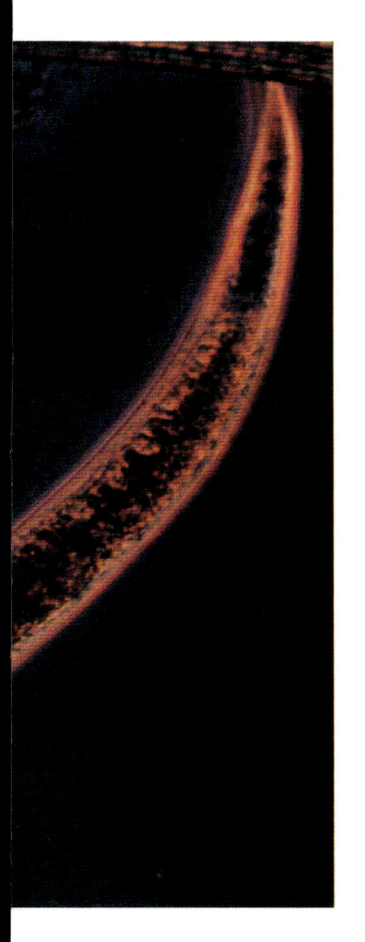

▷サナダムシ（条虫）の長く平たい体は，その体表全部で，宿主が消化済みの栄養を吸い取る．条虫は独立した消化器も感覚器も必要としない．体が粘液で覆われ，宿主の消化酵素に対抗できる特殊な酵素をもっているので，溶かされる心配はない．その頭部（頭節）にある鉤爪（かぎづめ）と吸盤とで腸の内壁にしっかりと食いつき，糞と一緒に排出されるのを防ぐ．その物質代謝は，腸内の酸素欠乏状態に耐えられるように適応している．各体節には原始的な消化器と排出器と生殖器があり，体節同士が交配して大量の卵を産むことができる．卵は，成熟すると体節がはじけて外へとび出し，宿主の糞に混じって排出される．すると，地面に落ちた餌をあさり回るブタがそれを食べ，条虫の卵がブタの体内に入る．ヒトに取りつくサナダムシには18.3ｍもの長さに達するものもある．

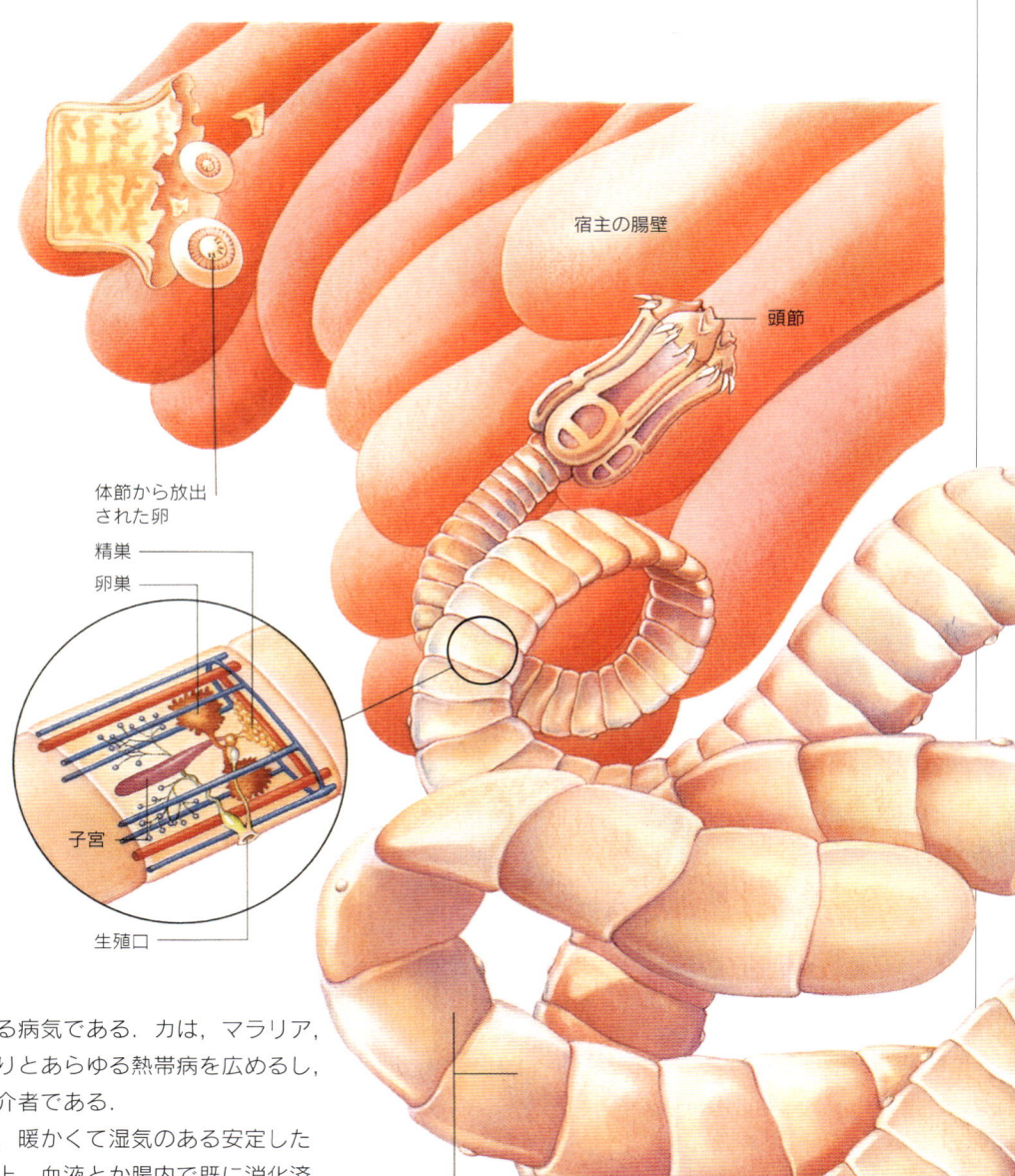

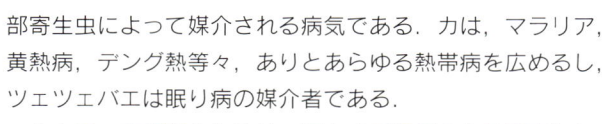

部寄生虫によって媒介される病気である．カは，マラリア，黄熱病，デング熱等々，ありとあらゆる熱帯病を広めるし，ツェツェバエは眠り病の媒介者である．

他方で，内部寄生生物は，暖かくて湿気のある安定した環境に恵まれており，その上，血液とか腸内で既に消化済みの食物とかを摂り放題ということも少なくない．自分で食物を消化する必要がなければ，消化器官は退化して消滅してしまう．そして，本来なら消化に用いられるはずのエネルギーを繁殖に振り向けてどんどん増える．しかも，ある種のものは，宿主からエネルギーを吸い取るだけでなく，マラリアや黄熱病の病原菌を持ち込んだり，毒素をつくり出したりして，ひどい場合は宿主を死に至らしめることさえある．

最もふつうに見られる内部寄生生物としては，吸虫，条虫，回虫などと，細菌その他の単細胞の微生物があげられる．通常，これらの内部寄生生物ははなはだしく特殊化していて，特定の１種類の宿主にしか取りつかない．しかし，多くのものは複雑な生活環をもち，ときには２〜３回宿主を変える．ヒトを悩ますサナダムシは，その生活環の一時期をブタの体内で過ごす．ヒトがサナダムシを宿すようになるのは，それに侵されたブタの肉を食べたり，その糞に触れるからである．

さらに，ある種の内部寄生生物は，宿主の体の物質代謝を大きく狂わす．たとえば，糸状虫（フィラリア線虫）は象皮病（足その他，体の特定部位の異常肥大をもたらす慢性病）を引き起こす．カニに寄生するフジツボは，成熟すると神経節によって制御された細胞の塊から枝を出しただけの簡単な構造のものになるが，その枝を宿主であるカニの体内の至るところに伸ばして栄養を吸い取る．その結果，カニの生殖器の成長は停止し，脱皮もできなくなるから，体も大きくなれない．雄のカニは雌に性転換してしまい，体内により多くの脂肪を貯めはじめる．ということは，寄生虫であるフジツボの食料を増やしてやるだけということにほかならない．

共存関係

　動物は，寄生関係の場合のように宿主（寄生される生物）に害を与えることなく他の種類の動物と共存関係を結ぶことができれば，あまり努力しなくても餌にありつける．アマサギは，しばしばウシやレイヨウの背に止まっているが，それは，ウシたちが草を食みながら前進するときに跳び出す昆虫を捕まえようと待っているのである．ほかにも，他の動物にただ乗りして餌場を移動するものは少なくない．ダニやニセサソリは，ハエやバッタの肢にしがみついて移動する．フジツボと多くの小さな無脊椎動物は，クジラ，イルカ，カメなどの体表に住みついている．

　多くの動物は，何かを食べても大てい食べ残しを出す．食べ物の屑がこぼれたり，爪の間や口から落ちれば，近くにいる動物がきっとそれを拾って食べる．ブリモドキという魚は，サメのあとをつけて泳いでそのおこぼれにあずかったり，サメの皮膚についている寄生動物を食べたりする．ただし，ブリモドキは，自分自身がサメに食べられないように，敏捷に行動しなければならない．コバンザメは，それこそぴったり大きなサメの下側にくっついて海中を旅行する．その背鰭が変化して強力な吸盤になっているからであるが，ときどきは宿主から離れてその食べかすを拾う．

　寄生性のイソギンチャクは，ヤドカリの背に付着していることが多い．ヤドカリの方から頼んでイソギンチャクにくっついてもらうのではないかと思われるが，ともあれ，ヤドカリはイソギンチャクの触手で守られる．そしてイソギンチャクの方は，ヤドカリに新しい餌場まで運んでもらい，その食べ残しの余禄にあずかる．

　このように，2種類の生物の間で互いに利用し合う関係が成立している場合，これを相利共生という．相利共生で最も重要なのは，動物と，その胃や腸の中に住んでいて植物の繊維を分解しセルロースを消化する微生物との間の関係であろう．この相利共生関係が成り立たなければ，ウシやヒツジ，それにアフリカのサバンナで草を食むレイヨウも存在しえない．

　また，ふつうに見られる相利共生の形態の1つに，相手の体の掃除をしてやりながら，それに付着している寄生虫を取って食べるという関係がある．その際，相手の傷口の膿んだ部分を食べて癒やしてやるということもある．白い縞に紫色の斑点のあるエビは，この種の掃除を専門とするエビで，彼らが体や触角を震わせて通りすがりの魚の注意をひくと，魚は泳ぐのを止めて彼らに体の掃除を任せる．ときには，口や鰓腔（鰓の内側）の中を掃除させたり，皮膚の中から寄生虫を取り除かせたりすることさえある．

　掃除ウオと呼ばれる数種の魚も似たようなものである．彼らがサンゴ礁の上でダンスをすると，他の魚たちが集まってきて彼らに体の掃除を頼む．2匹の掃除ウオで，1時間に200尾以上の魚をきれいにするという．

　アリは，その持ち前の社会性からして，共生の優等生である．アリは，仲間のアリから液状の食物を分けてもらうのに，触角で相手を撫でる．昔，アリは相手がアリマキでも撫でれば甘い蜜を出すことを知ったので，今や，多くの種類のアリはアリマキを集めて蜜を手に入れるようになった．その結果，アリマキはすっかりアリに依存して生活する動物となり，本来の自己防衛能力を失ってしまった．

　相利共生の関係は，動物同士の間だけでなく，動物と植物の間でも成り立ちうる．多くのアリ，特に熱帯のアリは樹の幹やいばらの中に大きな群落をつくって住むが，彼らの糞は植物にとって窒素肥料になる．そしてアリの方は，植物の葉の付け根にある蜜腺や葉にある丸い栄養物まで食べ，その見返りに，植物が草食性の昆虫などに食われるのを防いでやる．

　ヒドラやサンゴやハマグリの体内には，どれにでもみな，ある種の藻類が住んでいる．藻が光合成の際に放出する酸素はそれらの動物の呼吸に利用され，動物が呼吸で吐き出す二酸化炭素は光合成に活用される．ただし，藻類は光合成に太陽光を必要とするから，宿主である動物たちは海の深い所には住めない．

▼ウシツツキという鳥が動物の群れのまわりを飛び回っているのは熱帯地方でよく見かけられる風景である．この鳥は，その名前にもかかわらず，ウシだけでなくレイヨウその他の草食哺乳類にたかる外部寄生虫も食べる．

■アリの巣の中で食い荒らされているある種のチョウの幼虫（左下の写真）．

ミツオシエという鳥（下の図）は，ヒトやミツアナグマを先導してミツバチの巣へ行き，自分自身は蜜臘を食べる．

△カクレクマノミという魚は，イソギンチャクの触手の間に住み，イソギンチャクの食べ残しを食料とする．体表にイソギンチャクの粘液を塗りつけてあるので，それに刺されることはない．

4

動物の運動

　すべての動物は動くことができる．サンゴやフジツボは自分で生息場所を変えることはできないが，体の一部を動かして海中から食物になるものを捕らえる．大部分の動物にとって，運動は餌を捜したり危険から逃がれたりするために不可欠な機能である．異性を惹きつけ，敵を追い払いまたは威嚇するために，特別な動きをすることもある．

　運動の機能は，進化の上でも重要な役割を果たしてきた．動くことができればこそ，新しい場所に群集をつくることや，別の場所から仲間を呼び寄せたり，自分の子を広い範囲にまき散らしたりして，遺伝的進化の機会を増やすことが可能だったのである．なお，動物の中には，食物の少ない時期や気候の厳しい季節を避けるために，長途の移住をあえて行うものもある．

　動物が生活する場所（地上か水中か空中か）によって，その運動の仕方は異なる．空中や水中の運動に対しては，空気や水の抵抗がある．水中では浮力という支えがあるものの，地上では地面に摩擦がある．地上を歩いたり走ったりするには，骨格をもつと同時に，地面に接触する体表の面積を減らした方が効率がよい．樹上に住む動物には特殊な能力（距離や速度を判断する能力，樹の枝や幹にしがみつく能力など）が必要とされる．

　つまり，動物の体形の違いを観察すれば，それぞれの体の構造が必要な運動のタイプに適応して発達してきたことがわかる．

アフリカ南部の平原に住むゲムズボック（大型レイヨウの一種）は，乏しい草を求めて長距離を移動する．その小さな蹄（ひずめ）は，足と地面との接触面積，ひいては摩擦を減らしている．ときには4本の足とも地面から離れていて，大いにエネルギーを節約している．動物が速度を上げて走るときには，体のバランスはあまり問題にならない．同じ姿勢でいる時間が短いからである．そのため，後ろ脚を大きく前に出して，接地のとき強く地面を蹴ることができる．ゲムズボックは長い脚をもっているのでそうすることが可能であり，敵から逃げることもできる．

筋肉の力による運動

　動物の運動は，小さな単細胞生物のうごめきからトラの跳躍まで，すべて体の各部分を引きつけているタンパク質分子の鎖の変形によって行われる．それぞれの細胞の中では，チューブリンというタンパク質の長い鎖が微小管を形成しており，そのうちのあるものが細胞膜や細胞内の構造物に付着している．そして筋肉の中では，アクチンとミオシンという2種類のタンパク質の長い鎖すなわち繊維が束になって，筋原繊維と呼ばれるものを構成している．アクチンの繊維とミオシンの繊維が重なり合うと筋原繊維が収縮する．筋原繊維の束になったものが筋繊維であり，それがまた束になって筋肉をつくる．

　筋肉にはいくつかのタイプがある．骨格筋は体の硬い部分，すなわち骨とか，昆虫その他の節足動物などの硬い殻（外骨格）とかにくっついていて，運動をつかさどる．骨格の硬い部分がテコとして働き，関節がそれらのテコを結びつけているから，運動が可能になる．エネルギーの必要な積極的な動きは，2つの骨の間をつなぐ筋肉の収縮によって起こされる．その筋肉がゆるむと同時に，骨の反対側にある筋肉が収縮すれば，逆の動きになる．それらの相対する筋肉は対になっていて拮抗筋と呼ばれる．

　柔らかい体の動物の場合には筋肉は対になっていないが，いろいろな筋肉があって，逆方向にも働くようになっている．毛虫などでは，体の縦方向に走る筋肉が収縮すれば，体は短く丸くなる．横に体を丸く取り囲む筋肉が収縮すれば，体は長く細くなる．これらの筋肉は，いずれも虫の体節の中にある体液に圧力をかけるわけである．

　ただし，扁虫やカタツムリの動き方は異なる．下側の，地面などと接触している腹の筋肉を小刻みに次々と波のように収縮させ，逆に出張った部分を接触面のわずかな凹凸に擦りつけて体を前進させる．

　では，どのような機構で筋肉は収縮するのか？　科学者たちは，倍率の高い電子顕微鏡を使って筋肉の組織を調べることにより，それが収縮する仕組みを解明した．それによると，筋肉の中ではアクチンとミオシンの繊維が互い違いに整然と並んでいて，筋肉が収縮すると，この2種類の繊維が「止め金機構」と呼ばれる作用により，ずれて重なり合い，かつ組み合わされる．すなわち，ミオシン繊維の鉤のような端が伸びていってアクチン繊維にひっかかり，それを引っ張る．引っ張り終えると鉤は自然に外れて，次のアクチン繊維を縮める．筋肉の急激な収縮の場合には，こうしたことが1秒間に5回も起こる．

　このような筋肉の収縮に必要とされるエネルギーは，呼吸の過程でつくられるアデノシン三リン酸（ATP）によって供給される．収縮の際に，ATPに含まれている化学エネルギーは機械的エネルギーに転換され，アクチン繊維をミオシン繊維にずらして重ね合わせる．その場合のエネルギーの転換効率はきわめてよく，自動車のエンジンでガソリンが燃焼されたときの熱効率が10〜20％であるのに対して50〜70％に達する．

　タンパク質の微小管は，アメーバなどの原生動物の運動の場合にも，また，繊毛や鞭毛の震動ないしは精子の尾の激しい動きの場合にも働く．繊毛や鞭毛も，その中に微小管の輪をもっているからである．それらの微小管もまた，筋肉のアクチン繊維やミオシン繊維と同様に，アデノシン三リン酸によって互いに少しずれて重ね合わされる．

　骨格筋は神経系によって制御されている．熱いストーブに触れて思わず手を引っ込めるような筋肉の動きは機械的であるが，これに対して，何かを拾い上げようとする動きなどは意思によるから随意的である．運動神経は，筋肉の中にある微小繊維が一斉に収縮するように，それらの微小繊維へ指令を送る．

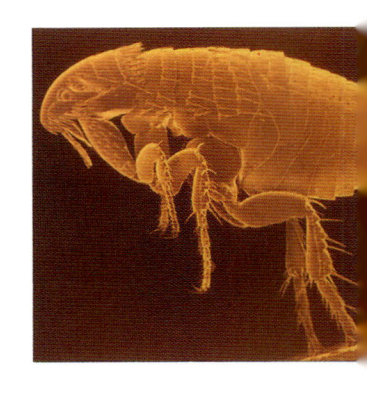

■ノミ（上の写真）は，後肢の強力なバネを使って，自分の背丈の130倍もの高さへ跳び上がることができる．ジャンプ能力についてはよくカンガルーが引き合いに出されるが，ノミは体重もさることながら，カンガルーよりはるかによく跳躍し，その点では動物界随一である．

　カンガルー（下の図）の長い脚は，跳躍のためにはきわめて効果的なテコの役目を果たす．脚が折り曲げられているとき踵（かかと）の伸びた腱に貯められているエネルギーは，足首が真直ぐに伸びれば瞬時に放出され，体を前へ飛び出させる．長い尾は，跳躍時にはバランスをとるのに用いられ，止まっているときには体を支える．

4．動物の運動

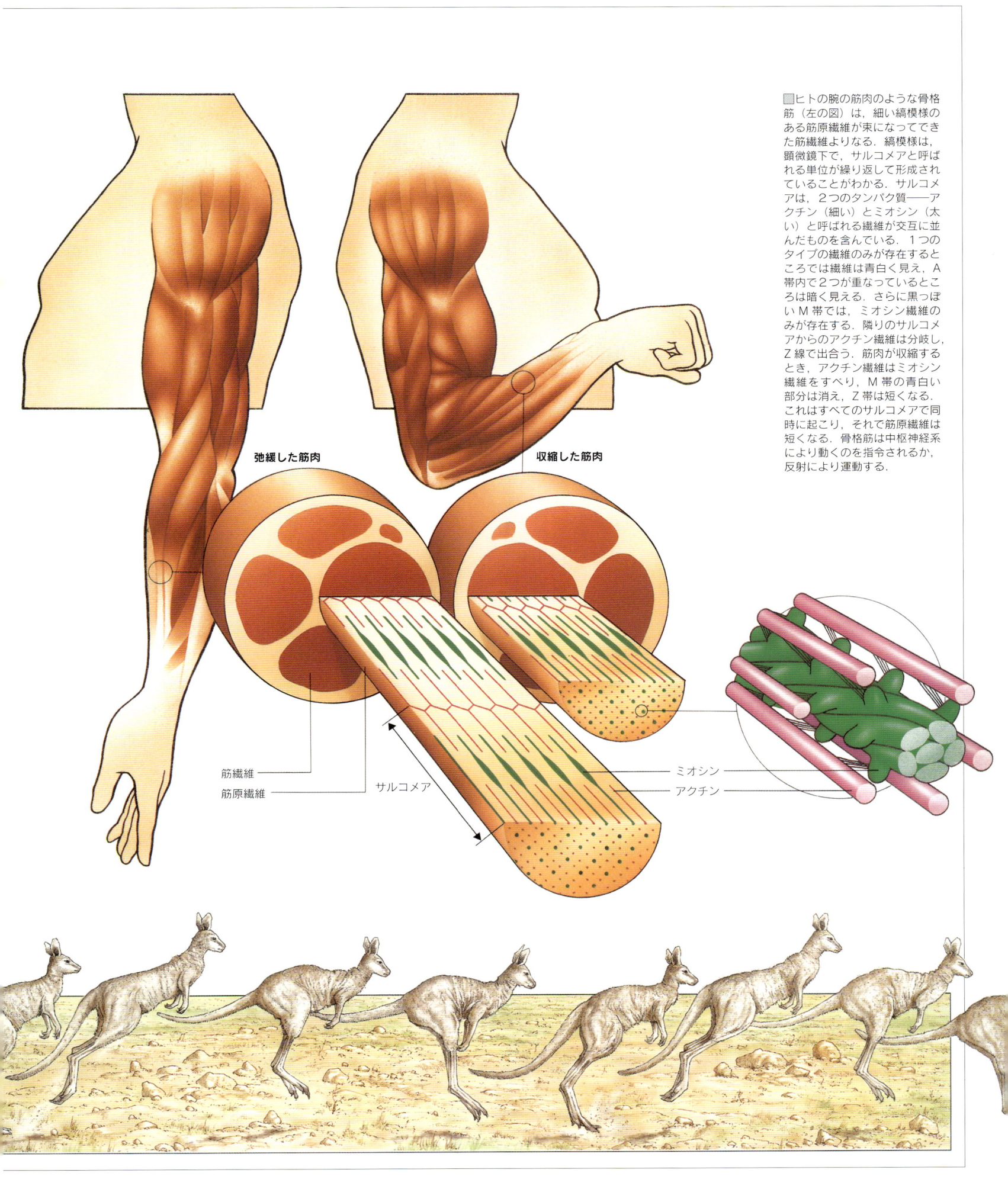

弛緩した筋肉　　　収縮した筋肉

筋繊維
筋原繊維
サルコメア
ミオシン
アクチン

■ヒトの腕の筋肉のような骨格筋（左の図）は，細い縞模様のある筋原繊維が束になってできた筋繊維よりなる．縞模様は，顕微鏡下で，サルコメアと呼ばれる単位が繰り返して形成されていることがわかる．サルコメアは，2つのタンパク質——アクチン（細い）とミオシン（太い）と呼ばれる繊維が交互に並んだものを含んでいる．1つのタイプの繊維のみが存在するところでは繊維は青白く見え，A帯内で2つが重なっているところは暗く見える．さらに黒っぽいM帯では，ミオシン繊維のみが存在する．隣のサルコメアからのアクチン繊維は分岐し，Z線で出合う．筋肉が収縮するとき，アクチン繊維はミオシン繊維をすべり，M帯の青い部分は消え，Z帯は短くなる．これはすべてのサルコメアで同時に起こり，それで筋原繊維は短くなる．骨格筋は中枢神経系により動くのを指令されるか，反射により運動する．

85

運動のための体の構造

　動物は，骨，殻，皮膚，鱗などについている筋肉を収縮させることにより体の一部を動かす．筋肉の収縮する力は骨格を通じて体の他の部分へ伝えられる．

　動物の骨格は3つのタイプに大別される．ヒトなど脊椎動物の骨格は体の中にあり，関節でつながる骨と軟骨で構成されている．昆虫その他の節足動物の骨格は体の外側を包んでおり，ふつう，それは甲羅とか殻とか呼ばれる．その場合，筋肉は甲羅などの内側に固定されている．節足動物の骨格も，脊椎動物の骨格と同様に屈伸できる関節でつながった，いくつもの硬い部分からなっている．軟らかい体の動物の骨格は体の中を満たす体液であり，筋肉がある体節の中の体液を圧縮すると，その体節部分が動く．多くの軟体動物は，体腔を満たす血液がその体液に相当する．ミミズのような環形動物の場合には，体壁に沿って同心円的な層をつくっている筋肉が各体節の中の体液を締めつける．棘皮動物では，体液で充満した管が体の隅々まで行き渡っている．

　節足動物の場合でも脊椎動物の場合でも，骨格は，関節を中心にテコのように動く．歩いたり跳びはねたりするとき，動物は肢で地面を蹴り，体を浮かしたり前方へ進めたりする．

　脊椎動物の骨格は，動物が実にいろいろな運動をすることができるようにつくられている．それぞれの種類の動物の特性に応じて，歩いたり，走ったり，跳ねたり，飛んだり，泳いだり，あるいは高い所まで首を伸ばして若い枝を食べたり，穴を掘ったり，格闘したりするのに都合よく適応してきている．脊椎動物は海でも進化してきたが，海では，水の浮力が動物の運動を助ける．動物の中でも最大級の海洋性哺乳類が常時陸上で生活するならば，骨格や筋肉は過剰な負荷を強いられることになるであろう．

　陸上で生活するには，体の大部分が地面から離れていなくてはならない．そうでないと摩擦が動きを鈍くするからである．四足動物の体の基本構造では，骨格は，2対の肢の上にH型に渡された橋桁のようなものである．ただし，体重が四肢に同じように分散してかかるとは限らない．ヒトが良い例である．ゾウの場合は，頭と鼻の部分が重いから，体重の大部分が前肢にかかる．キリンの場合も似たようなものである．逆に，カンガルーは大きな後ろ脚で体重のほとんどを支える．進化の過程で陸上生活から海へ戻った哺乳類（アザラシやクジラなど）では，四肢が大きく退化するか鰭足に変化してしまい，代わりに体形が再び流線形になっている．

　動物の体を支えるとともに運動に際して強い力を発揮するには，手足がしっかりと背骨にくっついていなくてはならず，しかも自由に動けるものであることが必要である．陸上の哺乳類たちは，その進化の早い時期に胸帯と腰帯（腕や脚を背骨につなげる骨と関節でつくられた構造）を発達させた．胸帯は，通常，2つの肩甲骨と2つの鎖骨と呼ばれる小さな骨からなり，鎖骨の方は下へカーブして胸骨につながる．多くの脊椎動物では，腰帯のいくつもの骨は融合して堅い骨盤を形成する．大部分の脊椎動物は尾をもつ．運動するとき尾でバランスをとったり，休息するとき尾を支柱代わりに使う動物も少なくない．また，尾をもう1本の手のように使って樹の枝につかまったり，仲間に合図を送ったりするものもいる．

　運動の種類に応じて，関係する骨の大きさも異なる．たとえば，足の地面と接触する面積が小さいほど摩擦は小さくなる．速く動く動物は，足の裏は地面につけないで，足の指だけで歩く傾向がある．そういう動物の足は小さく，足指がくっついたり，蹄になっていることが多い．カンガルーや野ウサギなど，跳びはねる動物の後肢は前肢よりはるかに大きい．鳥では前肢が翼に変化し，ウミガメでは四肢とも櫂足に形を変えた．

　骨格は，体の重みを支えて運動を可能にするという役割のほかにも，内臓の諸器官を体外からの衝撃に対して守るという重要な機能を果たしている．頭蓋骨は，脳とデリケートな感覚関係の諸器官（眼，耳，鼻，口など）を保護し，肋骨は心臓，肺その他の主要な内臓諸器官（一番下の肋骨より上に位置するもの）を包んで守っている．また，下腹部の諸器官は骨盤によって囲まれている．首の骨や頭蓋骨の形と大きさが動物によって異なるのは，各動物の眼や脳のサイズ，それに，食物を食べるのに必要とされる顎や歯のタイプにいろいろ差があるからである．

▶北半球産のオオカミが雪の降る中を走る姿は力強く優雅でもある．イヌ族の他の動物と同じく，疾走するのに適した長めの肢をもち，足の指だけで地面を蹴って走る．オオカミは速く走ることができるが，瞬発力によるスピードというよりむしろスタミナの点で優れている．その点，ネコ科のチータなどとは対照的で，その代わり長駆して獲物を追いかける．肩や首に大きな骨がないので，獲物にとびかかるときの身のこなし方が柔軟である．

4．動物の運動

◁サソリなどの節足動物は硬い外骨格をもつ．外骨格の薄くなっている部分が関節で，その中で相拮抗する筋肉が外骨格に固定されている．

剛毛
伸出筋
環状筋
後引筋
縦走筋
体液

◁ミミズの筋肉は，その体節を満たす体液を圧縮する．ミミズの体には縦方向に走る筋肉と，横に体を取り巻く筋肉とが体壁に層をなしている．縦方向の筋肉が収縮して環状筋がゆるむと，ミミズの体は短く縮む．収縮が逆になれば，細く長く伸びる．腹部にあって，出したり引っ込めたりできる剛毛で土を押して移動する．

歩行，走行，跳躍

　動物の動きには驚くべきものがある．チータは時速95kmの速度で走ることができるし，ノミは自分の体高の130倍の高さまで跳ね上がる．

　動物の骨格で，骨はテコとして働き，関節は支点の役目を果たす．歩く場合，足が地面を逆方向に押すので，体は前方へ進む．その際，体を前へ押し出そうとする力は骨格を通じて体の各部へ伝えられる．そして，その力は，一連のテコからなる脚の骨によって増幅される．ただし，体はバランスがとられていなくてはならない．さもないと倒れてしまう．歩くときは，片方の足が地面を蹴ると，もう一方の足が前に出て，体全体は前方へ傾き加減になり，左右の腕はそれぞれの側の足と反対方向へ揺れる．体の重心を両足の間の上に保つためである．

　四足動物がゆっくり歩く場合には，4つのうちの3つの足が地についていて，しかも体の重心が，それらの3つの足で囲まれる三角形の上にくるようにしなければならない．カンガルーのような跳びはねる動物は，2本の後ろ脚を同時に動かす必要があるから，体の重心が後方に寄っている．したがって，脚を4本とも使って歩こうとすると，はなはだぎこちない格好になる．

　足と地面との間の摩擦は，歩いたり走ったりするときの速度を妨げる．足が地についている時間が短いほど，動物が走るときの速度は大きくなる．そして，体が地面から離れている間は，体の完全なバランスをとる必要はなくなる．

　四足動物が歩くときは，足が地面につく順序がバランスをとる上で重要であり，運動の効率にも影響する．大部分の脊椎動物は，筋交いの脚を2本ずつ交互に動かす．最初に前脚の1本が前へ出ると，それに続いて斜め後ろの脚が前へ出る．次に，もう一方の前脚が進み，最後に残った後ろ脚も進む，という具合である．しかし，サンショウウオとトカゲの類は筋交いの肢をほとんど同時に動かす．したがって，体は右に曲がったり左にくねったりすることになるが，これはエネルギーを浪費する．

　哺乳類も，速度を上げて走るときは筋交いの脚を一緒に動かすことが多いが，体をくねらすことはしない．ただ，ラクダは例外で，同じ側の両脚を同時に動かす．その結果，体の重心の位置が左右に動き，乗り心地がよくなくなる．動物がさらに速く走る場合は，4本の脚がばらばらに着地して短時間4本の脚全部が地面から離れる，というふうになる．

　哺乳類と鳥類は歩くのがうまい．脚が体の下についているからである．走るのが速い動物は，足の着地面積を減らすことによって地面との摩擦を少なくしている．イヌやネコは，足の指だけを地面につけて走る．レイヨウ，ウマ，ダチョウなど，真に速く走る動物になると，足の指の数そのものが減っている上に，それらが互いにくっついて強度を増している．背骨の柔らかさも，走るときの速度に大きく関係する．チータが非常に速く走れるのは，その背骨が弓なりに曲がって後ろ脚を前脚の前にまで出し，それで強く地面を後ろへ蹴ることができるからである．

　動物は，跳びはねたりするとき，足の腱の中に貯めた弾性エネルギーを活用する．脊椎動物について言えば，アキレス腱（脚のふくらはぎの筋肉を踵（かかと）につなぐ腱）が特に重要である．足が地面についたときアキレス腱は伸びて，その中に弾性エネルギーを貯める．そして，足首が真直ぐになったとき，このエネルギーが放出されて，足を前方へ押し進める．つまり，アキレス腱はバネの役割を果たすわけである．またバッタやノミなど，よく跳ぶ昆虫はカタパルト機構をもっている．ノミは，レシリンというゴムのように弾力性に富むタンパク質の塊を体の脇にもっていて，肢をそれに強く引きつける．ある特殊な仕掛けでその引きつけが外れると，肢が真直ぐに伸びて，ノミははじき飛ばされるように前方の上へ向かって跳び出す．

　以上，すべての運動は神経系によって制御されている．昆虫では，種々の筋肉の伸縮の程度を測ることができる感覚細胞自体が一連の反応を発信するが，脊椎動物の場合には，より複雑な体の動きを制御するために，脳が情報の調整に当たらなくてはならない．筋肉の伸長受容器が情報を脳へ送ると，耳の中の半規管が体のとるべき姿勢を判断し，体のバランスを制御する．

▷ガゼル（右）は，チータ（次ページ）に追いかけられると一目散に逃げる．チータの体は非常に柔軟な背骨をもっていて，走るとき弓なりに曲がり，跳び幅を大きく伸ばすことができる．チータは，陸上の動物の中で最高の速度を出す．時速95kmにも達するが，その速度を500m程度以上にわたって維持することはできない．ガゼルは茂みの中をくぐったり，縫うように走ったりして，逃げおおせることが多い（チータのガゼル追跡の成功率は大体50%である）．

▷ヒトの骨格は2本足で歩くのに適しており，横から見ると，背骨と足がおおむね一直線上に並んでいる．背骨が適宜に曲がるので，体の各部分がいろいろな動きをしても，体の重心を両足の間の上へもってきてバランスをとることができる．下の方の5つの椎骨はくっついて仙骨（骨盤の後ろの部分）を構成し，背骨を補強している．左右の膝の関節は，それぞれ体重の半分近くを支え，直立するときは上下の骨をがっちり組み合わせる．肘の関節も，腕が伸びた状態では同様になる．これは四足時代からの名残りである．歩くときは，足が地面や床をある角度で後方へ押すから，反作用で体が少し上へもち上げられ，前方へ進む．その際，体は若干浮き沈みする．足のいくつもの骨でアーチがつくられ，それが歩くときのバネとして働き，衝撃を和らげる役割も果たす．椎骨の翼状部，手足の骨の末端の膨らんだ部分，肩甲骨と骨盤の縁の部分には筋肉が固定されている．

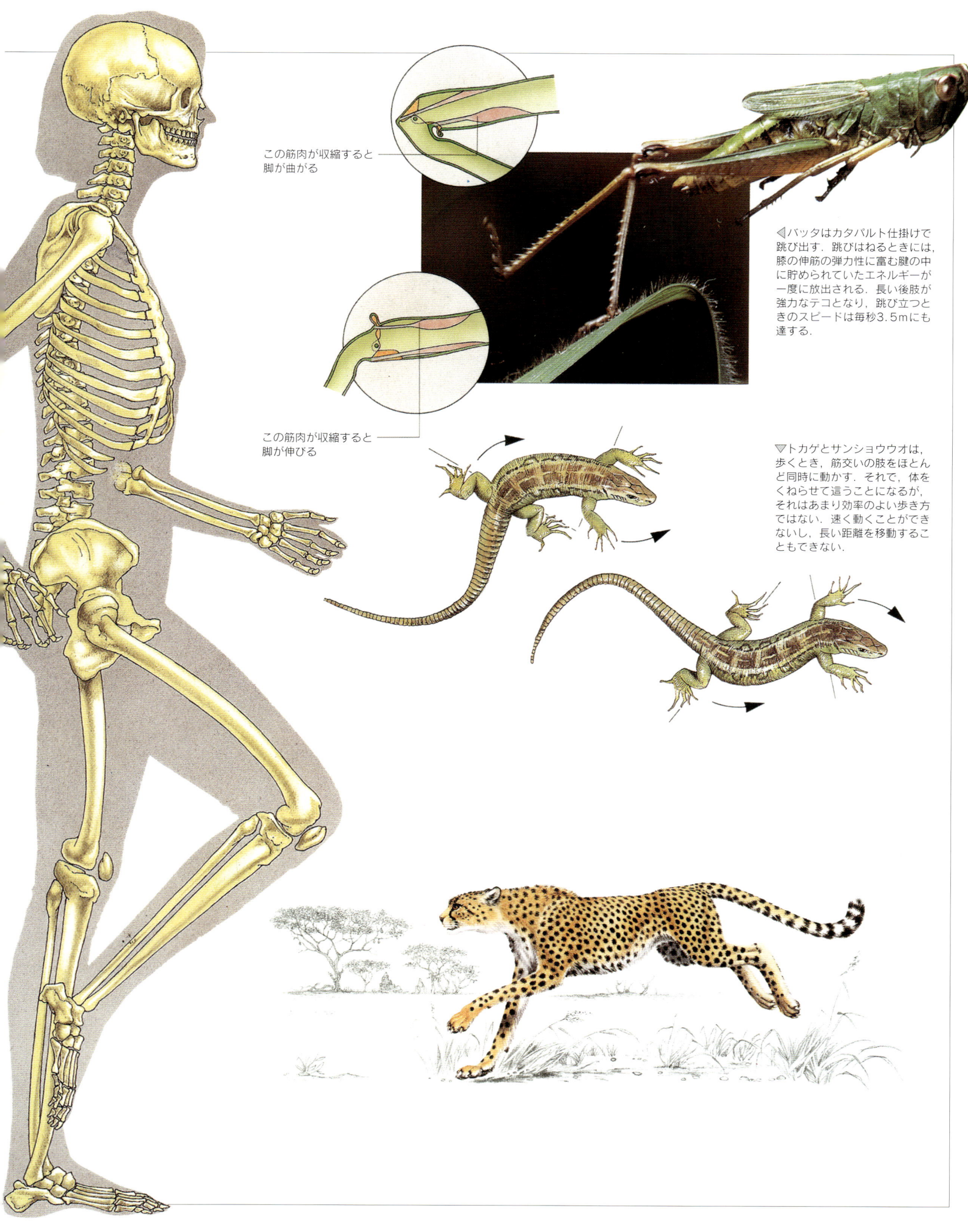

この筋肉が収縮すると脚が曲がる

この筋肉が収縮すると脚が伸びる

◁バッタはカタパルト仕掛けで跳び出す．跳びはねるときには，膝の伸筋の弾力性に富む腱の中に貯められていたエネルギーが一度に放出される．長い後肢が強力なテコとなり，跳び立つときのスピードは毎秒3.5mにも達する．

▽トカゲとサンショウウオは，歩くとき，筋交いの肢をほとんど同時に動かす．それで，体をくねらせて這うことになるが，それはあまり効率のよい歩き方ではない．速く動くことができないし，長い距離を移動することもできない．

89

這うことと攀じ登り

多くの動物にとって，敏捷な動きは，餌を捕るためにも敵の餌食にならないためにもはなはだ重要なことであり，生き残りの機会に大きくかかわる．しかし，それにもかかわらず，何百万年もの間のろのろ進むだけで生き延びてきた動物も少なくない．

這うだけなら，体を地上から持ち上げる必要がないから，大きな手足をもたないで済む．ヘビやミミズのように這う動物の多くは，細長い体でもって，他の動物が入り込めない割目や隙間にすべり込むことができる．彼らはまた，草の間あるいは樹の茂みの中を縫うように進んだり，ときには樹に攀じ登ったりもする．

特にヘビは這う技術にたけており，その動き方は一様でない．ヘビは，地面を蹴る肢をもっていないから，いろいろな方法で体を前へ進める．ある種のヘビは鱗をテコのように使い，それを地面に立てて前進する．しかし大部分のヘビは，単に何度も体をくねらせるだけで石その他の障害物を押しのけて進む．熱い砂漠は，その上を腹這いで体を曳きずらなければならないヘビにとっては大問題であるが，横這いでその問題を乗り切るものもいる．横這いなら，体表のわずかな2つの部分を熱砂に接触させるだけでよいからである．

地上を離れて樹に登ろうとする動物の場合には，さまざまな適応性が必要とされる．樹上にいれば，森の中を忍び寄る敵から身を守るには安全である．その上，樹の若葉，花，木の実や，枝の間に見出しうる昆虫というような食物にもこと欠かない．

動物は，樹の幹を攀じ登るためには，まず，それにしっかりしがみつく必要がある．樹に登る鳥では，肢の指が2本ずつ対になって向き合っているものが多い．上の2本の指の爪が鉤のように樹皮に食い込んで体をぶら下げ，もう2本の指の爪も幹に引っかかって錨の役目をするのである．キツツキやキバシリは尾を体の支えにも使う．尾羽が幅広く頑丈にできている上に，椎骨も幅が広く，強力な筋肉につながっているので，尾をぴったり幹にくっつければ体の良い支えになる．ゴジュウカラなど数種の鳥は，リスのように樹の幹を自在に登ったり降りたりすることができる．というのは，降りるとき足首が回転し，それが錨として働くからである．

また，動物の中には，樹から樹へ跳び移るものもいれば，パラシュートのような膜を発達させ，それを使って滑空するものもいる．多くのサルも樹から樹へ跳び移るのがうまい．彼らの指も，枝などをつかむのに都合がよいように，2〜3本ずつ向かい合わせになりうる．ギボンなどは長い腕で枝にぶら下がり，はずみをつけて他の樹へ跳び移る．

そのようなとき，尾はバランスをとるのに用いられる．尾を5本目の腕または脚として使うサルもいる．尾を枝に巻きつけて，ぶら下がったりする．樹に登る動物で尾を手の代わりに使うのは，サルに限らず，ほかにもアルマジロ，アリクイ，オポッサム，カメレオンなどいろいろいるが，このような曲芸ができるためには距離と速度を正確に判断する能力をもたなくてはならない．それで，ふつう，その種の動物の眼は，両眼視の利点を活かせるように，頭の前の部分に位置している．

▽ヘビは，這って動くときは体をS字形にくねらせる．体が曲がるときに地面を押すが，その際，体表の鱗が小さなテコの働きをする．ヘビが前進すると，体の彎曲はそのままの形で体の後部へ伝えられる．彎曲が小刻みであればあるほど前進する力は強くなる．

4. 動物の運動

▷ギボンは，その長い腕で樹の枝にぶら下がり，はずみをつけて他の樹へ跳び移る．動物のこのような運動形態をブラキエーション（腕渡り）という．手の指も足の指も長いから，樹の枝をうまくつかめるのであるが，親指（手も足も）を他の指と向き合う形で使えるからでもある．

▽ヤモリは垂直に立ったガラスの板の上を歩くことができる．トッケイヤモリは，手足の指の下面に重なり合った鱗をもち，その鱗の1枚1枚には先端が吸盤になった毛が15万本も生えており，それらの吸盤でどんなにつるつるした平面にでも吸いつく．

▽多くの哺乳類は，何かに攀じ登ろうとするとき役に立つ爪をもっているが，リスはそのほかにも特別な仕組みを備えていて，樹の幹や枝を自由に上下できる．足首が後ろ向きにも回るので，後ろ脚の爪が，登るときだけでなく降りるときも錨のように働く．

空中移動

　約3億年前あるいはそれ以前に，昆虫は空中へ飛び出し始めた．彼らの飛び方は，トンボのように4つの翅を別々に動かすものであった．飛ぶ動物のグループとしては，爬虫類が昆虫に続いた．翼竜（長い尾と四肢の間に皮膚の膜が張ってできた大きな翼をもつ爬虫類）の化石が約2億2,000万年前の地層から発見されている．これまでに知られている最古の鳥の化石は1億4,000万年前のものに過ぎず，空中を飛ぶ唯一の哺乳類，すなわちコウモリが出現したのは約6,000万年前のことであった．

　飛ぶことができる動物は，容易に新しい生息地を見つけたり，繁殖地や餌場を捜す旅に出掛けたりすることが可能である．地上から飛び立てば敵から逃れられるし，空中から下を見下ろせば獲物を発見するのがたやすい．現存する飛翔動物の中で最も数が多いのは昆虫である．昆虫の翅は薄いクチクラの層でできており，その中を血管が縦横に走っている．翅が体についている部分は胸部か飛翔用の筋肉である．トンボのような比較的大きな昆虫の場合には，それぞれの翅を動かす筋肉が独立しており，別々に神経系からインパルスを受けて機能する．トンボの中には，短距離ならば時速58km もの速度を出せるものもある．小さな昆虫は，4枚の翅を同時に動かして，トンボなどよりずっと速く翅を羽ばたかせるので，筋肉が胸部の形を歪ませる．

　飛翔動物で最も体が大きいのは鳥類であるが，ワシのような大きな鳥，あるいはキジやウズラのように太った鳥でも，空中に浮いていることができる．彼らの骨格がいろいろな点で飛翔に向くようにつくられているからである．たとえば骨は軽量で，特殊な部位で飛翔用の筋肉を結びつけており，また，そのしっかりした構造が飛翔力を体の各部へ伝えることを可能にしている．肺の延長部分である気嚢も，鳥の浮揚力を高めている．羽は，非常に軽いけれども，体表を広い面積にわたって頑丈に保護しており，その重さは鳥の体重の15～20％を占めるにすぎない．

　翼の構造はとりわけ飛翔に都合よくできていて，その断面を見ると，エアーフォイルと呼ばれる細長いしずくの形をしていることがわかる．これは浮揚力を生ませる形である．空気の流れは，翼の盛り上がった面の上を通り過ぎるとスピードアップして，上からの圧力を減じ，翼を上へ吸い上げるように働く．他方で，翼の下の凹んだ面を横切る風はスピードダウンして翼を上へ持ち上げる圧力を増す，というわけである．鳥の体は空気ないし風圧に対してかなりの抵抗力をもつが，空中に留まっているためには，その抵抗力以上の浮力をつくり出さなくてはならない．エアーフォイル形の翼の前縁を少し上向きの角度にすれば浮揚力と推進力が生まれる．また，主翼か尾の羽をちょっと調整すれば舵をとることができる．

　鳥は，飛翔を止めて何かに留まろうとするときは，ブレーキ代わりに尾の羽を広げて，それを垂直近くにまで立てればよい．着陸のだいぶ前から脚を下の方へ出すのも速度を緩める．鳥は，羽ばたきによって，その進む方向を，上下から前進・後退まで含めて変化させる．飛翔速度をあまり落とすと翼の後縁のまわりに乱気流が生じて失速しかねないので，そのようなときには，鳥はまず羽毛で覆われた小翼を立て，空気がその下を通るようにする．すると，乱気流はおさまる．ちなみに，鳥は，空中をゆっくり旋回するときにも同様な翼の動かし方をする．空中の1か所に留まっていたいときは向かい風の中に突っ込む．とは言っても，空中の1か所に留まる術を完全にマスターしているのはハチドリだけである．ハチドリは羽ばたきを1秒間に50回も行い，その間毎回主翼を，横から見ると8の字を描くように動かす．そうすることによって，翼が上がるときも下がるときも浮揚力と前進力を生み出しているのである．

　最もふつうの飛翔方法は翼をパタパタさせることであるが，グライダーのように滑空するだけで相当の距離を飛ぶ鳥もいる．その種の鳥は，温暖な土地または崖や波に風が当たるところで生じる上昇気流を利用する．滑空を得意とする鳥たちは，通常，幅が狭くて長い翼をもち，それをほとんど目一杯に広げて空中を滑る．上昇気流の浮揚力が鳥の体重を上回る限り，鳥はそれに乗って舞い上がる．上昇

△鳥が飛んでいるとき，その翼は広く開いて下の空気を叩く．その際，羽も十分に伸び開いて翼の表面積を増やす．翼の前縁は後縁より幾分低く，下の空気を後下方へ押しやる．すると，空気の圧力が初列風切羽を下方へ押し曲げ，後方からの押す力を強めさせる．次に，鳥が翼の前縁を上へ持ち上げると浮力が生じる．上昇の羽ばたきが始まるときは，翼は垂直になり，その先端が前方へ進む．次に，翼は体の脇へ引きつけられ，たたまれて，初列風切羽はねじれ，分かれる．鳥が上昇するときは，翼はわずかに後方へ曲がり，空気の推進力を強める．

▽トンボの翅は，それぞれが別々に動く．トンボの飛翔中，各翅はねじれて浮揚力と推進力を生む．トンボの飛翔用筋肉は直接翅についている．

4．動物の運動

◁鳥の骨格は非常に軽い．多くの骨が中空である．また，骨同士が互いに支柱のように支え合って強度を増している．胸骨は膨れて，平たい竜骨に連なり，それに飛翔用の筋肉が結びついている．

竜骨
翼骨

翼骨

風切羽

羽の構造

羽枝
小羽枝
羽軸

気流の湧く場所に居続けるために，鳥は円を描くことが多い．そのようにして昇れるところまで昇ったら，滑空を開始する．羽ばたきせずに数 km の距離を滑空することも珍しくなく，また別の上昇気流が湧くところへ来ればそれを利用する．海で一生の大部分を過ごすアホウドリは滑空する鳥のチャンピオンであると言える．

コウモリも飛ぶ動物ではあるが，飛ぶのが上手とは言えない．コウモリの翼は，長い指に支えられていて，翼の膜は体の両側に沿って後ろ脚まで広がる．コウモリには，ブレーキや舵の代わりになる尾の羽がない．またコウモリは，飛び上がるときに，鳥類のようにうまく翼をたたむことができない．

◁中空の羽柄（うへい）と羽軸が羽板の形を保っている．各羽枝から左右に小羽枝が並んで出ており，隣同士の羽枝の小羽枝が互いに噛み合って羽板を構成する．

△オーストラリア産のフクロモモンガは樹の間を飛ぶ．体の両側にマントのように広がる膜が滑空用の翼の代わりとなって浮力を生み，体重を支える．他の多くの動物（ヘビ，カエル，トカゲ，リス，有袋類のある種のものなど）も同様の方法をとってきた．これらの動物の多くは樹を出発点として跳ぶ．

水中移動

　水には空気の800倍もの粘性があるから，その中を泳ぐには相当な努力を必要とする．陸上での移動の場合と同じく，水泳の基本原則も，水面近くの水を後ろへ押しやり，その反作用で前へ進む力を得ることである．

　ふつうは，この原則にもとづいて（1）体を波状にくねらせて泳ぐ，（2）蛙足で泳ぐ，（3）オールで漕ぐように泳ぐ，（4）水中翼船のように体を水面の上へ持ち上げて前進する，の4つの泳ぎ方がある．これ以外に，ジェット推進法による方法（体内に吸い込んだ水を急激に後方へ噴射することにより前進する方法）もある．

　体をくねらせて泳ぐのは，ヘビが陸上を這うのと原理的には同じことで，体の曲がった部分が水を斜め後方へ押すわけである．水中翼船的な動きをするものとしては，ペンギンその他，水に潜る鳥たちの翼や，ウミガメの鰭足，カニの後肢などがあげられる．翼，鰭などがある角度で水を上下に叩けば推進力が生まれる．下方へ押せば浮き，上方へ押せば潜る．

　水泳を得意とする動物の体形は，それぞれがその泳ぎ方に応じてさまざまな適応を遂げてきたことを示している．水中をかなりの高速で泳ぐ動物の体は大体流線形をしている．イモリ，サンショウウオ，ワニ，アザラシ，カワウソなどの肢は，水中を前進するのに都合がよいように，体の両脇に平たく付いている．魚類やカエルなどの両生類の体表がぬめりで覆われているのは，水との摩擦による抵抗を減らすためである．イルカがまわりの水圧の変化に応じて皮膚にさざ波のような皺を寄せるのも，水の抵抗を減らすのが目的であることがわかった．

　節足動物（甲殻類や水生の昆虫類）の肢は，櫂のように平たくなっているか，あるいは，その縁に平たい剛毛をたくさん生やすかしていて，水を掻くときの足の表面積を増やしている．魚の場合の主たる推進力は体，特に尾をくねらすことから得られる．魚はまた，いくつもの鰭をもっており，それらは軟骨でできた硬い鰭条で補強されていて，筋肉で動かされる．背鰭と尻鰭は推進力を得るために波状運動を行い，尾鰭はある角度で水を叩いて後ろへ押しやる．尾鰭は，その形状にもよるが，その動かし方で魚の体の傾き加減を変えることもでき，もちろん舵取りもする．対をなす胸鰭と腹鰭は，櫓のような動きをして，主に舵取りと魚の姿勢を正すのに用いられ，ブレーキの役目も果たす．体の両側の強力な筋肉の塊り（魚肉と呼ばれる部分）は，頑丈でしなやかな背骨にしっかりくっついている．

　水生ないし海洋性脊椎動物の四肢は，水中移動の効率をよくする目的で，いろいろに体型の変化を遂げてきている．カワウソとサンショウウオは，指の間に水かきをもち，水を掻くときはそれを広げて足の表面積を増加させる．水かきはカエルと水鳥ではさらによく発達しており，彼らはまた，長い脚でその広い水かきを支えている．力をこめて後ろに水を掻くときは足指ひいては水かきが広がり，もう一度その動作を繰り返すためにそれをすぼめれば水の抵抗が減る，というのが，蛙泳ぎの力の使い方である．他方で，水を押し除けるのに常に大きな表面積を確保しているのは魚やカワウソやウミヘビの尾の場合であり，それらは水を横に押しやるために垂直方向に平たくなっている．クジラやイルカの尾は水平方向に平たいが，これは水を上下に打つためである．

　体が水より重い動物にとっては，体を水中に浮かせていることにも問題がある．多くの微細なプランクトンは刺をたくさん体外へ張り出して体重の分散を図っている．水より軽い油の小滴で体を浮かせている小さな生物もいる．サメは油分が非常に多い肝臓をもってはいるが，浮いているためには泳ぎ続けなければならない．多くの硬骨魚は浮き袋をもっており，その中の気体の量を調節することによって，体全体の比重を周囲の水のそれと等しくする．気体は，口から外へ出されることもあれば血液中に溶かされることもあり，浮き上がるのに必要ならば浮き袋の中へ送り込まれる．この気体は，主に窒素と酸素からなり，二酸化炭素を含むこともある．浮いているための微調整ならば，鰭や尾や鰭足の角度を変えるだけでも可能である．哺乳類や鳥や爬虫類の肺の中の空気も彼らの浮力を増す．淡水産のカメも，その浮揚力を変えるのに肺の中の空気の量を調節する．

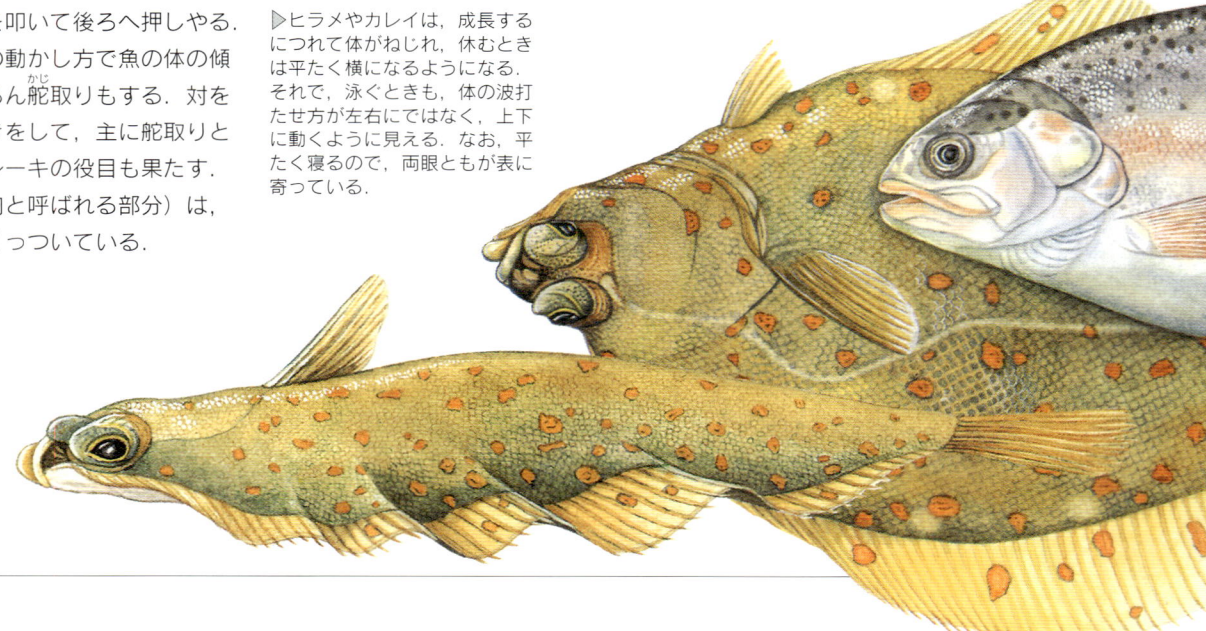

▷ヒラメやカレイは，成長するにつれて体がねじれ，休むときは平たく横になるようになる．それで，泳ぐときも，体の波打たせ方が左右にではなく，上下に動くように見える．なお，平たく寝るので，両眼ともが表に寄っている．

4. 動物の運動

◁イルカは，魚と異なり，体を上下に波打たせて泳ぐ．水平方向に平たい強力な尾が主たる推進力を生む．鰭足は舵取り用である．後肢を欠くから，体は流線形になっている．

▽動きの遅いカモノハシは，水かきのついた前肢を櫂のように使う．後肢は十分な水かきをもたず，むしろ舵として働く．肢がはなはだ短いので，体が水から受ける抵抗は少ない．

ゆっくりした動きのとき

波動

ジェット水流

速い動きのとき

◁イカは，ゆっくり泳ぐときは翼のように見える外套膜の延長部分（いわゆる耳）を波打たせて前進するが，急ぐときはジェット推進法でとび出すように泳ぐ．体腔から水管を通して水を後ろへ噴出させることにより前進するのである．またその際，水管の角度で進む方向を調節する．

横方向の動き

前進運動

水の反作用

尾による推進力

前進運動

横方向の動き

◁魚が泳ぐ場合の主たる推進力は尾の動きで生まれる．尾鰭がしなうと水が押され，水の反発力が尾鰭の動きと逆の方向へ魚の体を進める．その際，横向きの反発力は左右へのぶれで相殺されるから，前へ向かう力だけが残るのである．垂直な背鰭と腹鰭は横揺れや片揺れを制御し，胸鰭と尻鰭は縦揺れを防ぐ．

5

成長と生殖

　生物のこんなにもおびただしい多様性は，次々と新たな特性があらわれ，かつ絶えずそれらの特性が混じり合うということがなかったならば，実現しえなかったであろう．特定の1つの種だけをとってみても，自然に生じた変異の数は数え切れない．人種がそのよい例で，特性の違いはきわめて広い範囲にわたる．

　同一の個体群の中にも変異がありうればこそ，特定の個体が他のものより，よりよく環境の変化に適応し，生き残って子孫を繁栄させ，その個体が属する集団にそれらの特性を広める，ということが可能なのである．動物や植物が新しい生息地を見つけてそこに群落（コロニー）をつくる場合にも，同じようなことが起こる．そして，そういった過程が，長い年月の間に多くの新しい種を生むことになる．もし，このような変異の可能性が存在しないならば，種は変化について行けず，自ら絶滅することになりかねない．

　同一の種に属する個体の間で変異が生じるのには2つのケースがある．遺伝子に自然発生的な変化が生じる場合と，有性生殖で2つの個体の遺伝子が混じり合う際に変異が生じる場合である．細胞核の中にある特殊な化学物質すなわち遺伝子は，その中に遺伝プログラムとも言うべきものを内蔵していて，それが，その細胞や，その細胞から細胞分裂で生まれる娘（じょう）細胞の一生を支配している．動物の場合でも，植物の場合でも，あらゆる生き物を通じて，受精卵が最初の分裂を開始したときから将来それがどうなるかがあらかじめ計画済みなのである．卵核の中の遺伝子が，いずれ複雑な器官へ成長するはずのすべての体細胞の発達の仕方をすでに決めているのである．

動物たちは，交尾する相手として良い異性を得るために，信じられないほど多様な自己顕示方法や意思伝達方法を編み出してきた．雌は子育てにエネルギーをとっておかなければならないから，大多数の種の場合，自分を誇示して見せるのは雄の方で，雌は選ぶ側に立つ．最も劇的なディスプレイで見事な羽（クジャクが世界的に広まったシンボル）は，ふつう最も健康的で，最も適応した雄なので，雌は外見で雄を選ぶ．

虫媒花の場合も同様で，その繁殖に不可欠な花粉の媒介をする動物を惹きつけるために，形，色，パターン，においなど，さまざまな点で多様性を発揮できるように進化してきた．

動物の成長パターン

シロナガスクジラの胎児は，生まれる直前の2か月間，母親の子宮の中で毎日100kgずつ体重が増える．昆虫の幼虫の中には，もっと信じられないような成長速度をもつものもある．単に体の大きさが増大するだけではない．白鳥の雛（ひな）は白鳥になり，ヤゴはまったく姿を変えてトンボになる．このような成長が実現するのは，すべて細胞分裂によるわけであるが，その様子はあまりに小さくて肉眼では見えない．実は，将来どのように成長することになるのかという予定は，核の中にある遺伝子にあらかじめ組み込まれている．言いかえれば，遺伝子は，細胞の発達の仕方と，それが集まってつくり上げることになる複雑な諸器官のあり方を，生まれる前から決定しているのである．遺伝子は，細胞を分裂させたり分化させたりするホルモンの製造も制御している．

大部分の動物は，誕生後の一定期間（幼少期）に大きく成長する．そして，その幼少期の最後のころ（ヒトで言えば思春期）にホルモンが活発に働いて生殖器の発達を促進する．その性的成熟期に達する時期のことも，大体は遺伝子によって決められているが，環境次第で少しは変わりうる．ヒトの場合，先進諸国では栄養が改善したために思春期に入る時期が早くなってきている，というのがその一例である．

しかし，すべての動物が単純な，あるいは連続的な成長パターンをとるわけではない．節足動物の場合には，定期的にクチクラの脱皮が行われ，新しい柔らかいクチクラが広がり固まる間に体はぐっと大きくなり，内部の組織も新しい空間を充たすことになる．

その他の脱皮をしない動物の場合には，体の外表面は成長に伴って広がる必要がある．体の構造が単純な下等動物なら，大きくなるに従い体表の細胞が分裂して数を増やすだけで済むが，陸上に住む脊椎動物となると，ふつう皮膚の外側の層は固くて水をはじく．中にケラチンというタンパク質がたまるからであるが，この皮膚の外側の層は，哺乳類や鳥類では絶えず少しずつ剥げ落ちて新しいものと入れ替わっている．また爬虫類や両生類では，ときどき，その外層がそっくり脱け（ぬけ）替わる．

鳥類と哺乳類は，羽毛や体毛を生え替わらせる必要もある．寒いところに住んでいる動物は，春になると，冬の間つけていた厚く密生した柔らかい毛や羽を脱ぎ捨て，薄手のものに替える．その際，カモ

▷トカゲとヘビは，成長と修復のためにときどき脱皮する．脱皮を起こさせるのはホルモンの働きである．トカゲは，体を石や樹の枝にこすりつけて，古い皮を脱ぎ去る．

◁多くの動物は，よい季節に大きく成長し，周囲の状況が思わしくないときはほとんど成長しない．カメの甲羅の亀甲文様を取り巻く線の間隔は，1年間の成長ぶりをあらわす．

5．成長と生殖

◁ゾウの仔は，母親の胎内で，約22か月間かかって十分に発達したのちに生まれる．一度に生まれるのは1頭だけであるが，ゾウの寿命は60〜70年と長く，その間に種の保存に必要な頭数の仔をもうける．

▽カニが古い殻を捨てて外へ這い出そうとしているところ．甲羅は伸びないから，カニは，大きくなろうとすれば古い甲羅を脱ぎ捨てなくてはならない．ところが，新しい殻ははじめのうち柔らかくて敵に狙われやすいから，それが硬くなるまでカニはどこかに身を隠す．

フラージュのために色も変わることがあり，たとえばライチョウやノウサギは冬には白色，夏には褐色になる．鳥類は耐空性を維持するために羽を生え替わらせる必要があり，その機会を利用して生殖羽（雄が求愛のために装う色鮮やかな羽）を身につけるものもある．ツクシガモなど少数の鳥は，一度に飛翔用の羽全部を落としてしまって飛ばなくなる．

成長の限界や寿命は遺伝的に決まっているが，栄養状態にも依存する．動物が一定の年齢に達するとホルモンのつくられ方に変化が生じ，体の組織や機能が衰え始める．老化の開始である．概して体の小さい動物は寿命が短いが，例外もある．極地方の冷たい海に生息する多くの軟体動物は成長の仕方が極端に遅いが，その代わり寿命は長い．深海に住む二枚貝の中には数百年生きるものさえある．ヒトの長寿記録はこれまでのところ120歳である．

長生きは，ゾウやヒトなど，大型の哺乳類の特徴であるが，大型の動物の場合には，子をもうけるのがゆっくりしている，子を産むまでの懐胎期間が長い，そして子が親の保護がなくても生きて行けるようになるまでの学習期間も長い，という傾向がある．大型の動物は一度にわずかな数の（あるいは1頭だけの）子しか産まないから，代わりに生殖可能な期間が長く続く．

▽野生のウマやレイヨウなど，大きな群れをつくって絶えず移動し続けている動物は，仔を胎内でかなりの大きさにまで育ててから産む．仔は，生まれればすぐ群れと一緒に走れなくてはならないからである．

▷オオハシは一度に2〜4個の卵をかえす．生まれた雛は小さく，か弱くて，生後6〜7週間は親鳥が面倒を見なければならない．雛の目は3週間あかないし，羽が生えそろうまで巣の中で親鳥が温めていてやる必要がある．

成鳥

羽が生えたての雛

卵からかえったばかりの雛

両性の出遇い

繁殖のために雄と雌を引き合わせるというのは，自然の摂理——というより，自然が考え出した壮大な実験のようなものであるが，その実験の仕方すなわち引き合わせ方にはいろいろある．

ほとんどの無脊椎動物は最初に出遇った異性と交わるが，脊椎動物，特に鳥類と哺乳類の場合には，互いに相手を選り好みすることが多い．多くの雌を惹きつけ，その中から好みの相手を選べるように，求愛の期間中だけ雄が派手な色の羽毛や体毛をつけるものがある．そうすれば，確かに雄と雌の双方にとって出遇うチャンスが増え，選択も容易になるのであろうが，目立つ色彩や求愛行動は敵を呼び寄せることにもなりかねない．多くの雌の地味な体色は，抱卵期や子育ての期間中，自らを目立たなくするためである．

大部分の動物の場合，雌は卵や子を産む前から体内で栄養のよく行き届いた子を育てようと多くのエネルギーを費やすので，いろいろな求愛活動や多数の雄と交わることにエネルギーを割く余裕がない．しかし雄の方は，できる限り多くの雌に求愛しようとする．求愛の儀式が成功してはじめて雌の協力が得られるということも少なくなく，そのために，ある種の動物の雄は，雌のところへせっせと食物を運んできたりする．

シカやアザラシなど繁殖期に大きな群れをつくる動物の場合には，雄たちは雌のハーレムに集まり，競って交わろうとする．力を誇示する儀式で，雄のうちのどれが強いかは，ふつうは血を流すことなく決まる．発情期の雄ジカたちは，互いに咆え合い，枝分かれした角をがっちり組み合わせて，どちらかが逃げ出すか追い払われるまで押し合う．カンガルーの雄がボクシングのような打ち合いをするのも，雌たちに自分の強さを見せつけるのが目的である．しかしその他の動物で，たとえばゾウアザラシなどの雄の間では格闘が殺し合いに発展することもある．

ある種の動物では，雄の選択を雌に任す．雌のカエルは，鳴き方が最も力強く低い声の雄を選ぶ．ふつう，そのようなカエルが一番大きく，体も丈夫なのである．キジオライチョウ（雉尾雷鳥）やソウゲンライチョウ（草原雷鳥）やエリマキシギ（襟巻き鴫）の場合には，雄たちが雌たちにディスプレイ（自己顕示行動）を競う舞台のようなものができて，そこで雄たちは闊歩して見せる．その際，雄は舞台の真中に位置しようと争う．中心を制する鳥こそが，雌にとって最も望ましい雄ということになっているからである．

多くの動物，特に鳥と魚は，繁殖期に新しい繁殖地を求めて移動する．いずれ増大する家族構成員のために十分な食料を確保できる縄張りが必要になるからである．自分の縄張り宣言のために，鳥類は啼き声を，哺乳類はふつう自分の体臭を用いる．縄張りは魚にもある．ある種の魚，たとえばトゲウオの雄は海藻で巣を用意し，その前で踊って見せて雌を引き込む．

子育ては食料の豊富な季節に行う必要があるから，交尾をいつするのが適当かというタイミングは非常に重要である．遺伝子の中にあらかじめ組み込まれた体内時計は，周囲の環境の変化により微妙に調整される．シカのように妊娠期間の長い動物の場合には，秋に日が短くなり始めるとホルモンの分泌に変化が生じ，体を繁殖に適した状態に変える．新しい繁殖地へ向かわせることにもなりかねない．鳥類の生殖器は，春に日が長くなるとともに大きく膨らみ，繁殖期が終われば飛ぶときに余計な重さを運ばなくて済むように縮小する．砂漠に生息する鳥の交尾期は一定していない．彼らの繁殖活動は，雨の降る音を聞き，緑の芽生えを見て始まる．年中食物が豊富にあるところに生息している動物，たとえば霊長類などはいつでも交尾する．

わずかながら状況に応じて性転換する動物もいる．アワブネガイという巻き貝は幼い間だけ動き回り，大きくなると，いくつもが積み重なって動かなくなるが，上の方の雄の上に別の雄が重なると，下になった雄は雌に変わる．ソウジウオの場合は性転換の方向が逆で，雌たちでつくる小さな群れの中の一番長老格のものが雄に変わり，それが死ぬと次に年かさの雌が雄になる．この仕組みは，交尾の相手を捜すエネルギーを節約するためであろう．

5. 成長と生殖

△ルリツグミの求愛行動は見ものである。このことは，配偶相手獲得競争に勝つことが進化の上でいかに重要であるかを示す．

▷ゾウアザラシの雄が縄張りと雌の獲得のために争っているところ．このあと，2頭の嚙みつき合いに発展する．

◁丸い巣を張るクモの，小さな雄が大きな雌に言い寄っているところ．雄はクモの巣を震わせたり雌の体を叩いたりして交尾を迫るが，雌の方は拒否し，雄を食べてしまうこともある．

△青足カツオドリのつがいは，生きている間続く．求愛のしぐさだけでなく，その他の愛情表現も夫婦の絆を強めるのに役立つ．特に，片方がある期間巣を留守にしていて戻ってきたときの挨拶が重要である．

動物の生殖

　生物の個体は複数の遺伝子によって決定される．遺伝子とは，ほとんどすべての細胞がもつ核の中にある核酸の鎖の構成単位で，その中に体細胞をつくる計画が秘められているものである．ときとして，その計画に変更が生じることがあり，もし，そのような突然の変化（突然変異）が性細胞（卵か精子）に起これば，その変化も遺伝される性質となる．

　雄と雌が結合して有性生殖が行われる場合には，遺伝されるべき性質が混ぜ合わされる．体の構造が最も単純な単細胞生物では，2つの個体が結合して，それぞれの核物質を交換するだけであるが，高等動物になると，その結合は特定の性細胞（雌の卵子と雄の精子）の間で行われ，受精により雌の卵子と雄の精子が融合する．その際，両者の遺伝子が混ぜ合わされ，子は両親の遺伝子が混合したものの半分を受け継ぐ．それゆえ，同じ種に属する個体でも，それぞれに外見や生理的適応が異なることになる．

　動物の進化の早い段階で，卵子は大きくなり，栄養をその中に貯えるように特殊化した．一方で，精子の方は，泳いで卵子に近づけるように適応した．精子を卵子に的確に近づけるためには，体内受精が最も効率がよく，精子が無駄になることが少ない．それに卵が，数は少なくても大きく成長し，その中に多くの栄養分（黄味）をためることもできる．

　精子を雌の体内に注入する方法にはいろいろある．雄のクモは，自分の精子を膜で三角に包み，それをスプーンの形をした肢ですくって雌の体内に入れる．その他多くの無脊椎動物とある種のイモリやサンショウウオの雄は，雌が見つけて取り込むことになりそうな場所に自分の精包（精子の塊）を置いておいたり，それを雌の体内に突込んだりする．しかし，雌の卵子を受精させるのに最も確実は方法はペニスを雌の生殖孔に挿入する方法であり，昆虫や爬虫類や哺乳類はこの方法をとる．

　体外受精は，海底に生息していてあまり動かない動物や，水中で交尾する動物に最もふつうに見られる．イガイ，ハマグリ，カイメン，サンゴなどは，精子も卵も海中に吐き出す．これらの性細胞すなわち配偶子の放出は，ある化学物質がそれを誘発させるように働くので，同じ区域にいる動物が一斉にそれを行う．

　交合は，すべての動物が雄と雌の間で行うとは限らない．ミミズとかカタツムリとか，若干の動物は雌雄同体で（各個体が雄と雌の両方の生殖器をもっていて），2匹が互いに精子を交換することによって，双方の卵子が受精して終わる．ミミズやカタツムリは仲間のどれとでも交わりうるので，相手を見つけるのに手間がかからないということになるが，他方で，どの個体も雄と雌両方の生殖器を発達させるのにエネルギーを費やさなければならないということにもなる．

　最後に，無性生殖（生物が自分だけで遺伝的に自分と同一の子をつくること）は，多くの単純な動物の間に見られる．ヒドラの場合には成長してきた芽が脱落して新しい個体になるし，サンゴは，かけらからでも再生する．寄生虫の多くにも無性生殖を行う時期があり，その間に彼らは急速に繁殖して宿主（寄生される生物）の体中に広がる．

　しかし，これらの無性生殖を行う動物も，定期的に有性生殖を行って，個体間に差が生まれる機会を確保するのがふつうである．また，食料が欠乏したときとか，日照りが続いたときとか，冬の訪れが迫っているときとかの，好ましくない状況のときにも，無性生殖から有性生殖に変わることが多い．有性生殖で個体に変異が生じれば，そのお蔭で，困難な時期を生き延びうるということもあるからである．

▷ヒトの受精していない卵子は2,000個もの卵丘細胞に覆われていて大きく，輸卵管の中を繊毛によって押されて降りてくる．透明帯は，卵子がその移動中に傷つくことがないように，それを保護している．まわりを取り巻く精子のうちの1個が卵子の中に入り込むと，透明帯は硬化して受精膜となり，他の精子は入れなくなる．もし2個以上の精子が入り込めば，胚の細胞分裂は失敗に終わるであろう．

△雌雄同体であるカタツムリの求愛の儀式は複雑かつ奇妙なもので，ダンスで始まる．2匹は筋肉質の足を合わせて立ち上がり，互いに触角で打ち合う．そして数時間後，鋭い交尾矢と呼ばれるものを互いの体に突き刺す．これは，相手の精子が自分の卵子を受精させるよう促すホルモンを相手に注入するためである．そうしたのちに，2匹は精子の塊を交換する．

5. 成長と生殖

先体

細胞膜
透明帯

細胞質

極体

卵子の核

精子の核

△体内受精は，テントウムシのような陸上に住む動物にとってはきわめて重要である．ほとんどの昆虫の雄は，精子を雌の体内に注入するための器官をもっている．体内受精によれば，卵子はその数が少なくても，体外受精の場合より受精する確率が高くなる．

△ある精子が卵にたどりつくと（1），精子はゼリー状の透明帯にしがみつく．次に，精子はその頭部を覆う先体から卵膜を軟らかくする酵素を放出するとともに，針のような糸を出して卵膜に穴を開け，卵の中に入り込む（2）．すると，卵膜は硬化し，液体の層もできて，その他の精子が入れないようになる（3）．進入に成功した精子は，尾を切り捨て，頭部と中部だけになって卵の細胞質の中を進む（4）．

▷受胎に先立ち卵は分裂を開始しており，大きな娘（じょう）細胞をつくっている．その際できる最初の極体は副産物であり，卵子が精子と結合するとき必要とされない余計な染色体を含んでいる．卵は再び分裂する．精子が卵細胞内に入れば直ちに新たな分裂が始まり，もう1つの極体と，受精されるべき卵子がつくられる．すると，精子の核と卵子の核が融合し，その融合した細胞は直ちに分裂する．胚を形成する最初の分裂である．

卵から胚へ

　ヒトの胎児は，胚と呼ばれる早い段階で，喉(のど)の近くに数対の鰓裂(さいれつ)(鰓(えら)のような孔)をもつ．鳥類や爬虫類の場合も同様であるが，大きくなれば鰓裂はなくなり，肺ができる．近い種類の動物(この場合は脊椎動物)の間では，胚はどれもよく似ており，特に胚が形成される最初の段階では，すべての動物は同じように見える．

　ヒドラのように体の構造が非常に単純な動物では，受精卵は分裂を繰り返してまず細胞の塊となり，次にその塊が2つの層——外側の外胚葉と内側の内胚葉に分かれる．より進化した動物(器官がはっきりした体腔に存在する動物)では，外胚葉，内胚葉および中胚葉の3つの層へ発展する．あらゆる動物の体の組織は，これらの3つの層が種々変化してできる．すなわち，外胚葉からは表皮や末梢神経系が，中胚葉からは筋肉，心臓と血管などの脈管系，骨格，腎臓と生殖器官，胃と腸の外壁，および皮膚の内側の層が，そして内胚葉からは胃と消化管の内膜，肝臓，肺または鰓ができる．

　これらの器官のでき方や形状，位置，大きさなどは，受精したばかりの卵の核の中の，親から受け継いだ遺伝子によって決められている．また，同じく遺伝子の働きで，ある種の化学物質がある順序でつくられ，それが特定の細胞を刺激すると，それらの細胞は，ある特定の発生段階でさまざまな組織や器官に特殊化する．しかし，各細胞が最終的にどのようなタイプのものになるかは，きわめて早い時期に，すでに，それぞれの細胞が胚の中で占めている位置(頭部に近いところとか，尾のあたりとか)と他の細胞がつくり出す化学物質によって決められているのである．もっとも，外部の環境が器官の発達に影響を与えることもある．たとえば，ワニやカメの子の性別は孵卵(ふらん)期の温度次第で決まる(ただし，彼らの生殖器官が発達するのはずっと後のことである)．

　魚類など，ある種の動物は，黄味がほとんど入っていない卵を大量に産む．そういった卵からかえる子は概して十分に成長していないから，死亡率が高い．敵にも狙われやすい．もちろん，栄養分がたくさん含まれた卵を数少なく産む動物もいる．そのような卵からかえる子は自立して生きて行ける能力に富み，生存率が高い．

　水中に多数放出され水中で受精されるのを待つ卵の場合には，卵に含まれうる栄養分は限られた量にならざるをえないが，母親の体内で受精する卵は，受精後に栄養の層をまわりにもつことができる．そして硬い殻が卵を包み，壊れないように，また乾燥しないように保護することも少なくない．カエルの卵はゼリー状の物質で包まれていて，水に触れると膨らみ，ぬるぬるしたボールの塊になる．そうなると敵に呑み込まれることがほとんどなくなる．鳥類の卵では，カモフラージュのために迷彩を施したような殻のものもある．

　昆虫から哺乳類まで，多くの動物の雌は，受精卵を体内に保持する．母親の体内ならば，卵は敵や機械的な傷害に

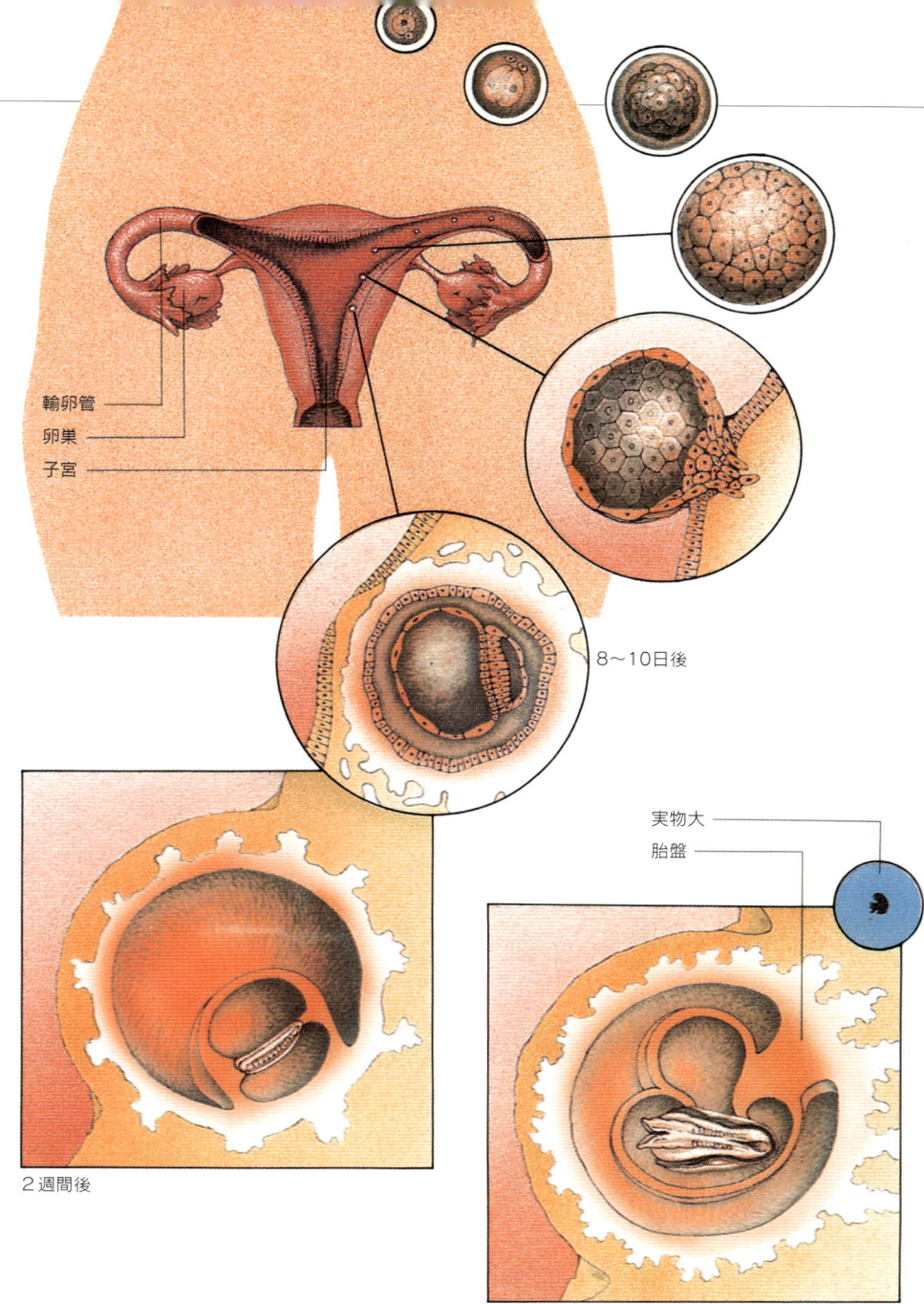

輸卵管
卵巣
子宮

8〜10日後

実物大
胎盤

2週間後

3週間後

▷卵からかえる直前のワニ．爬虫類の卵は中に豊富な黄味と，タンパク質に富んだ白味をもつ．胎児の老廃物は，卵の中の尿膜の袋の中に排出される．胎児は，羊水で満たされた羊膜の中に入っており，羊水が胎児を外部からの衝撃から守る緩衝材の役目を果たす．外側の殻も，内部の保護と乾燥防止に役立つが，殻を通しての外部とのガス交換は妨げない．このような卵の進化は，動物たちが陸上の生活に適応する上での重要な一歩であった．

5．成長と生殖

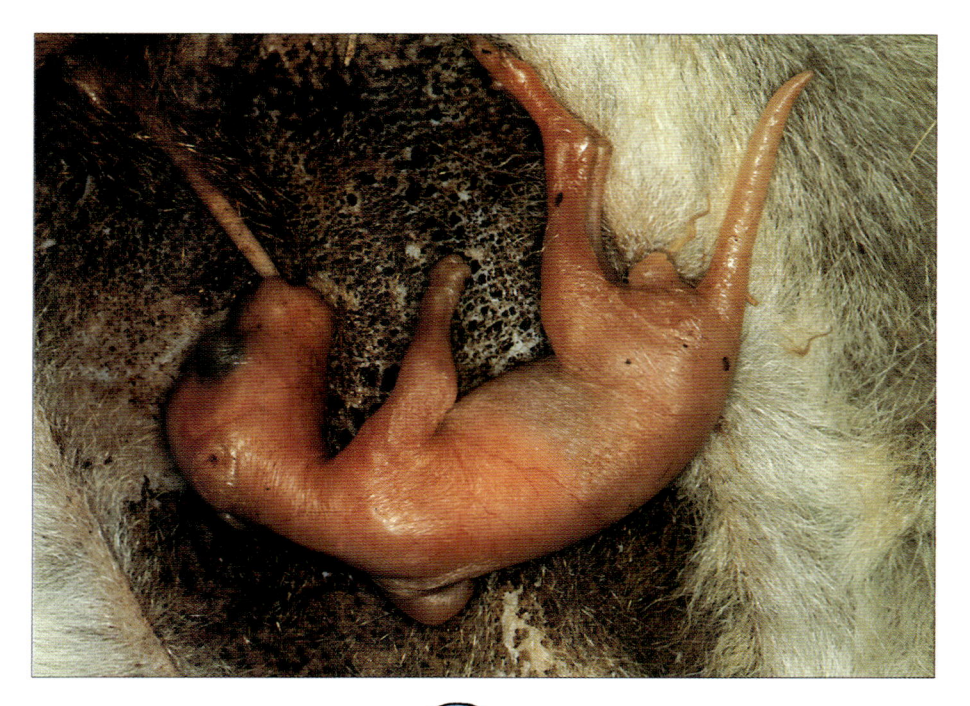

対して保護され，体外よりも暖かく，より安定した環境の中にある．親の方も，体内にいる子のために狩りや出掛けたり，その子をわざわざ温めてやる必要がないから，大部分の哺乳類は胚を体内で成育させる．

ただし，カンガルーのような有袋類の動物が産む子はとても小さく，未熟児なので，母親の体の袋の中で保護され，授乳される．有胎盤哺乳類の場合には，母親の子宮内に柔らかい組織からなる胎盤が発達する．この胎盤を通じて多くの血管が胚ないし胎児とつながっているので，母親からの血液が子宮内の子に酸素と栄養を供給し，子の老廃物を運び去る．

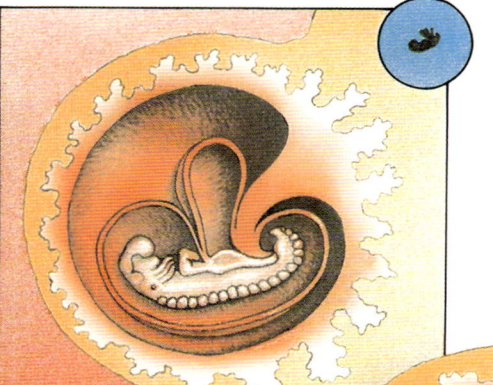

△赤い，体長がかろうじて2cmというほどに小さいカンガルーの子が，母親の袋の中で母親の乳首に吸いついているところ．有袋類の動物は胎盤をもつことがない．子は発達しないまま未熟児で生まれ，大きくなるまで母親の袋の中で育てられる．

4週間後

尿膜
羊膜
卵黄嚢

■ヒトの卵の受精（前ページの上の図）は，輸卵管の上部で起こる．受精後8～10日で，受精卵（接合子）は分裂し，胚を形成する．2週間後，胚は子宮の内壁に近づき，その一部をとかす酵素を分泌して凹みをつくり，そこに着床する．3週間後，胎盤が子宮の内壁の20%を覆うようになる．胎盤は何百万もの絨毛（じゅうもう）が扇状に広がったもので，子宮の内壁にある母親の毛細血管とつながっている．ヒトの場合，受精してから3週間経過したのちの胚は胎児と呼ばれる．

6週間後

▽4週間後，腕と脚が芽生え始めて，心臓は4室に分かれる．6週間後，大概の内部器官ができ始め，脳の輪郭も見えるようになる．8週間後，胎児はヒトの子とわかる形になり，生殖器もはっきりしてくる．骨格も硬化し始める．36～40週間後，胎児が十分に発育すると，それまで胎児を包んできた羊膜が破れ，中の羊水が流れ出す．と同時に，母親の子宮の筋肉が収縮を繰り返して，赤ん坊を体外へ押し出し始める．

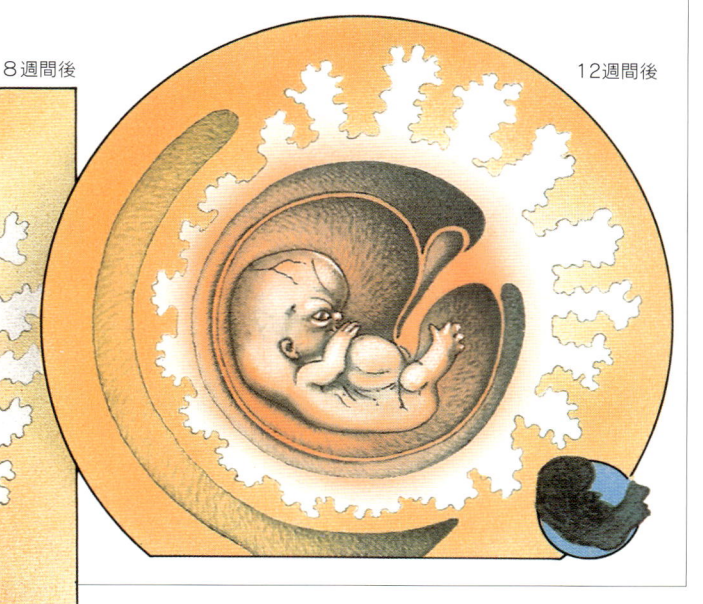

8週間後

12週間後

105

成　　　長

　生まれ落ちたときから自力で生きて行く動物も少なくないが，片親または両親が小さな子の面倒をみるという例にも事欠かない．

　無脊椎動物の間では，イソギンチャク，ヒトデ，タコ，ナンキンムシ，クモ，サソリ，ムカデなども子を抱いたり保護したりするが，ミツバチ，スズメバチ，アリ，シロアリなどの社会性昆虫になると，子が成虫になるまで，食物を与えたり身づくろいをしてやったりする．

　脊椎動物の間では（ある種の魚，両生類，爬虫類の動物の場合も含めて），親の子育ては，よりふつうに見られる．まず巣づくりであるが，それは鳥類に限られない．シャムトウギョ（闘魚）は水面に泡の巣をつくる．アフリカの砂漠に住むある種のカエルは，集団で，泡だらけの巣を築く．口から出す泡と体からの分泌液を混ぜ合わせ，脚で叩いて泡立たせるのであるが，それで卵を包むと乾燥を防ぐことができる．アメリカワニの雌は木の葉などをたくさん積み上げた中に卵を産む．植物が腐るときに出す熱が孵化に役立つ．また母親のアメリカワニは，子が卵の中から這い出すのを助け，無事生まれたら，その子を優しく口に含んで水中へ運ぶ．

　卵が親の体内でかえるのであれば，さらに安全である．タツノオトシゴとヨウジウオは，受精した卵を雄の腹についている袋の中に入れる．卵はその袋の中で成熟し，かえる．フクロガエルの雌は背中に柔らかい海綿質の組織をもっていて，雄は受精した卵をその中に押し込む．すると，卵はその組織に守られながら育ち，おたまじゃくしになってからも母親の背中で過ごす．おたまじゃくしが小さなカエルになると，母親は指で背中を掻きむしり，カエルが飛び出す．

　温血動物である鳥類の場合には，卵は温められていなくてはかえらないから，大部分の鳥は巣をつくり，その中で卵を抱く．育児嚢（ほとんど羽や毛が生えていなくて，たくさんの血管が走っている袋．繁殖期に膨らみ，卵を温める）をもっている鳥も少なくない．

　大多数の哺乳類は，発達の初期段階の子を母親の体内で育てるが，カンガルーなどの有袋類とカモノハシのような単孔類の動物は，その早い段階から母親の腹についている育児嚢の中で子を養う．有袋類はきわめて小さい子を未発達のまま産み，単孔類は卵で産む．穴に住む哺乳類は，子育てのための部屋を地下につくり，さらに暖かく保つために木の葉や草を敷き詰めることが多い．

　哺乳類は母乳で子を育てるので，子のための餌を特に捜す必要がないということは，哺乳類の生活の仕方の進化の上で重要な特徴になった．というのは，たとえば哺乳類の幼い子は，どれも同じような乳歯しかもたず，子の顎が発達してから初めておとなの歯に抜け替わるのである．その際，植物をすりつぶすための大きな臼歯とか，骨を噛み砕くための前臼歯とか，いろいろ異なった種類の歯があらわれる．それらが生えそろえば，もはや歯の間の隙間はなくなる．

　鳥や哺乳類の社会では，親以外のものが幼い子の面倒をみる，ということもある．同じ親から先に生まれた子（つまり兄か姉）が面倒をみる場合が多いが，家族の構成員でないものがそうすることもある．社会性動物と言えるヤマイヌやオオカミなどの間では，同じ群れの何頭かが幼い子供たちに餌を持って来てやったり，親が狩りに出ていて留守中の子を守ってやったりする．ライオンの雌は，自分のではない子にも喜んで授乳する．甥か姪に当たる子に乳を含ませるというケースが多いが，それは，両者の間で共有される遺伝子がたくさんあるから平気で授乳が行われるのかもしれない．

　もっと極端なケースとしては，カッコウやムクドリモドキなどの鳥の例があげられる．彼らは自分の子の養育を他人任せにする．一種の寄生的なやり方とも言える．カッコウの子は，育ての親の子を巣から突き落とす．しかし，そうした行為によって，その育ての親が常に被害をこうむるとは限らない．ムクドリモドキの子は，オオツリスドリという鳥の巣の中にいて，その巣に取りつく種々の寄生虫を食べるからである．そうでなければ，オオツリスドリの雛はそれらの寄生虫に苦しめられることであろう．

▲じゃれ合う幼いキツネの子．多くの捕食動物の子は多大の時間を遊びに費やす．彼らは，遊びを通じて体の使い方や敏速な反応の仕方を学習する．成獣になってから獲物を捕らえたり殺したりするのに必要なことである．

▶多くの昆虫の子は，親に面倒をみてもらうことなく成長する．この月の蛾（moon moth）は，植物に産みつけられた卵のときから独りで成長し始め，最初から自活してこなければならなかった．毛虫という幼虫時代は，成虫になってからの空中生活とほとんど何の関係もない．

△オランウータンの子は，成長の初期に母親からいろんなことを学ぶ．自分が生きて行く上で必要な肉体的な訓練を受けるだけでなく，仲間とうまくやって行くための社交的な技能も教わる．

◁南アフリカ産のミーアキャット（別名：スリカータ）は，大家族で行動することから，安全上の利益を得る．この写真では，若い者の後ろに何匹かの成獣が立って監視の目を光らせている．その間に狩りに出掛ける者もいる．

姿を変える動物

　サンゴ，カエル，ヒトデ，フジツボなどはみな一生のうちに変態（形態の上での大きな変化）を経験する．

　チョウやガの場合，毛虫はその成長期に当たる．成長期にはせっせと植物性の餌を食べてそれを動物の組織へ変えるが，翅や感覚器のような成虫に必要とされる複雑な体組織を発生させることはしない．しかし，ある時期に達すると，食物を摂るのをやめて，体のまわりに硬い保護膜をつくったり，繭の中に閉じこもったりする．それが蛹（さなぎ）であるが，数週間のうちに，蛹の組織は再びつくり変えられて翅のある成虫になる．一生の間にこのように大きく姿を変えることを完全変態という．

　成虫になったチョウの食物は，毛虫時代のそれとはすっかり変わって，糖の多い花蜜になる．飛ぶのに多くのエネルギーが費やされるからである．しかし毛虫は，1年かけてその一生を全うできるように，多くの花が咲き乱れるのを待たず，早春から植物の葉を食べ始める．昆虫の中には，蛹の殻の中で休んで冬を過ごすものもある．チョウ，ガ，ハエ，トンボ，カゲロウ，カなど多くの昆虫にとって，成虫である時期は，成虫になる前の幼虫の期間と比べてずっと短い．ある種のセミは，成虫になるまでに17年間も幼虫として暮らす．

　カエルの場合も，おたまじゃくしでいる期間は摂餌期である．おたまじゃくしの体の大部分が大きな胃と渦巻き状の長い腸で占められているが，成長するにしたがって，その食餌は次第に植物性のものから動物性のものへ変わる．

　もっとも，すべての昆虫が成虫になるとき大きく姿を変えるわけではない．バッタやコオロギなど多くの昆虫は翅を生

▷成長と変化のサイクルは，カエルやトンボやカなど，動物の種類ごとに異なる．

　卵からかえったばかりのおたまじゃくしは体の外側に鰓をもつ．成長するにつれて，鰓は体内へ引っ込む．そして徐々に四肢を体外へ出すようになる．口も大きくなり，動物性のものをより多く食べるように変化する．やがて肺が形成され，水面に浮かんできては空気を吸い込むようになる．そして，遂には水から出て陸上へ這い上がる（もっとも，その後もある期間，成長は続く）．

　トンボの幼虫（ヤゴ）は，水中で，水草の陰にかくれて，通り過ぎる小さな生き物を捕らえる．その若虫は何回も脱皮を繰り返し，最後に翅の生えた成虫（トンボ）になる．

　カの卵の塊りは水面に浮いている．幼虫になると水面から逆さにぶら下り，吸管を通して呼吸するとともに，水中の微生物を濾過して食べる．蛹になっても，成虫として飛び立つまで水面にぶら下がっている．

▷動物の中には，幼少期と成熟後で生活環境を変えるものがある．カやトンボは，幼虫の間は水中に住むが，成虫になると生活の場を空中へ移す．カエルは陸上で獲物を追うが，産卵のときは池へ戻る

▷カニの幼生（次ページの右上の写真）は，プランクトンに混じって海面近くに浮いており，海流に乗って広く散らばる．

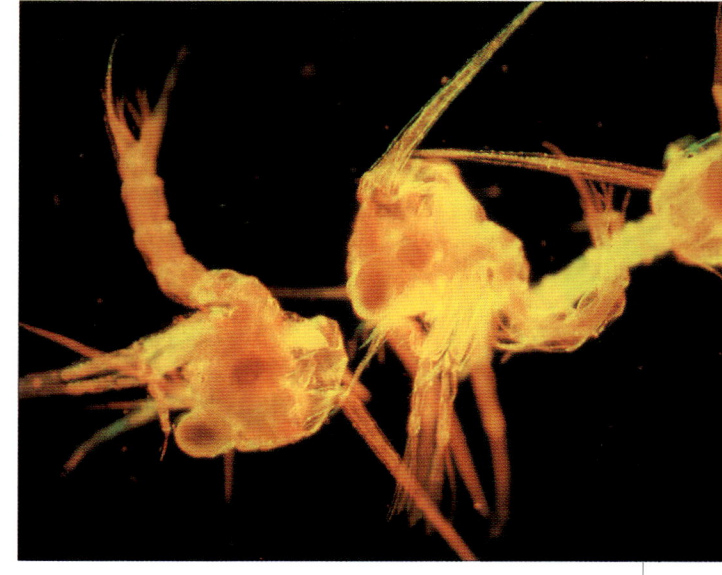

やすだけである．脱皮のたびに翅の芽が少しずつ伸び，最後の脱皮で完全な形になった1対の翅が古い皮膚の下からあらわれる．このように，姿があまり大きな変化を遂げるのではなく，徐々に変化する場合，それは不完全変態と呼ばれる．

変態が生じるのはホルモンの働きによる．昆虫の脱皮には，脱皮を促進するエクジソンというホルモンと，脱皮を抑制するネオチニンという幼若ホルモンの両方が関係する．両方ともに量が十分であれば昆虫は次の幼虫段階へ進むが，幼若ホルモンの方が少なければ，次の脱皮のときに成虫の形をとる．こうしたホルモンの分泌量の変化は，日照時間とか，温度とか，食料の入手可能性とか，周囲の状況の変化によって誘発される．

両生類の変態は，脳下垂体から分泌される黄体刺激ホルモンと，甲状腺から分泌されるチロキシンというホルモンによって制御される．チロキシンが増加すれば変態が生じる．ふつう幼虫は生殖器をもたないが，状況次第でそれを発達させ子を産むこともある．幼形進化のままでの生殖行為で，メキシコ産のアホロートル・サンショウウオにその例が見られる．このサンショウウオが生息する水域はヨウ素分が少なく，しかも冷たいので，アホロートル・サンショウウオの体の中でチロキシンがあまり生産されないからである．実験室の中で，水槽に少しヨウ素を加えてやれば，彼らもおとなの体つきになる．なお，ある種のサンショウウオでは，この状態が遺伝的に固定されているので，おとなになっても体形がおたまじゃくしに似たままで，体の外に鰓をもち，長い尾もついている．つまり，幼形保有のまま生殖を行うわけで，そのような場合は幼形成熟と呼ばれる．

植物の成長

　動物の体は一定の大きさに達すると成長を止める．しかし，植物の場合は事情が異なり，どの植物も一生の間成長し続ける．では，なぜ草や低木は大木にならないのか？　それは，単に，そうなる前に死んでしまうからである．樹木の寿命は草のそれよりはるかに長く，また樹木はずっと大きく成長する．しかし，植物が成長する速度は一様ではない．世界中で最も長寿とされる樹のひとつに東カリフォルニア産のヒッコリーマツがあり，推定樹齢4,600年のものさえあるが，その樹高はせいぜい15m程度である．成長の仕方が実に遅いのである．あらゆる植物は生涯成長し続けるとはいっても，それは植物のすべての部分が成長し続けるという意味ではない．たとえば葉や花は，一定の大きさに達すれば，それ以上成長することはない．

　植物は種子から芽を出し，根を張れば，どんどん細胞をつくって成長する．植物は死ぬまで新しい組織をつくり続ける細胞をもっているから，生涯伸び続けることが可能なのであるが，そのような細胞は葉や花にはなく，茎と根にだけある．

　植物で新しい成長が生じるのは分裂組織という部位においてであり，その部分には2種類ある．1つは頂端分裂組織で，茎や芽や根の先端の近くと腋芽（葉が茎につながる葉腋に出る芽）にあり，これらの部位での成長は茎や芽や根を縦に長く伸ばす．頂端分裂組織のために，すべての植物は縦に長く伸びる．もう1つの側部分裂組織の方は幹や枝や根のまわりにあり，植物を太らせるわけであるが，大概の木本でない植物はこれをもたない．

　分裂組織の細胞は，有糸分裂により増える．有糸分裂というのは，1つの細胞が同数の染色体をもつ2つのまったく同一の娘細胞に分裂することである．頂端部での有糸分裂の際，一部の娘細胞は分裂組織細胞として残るが，他の娘細胞は水を吸って長く伸び，ときには元の長さの10倍にもなることがある．細胞の壁が伸長し，細胞内に液胞と呼ばれる間隙ができ，細胞自体は一定の機能をもつ部分に特殊化するのである．

　根の先端は根冠で保護されており，根冠から分泌される粘液が潤滑油的に働いて，根が土壌の中を進むのを助ける．細胞分裂が盛んに行われている頂端分裂組織は根冠のすぐ内側にあり，そこでは，根の新しい細胞がつくられると同時に，根冠から失われた細胞の補充も行われる．頂端分裂組織の内側では細胞が長く成長し，またその内側では細胞の分化が進んで本当の根がつくられて行く．

　芽や茎も同様に頂端分裂組織から成長し，葉芽の先端に細胞の塊をつくる．伸長域は先端より少し下に離れて，最初の節との間にできる．草などでは，分裂組織がそれぞれの節の基部にあるので，茎は長く上へ伸びることができ，また茎の先端が動物に食われたりして失われても成長し続けることができる．

　植物が頂端分裂組織から伸びていくのを一次成長という．「一次」と呼ばれるのは，それが植物の主体をつくるから

▷葉や花が出てくる芽や蕾（つぼみ）は，植物の頂端か，枝が幹から分かれる葉腋にできる．蕾は，葉や花を全部固く中に折りたたんで包んでいる．この写真はシャクナゲの芽の断面を示す．

▽樹木や低木など，木質の植物の茎や枝は，長く伸びるとともに，横にも太る．それは二次成長と呼ばれるもので，周皮の内側の2つの形成層で起こる．コルク形成層は樹皮のもとになる物質をつくり，維管束形成層は新しい木部と師部をつくり出す．木部の古い細胞が死ぬと木材になる．

木質の幹の発達

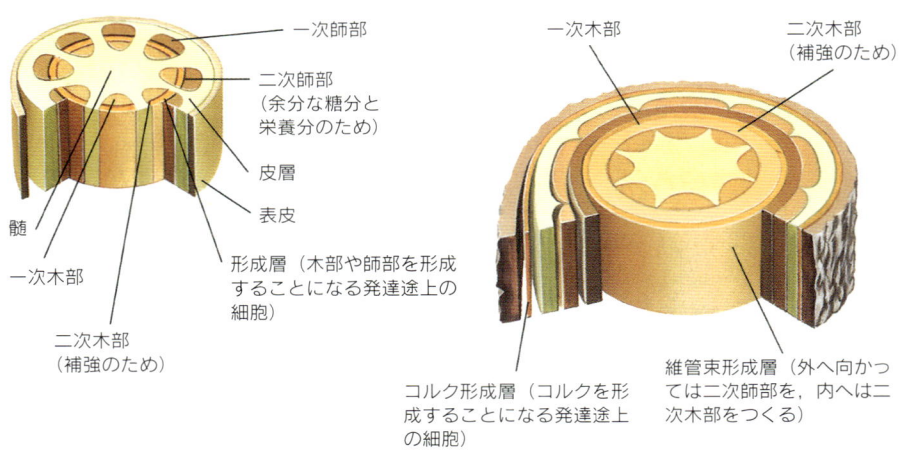

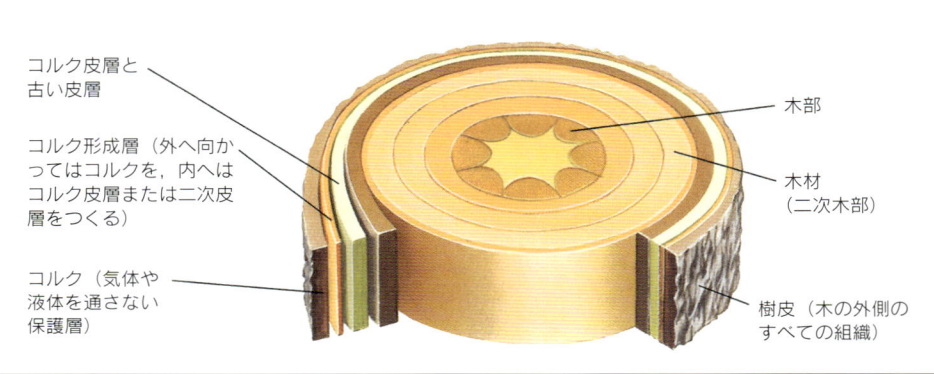

5．成長と生殖

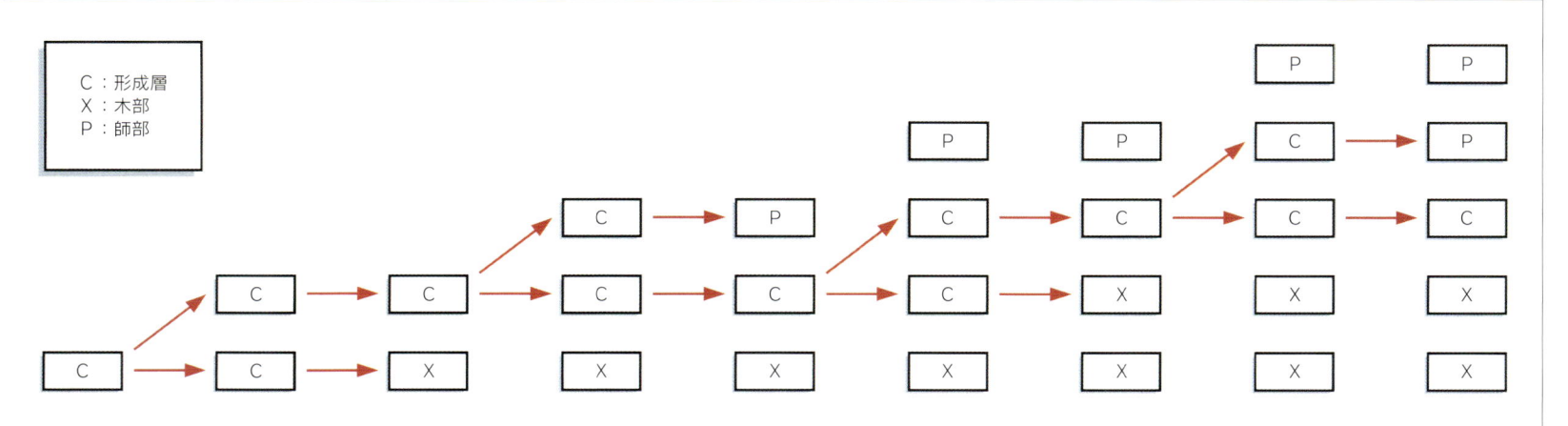

```
                                                                                    P  →  P
                                                          P     P     C  →  P
                                      C  →  P       C     C     C     C
           C  →  C           C     C     C     C     X     X     X
  C  →  C     X     X     X     X     X     X
```

▲この図は，形成層の細胞がどのようにして木部と師部の細胞をつくって行くかを示す．

C：形成層
X：木部
P：師部

である．主体とは，植物の全体を包む表皮，維管束系および，それらの間隙を埋める基本組織よりなる部分のことである．頂端分裂組織しかもたない植物の寿命は3～5年止まりである．それは頂端分裂組織から形成される一次組織の寿命と同じであって，多くは一年生または二年生である．

二次成長とは，側部分裂組織の成長のことで，それにより植物は横に広がる．側部分裂組織の部位としては，コルク形成層と維管束形成層の2つがある．コルク形成層は樹木など木質の植物の樹皮の中にあり，維管束形成層は樹皮のすぐ下にある．

維管束形成層は，形成層，二次師部および二次木部の3つのタイプの細胞に分化する細胞よりなる．形成層では，細胞が分裂して2個の娘細胞ができるたびに1個の娘細胞は形成層に残り，もう1個の娘細胞は内側へ出て木部の細胞になるか，あるいは外側へ張り出して師部の細胞になる．木部と師部の細胞は交互につくられるので，維管束形成層はこの両方の細胞を同じ数だけつくることになる．

周皮，すなわち樹の幹や枝の外側のざらざらした樹皮の部分は死んだコルク細胞の集まりで，それらの死んだ細胞の厚くなった壁には，水をはじく性質のあるスベリンという物質が染み込んでいる．この周皮層の内側のコルク形成層にある分裂組織で細胞分裂が起こっているが，その娘細胞の半分は分裂組織内に留まり，残りの半分はコルク細胞になる．コルク細胞は，その内側に次々とつくられる新しい細胞によって外側へ押し出され，その際にコルク細胞の中にスベリンが形成されるが，それは絶えず剥げ落ちて行く樹皮に取って替わる．

コルク形成層は，樹を太らせることはない．数週間経つと，膨れた幹や枝はコルク形成層をそぎ落とす．次にコルク形成層は，その形成層としての性質を失い，死ぬ．植物のより内側から新しいコルク形成層ができてくるし，それが死ねば，また二次師部内の柔組織細胞がその代わりに新しい形成層をつくる．

次々と新しい細胞がつくり出されると，古い師部の細胞は外へ押し出されて死に，以前は何に特殊化するのか決まっていなかった師部の柔組織の細胞が新しいコルク形成層の細胞になる．古い木部の細胞にはリグニンとセルロースがたまる．そして，それらで充満すると，木部の細胞は死んで硬化する．樹の幹や枝の中心部で死んだ二次木部の細胞は心材を構成し，心材を取り巻く活動中の二次木部と維管束形成層は辺材を構成する．いわゆる樹皮の中には，死んだコルク細胞の層，生きているコルク細胞，コルク形成層および二次師部が含まれる．

新しい木部の細胞は絶えず形成されている．春と夏につくられるものは大きく，秋のは小さい．心材の部分に，明るい色と暗い色が交互に繰り返す年輪が見えるが，その明るい輪と暗い輪の1対が年間の成長に相当する．

◁腋芽は，枝が幹から分岐する葉腋と呼ばれるところにできる．この写真に見られる腋芽はマロニエ（セイヨウトチノキ）のものである．

被子植物の一生

　被子植物の一生は種子から始まる．種子が成長し始めると，芽と幼根が出る．芽は光の来る方向に向かって上方へ伸び，幼根は下へ，土壌の中へ入って行って根になる．種子の中に用意されていた最初の葉（子葉）が出て開く．植物が双子葉類であれば，子葉は2枚で，バラ，キャベツ，カシなど，多くの樹木がこの部類に属する．しかし，イネ科の草，ラン，タマネギ，ユリなどは単子葉類で，1枚の子葉しか出さない．

　子葉は緑色をしており，出るとすぐ光合成により炭水化物をつくり始める．幼根の方は土壌から水と養分を吸い上げ始める．子葉と幼根は間もなく消えて，それぞれ真の葉とひげ根に取って替わられる．または，幼根が主根に成長して，そこから細い根が横へ張り出すようになる．

　被子植物は，成熟すると繁殖の準備に入り，花を咲かす．セイヨウヒイラギなど雌雄異株の植物は雄花と雌花を別々の個体に咲かせ，ハシバミのような雌雄同株の植物は同じ個体に雄花と雌花をつける．その他の種類の植物，たとえばユリなどでは，同じ花の中に雄の器官（雄しべ）と雌の器官（雌しべ）の両方をもつ．

　雌雄が異株であろうと同株であろうと，雄花と雌花が別々であれば自家受粉の可能性は小さい．雄しべと雌しべが同じ花の中にある場合でも，ふつう，両者の成熟時期が異なっていたり，花粉が同一の花の柱頭（雌性器官の上端）の上に落ちないように柱頭の方が花粉嚢より高い所に位置していたりする．

　花にはいろいろ変わったものがあり，進化の過程の上で，花の基本的な部分（萼片，花弁，雄しべおよび雌しべ）のうちの1つか2つ以上を失ったものもある．この4つの部分を全部備えている花を完全花という．どれかが欠けていれば不完全花である．しかし，雄しべと雌しべとをもってさえいれば，その他の部分が欠けていても完全花とする場合もある．

　すべての植物に共通することであるが，被子植物も互い違いに2つの世代が入れ替わる生活環をもつ．われわれが目にする花を咲かせる植物は胞子体世代のものである．この世代の植物の細胞は，すべて染色体を二組もつ．その状態を二倍体と呼び，$2n$と略記する．そして，二倍体から半数体（nと略記）が生まれるが，これは各細胞に一組の染色体しかもたない配偶体の世代である．配偶体は配偶子（半数体の精子と卵子）をつくり，それが結合すれば二倍体の種子ができ，新しい胞子体世代になる．配偶体世代は花の中でつくられる．胚嚢は雌の配偶体で，花粉粒の1つ1つは雄の配偶体である．

　雌しべは，花粉を受け入れる柱頭，花粉が降りて行く花柱，およびその付け根にある子房よりなる．子房の中には1個または数個の胚珠がある．その胚珠は

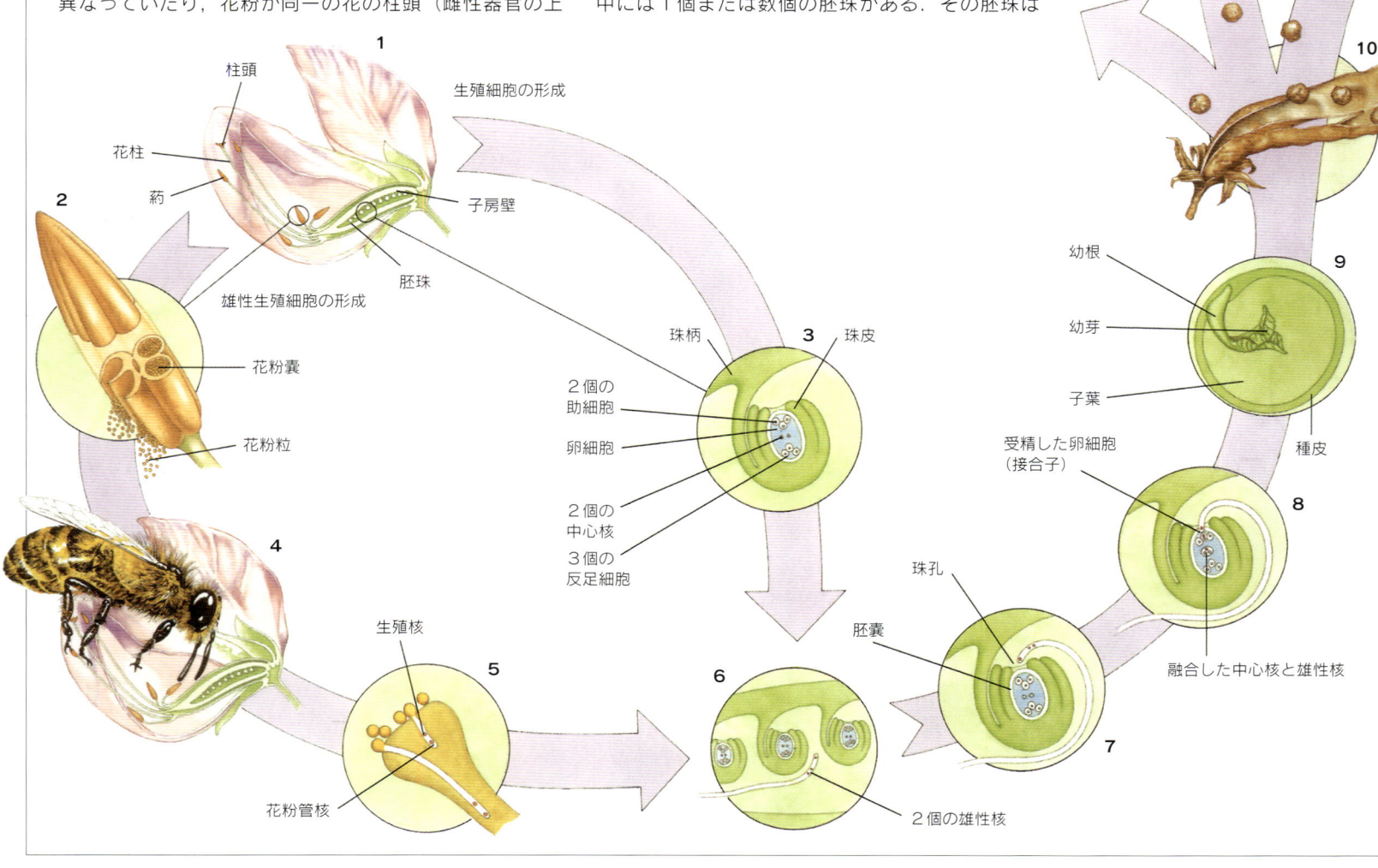

▷雌しべのあり方は，植物の種類によっていろいろであるが，最もふつうのタイプのもの7種をここに掲げる．

数本の雌しべが集まったもの（1）．雌しべが1本だけのもの（2）．1本の雌しべから2〜3本の花柱が出たもの（3）．複数の雌しべが根本でくっついているもの（4）．この場合の花柱は5本であるが，花柱が1本で，柱頭が丸くなっているものもある（5）．あるいは，1本の花柱の先端がいくつもに割れているもの（6）や，花柱の部分がまったくないもの（7）もある．

以上のうち，4〜7では，数本の雌しべが束になっていて，1本のように見える．

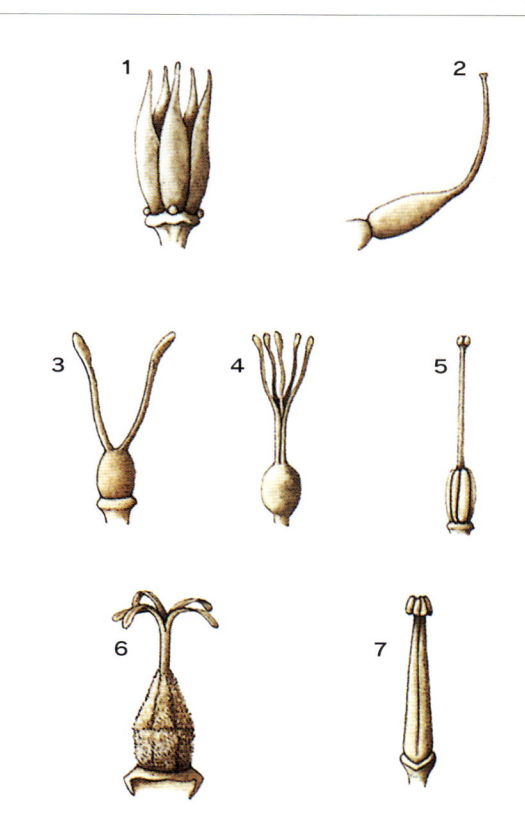

△クモの巣にかかったタンポポの種子．細い毛がパラシュートのような役割を果たすので，小さな種子は風に乗って遠くまで運ばれる．

◁エンドウが受精する段階（1）．葯が割(さ)けて開き，花粉が出る（2）．胚珠は，1個の卵と，その他の7個の雌の核をもつ（3）．ミツバチが花蜜を吸いに来て，ほかの花の花粉をもたらす（4）．花粉粒のいくつかが柱頭に付着し，発育すると，2個の核をもつ花粉管ができる（5）．花粉管は子房の中に入り込み，その生殖核は2個の核に分裂する（6）．花粉管は，胚珠に到達すると，珠孔を通ってその中に入る（7）．1個の雄の核が卵と融合し，それを受精させると，その卵は胚へ成長する．もう1個の方は，2個の中心核と結合して胚乳になる（8）．成熟した種子は，幼根と2枚の子葉の幼芽よりなる胚を内部にもつ（9）．子房壁が発達してできた果肉がはじけると種子が放出される（10）．

子房の中の胎座から発達し，珠柄でもって子房内に固定されている．胚珠の中には，柔組織と，大きな細胞でできた核がある．この大きな細胞は胚嚢母細胞と呼ばれ，その一部は珠皮という組織の二重の層に包まれている．

胚嚢母細胞（$2n$）は，2回分裂して4個の半数体（n）になる．大多数の被子植物の場合，これら4個のうちの3個は発達せず，1個だけが成長して胚嚢になる．これは雌の配偶体であって，（胞子体組織よりなる）珠皮の中にあり，まだ子房とつながっている．子房の内部で，胚嚢は有糸分裂により3回分裂を繰り返して8個の半数体細胞をつくる．これらの半数体には細胞壁がない．

それらのうちの1個の半数体細胞は卵子（卵細胞，すなわち雌の配偶子）に成長し，胚嚢の片方の端に落ち着くが，その際，助細胞と呼ばれる半数体細胞が2個，卵細胞に寄り添う．2個の助細胞は卵子に栄養を供給してその成長を助けるらしい．珠皮には，卵子の下のところに珠孔と呼ばれる小さな孔が開いている．また，反足細胞という別の3個の半数体細胞が胚嚢内の反対側に存在している．残りの2個の核（中心核と呼ばれるもの）は胚嚢の中心に位置する．

他方で，雄性生殖器官である葯(やく)の先端には胞子嚢と呼ばれる4個の花粉嚢がついており，それらは糸のような葯の柄に連なるタペート組織から栄養の供給を受ける．各花粉嚢は多数の二倍体（$2n$）の小胞子母細胞すなわち花粉母細胞をもつ．

花粉母細胞は減数分裂によって2回分裂し，4個の半数体娘(じょう)細胞（未熟な花粉細胞）をつくる．4個の細胞は直ちに離れ離れになり，それぞれが自分の外側に厚い壁（外膜）を，内側に薄い壁（内膜）をつくる．ただし，それらの壁は開口部をもっている．それらの壁の内側で細胞の核は有糸分裂を行う．すると細胞は，今や，花粉粒（雄の配偶体）となり，生殖核と花粉管核の2つの核をもつようになる．

花粉粒は，しかるべき柱頭にくっつくと，柱頭から水を吸って膨れる．花粉細胞の外膜の開口部から花粉管が伸びてきて，花柱の中の組織を溶かすことにより道を開けつつ下方へ進む．その伸び方は，花粉管の先端近くにある花粉管核により制御される．同時に，生殖核は有糸分裂を行い，2個の半数体に分かれる．こうして雄の配偶子が生まれる．

花粉管は，その先端が胚嚢にまで届くと，珠孔を通って中へ入り込む．すると，花粉管核は分解し，管の先端が開く．2つの配偶子も管を通って胚嚢の中に入る．2つのうちの1つの配偶子は，2つの中心核と融合して，三倍体（$3n$）核をつくる．この三倍体核がのちに胚を包む胚乳になる．もう1つの配偶子は卵子と結合する．この2つの半数体核の結合から接合子と呼ばれる1つの二倍体核が生まれる（$n + n \rightarrow 2n$）．以上の，雄の配偶子2つが関係する生殖過程は重複受精と呼ばれるもので，種子植物に見られる顕著な特徴である．

こうして胚珠は種子になるばかりとなり，配偶体世代から胞子体世代へ移る．被子植物の一生がサイクルとして完結したのである．

接合子から種子へ

受精とは，雄と雌の半数体配偶子が融合して1個の二倍体細胞，すなわち接合子（zygote．ギリシャ語で「軛(くびき)」を意味するzugonに由来する語）になることである．

接合子は有糸分裂を開始し，最初の分裂で1個の頂端細胞と1個の基底細胞をつくる．頂端細胞はさらに分裂して球状の前胚になる．基底細胞の方も分裂を繰り返して胚柄(はいへい)を構成する細胞列（細胞は基部になるほど大きい）になり，その胚柄に前胚がくっつく．つまり，胚柄は胚珠の内壁に前胚を結びつけているわけで，母体である植物から胚珠へ栄養を供給するパイプになっている．

そして，胚珠自体は発達して種子になり，その外側は硬化して種皮へ変化する．2個の極核（雌の細胞）と雄の配偶子のうちの1個とが融合してできた三倍体の胚乳核も分裂を繰り返して胚乳となる．この胚乳をぎっしり満たしている三倍体の細胞は，種子がいずれ発芽して自立して行けるようになるまで必要とするデンプン，タンパク質，脂肪その他の栄養分を貯えているものである．植物は，胚乳をつくるにはかなりのエネルギーと栄養分を消費しなければならないから，雌の配偶子（卵子）が重複受精しない限り胚乳がつくられることはない．

ヒマなど，ある種の植物の場合には，胚乳は種子の方に残っていて，子葉（発芽後最初に出る葉）は非常に薄く，弱々しい．しかし，子葉の面積は大きく，出るとすぐ太陽光を吸収して光合成を始める．葉や幼根は胚乳から栄養分の補給を受ける．それに対してインゲンなど，その他の植物では，種子の中で子葉が胚乳を吸収しているから発芽後の子葉は肉厚で，それが栄養分の供給源となる．したがって，インゲンなどの豆類の内部はほとんど全部が子葉であるが，トウモロコシやコムギ，オオムギ，ライムギなどのそれは胚乳のままであり，製粉の対象とされるのは胚乳の部分である，ということになる．

前胚は細胞分裂を繰り返して成長を続ける．前胚と胚乳は，両方とも分解する柔組織細胞を栄養源とするが，柔組織細胞は受精以前に胚珠を満たした珠心の中にあるものである．次に，前胚に膨らみが生じ，それが子葉になる．単子葉類の場合には子葉は1枚，双子葉類の場合には2枚できるが，双子葉類の前胚はこの段階でハート形になる．子葉が成長するにつれて前胚は長く成長し，子葉の基部の間にある組織は植物の苗条(びょうじょう)（シュート）の先端部をつくるようになり，前胚が胚柄にくっついているところ（前胚の反対側）では，細胞は幼根（胚芽の根）の先端部とその他の頂端分裂組織を構成するようになる．分裂組織は種々の器官に分化する能力をもつ細胞からなっていて，それらはのちに一次植物体すなわち前表皮（表皮層），前形成層（維管束へ発達する前の分裂組織），および基本組織へ特殊化する．

子葉と苗条と幼根がそろえば，前胚はもう胚になったわけで，その小さな植物は以前順調に成長を続けて行ける態勢が整ったことになる．この段階で，植物はいったん成長

■ヨーロッパ産スズカケノキは，翼果（上の写真および下図の1）と呼ばれる分離果（この場合は2個の種子）を結ぶ．タンポポの菊花（2）は非裂開性の乾果である．ペンペングサのsicula（3）は裂開性の乾果である．イチジク（4）は，多数の小さな花の集合花から生まれたイチジク状果である．セイヨウヤブイチゴ（5）は，セイヨウスモモ（6）と同じように，各種子を取り巻く核果が多数集まってできている．エンドウの果実（7）は，豆果（または莢果(きょうか)）と呼ばれる裂開性の乾果である．ニンジンは，分離果（8），すなわち2つの心皮が融合してできた2個または1個の種子をもつ果実を結ぶ．ハシバミの実（9）は堅果であり，コムギの実（10）は穎果(えいか)である．またジギタリスの実（11）は胞間裂開性の蒴果(さくか)で，隔壁に沿って割れる．

5. 成長と生殖

▷トウモロコシの実は糊粉層にタンパク質を，そして胚乳の中にデンプンを貯めている．胚芽は，発芽の直前に植物の成長促進剤であるジベレリン酸をつくり出し，ジベレリン酸は糊粉層へ広がり，糊粉層の細胞は蓄えられてきた栄養物を分解する酵素を製造する．その酵素の働きによって，デンプンは糖へ，タンパク質はアミノ酸へ変えられ，それらが胚芽の成長を支える．

➡ ジベレリン酸
➡ 酵素
➡ 糖とアミノ酸

を停止し，胚は種子の中で子葉または胚乳に包まれたまま休眠状態に入る．と同時に，種子は成熟し，その中に含まれる水分は5〜15％までに減少する．種皮も乾いて頑丈になり，内部の胚芽を保護する．

胚珠が種子へ成長する間に，中に1個か複数個の胚珠を抱える子房も変化する．受粉後間もなく，子房が急速に成長を開始するので，その中の胚珠も大きくなることができる．子房の外壁は硬化して果皮，すなわち果実の外皮や殻になる．そして，この段階になると，花のその他の部分は不用になるから，枯れて脱落する．果実と種子はともに発達する．たいていの植物は，花が受粉しなければ実を結ばない．

果実には実にたくさんの種類があるが，ふつう果物と呼ばれるものの中には真の果実でないものが含まれている．たとえば，リンゴやナシの果肉部分は偽果（仮果ともいう）で，子房が成長したものではなく，花の基部に当たる花床が大きく発達して子房を取り巻くようになったもので

▽ケシは，乾燥した天候で割れる蒴果と呼ばれる乾果をつける．ケシの実は，上端のすぐ下にある小さな弁の働きではじける．蒴果は多数の細かい種子を中にもっていて，それらは蒴果が風で揺らされると弁を通って外へ飛び出す．

ある．真の果実は，真ん中の俗に種子と呼ばれる核であり，それは硬くて食べられない果皮に包まれている．

サクランボやセイヨウスモモ（プラム）やモモの場合には，1個の子房が1個の種子をつくるが，必ずしも柔らかい果肉をもつとは限らない．エンドウなどの豆類は莢の中の種子であり，莢全体が果実である．果皮が木質化したものは堅果と呼ばれる．堅果には，穀粒と，カエデやトネリコなど羽の生えた種子（翅果）も含まれる．ブドウやトマトの場合のように，果肉の部分が厚くてその中に複数の種子が見出されるのであれば，その果実は漿果と呼ばれる．

多くの心皮（雌しべ）を有する花の場合には，その1つひとつの胚珠がそれぞれ別個に花粉粒で受精させられる必要がある．その点がみたされれば，胚珠がみな一緒に果実へ成長することができ，キイチゴやセイヨウヤブイチゴのような集合果（小石果とも呼ばれるタイプの果実）が生まれる．その他の植物のうち，小さい花の寄り集まったもの，すなわち集合花を咲かせるものがあるが，集合花は複合果になる．パイナップルがその一例で，そのうろこの1つひとつが1個の果実になっているのである．

乾果は，環境が発芽に適するようになるまで種子を保護する．種子に生えた羽は種子の拡散を助ける．食べられる果実は，エネルギー源となる糖に富んだおいしい果肉などでもって動物たちを引き寄せる．動物たちがそれを食べたり呑み込んだりすると，種子は地上に落ちたり，あとで糞に混じって排出されたりする．

下 等 植 物

地球上に最初にあらわれた植物は水中で生活する単細胞生物だった．彼らはクロロフィルをもっていたから緑色を呈し，光合成により糖をつくり出していた．彼らは緑の藻の一種であり，その一部は現在も生き残っている（ただし，彼らは植物に分類されるのではなく，原生生物界に属するものとして，動植物と別個に取り扱われることが多い）．彼らは，今でも水溜まりなどに微細な緑色の斑点になって見かけられることがある．この緑の藻は，単細胞のものであってもうまくできている．光合成を行うと同時に，水中から必要な栄養分を直接摂取し，単純に2つの同一の細胞に分裂することによって繁殖する．

褐藻類もクロロフィルをもつが，他の色素の方が勝って茶色に見える．褐藻類はすべて多細胞の植物であり，ほとんどが海中に，それも寒冷な海水中に生育する．褐藻類には約2,000種あり，そのうちのコンブ類は海底に群生して林のようになる．なお，緑藻類には約1,200種，紅藻類には約6,000種がある．褐藻類，緑藻類，紅藻類は，それぞれ異なる祖先から進化してきたと考えられている．

多くの海藻は，根に似た固着部で岩に付着し，先が葉に似た葉状部で終わる長い茎をもつ．しかし，形が陸上の植物に似ているのは偶然にすぎない．根のように見える固着部は岩に付着するためだけのものだから根とは言えず，葉状部は生殖細胞をつくる．

海藻は構造が非常に簡単な植物であるが，約4億5,000万年前に，ある種の緑藻が陸上へ進出した．当時の陸地は大体平坦だったようで，緑藻は潮が満ちてくると海水に浸るという具合であったが，やがて次第に水の外での生活に適応してゆき，今日陸上に見られるすべての植物の祖先になった．

しかし，これらの初期の植物が陸上で生き延びようとするならば，その細胞から水分が失われるのを防がなければならない．それゆえ，彼らは蝋のような防水性のあるクチクラを発達させ，それで細胞全体を包むことにした．また，彼らは生殖細胞すなわち配偶子の成育を保護する必要があったので，配偶子嚢と呼ばれる器官を進化させ，生育中の配偶子をその中に納めた．こうして生まれた最初の陸上植物が蘚苔類である．

コケ類は蘚苔類の中で最も広く分布しているものであり，その種類はおよそ15,000種にのぼる．コケの各個体は非常に小さいが，それらが何百万も密生して互いに支え合いながら，ふわふわしたカーペット状のものをつくる．コケ類は高く伸びることができない．というのは，蘚苔類全般について言えることであるが，木質組織を欠いていて硬くなれないからである．

あらゆる植物は，配偶子をつくる世代のあとに胞子をつくる世代が続き，そのまたあとには配偶子をつくる世代がくる，という世代交代を繰り返している．コケの場合，ふつうに観察されるのは配偶体世代のものであって，胞子体世代のコケは褐色の茎の上に小さな玉をのせたようなものである．シダなど，コケより少し高等な植物をはじめ，すべての種子植物になると，逆に，通常見かけるのは全部，胞子体世代のものである．配偶体世代の植物はあまりにも小さくて目につかない．

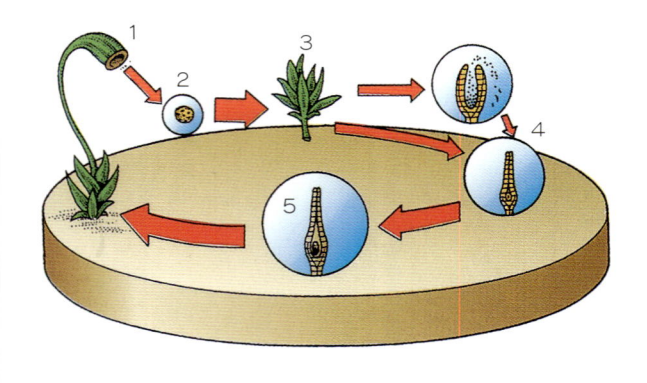

◁コケの一生．配偶体によって運ばれた胞子体（1）が胞子を放出する．それが発芽し（2），新しい配偶体（3）をつくる．すると，この新しい配偶体は雄と雌の生殖器官を発達させる．精子は卵子のところへ泳いで行き，卵子を受精させる（4）．そして，卵子は新しい胞子体（5）になる．

◁恐竜たちは，左の写真（学名 Dicksonia antarctica）と同じような「シダの樹」を常食にしていた．この樹は，約2億年前のジュラ紀に繁茂していたものであるが，今でもほとんど変わっていない．現在，その絶滅を防ぐ目的もあって，植物園などで育てられている．

▷今日ふつうに見られるシダ類は胞子体世代のものであり，胞子嚢の中に胞子をつくる．右の写真は，胞子葉という葉の変化したものの裏側に生じた胞子嚢の房（嚢堆（のうたい）または胞子嚢群と呼ばれる）を示す．この房から何百万個もの胞子が飛び散ることになる．

△ヒバマタは海藻の一種で，満潮線と干潮線の真ん中あたりの岩に付着している．その葉状体は90cm もの長さに伸び，その主軸の両側に2〜3個の気胞をつける．葉状体の先端に見えるオリーブ色または黄色の部分は生殖器官である．

◁水がいつも滴り落ちるところとか，常時滝からの霧が立ちこめているところとか，湿った場所では，コケが岩の上に厚いカーペットをつくる．

大部分のコケは，雄と雌の配偶体を別々にもっており，それらがそれぞれ雄の配偶子と雌の配偶子，すなわち精子と卵子をつくる．精子は，造精器という袋の中から飛び出すと，植物の体を覆っている水の膜の中を泳いで行って造卵器にたどり着く．造卵器は1個ずつ卵子を抱えた袋であり，精子はその中に入って卵子を受精させる．すると，卵子は胚になる．各胚は，茎を出し，茎は造卵器の頂上を突き抜けて長く伸びる．茎の頂端には胞子嚢と呼ばれる実のようなものができる．胞子嚢とその茎とで胞子体が構成されるわけで，胞子は各胞子嚢の中で成長する．胞子が成熟すると胞子嚢は破裂し，胞子をまき散らす．胞子は原糸体という長い糸状のものを出しながら伸びるが，その原糸体が最後には配偶体になる．

コケ類は珍しい植物ではなく，湿り気を含んだところならば大概どこにでも——森林の中の地面の上とか，樹木の幹や枝の表面とか，石の上とかに見かけられ，人家の屋根にさえ生えることがある．しかし，蘚苔類のうちの別の種類であるゼニゴケは見つけにくい．ゼニゴケは，土の表面や溝のほとりなど日陰の湿地に生育するが，多数の個体が重なり合うように群生し，かなり広い面積を占めることもある．

コケを注意深く観察すれば，コケも茎や葉のようなものをもっていることがわかるが，実は，それらは本当の茎や葉ではない．その組織のでき方が高等植物の場合とまったく異なる．ゼニゴケのそれらは葉状体と呼ばれる未分化の緑色の組織からなる．約10,500種もあるゼニゴケのうちのいくつかの種が，動物の肝臓に似たような肉厚の葉をつくるので，英語名では liverwort（liver は「肝臓」，wort は「植物」の意）と言われる．

ゼニゴケの葉状体は枝分かれし，いくつかの種では，枝の先端の近くに，造卵器を中にもつ小さなコップ状のもの（杯状体（はいじょうたい））が付く．造精器の方は，葉状体の先端から少し離れたところの，より小さな杯状体の中にできる．また，別の種類のゼニゴケでは，雄と雌の生殖器官とも太い茎の上に形成される．さらに，ある種のゼニゴケで，胞子嚢の中に弾糸と呼ばれるらせん状の細胞をもつものがある．その場合は，胞子嚢が割れたとき，この弾糸がバネのように働いて胞子をあたりに弾き飛ばす．ゼニゴケは無性生殖をすることもある．葉状体上の杯状体が雨に打たれて開くと，その中から無性芽と呼ばれる細胞の束が飛び散って胞子の代わりをつとめる．

ツノゴケ類はもう1つのタイプの蘚苔類である．ツノゴケは，葉状体の配偶体世代を有する点ではゼニゴケに似ているが，胞子体のつくり方の点で異なる．ツノゴケは，光合成で自らの栄養物をつくり出しており，スギゴケやゼニゴケよりも寿命が長い．その形も独特で，平たい葉状体が変形して角形に成長する．

多数あるコケのうちの若干のものは体内に水を通す細胞をもつが，それらは例外で，他の蘚苔類は水や栄養分を導く管を体内にもたない．この点が地中からそれらを吸い上げる通常の陸上植物と異なる．コケ類は維管束植物ではない．コケ類は，自らの上を流れる水を吸収し，その後も水が自然に体内の組織に滲みわたるのを待つ．だから，湿った場所に生育する．ミズゴケなど，ある種のコケは，海綿のように水を吸収し保持することができる．コケはまた，その精子が造卵器へ泳いで行くのに体の表面上に水の膜を必要とするが，それには，水の膜が不足した場合，コケがそれを簡単に再生できることが条件となる．蘚苔類は，体の構造が単純ではあっても，他の陸生植物より長くこの地球上に生き続け，今なお繁茂しているのである．

6
動物の
コミュニケーション

　動物どうしの間，あるいは動物とその環境の間をつなぐもの——それはいろいろな感覚である．単に生きながらえるためだけにでも，よく発達した感覚が必要である．食物をさがすのには，嗅覚，味覚，視覚，そして聴覚までもが用いられる．大きな群れの中，あるいは見知らぬ土地では，親子はお互いを発声によって，または独特のにおいによって識別する．オオカミ，チンパンジー，狩猟犬，マングースなどにとっては，体の動かし方や顔の表情も，彼らの社会的信号あるいは合図としてきわめて大事であり，それらが群れを維持し，よそ者の侵入を排除する方法の1つにもなっている．

　そのような発声によらないコミュニケーションを可能にするために，動物たちの多くは，ヒトをはるかに凌ぐ感覚能力を有している．動物の中には，小さな鳥から巨大なクジラまで，驚異的な海中・空中の移動や移住を果たすものがいるが，それには予想外の感覚が関係していることが少なくない．超低周波音や地磁気の磁場を感知・識別する動物もいるのである．

　感覚は一生のどの段階においても非常に重要である．体細胞がいろいろな器官へ発達して行く上で，その分化の仕方を決めているのは種々の化学物質であるが，誕生直後の最初の細胞でさえ，それらの化学物質の勾配を識別できる．感覚的に最も強烈な信号は，求愛行動としてのにおいの発射であることが多い．異性や縄張りや食物の確保をめぐる競争で，最も強い信号を発出できる動物が勝つのがふつうである．

ハチの巣の中には8万匹ものミツバチが住むことがある．彼らはハチの巣の円滑な運営のために，それぞれが決められた仕事を行うが，その際，暗闇の巣の中でのコミュニケーション手段として彼らが頼りにするのは触覚と化学物質のメッセージである．化学物質の1つであるフェロモンは，働きバチが行うべき仕事の内容や，生まれるべき女王バチの数や，新しいハチの巣を建設すべきかどうか，などを決めている．ミツバチの大群が空中を飛ぶのは，女王バチが古い巣を捨てたときで，それは，彼女の分泌したフェロモンが働きバチに「ついて来い」というメッセージを与えたからにほかならない．

外界を見る眼

　光に敏感な細胞（感光細胞）は，原生動物の微細な色素細胞から，幅が約40cmもある巨大なイカの眼に至るまで，あらゆる動物の体に見出される．どの動物の場合でも，眼はすべて，光エネルギーを神経インパルス（神経を刺激したときに生じる活動電位）の電気エネルギーへ変える働きをする．光線は波のようなもので，インパルス間の距離が波長に相当する．また，異なった波長が光に異なった色をもたせる．

　こうした光の神経インパルスへの転換は，緑以外の色の色素（特定の色の光を吸収する化学物質）をもつ特殊な細胞によって行われる．それらの細胞が吸収する光エネルギーは，色素に化学変化を起こさせ，その際，何がしかのエネルギーを放出する．そのエネルギーが電気エネルギーに変えられ，神経細胞を通って脳へ伝えられる．ただし，ある種の色素細胞は，化学物質に反応を起こさせるのに，他の色素細胞より多くのエネルギーを必要とする．脳は，眼のどの細胞が反応したか，その細胞の位置を知ることによって，光の種類と明暗の度合，ひいては模様を割り出すことができる．

　色調を判断するには，いくつかの波長の異なる光，すなわち色を吸収した複数の色素を特定しなければならないから，脳は，どれどれの色の色素が刺激を受けたか（映像の色についての情報）と，どれほど多くの色素細胞が刺激されたか（光の明暗についての情報）に関する信号を受け取る．そうすることによって，脳は，眼が見ているのと同じ色の模様や明暗を自らの中に再現するのである．

　動物が識別できる色の種類は，その動物がもっている色に敏感な細胞の種類によって決まる．たとえば，ヒトは赤と緑と青の光を吸収する色素をもつ細胞を備えているが，ミツバチに眼の場合には青と黄と紫外線の光が吸収される．

　2つの眼に見える景色を重ね合わせれば，すなわち両眼視するならば，脳は，その2つの映像を比較して，立体的な三次元の景色を再構成することができるだけでなく，動くものの速度も判断できる．

　大概の動物の眼球は，頭部の眼窩（がんか）の中に納まっているか

▷目に入ってくる光線は，角膜や水様液とガラス体液を通過する際に屈折する．しかし，主たる焦点合わせが行われるのは，毛様筋がレンズを変形させ，眼球の内奥の網膜の上に倒立した像を結ばせるときである．この映像は，中心窩のところで最も鮮明である．中心窩には感光細胞が最も稠密に集まっているからである．

▽脊椎動物の眼は動物の中で最も進化していて，鮮明な焦点を結び，多くの色を識別し，距離や動くものの速度も判定できる．眼球は所定の位置に固定されており，種々の外部の筋肉により動かされる．その球状の形は，ガラス体液が内部から強膜に加える圧力によって保たれている．気体や栄養物や老廃物はガラス体液を通って拡散する．強膜と角膜は，眼球を保護する頑丈な被膜となっている．結膜は眼球の動きを円滑にするための潤滑液と抗菌性の化学物質を分泌する．暗い色の脈絡膜の層は眼球内での光の反射を防止している．

▷フクロウやネコのような夜行性の動物の多くは，網膜の裏に光を反射する層（内面層）をもつ．夜，彼らの眼に自動車のヘッドライトのような光が当たると，この内面層が光る．反射された光が網膜を通過するので，網膜の感光細胞は再びその光を吸収することになる．彼らの瞳孔も大きく開き，最大限の光を迎え入れる

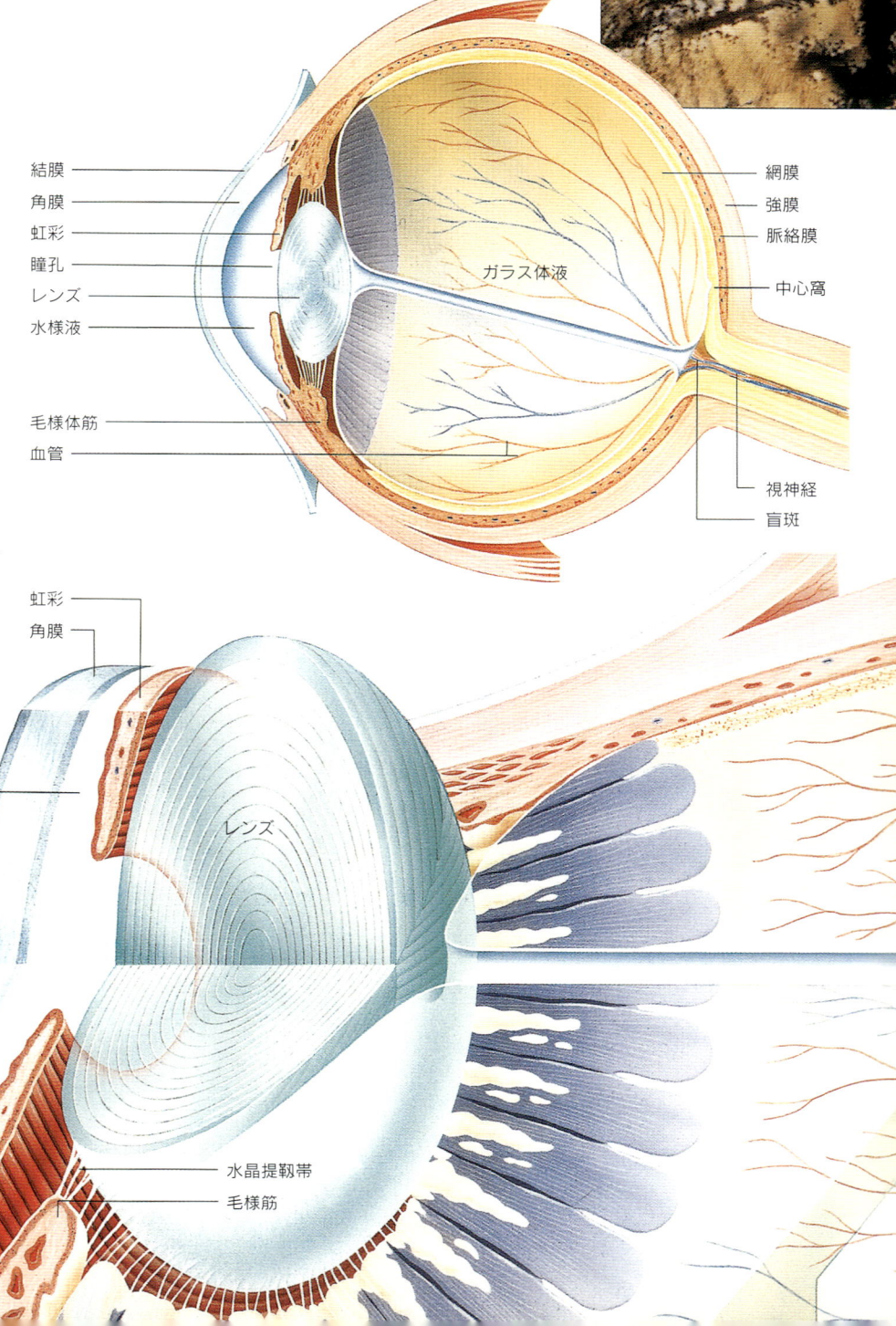

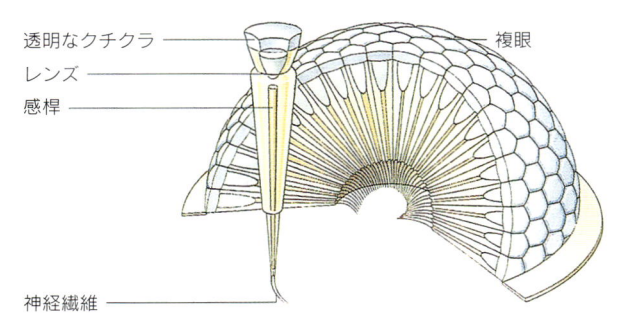

6. 動物のコミュニケーション

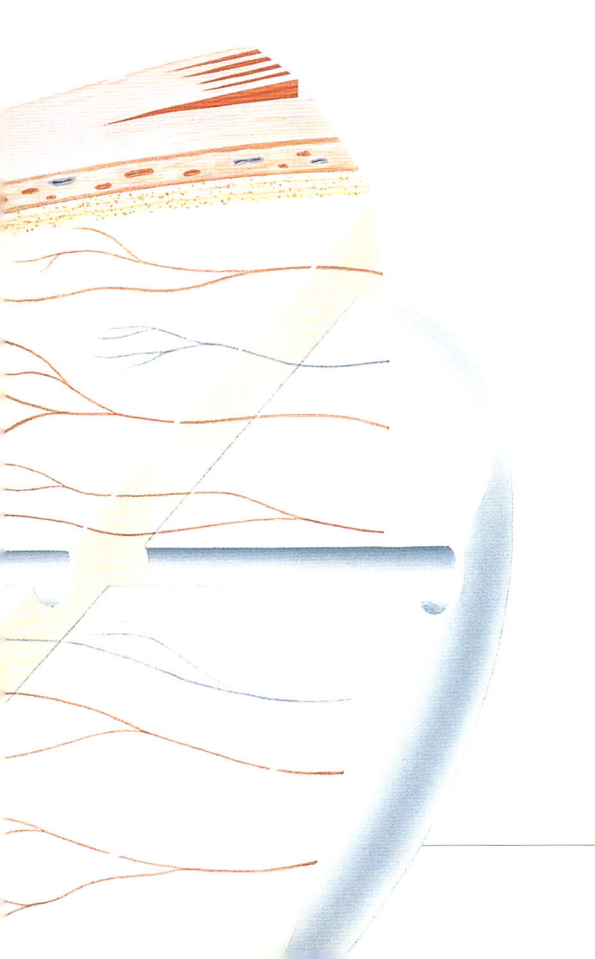

ら、十分には動かない。両眼が、よく両眼視できるようにと前方に向かって並んでいるならば、逆に、動物は首を回さなければ360度の視野をもつことはできない。猛禽類やフクロウの眼は、はるか高いところからでも見えるように、また暗闇でも機能するように大きくできているが、眼窩の中であまり動かすことはできない。しかし、これらの鳥たちは、頭をめぐらせば、肩越しに360度近くを見渡すことができる。

最も単純な眼、たとえばある種の昆虫の眼やミミズに見られる感光細胞の束は、明暗を区別できるだけである。だが、同様の機能は、いわゆる第3の目、松果体ももつ。松果体はトカゲの頭部の中央に見られるが、ヒトにも縮小した形で残っている。この種の第3の目は、日照時間の変化を感知するのに役立ち、それで繁殖や移住の時期が決められることになるらしい。

感光細胞はすべて眼を構成すると言えるであろう。しかし、進化した動物の眼は、光に敏感な層すなわち網膜の上に光を集めるレンズと、眼に入ってくる光の量を調節する絞りの構造をもつ。また、水中や薄暗いところに住む動物、あるいは夜行性の動物は、鏡のような眼をもっている。網膜ができるだけ多くの光を吸収できるように、眼球の内部で光を反射させるのである。さらに、多くの昆虫や甲殻類の複眼は何百もの小さな個眼が集まってできているが、個眼はその1つひとつが眼と同じ構造のもので、レンズももっている。

脊椎動物の眼には2種類の感光細胞がある。1つは桿体(かんたい)と呼ばれるもので、光に対して高度に敏感ではあるものの、色を識別することはできない。もう1つはいろいろなタイプの錐体(すいたい)で、それぞれの錐体が違った波長の光を吸収する。この錐体の細胞がぎっしり詰まっていればいるほど、見える映像が鮮明になる。ヒトの眼には桿体と錐体があわせて約1億3,000万個あり、それらでもって1,000万以上の色の違いを区別することができる。それほどの区別は、どのような光分析機にとっても不可能である。

特殊な生活様式は、特殊な眼の構造を必要とする。たとえば魚類の眼は、球形ではなく平たい。それは、水中で生じる光の屈折に対応するのに平たい面の方が好都合だからである。はるか遠くにある獲物に眼の焦点を合わせると同時に、飛行中脇にも目を配らなければならない猛禽類の眼は、網膜状に2つの中心窩(か)(小さな凹み)、すなわち正確な焦点を結ぶための、非常に稠密な感光細胞の束をもっている。またチータは、速く走る獲物を目で追うのに広い地域を見渡す必要があるので、その眼は細長い中心窩をもっている。そのことによって、広角の映画スクリーンの場合のように、正確な焦点にスリットのような映像を結ぶことができる。

透明なクチクラ
レンズ
感桿
神経繊維

◁昆虫や甲殻類の複眼(左図)は、数千から3万までの個眼(レンズと視覚用色素を備えた視覚器官単位)よりなる。各個眼は20度ほどの狭い視野しかもっていないが、それが結ぶ像は隣接した個眼のそれと部分的に重なる。個眼が密に集まっていればいるほど像は鮮明となり、脊椎動物の眼の錐体による場合とあまり差がなくなる。複眼は特に、物の動きをとらえるのに適している。

各個眼は2個の凸レンズをもつ。1つは透明なクチクラでできた角膜であり、もう1つは水晶体のレンズである。そして、それらのレンズは、視覚用色素を含んだ光に敏感な感桿(かんかん)に連なる。感桿は網膜細胞の輪で取り巻かれており、それが視覚用色素からの電気信号を脳へ送る。網膜細胞のまわりをさらに、より多くの色素をもつ細胞が囲んでいるが、それらの細胞の役目は、当該個眼の中へ隣の個眼から光が漏れて入ってこないようにすることである。

音によるコミュニケーション

　動物界では，種々さまざまな音，たとえば鳴き声やさえずりのほかにも，ピーピー，カーカー，ブンブン，あるいはバサッというような音までが，威嚇，警告，欲望，恐怖などの感情表現として用いられている．

　動物が音を発したり受け取ったりする仕掛けは，震える膜が空気を震わすという，太鼓と同じ原理にもとづいている．哺乳類は，肺から出る空気を喉頭を通すことによって発声する．喉頭に張られている声帯の間を空気が通るとき，空気が声帯を震わせて声になる，というわけである．声帯を固定している軟骨の隆起がいわゆる喉頭仏である．声帯の緊張度が筋肉によって変えられれば，発声音のピッチ（音高，周波数）が変わる．声帯の上を流れる空気の速度が変われば，音の大きさが変わる．ヒトも，話をするとき，舌や唇を使って口から出て行く音を調節する．ヒト以外の脊椎動物の発声方法も同じ原理によるが，カエルや鳥の中には，気嚢を使って音を増幅するものもいる．

　ミツバチやスズメバチがブンブンいうのは翅を震わす音であるが，コオロギなどの鳴き声は，後肢についている一連の小さな瘤を前翅の硬い隆起部にこすりつけて出す音である．同じような昆虫でも，瘤のつき方などが異なれば鳴き声（音）も異なる．セミの場合には，腹部にクチクラ（硬い殻のようなもの）の薄い円板状のものがあり，それを筋肉で歪ませて鳴く．そして，その音を気嚢で増幅するが，筋肉の緊張を加減することによって音量などを調節することができる．ケラは，トランペットの形をした穴を2つ土中に掘り，自分で音の増幅装置をつくる．穴はメガフォンのような働きをするので，その外で，何と92デシベルもの音が記録されたことがあった．

　音を受け取るのにも震える膜が用いられる．脊椎動物は耳の中に鼓膜をもち，コオロギは肢の膝のところに小さな膜をもつ．バッタやセミの鼓膜は腹部や胸部にあり，ハサミムシはそのはさみを耳の代わりに使う．脊椎動物の場合には，鼓膜の振動が耳の中を伝わって行って，もう1つの膜を震わせ，それが今度はその奥にある液体に振動を与える．その液体の中には耳の感覚細胞から細い毛が突き出しており，その毛の揺れが電気信号を生じさせ，それが神経を伝わって脳へ送られ，そこで解読される．

▷耳の構造は，ヒトでもキツネでも大体同じである．震える空気が耳翼によって耳の中へ送り込まれる．すると，それが鼓膜，耳小骨，卵円窓，うずまき管（蝸牛管）内の液体，内窓を次々に震わせて行く．

▷耳小骨（じしょうこつ）はテコとして働く小さな骨で，振動を増幅する．卵円窓は，鼓膜の25分の1の面積しかないが，振動を濃縮して先へ送る．エウスタキオ管は中耳内の空気の圧力を平均化する．うずまき管の中では，卵円窓によって内部の液体へ伝えられた圧力波が，コルチ器官の中の繊細な有毛細胞を刺激する．すると，音の周波数の違いに敏感なこれらの毛は，それぞれの音に対応する信号を聴覚神経を経由して脳へ送る．

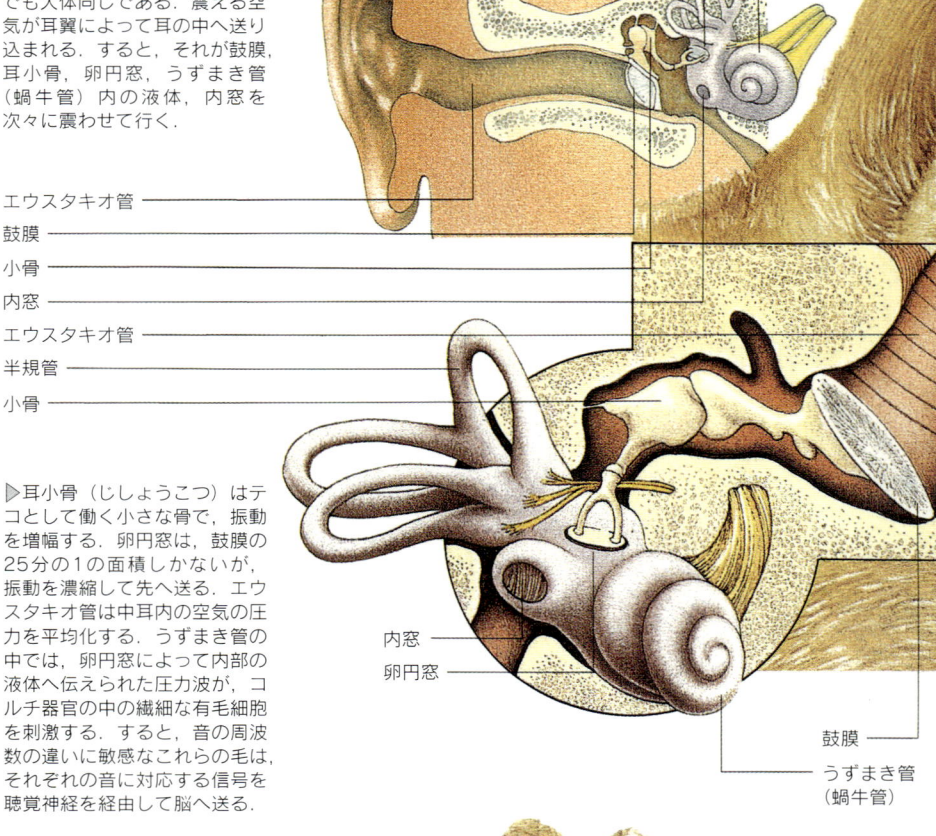

▷フェネック（アフリカ北部産のキツネ）の大きな外耳（耳翼）は，かすかな音でも集めて耳の中へ送り込むから，夜間，獲物の居場所を突き止めるのに役立つ．このキツネは，音のする方角へまず耳を回し，次に頭もめぐらして，どの方角から音が来るのかを確かめる．

6．動物のコミュニケーション

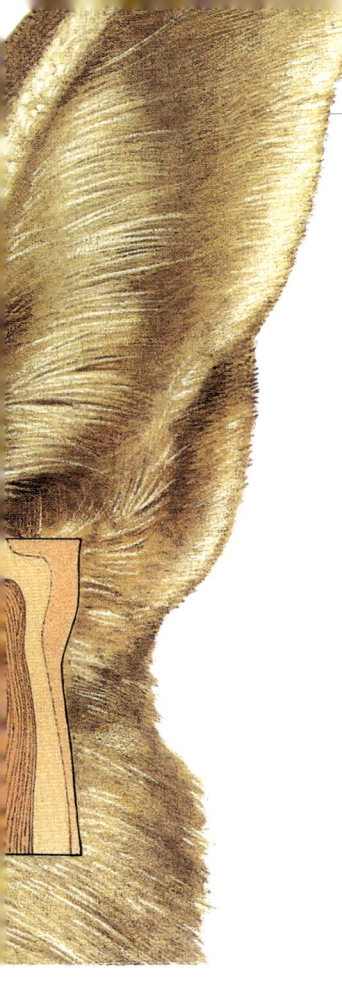

　動物の音波受信装置はほとんどが上記と同じ原理にもとづいて機能しているが，震える毛は，必ずしも常に液体に漬かっているわけではない．カ（蚊）は，音を受けるための長い毛を触角に生やしている．カは，飛び交う多くのカの中から自分と同じ種に属する配偶相手を見出さなければならないので，同種のカが発出する音の波長にだけ合った触角の毛をもっているのである．

　ある音がどの方角から来るのかを正確に知るためには，対になった聴覚器をもつ必要がある．脳は，両方の耳に届く音の大きさを比較することによって，その方角を判断することができるからである．昆虫や鳥類の中には，2つの鼓膜の位置（高さ）に差のあるものがある．そうなっていると，横方向だけでなく，上下の方向についての情報も得られる，というのが理由であろう．実際に，フクロウの顔面にある大きな頬のような円板は，左右で少々均整を欠く音の受け皿になっているが，音を集めてそのすぐ後ろにある耳に流し込むために，よく動く．哺乳類でも，オオミミギツネやコウモリのように夜間の獲物捜しを音に頼る動物は，とりわけ大きな外耳（耳翼）をもっており，しかもそれを音のする方角へ向けることができる．耳を動かすための筋肉は，イヌでは15以上もある．

　水中に住む動物たちは，水の振動を察知する必要がある．魚類は，近くにいる動物の動きや硬いもののまわりを通り過ぎる水の流れによって起こされる水の振動を，側線でもって感知することができる．深海では，水温の具合と海水の塩分濃度や比重が一緒になって「音のトンネル」をつくり出すことがあるが，その場合には，音は非常に遠いところまで伝わる．音のトンネルを利用して，ヒゲクジラは，80kmか，それ以上離れたところでも交信し合うことができる．

▷イルカは，泳いだり獲物を見つけたりするとき，反響定位という方法を用いる．彼らは，噴気孔から鼻囊（びのう）を通って入ってくる空気を圧縮しながら，一連のカチッというような高周波の音を出す．次に彼らは，それらの音が何か硬いものにぶつかってはね返ってきた反響音を分析する．そして今度は，的を絞って音波を発射するが，目的物に近づくにつれてより速く音を出すと，より速く反響音が戻ってくる．発射される音は，イルカの頭部にある大きな脂肪質の組織（メロンと呼ばれるもの）によって的を絞られるのであろうと考えられている．帰ってきた反響音は，下顎の中の薄く延びた部分（この部分も，脂肪質の大きな器官で裏打ちされている）で拾い集められ，中耳へ送られたのち，さらに脳へ移されて分析される．イルカの脳の大きな部分が，これらの音響関係情報の処理と解析に当てられているらしい．

遠ざかるパルス
反響音
集中音パルス
メロン
噴気孔
嗅窩
中耳
戻ってくる反響音

味とにおい

においと味は，動物にとってきわめて重要な意味をもっている．それは，食物を見出したり，ある物が食べられるものであるかどうかを判断したりするのに役立つ，というだけではない．同一種の動物の仲間や，配偶相手あるいはライバルとなるべきものや，敵や獲物をそれと識別するためにも，また燃えさかる火の接近などの危険を察知するためにも，さらには密林や暗闇の中で仲間と連絡をとるためにも，嗅覚と味覚は非常に重要なのである．そして，これらの識別能力ないしコミュニケーション能力は，フェロモンという独特のにおいをもつ化学物質によるところが大きい．

味とにおいは非常に密接に関連していて，両者をきちんと区別することは不可能に近い．鼻にある嗅覚器は，その表面を薄く覆う水に溶けた空中の化学物質を分析する．一方で，舌にある味覚器は湿った食物を吟味するが，その際，何がしかのにおいを発する化学物質がその食物から漂い昇って，鼻の内側にある嗅覚器を刺激する．

もし嗅覚が十分に機能しなければ（風邪を引いていて鼻詰まりのときなど），味覚も損なわれたように感じる．水中に住む動物は，鼻孔で水中のごく微量の化学物質でも嗅ぎ分けるが，口や鰓室（さいしつ）（鰓（えら）が納まっている凹み）の中にある（ときには皮膚の上にもある）味覚器の方は，ずっと高い濃度の化学物質の味しか判別できない．

嗅覚器には7種類ほどあるらしい．それぞれの器官が分担して，同じような形と大きさの化学物質の分子のグループを嗅ぎ出すようで，その7種のにおいとは，麝香（じゃこう）のにおい，花のにおい，はっか（ペパーミント）のにおい，エーテルのようなにおい，樟脳（しょうのう）のようなにおい，鼻につんとくるにおい，および腐った物のいやなにおい，というふうに形容されているものである．

それに対して味覚器は，4種類の味，すなわち甘さ，酸っぱさ，塩辛さ，苦みしか識別できない．これらの味をもつ化学物質のそれぞれが味覚器上の対応点を刺激して，その味が感知されるのだろうと考えられている．化学物質の中には，その対応点を特に強く刺激するものがあり，それらは一種の味臭といったようなものをつくる．種々のタイプの感覚器からの信号と，特定の味やにおいを動物に感じさせる刺激の程度についての情報を合わせたもので，それはきわめて微妙で繊細なシステムと言える．それによって，

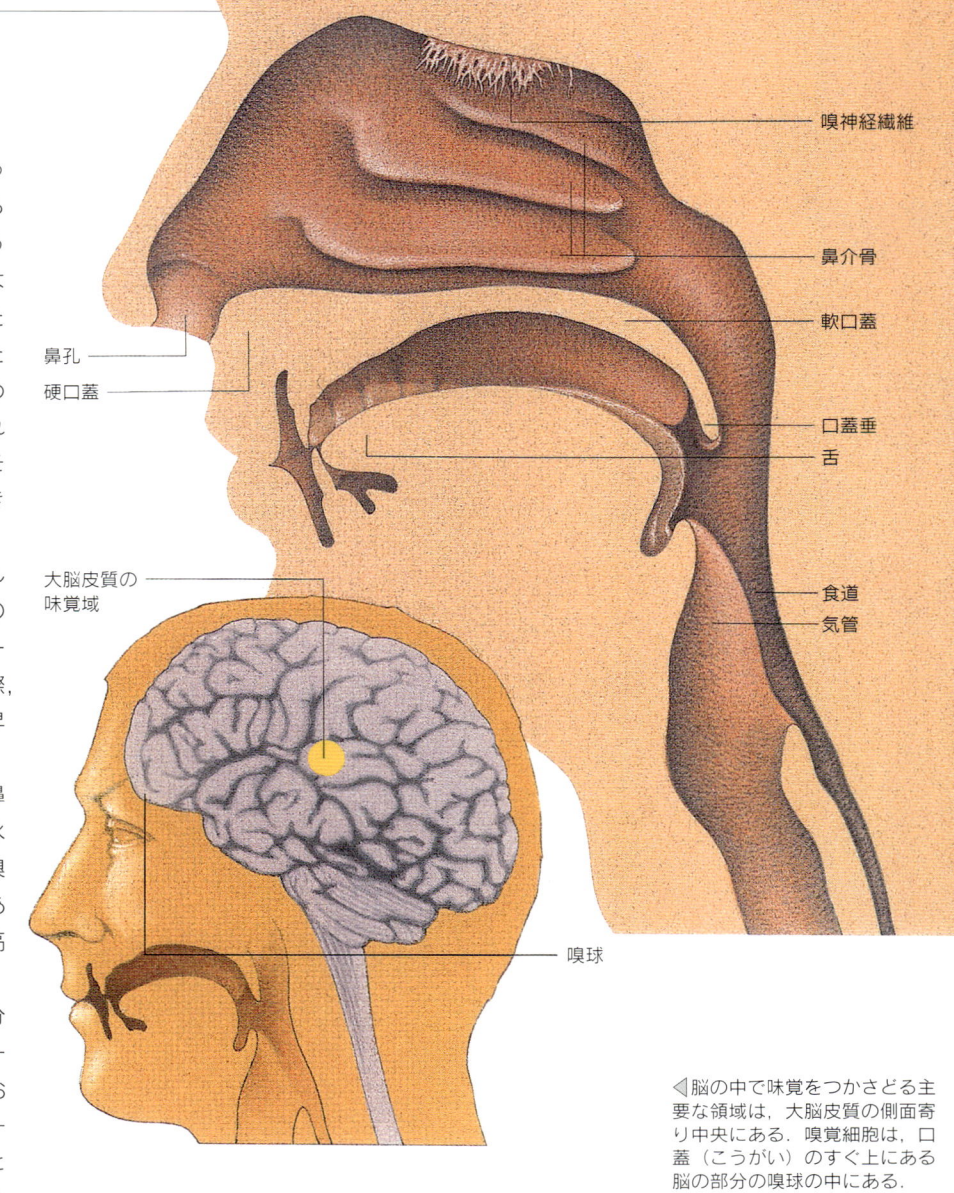

◁脳の中で味覚をつかさどる主要な領域は，大脳皮質の側面寄り中央にある．嗅覚細胞は，口蓋（こうがい）のすぐ上にある脳の部分の嗅球の中にある．

6. 動物のコミュニケーション

◁脊椎動物の鼻孔にはいくつもの骨質の板があり，それらが嗅覚器を中に含む広い面積の膜を支えている．においを発する化学物質を含んだ空気を動物が鼻から吸い込むと，その空気はこれらの嗅覚器を通り過ぎるから，鼻からの神経信号が脳の中の嗅球へ送られ，そこで解析される．口中の食物から出るにおいの粒子もまた，喉頭の裏側を通って鼻腔に達する．

▽味覚器とその支持細胞は，舌にある多数の突起，すなわち味覚乳頭の間の溝の中に集まっている．それが味蕾（みらい）であり，それに粘液が水分を供給し，その水分の中に味の物質が溶ける．すると，その物質は微絨毛上の受容体にとりつく．味覚器は神経繊維につながっているから，信号が脳へ送られる．なお，甘味に反応する感覚器は舌の先端に近いところに，塩辛さと酸味に対する感覚器は舌の両側に，そして苦味を感じる感覚器は舌の奥の方に分布している．

■ヤママユガ（下の写真）の雄の触角（右の図）は，広い表面積を有し，特殊な嗅覚器で覆われている．それらの嗅覚器は小さな穴の中に大事に納められているのであるが，中には，雌の出す性ホルモンのたった1つの分子を感知できるほど鋭敏なものがある．

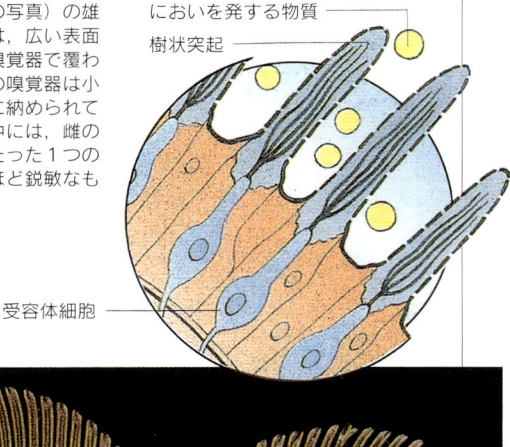

においを発する物質
樹状突起
受容体細胞

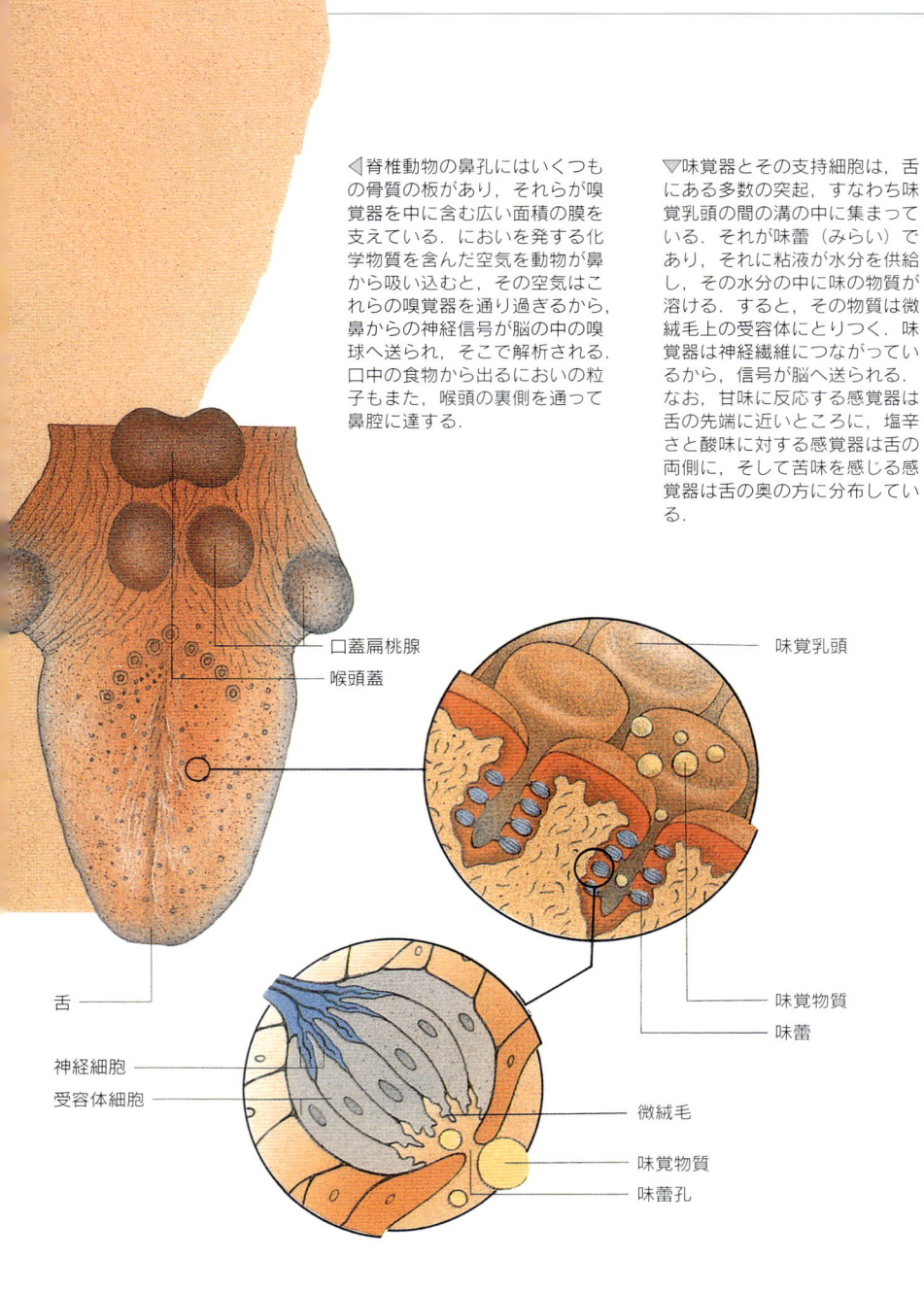

口蓋扁桃腺
喉頭蓋
舌
味覚乳頭
神経細胞
受容体細胞
微絨毛
味覚物質
味蕾
味覚物質
味蕾孔

◁イヌ，中でもブラッドハウンドは，ヒトよりもはるかに面積の大きい嗅覚細胞の膜をもっており，したがってヒトより嗅覚がずっと鋭い．各嗅覚器は先端が細かく枝分かれした1本の神経繊維よりなり，それらの枝は支持細胞に包まれている．嗅覚腺から分泌された粘液が水分の多い層をつくり，その中ににおいをもつ物質が溶解する．嗅覚細胞の先端は毛のようになって，特定のにおいを発する化学物質に反応する受容体につながる．これらの嗅覚細胞は活動電位を起こし，それが直接脳の中の神経細胞へ伝わる．

移住中のウナギは3,000,000兆分の1に薄められた海水中の化学物質を感知することができ，ホッキョクグマは20kmも離れたところからアザラシの死体を嗅ぎつけることができる．また，鋭敏な嗅覚をもつ動物の感覚細胞は数が多く，それらが集まっている場所も広い．ある種のガ（蛾）の雄は，2kmの遠くからでも雌を見つけることができ，その触覚には150,000個以上の感覚細胞が見出される．ブラッドハウンドという種類のイヌの鼻孔内で嗅覚細胞の膜が占める面積は150cm^{2}に及ぶ（ヒトの鼻ではわずか14cm^2）．それで，この種のイヌは並外れて鋭敏な嗅覚をもつ．

昆虫や脊椎動物など最も進んだ動物の嗅覚器は，昆虫では触角に，脊椎動物では鼻孔に，対になって存在している．それらの嗅覚器から脳へ神経を通って電気信号が送られると，脳は，信号を比較して，においがどの方角から来ているのかを知ることができるのである．

味覚器の方は対になっておらず，ふつう口の中や舌の上に集まっている．昆虫では口器や触角に，また，ある種の脊椎動物では喉頭や鰓室にあることもある．昆虫その他の無脊椎動物の場合には，魚類や両生類と同じように，口以外の体の部分に味覚器が群れをなしていることも少なくない．海底に住む魚の顎から触覚のように長く伸びたひげには味覚器と触覚器が備わっており，ナマズは「泳ぐ舌」と形容されるほどである．脊椎動物の鼻や舌は，広い面積にわたり嗅覚ないし味覚細胞に富む膜をもっていて，その上を特殊な腺から分泌される粘液が覆っているから，常に湿っている．化学物質が水に溶けた状態にないと，味覚器がそれを感知できないからである．味覚器が体内にあれば温かく湿っているので，それの化学物質に対する反応はスピードアップされる．

昆虫と脊椎動物の嗅覚・味覚器は神経繊維からなっているが，その神経繊維は細かく枝分かれしていて，その1つひとつの先端に感覚器がついている．そして，その神経繊維の周囲を固く取り巻いていている細胞は，特定の化学物質に対して高度に敏感であり，その種の化学物質に出遇えば直ちに活動電位を生じさせ，それを神経細胞を通して脳へ送る．昆虫では，感覚器の先端は硬いクチクラの細い管で保護されており，それらが感覚子と呼ばれる毛のような組織をつくっている．空気は，そのクチクラに開いている小さな孔を通って中に入る．

125

隠れた感覚

多くの動物は，視覚，聴覚，触覚，味覚，嗅覚のほかにも独特の感覚を備えていることがある．まず，たいていの動物は熱に対する感覚器（熱センサー）をもつ．それは，皮膚その他の外被部分の神経細胞が特殊化したものと考えられる．ガラガラヘビなどのマムシ類には，鼻孔の両脇に頬窩（ピット器官）と呼ばれる熱に敏感な穴がある．このピット器官は，脳の中の視覚関係の部位と同じところへ信号を送り，自分の周囲にあるものについての一種の熱地図を描き出す．ヘビが獲物に忍び寄るときは，獲物の体温でその存在を知る．というのは，ヘビの口の中には熱センサーがたくさんあり，それらによって攻撃すべきタイミングについての正確な情報を得ることができるからである．

哺乳類の皮膚には，熱さや冷たさ，接触や圧迫や痛みなどを識別するいろいろなセンサー（感覚器）が広く分布している．それらのセンサーの大部分は神経繊維の先端が特殊化したものである．触感の受容体はふつう莢膜に覆われているが，その莢膜が外部からの力によって少しでも変形されると，直ちに電気信号が生じて脳へ伝えられる．昆虫について言えば，皮膚に相当するクチクラ部分のわずかな歪みが電気信号を発出する．また，細い毛の先端にある感覚子が，ごくかすかな空気の動きも，異物のほんのちょっとの接触でも，ほのかなにおいでも感じとる．

接触は圧力の一種であり，ヒトの場合それに反応するのは皮膚や毛にあるセンサーである．多くの夜行性哺乳類は顔に長いひげを生やしているが，その1本1本のつけ根にはとりわけ接触に敏感な神経がきている．アザラシは水中を泳ぐときにひげを利用する．だから，盲目のアザラシでも餌を見つけて生き延びることができる．

サソリとクモの類いは，肢に，特定方向の振動に対して敏感な毛をもつ．サソリは，時速72m（秒速2cm）の風でも感知できるが，この速度は微風といわれるものの100分の1の速度である．飛翔する昆虫は，その速度を判断するのに圧力に敏感な毛を使う．毛が空気の抵抗に反応するのである．鳥類は，気圧を測るのに特別な羽を用いる．

毛幹
汗口
神経終末
皮脂腺
毛髪神経集網
クラウゼ小球体
神経
汗腺管
毛嚢
汗腺
血管
神経

▶デンキウナギは弱い電場をつくり出す．水中で何かにその電場を乱されると，体側に沿って存在する受容体でその電場の変化を感知する．電場は，自分の性別，年齢，そして，そのときどきの気分に関する情報さえも，仲間に伝えるのに役立つ．

▶ナマズなど，暗い水底に住む魚は触鬚（しょくしゅ）と呼ばれる触角を顎に生やしている．このひげには触覚と味覚のセンサーが備わっていて，これで小さな獲物を追うことができる．

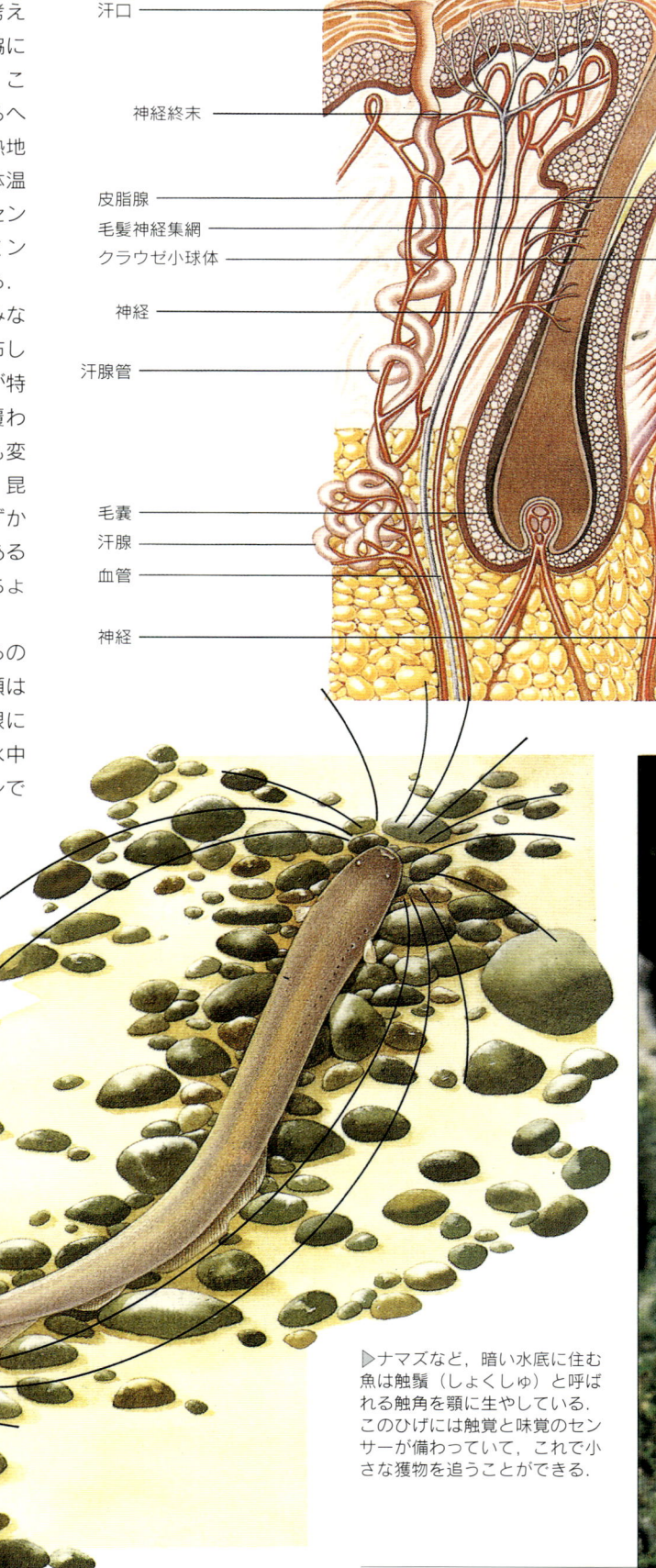

6. 動物のコミュニケーション

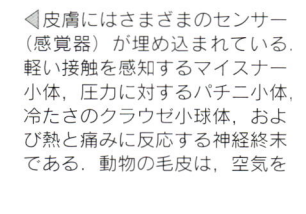

主翼の羽のそれぞれには糸状羽という細い毛のようなものがついていて，そのつけ根のところにある小さな触覚受容体が各羽の位置を脳に知らせる仕組みになっている．

　磁気を感知する感覚というものもあり，それが動物に向かうべき方角を知らせることがある．ある種の動物たちは地磁気の磁場の変化を道しるべとする．ときどき多くのクジラが海浜に打ち上げられるが，そのような場所では強い地磁気の束が海岸に垂直に生じていることが知られている．そのような現象がクジラの通常の遊泳感覚を狂わせたのに違いない．ミツバチは地磁気を，飛ぶときだけでなく，巣づくりの際に巣の向きを決めるのにも役立てている．またコンパスシロアリも，地磁気を利用して，彼らが築く塚を南北の方角に向ける．常に一方の側が涼しくなるようにするためである．

　暗い水中で生活し餌を追う魚の中には，周囲の状況を探るために電気信号を発するものがある．南アメリカ産のデンキウナギやアフリカのテングギンザメは，自分で電場をつくり出し，その中に入ってきた物がその電場を乱すことにより，その物の存在を探知する．サメやエイの類いは，彼らの獲物の神経系が出すごく微弱な電気信号を感知する．海底の泥の中に身を潜める魚が呼吸する際に生じさせるかすかな電流でも，サメやエイを気づかせるには十分なのである．センサーは，体の外にあるものを識別する働きのほかに，体内の物質代謝や，呼吸や血液の循環などの過程を制御する機能も有している．

　すべてのセンサー（感覚器）は，体の特定部位で特殊化した細胞よりなり，それぞれが脳の特定部分に連結している．腸内にある化学物質センサーは喉頭の渇きや空腹感を誘発し，筋肉中のそれは筋肉の疲労の度合を判定する．体のバランスや姿勢，それに筋肉の調節をつかさどるのは自己受容器と呼ばれるセンサーで，このセンサーは筋肉の中にあって，筋肉と腱の伸び縮み（昆虫の場合はクチクラの歪み）を測定し，手足の位置に関する情報を脳へ送る．以上のような，それぞれの部位に特殊化したセンサーが存在しなければ，脳は体の行動を制御するのに必要な情報を得ることができない．いや，動物が生きて行くこと自体が不可能になる．

◀皮膚にはさまざまのセンサー（感覚器）が埋め込まれている．軽い接触を感知するマイスナー小体，圧力に対するパチニ小体，冷たさのクラウゼ小球体，および熱と痛みに反応する神経終末である．動物の毛皮は，空気を断熱材として取り込み，体温の保持に役立つものであるが，彼らは筋肉を使って毛を立てたり寝かしたりすることにより体温を調節する．ヒトなどでは，汗口から出る汗の蒸発が皮膚を冷やす．

- マイスナー小体
- 皮脂腺
- 神経
- 立毛筋
- パチニ小体

▶マムシ類とガラガラヘビは，狙う獲物が温血動物ならば，暗闇の中でも，それが発する熱でその動物を「見る」ことができる．眼と鼻孔の間にある1対の円い穴に0.003℃の温度差でも感知できるセンサーが備わっているからである．

動物の行動

　動物の行動は，感覚器（センサー）の刺激に対する反応の結果であり，経験ないし学習によって条件づけられていることが多い．記憶とは，神経系が経験したこと，あるいは学習したことを保持できる能力である．記憶には，神経と脳内のシナプス（神経の継ぎ目）の長く続く変化が関与する．高等動物の場合には，脳の感情をつかさどる部分も記憶に関係する．ホルモンの状態も重要である．——というのは，繁殖期のホルモンはある種の信号に対して他の時期と異なった反応を示すことがあるからである．ヒトは言語をもつから，自分自身で経験しなくても，他人の経験について聞いたり読んだりすることによってさまざまなことを学習することができる．

　しかし，非常に単純な動物でも，学習したり記憶したりすることは可能である．ヒドラはさわられると体を縮め，触角を引っ込めるが，何べんも繰り返し触れられると最後には反応しなくなる．慣れのためであり，ある変化がその神経細胞に生じたのである．このような反応は，動物が刺激に不必要に反応してエネルギーを浪費するのをやめるようになる，という意味で重要である．またアメフラシ（海中に住むナメクジに似た無脊椎動物）は，背中に触れられると鰓を引っ込めるが，さきに電気ショックを与えておくと，より迅速に引っ込めることを覚え，しかもそのことを数日間忘れない．アメフラシは敏感にされたというわけである．たび重なる刺激を受けた神経経路内では，ニューロンが新しいシナプスをつくって反応を強める．

　単細胞生物のゾウリムシでも，食物に到達する最短のルートを覚えることができる．そして，これは非連合学習と名づけられる．というのは，報酬（この場合は食物）の獲得が他のいかなる刺激とも結びつけられていないからである．連合学習の場合であれば，動物は特定の刺激と報酬を連結して覚える．20世紀のはじめに，食物を目の前に置かれたイヌがよだれを垂らすのを観察したロシアの生理学者イワン・パブロフは，イヌに食物を与えると同時に鐘を鳴らしてみた．そして，何度もこれが繰り返されるうちに，刺激に対する反応が「強化」されて，イヌは鐘の音を聞いただけで唾を出すようになった．以前は無関係だったこと（鐘の音）が何か関係のあること（食物）に結びつけられた場合の，前者に対する反応を条件反応，または（このケースなどでは）条件反射と呼ぶ．反復行動は，反応の強化を生み，ひいては脳の中で短期的な記憶が長期的な記憶へ移行するのを助けるのである．

　米国の心理学者フレデリック・スキナーは，檻についているテコを押せば，その中のネズミに餌が与えられる仕掛けをつくっておいたところ，ネズミは間もなく意識的にそのテコを押すことを覚えた，と発表した．このネズミの行動は，報酬を得るために何かをするという自発的な意思決定にもとづいており，「オペラント条件づけ」の過程と呼ばれる．さらに，野生のリスが一連の複雑な行動をするように訓練された事例もある．それは，針金を渡ったのちに

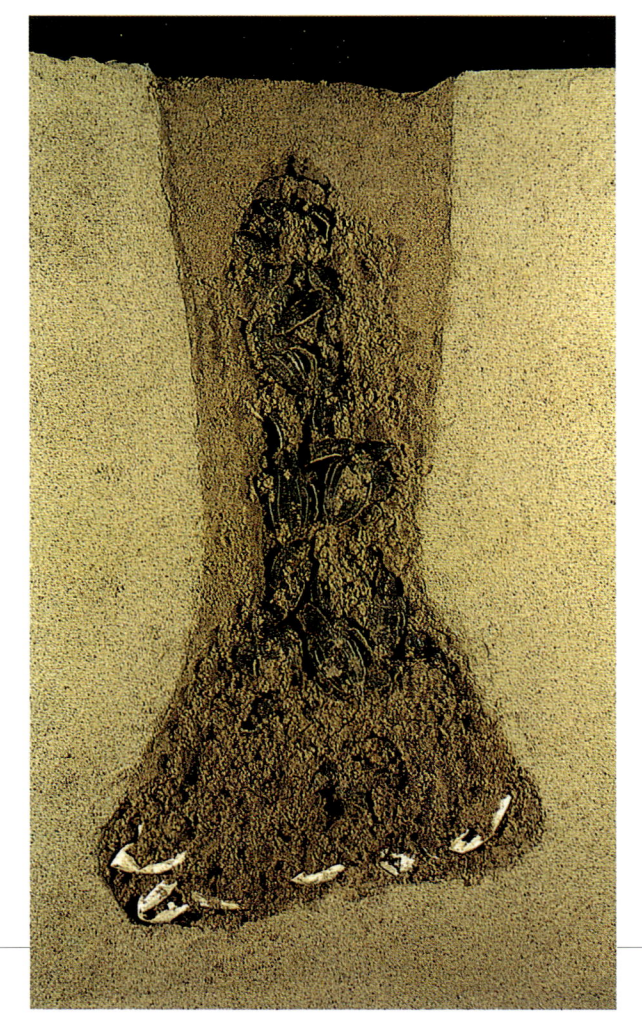

▲ニホンザルたちは餌を水で洗い，砂を落として食べる．この行動は学習の結果である．そのきっかけになったのは，研究者が彼らのうちの何匹かにサツマイモを投げ与えたことであった．イモが砂浜に落ち，砂にまみれたところ，たまたま1匹の若い雌ザルがそれを拾って水で洗い始めた．それを見ていたほかの雌ザルたちもそれにならった（が，雄ザルたちはそうしなかった）．次の世代になって，子ザルたちは母親からそうすることを教わり，今では全員が食物を水で洗うようになっている．

■ウミガメの雌は，高潮線より高い砂浜に穴を掘り，その中に多数の卵を産み落とす．親ガメは，卵を砂に埋めただけで海へ戻る．卵がかえると（左の写真），生まれたばかりの子ガメは砂を掻き分けて上へ這い上がり，カニやカモメなどに捕まらないように，本能的に大急ぎで海へ向かう（右の写真）．

Friar butterfly（有害）

雄の Mocker swallowtail（無害）

雌の Mocker swallowtail（無害）

雌の Mocker swallowtail（無害）

Common tiger butterfly（有害）

▷ここに掲げた3種類のチョウのうち，2種類は猛毒をもっている．他の1種類は毒をもっていないが，有毒のチョウに姿態を似せて進化した．ベーツ擬態と呼ばれる自衛手段としてである．チョウの捕食者たちは，有毒のものを食べた苦い経験から，似たものもすべて避けるようになる．しかし，偽の無害なチョウの方の個体数が有害なチョウのそれを圧倒するほどに増えれば，捕食者たちは，かつての貴重な経験ないし警告を忘れるかもしれない．そこで，無害な方の雌は，新たに別の3種類の有毒なチョウに似せた姿態をとるように変化した．

トンネルをくぐり抜け，そしてテコを押せば，褒美（ほうび）のナッツにありつけるというものである．リスは，この手順を，最初は偶然発見するにしても，反復練習すれば学習の成果として身につける．

　物の形や模様を覚えてそれらを識別できるようになること（パターン認識）は，いわゆる「刷り込み」行動の重要な部分であるが，それは，特定の動物が一定の発達段階に達してはじめて可能になる特殊な学習である．この分野で最初の動物実験を行ったのはオーストリアの動物学者コンラッド・ローレンツであった．彼は，アヒルの雛（ひな）たちを観察していて，雛が卵からかえった直後に最初に見た動くものを慕ってつけ回すことを発見した．そのようなものはふつう母親であろうが，雛たちにとって最初の動くものであれば，その姿が彼らの記憶に強く刷り込まれるとローレンツは考えたのである．なぜなら，アヒルの子供たちは，幼いときに彼のあとを追っただけでなく，大きく成長してからも異性の鳥に関心を示さず，人につきまとったからである．きっと，大事な刷り込み期間（生後のわずか数日間）に，その後長く続く神経回路ができ上がってしまったに違いない．刷り込みの最も重要な働きは，アヒルの雛たちに，大勢の鳥の中から自分の母親を選び出す能力をもたせることである．自分たちが属する種を識別するだけでなく，特定の1羽の鳥を自分の母親として同定できなければならない．そうできれば，自然と，仲間を同族のものと認識する見方も，一生涯失われずに済むだろう．

　チンパンジーほか数種の動物と鳥類は，問題の解決のために，過去に経験したいくつかの行動を総合して再現する能力をもつ．そのことを証明した実験の一例を紹介すると，次のとおりである．数匹のチンパンジーが，まず床の上に円く緑色に塗られているところまで箱を押して行くように訓練された．彼らはまた，箱の上に立てば，上から吊り下げられたバナナに手が届くことも教わった．そのあとで，緑色の印のない床と，床からではちょっと手が届かない高さにぶら下げられたバナナが用意されたところ，チンパンジーたちは試行錯誤を繰り返した末に，箱をバナナの下へ押して行き，その上に立って遂にバナナを手に入れた．彼らは洞察学習によって成功したのである．洞察学習は，ヒトにとっては至極簡単な合理的な考え方のように思えるが，この程度の単純な実験の結果だけからでは，チンパンジーが同様に合理的に考えて結論を出したとは言えないであろう．

　他方で，動物の行動には，学習とまったく関係のない生得的ないし本能的なものもある．たとえば，若いツバメたちが生まれた場所から遠く離れた別の大陸へ移住し，彼らの親たちが彼らの後を追って飛び，数週間後に子供たちと同じ場所に到着する，ということがある．また，砂浜に埋もれてかえったばかりの子ガメは，夜間に自力で地上へ這い上がったのち，水平線上の明かりを目指して海へ向かう．これらの行動は，遺伝によって神経系の中に受け継がれた生得的なものと習得的なものの結合したパターンを反映している．生得的な行動と学習能力はいずれも，動物とそれを取り巻く環境の間の相互作用に影響を与える進化の過程の中で生まれたものである．

用語解説

*は解説のある用語

KEYWORDS

アクチン actin
　筋肉の収縮性タンパク質の一種で，筋肉*の長繊維の中で形成される．当初ミオシン*と結合した形で筋肉の中に発見されたが，今では，細胞運動の起こる部位には広く分布していることが知られている．

顎（あご） jaw
　ヤツメウナギとメクラウナギ（無顎綱の動物）以外のすべての脊椎動物の口の枠組みを構成する，2つの骨を中心とした器官．上顎の骨は頭蓋骨と融合しており，下顎の骨は左右両側のこめかみの骨と靱帯でつながっている．

味 taste
　食物の中に含まれる化学物質の一部を感知する感覚．ヒトの舌は4つの基本的な味，すなわち甘さ，塩辛さ，苦さおよび酸っぱさを区別することができる．味覚はにおいによって大きく影響される．

汗 sweat
　汗腺から皮膚*の表面へ分泌される液体．汗が蒸発すると皮膚の表面を冷やし，体温が高くなりすぎるのを防ぐ．汗は塩分（汗をかくと塩分が失われる）や少量の老廃物である尿素を含む． →体温調節

アセチルコリン acetylcholine
　神経伝達物質*の一種で，神経細胞間のシナプス*を越える連絡に当たるもの．神経細胞と筋肉細胞の間でのインパルスの伝達も行う．

アデノシン三リン酸 adenosine triphosphate (ATP)
　細胞内でエネルギーを移送する分子．あらゆる細胞の中に存在し，エネルギーを生む．そして，生命の維持・成長・運動・生殖など，多くの生体機能を促進するのに用いられる．動物の場合，ATP はグルコース分子の分解過程で形成される．通常は，呼吸*の際に，食物中の炭水化物成分から得られる．

アドレナリン adrenaline
　エピネフリンとも呼ばれるホルモンの一種で，副腎の髄質部からストレスに反応して分泌される．

アミノ酸 amino acid
　水溶性の有機化合物で，炭素，酸素，水素および窒素よりなり，それらをアミノ基（$-NH_2$）とカルボキシル基（$-COOH$）の形で含むもの．2個以上のアミノ酸が結合してペプチドになり，ペプチド同士が結合したものがポリペプチドで，そのポリペプチドがさらに結合してタンパク質*をつくる．タンパク質はポリペプチドの相互作用で生まれるが，そのとき，折りたたまれたり，らせん状になったりしてタンパク質に特有な形状をもつようになる．生物の体を構成するすべてのタンパク質は約20種のアミノ酸がさまざまな形で結合したものである．しかし，それらの20種の中の最も基本的な8種のアミノ酸は合成することができない．それゆえ，それらは食物から摂取するよりほかない．

アメーバ ameba
　動物の中で体の構造が最も単純なものの1つ．原生生物界に属し，無色の原形質で満たされた単一の細胞よりなる．その活動は核によって制御されるが，実際に食物を捕らえるのは食細胞活動による．すなわち，耳たぶのような偽足*を伸ばして有機物の微粒子を包み込み，呑み込むのである．

アルドステロン aldosterone
　副腎皮質から分泌されるホルモンの一種で，腎臓からのナトリウムの排出を制御し，血液中の塩分のバランスを維持する． →副腎

アメーバ

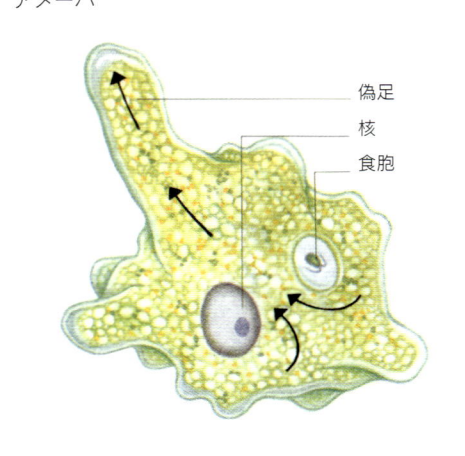

偽足
核
食胞

暗視 night vision
　弱い光でも物を見て識別できる能力．暗視には，眼の網膜上にある桿体細胞が用いられる．桿体細胞は，錐体細胞よりも弱い光に敏感であるが，色彩に対しては鈍感である．しかし，錐体細胞は，より詳細に識別することができ，また動くものに対して敏感である．ネコ，フクロウなど多くの夜行性動物は，網膜*の背後に反射層（内面層）をもっていて，その層が網膜を通して光を反射し返すので，光はよりよく網膜に吸収されることになる． →色視

イオン ion
　原子または分子が，電子を失うか余計にもつことによりプラスもしくはマイナスの電荷を帯びるようになったもの．塩類は水に溶けるとイオンに解離する．

維管束植物 vascular plant
　師部*や木部*のように液体を通す維管束組織をも

KEYWORDS

つ植物．大部分の維管束植物は茎と葉と根をもち，ふつう地上に生育する（もっとも，着生植物や腐生植物などもある）．維管束植物は9つの部門に分類されるが，まとめて道管植物ともいう．

異形花柱性 heterostyly
同一種に属する植物の花が個体によって異なった長さの花柱*や葯*（やく）をもつこと．これは自家受粉を避けるためと考えられる．

一年生 annual
1年間の期間内に発芽し，成長し，花を咲かせ，死ぬ植物．　→二年生，多年生

一雌一雄制 monogamy
ひとつがいの動物が互いにその配偶相手としか交尾しないこと．単婚ともいう．ある種の一雌一雄制の動物は，それを一生涯にわたって貫く．　→多婚

遺伝暗号 genetic code
DNA*の中に組み込まれた一種の暗号で，細胞*がタンパク質を合成するときのための指令を秘めたもの．遺伝暗号は，アミノ酸*が集まって酵素*を含む特定のタンパク質をつくるときの，その配列の順序も決定する．

遺伝学 genetics
遺伝の仕組みとその基本単位（遺伝子）についての研究．遺伝学の創始者はオーストリアの生物学者グレゴル・メンデルで，彼はエンドウなどの植物の実験から遺伝がある種の微粒子——のちに遺伝子と呼ばれることになるものの働きで生じることを証明した．メンデルのこの発見以前は，両親の性質が融合することによって遺伝が生じると考えられていたが，メンデルは，遺伝子自体は変化せず，その組み合わせが変わるにすぎないことを明らかにした．メンデル以後，遺伝学は長足の進歩を遂げた．当初の交配実験と遺伝子の光学顕微鏡を使った観察による古典的遺伝学から，その後の生化学と電子顕微鏡を駆使した研究（分子遺伝学）へ進歩してきている．

遺伝子 gene
生物の遺伝的特性を決定する基本単位．遺伝子は，生物の遺伝暗号の一部を形成する特定の塩基配列をもつDNAの一定の部分であると考えることができる．各遺伝暗号は1本のポリペプチド鎖をコードする．　→DNA

移動 migration
ある種の動物（主として，鳥類，魚類，哺乳類，海洋性のカメおよび数種の無脊椎動物も）が，繁殖地や採食地を求めて，季節的に，あるいは生活環の一段階として，遠い場所へ移動すること．

陰茎 penis
体内受精のために雌の生殖管の中に精液を輸送するのに用いられる雄の器官．哺乳類では，血管により血液が送り込まれると陰茎は勃起する．大多数の哺乳類（ヒトを除く）は陰茎の中に骨をもっているので固い．脊椎動物の陰茎の中には尿を体外へ排出するための尿道も通っている．昆虫，扁虫，腹足類に属する軟体動物，ある種の爬虫類，および数種の鳥類にも一種の陰茎が認められる．　→受精

飲作用 pinocytosis
細胞が液体のごくわずかな粒を呑み込み，細胞内に取り込むこと．　→食細胞

咽頭 pharynx
脊椎動物の口の奥にある空洞で，食物と呼吸用の空気が通るところ．咽頭の壁は繊維質の強い筋肉でできており，粘膜で覆われている．鼻孔は咽頭につながり，一緒になって下方の食道と気管の上端へ続く．陸生の脊椎動物の場合には，エウスタキオ管が中耳腔から咽頭に通じている．

ウイルス virus
伝染病の原因となる顕微鏡的に微細な粒子で，タンパク質の被膜に包まれた核酸（DNAまたはRNA）の核よりなる．ウイルス自身では細胞膜をもたず，生きている細胞の中でのみ物質代謝を行い，繁殖することができる．ウイルスは，その宿主である細胞に自分自身のコピーをつくらせ，その細胞のDNAと機能を破壊してしまう．ウイルスは，エイズ，インフルエンザ，狂犬病など，種々の病気をひき起こす．

うきぶくろ swim bladder
硬骨魚類の腸と背骨の間にある薄い膜の空気袋．腸または腸のまわりの毛細血管から空気がこの袋に入ってきて内部の気圧が変化すると，魚は深度に応じて浮力をもつ．

ウミユリ crinoid
ウミユリ綱に属する棘皮（きょくひ）動物*で，約80種ある．ウミユリは現存する棘皮動物の中で最も原始的な生物であり，口と肛門が両方ともコップ状の体の上側についている．茎の基部で海底に付着する．多数の長い管足をもっており，それで海中から食物になる微粒子を漉し取る．

鱗（うろこ）scale
爬虫類や魚類の体表を覆う骨質または角質の小さな板．チョウ，ガなど，ある種の昆虫の翼についている鱗粉はクチクラの毛が変化したものである．単細胞の原生生物の中にも（ある種の藻や鞭毛虫など）石灰質の鱗に包まれたものがある．

上顎 maxilla
昆虫，ムカデ類，ヤスデ類，甲殻類などにある1対の角質の口器．強い下顎の後ろについている．昆虫では，もう1対の上顎は2つの部分が融合して唇になっている．脊椎動物の大きな上顎の骨も上顎と呼ばれる．

運動ニューロン motor neuron
筋肉の収縮などの生理反応を生じさせるために，神経インパルスを中枢神経系から効果器官へ伝達する神経細胞．　→神経

栄養摂取 nutrition
生物が，生活し，成長し，生殖するのに必要な化学物質を得ること．植物では一般に光合成*による．動物では，食物の摂取，消化および吸収よりなる．食物は直接的または間接的に植物性物質に由来するから，動物はすべて，究極的には栄養摂取を植物に依存していることになる．　→タンパク質，ビタミン

栄養素 nutrient
生物が摂取する物質で，成長を促進させ，負傷した組織を修復し，物質代謝のためのエネルギーを補給するもの．栄養素は，無機質の物質であったり（植物の場合），動物の食物に含まれる有機物であったりする．　→ビタミン

栄養繁殖 vegetative propagation
植物の無性生殖*の一形態で，親の植物から一部分が分離して，それが新しい植物として生育する現象．球根，球茎，根茎，塊茎などによる繁殖がこれに当たる．

液胞 vacuole
細胞*内の，膜で包まれ，液体の詰まった空間．食物の消化，または食物や老廃物の一時的貯蔵に役立っているのであろうと考えられている．またアメーバのような原生動物の中には，液胞で水の中の含有物や細胞の浸透圧の調節を行っているものもあるらしい．

エストロゲン estrogen
脊椎動物の卵巣でつくられる性ホルモン類で，類似の合成品を指すこともある（エストロゲンの中には副腎皮質から分泌されるものもある）．哺乳類の

ウイルス

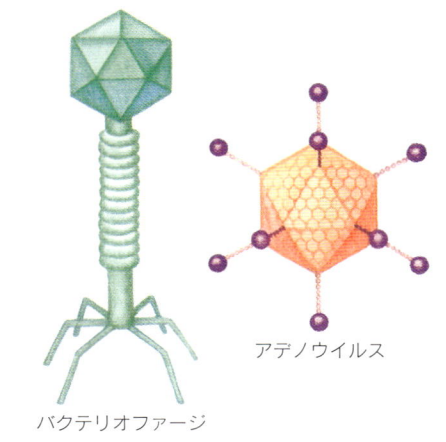

バクテリオファージ

アデノウイルス

栄養素

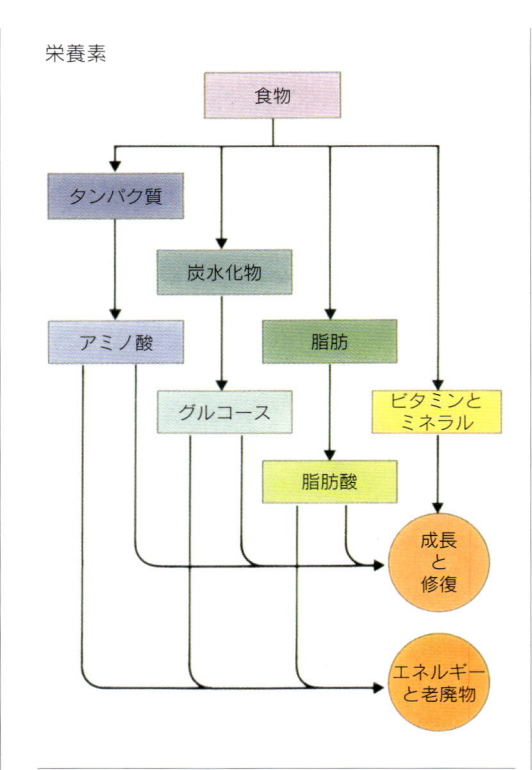

```
食物
├→ タンパク質 →→ アミノ酸 →→→→ 成長と修復
├→ 炭水化物 →→ グルコース →→→→ エネルギーと老廃物
├→ 脂肪 →→ 脂肪酸
└→ ビタミンとミネラル
```

場合の主要なエストロゲンはエストラジオールである．エストロゲンは，哺乳類の雌の第二次性徴の発達を促進させ，卵の製造を刺激し，妊娠に備えて子宮内面を補強する．　→ホルモン

鰓 蓋（えらぶた）　operculum
　硬骨魚類の鰓（えら）の蓋，または，ある種の腹足類とフジツボの殻を閉める石灰質の蓋．鰓蓋は，筋肉によって上げ下げされ，鰓を通して水が吸い込まれるのを助ける．

遠近調節　accommodation
　距離を変えて物を見るとき，それをはっきり見るために，眼がレンズの焦点距離を合わせること．ヒトなどの場合には，レンズの形を変え，その曲率を調節することによって行われる．

塩生植物　halophyte
　干潟や海水性湿地のような塩分の含有量の高い土壌に生育する植物．

横隔膜　diaphragm
　哺乳類で，胸部と腹部を隔てている筋肉質の膜．緊張していないときは胸部の方へ凸形に膨らんでいるが，収縮すると平たくなり，胸部の容積を増加させる．その周期的な緊張と緩和の繰り返しは肺の内圧の変化を助け，それが呼吸*となる．"diaphragm" の語は，横隔膜のほかにも，体内の組織や器官の境をなす「隔膜」の意味でも用いられる．

黄体ホルモン　luteinizing hormone
　脳下垂体でつくられるホルモン*の1つ．黄体ホルモンは，雄では睾丸を刺激してアンドロゲン（雄性ホルモン）をつくらせ，雌では卵胞刺激ホルモンと共同して卵巣に卵細胞をつくらせる．卵細胞が受精した場合は，体内のエストロゲン*やプロゲステロン*のレベルを制御することを通じて，妊娠を継続させる上での重要な役割を果たす．

オキシトシン　oxytocin
　哺乳類の脳下垂体*後葉でつくられるホルモン*で，妊娠後期に子宮を刺激し分娩を始めさせ継続させるもの．分娩終了後は，子宮の筋肉を刺激して収縮させ，胎盤がついていたところからの出血を止めるように働く．授乳する動物の場合には，乳の出方を促進する．

オーキシン　auxin
　植物ホルモンの一種で，低濃度で新芽や根の成長を刺激し，高濃度では成長を抑制する．その性質はある種の除草剤の使用に利用される．　→器官離脱

雄しべ　stamen
　花の雄性生殖器官で，花軸または花糸よりなり，その先端は花粉嚢をもつ葯*（やく）になっている．雄しべは通常，花の中心から離れて，周囲に輪状に並ぶ（この点，中心に位置する場合が多い花柱*と異なる）．雄ずいともいう．

温血動物　warm-blooded animal
　体内で体温の調節が行われる動物．鳥類と哺乳類だけが温血動物で，その他の動物はすべて冷血動物である．温血動物（内温動物 endotherm または恒温動物 homeotherm ともいわれる）は，物質代謝で得られるエネルギーを体温維持のために用いるが，調節可能な範囲は大きくない．その調節は通常周囲の状況とは関係なく行われる．たとえば，体を震わせれば熱を生じ，汗を出せば体温が下がる．

界　kingdom
　多くの生物分類法の中で最初の分類階級．分類学が始められた当初は動物界と植物界の2つの界に分けられただけであったが，現在広く認められている分類法によれば，すべての生物は次の5つの界のいずれかに属する．
1）動物界：接合子からの発生段階で胞胚と呼ばれる，中がうつろな球を形成するすべての多細胞生物．
2）植物界：膜に包まれた細胞小器官*の中にクロロフィルなどの色素をもつ多細胞生物で，特別な不妊性組織により栄養の供給を受ける胚から成長するもの．
3）菌界：胞子から成長する生物で，成長のどの段階でも繊毛や鞭毛をもつことがないもの．
4）モネラ界：細菌やラン藻（ラン細菌）など，すべての原核生物*．
5）原生生物界：上記4つの界のいずれにも属さない生物．原生動物*，藻類，珪藻，粘菌，かび，サビ菌，うどん粉病菌，および，その他の真核生物*がこれに含まれる．

以上の5界分類法のほかに6界分類法があり，また界の上の階級として3つの領域（生物群*）を設ける最近の分類法もある．「資料」p.160-161の「分類—5つの界」を参照のこと．

外温動物　ectotherm
　→冷血動物

塊 茎　tuber
　植物の根または茎が地下で膨れた部分．ジャガイモの場合のように，デンプンの貯蔵器官となる．塊茎から新しい植物が成長することは可能であるが，1年以上生きることはない．

開口分泌　exocytosis
　細胞内の小胞が細胞膜と融合して小胞が内包しているものを外へ放出するとき，物質（老廃物の場合が多い）も細胞の外へ出ること．

外套膜　mantle
　軟体動物*と腕足動物の背中の部分を覆っている皮．側面に伸びて鰓（えら）を保護する鰓蓋にもなっている．貝類では，貝殻をつくる液が外套膜から分泌される．頭足類でジェット推進力を出すのも外套膜の筋肉である．フジツボ類で殻をつくる液を分泌する甲皮の部分も外套膜と呼ばれる．

外胚葉　ectoderm
　動物の胚が形成される初期の段階の，胚の外側の細胞層で，のちに神経系と体の表皮になるもの．

外部寄生生物　ectoparasite
　宿主の体表に寄生する生物．

外分泌腺　exocrine gland
　通常，何らかの管を通して分泌液を器官または体の表面へ出す腺．たとえば，汗を皮膚の外へ出す汗腺や，消化液を胃壁や腸壁へ送る消化腺などである．　→内分泌腺

解剖学　anatomy
　→「現代生物学の領域」p.10

開放循環　open circulation
　血液が体内のほとんどの所を自由に動き回るような動物の循環系．開放循環系では，血液は動脈から出て主要な組織を潤し，拡散したのちに静脈の開放された末端へ戻る．毛細血管は存在しない．開放循環系は節足動物*にふつうに見られる．

海 綿　sponge
　海綿動物門に属する淡水産または海洋性の無脊椎動物．海綿の体は中空で，粗く結びついた細胞でできており，それらの細胞をつなぐ神経も少ない．体は，タンパク質と珪素または炭酸カルシウムの内骨

格で支えられ，岩などに付着して一生を過ごす．海綿は濾過摂食動物である．きわめて特徴的な襟細胞の鞭毛を使って，体壁の小孔を通して水を体内に導入する．水が体内から出るのは，1つの大きな出水管だけからである．海綿は2つの細胞層のみをもつが，細胞の中にはアメーバのようなものもあって，それらは体のまわりを動き回ることができる．さらに，細かく切られて篩（ふるい）の目を通されたあとでも，それらが再び結合して生きた海綿に戻ることができる種類さえある．

花 冠 corolla
花弁*の集まり．しばしば合体したもの．

鉤 爪（かぎづめ） claw
哺乳類，鳥類および大部分の爬虫類の指の一部が伸びて曲がり硬く尖ったもの．鉤爪はケラチンよりなり，不断に，皮膚の下層部にある細胞束から成長する爪や蹄は鉤爪と同種のものの変形である．

核 nucleus
真核細胞の中核部分で，膜に包まれており，中に染色体*をもち，細胞の中枢として機能する．
→真核生物

萼（がく） calyx
花の萼片のひとかたまりをいう．通常，萼は蕾（つぼみ）の周囲を取り巻いて開花するまで蕾を守り，花が咲くと萼も開く．

拡 散 diffusion
分子やイオンが，高濃度のところから低濃度のところへ移動する場合の自由な運動．拡散の過程は，容器内の濃度が均一になるまで続く．生物の場合には，気体やイオンなどが溶解した物質の拡散は，細胞膜と細胞膜の小孔を通して生じる．拡散は生体の中で物質が短い距離を移動する場の主な輸送形態である．　→浸透

核 酸 nucleic acid
生命にとって不可欠な複雑な構造の有機酸で，ヌクレオチドの長い鎖でできているもの．その2つの型，すなわちDNA*とRNA（リボ核酸）が遺伝の基盤を形成する．ヌクレオチドは，糖（デオキシリボースまたはリボース），リン酸基，および4種のプリンまたはピリミジン化合物のうちの1つからなり，それらの塩基の配列が遺伝暗号*を構成する．

萼 片 sepal
花の花弁*の下についている，通常緑色の（線状のこともある）部分を萼（がく）というが，それを構成している各片．ある種の植物の萼片は明るい色をしていて，花弁の代わりになる．萼片は葉が変化したものと考えられている．

核 膜 nuclear envelope
真核細胞の核を包む二重の膜．　→真核生物

隔 膜 septum
左右の鼻孔の間や，心臓の4つの房・室の間に見られるような，体内の部分を分けている隔壁．

果 実 fruit
植物の種子と種子を包む組織（果皮）．果皮は子房壁が成熟したものである．果実は，種子が熟したとき割れて飛び出すようであれば裂開性の果実，そうでなければ不裂開性の果実といわれる．また，乾果と多肉果に分けられる場合もある．　→子房

花 序 influorescence
個々の花*が花軸についている配列状態．

花 柱 style
花の雌性生殖器官である子房*から柱頭*までの，花軸または花糸のこと．花柱は，雄しべ*の輪に囲まれて花の中心に位置する場合が多い．

活動電位 action potential
インパルスが神経*に沿って走ったとき，神経細胞の細胞膜を隔てて生じる電位差（電圧などの電荷の差）の変化．この変化は，ナトリウムイオンが細胞内に入り込み，カリウムイオンが細胞から抜け出すという，細胞膜の透過性の変化によって起こる．

括約筋 sphincter
器官の開口部を取り巻く環状の筋肉で，その開口部を開いたり閉じたりする．たとえば幽門括約筋は胃からの食物の流れを制御する．

花 粉 pollen
種子植物の雄の配偶子*をもつ，顕微鏡的に微細な胞子．ふつう，葯*（やく）の中の花粉袋の中に多数つくられる．虫媒花植物の花粉粒は表面が粗かったり，とげをもっていたりすることが多いが，風媒花植物のそれは概して滑らかで，より小さい．

花 弁 petal
いわゆる花びらで，花冠（花）の中で通常（色や香りで）最も人目につきやすい部分の1枚1枚．のちに実になる部分を保護している萼片*（がくへん）が集まったところの上にある．花弁は葉が変化したものであろうと考えられている．

花 蜜 nectar
多くの花が分泌する糖分の多い液体．花蜜にはミツバチやチョウなどの昆虫が惹きつけられ，受粉を促進する．

夏 眠 estivation
冬眠*と同様に，物質代謝活動が衰えた不活性の状態で，乾期中や干ばつのときに肺魚やカタツムリに生じる現象．植物の場合には，花弁や花の萼（がく）が蕾（つぼみ）の中で折りたたまれた状態を指す．

殻（から） shell
甲殻類や軟体動物の体を包む硬い覆い，あるいは鳥類の卵の外側など，生物を保護する体表の覆い．

加 齢 aging
時間の経過とともに生物の身体的状態が衰退して行くこと．いずれは死に至る．加齢が起こる理由の説明については3つの説がある．第1は，遺伝的に決定づけられているとする説．第2は，発生の初期の細胞分裂に際して，DNA*の複製に一連の誤りがあったために生じるという説．そして第3の説は，細胞から細胞へと引き渡されるDNAの特定部分によって，または癌を生じさせるウイルスが年とった細胞の中に増えることによって誘発される現象で，その結果，細胞内に好ましくないタンパク質がつくられたり，DNAの制御機能が弱められたりするから生じるというものである．

換 羽 molting
哺乳類が体毛を，鳥類が羽毛を，爬虫類が皮膚の皮を，定期的に脱落させること．哺乳類と鳥類の場合には，ふつう季節的に生じ，日照時間の変化によって誘発される．"molting"は，節足動物が外骨格から脱け出すことの意味にも用いられることがあるが，それは正確には脱皮*（ecdysis）と呼ばれるべきである．

感覚ニューロン sensory neuron
神経インパルスを感覚受容体から中枢神経系へ伝えるニューロン．　→神経

換気，換水 ventilation
動物が体内に酸素を含む空気や水を取り込み，そ

殻

ウミガメ

軟体動物（カタツムリ）

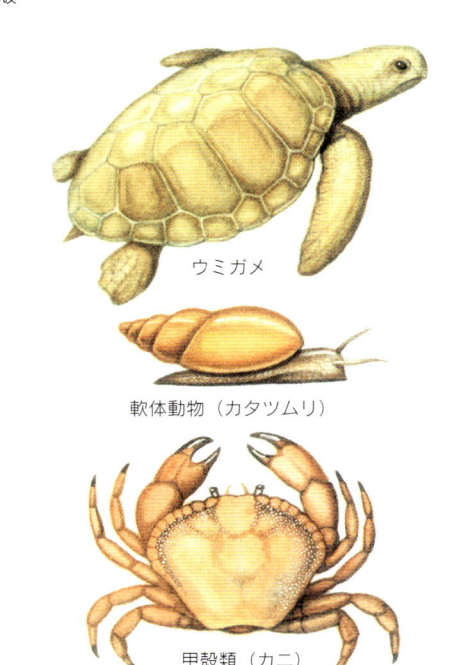

甲殻類（カニ）

れを呼吸器官の表面に接触させること. →呼吸

環形動物 annelids
→蠕虫

関 節 joint
骨格を有する動物の運動点または接合点. 脊椎動物では2つの骨*が接合する場所. まったく動かない関節（頭蓋骨の縫合）やごくわずかな動きしか許さない関節（背中の下部の仙腸関節）もあるが, 大部分は比較的自由な動きを可能にする. それらの動く関節には, 滑る動きを許すもの（背骨の椎骨の間）, ちょうつがいの働きをするもの（肘や脛の関節）, および一方の骨の丸い端が他方の骨の端の凹みにはまり込む形になっていて, ほとんどすべての方角に動き得るもの（腰や肩の関節）がある. 可動関節にある骨の端は, 弾力的で滑らかな動きができるように軟骨*で覆われている. そして, 軟骨を頑丈な繊維質の組織が取り巻いているが, その組織の膜からは潤滑剤と衝撃緩和剤の役を果たす液体（滑液）が分泌されている. 関節はさらに, 2つの骨をつなぐ靭帯と呼ばれる強靭な組織で補強されている. 外骨格をもつ無脊椎動物の場合, 外骨格の間で外側の皮が薄く柔らかくなっている場所が関節である. これを関節膜というが, この部分で肢（または体の他の部分）は屈折可能である. 関節を機能させる筋肉は外骨格の内側についている. →筋肉, 脊柱

汗 腺 sweat gland
哺乳類の表皮（外皮）にある腺で, 汗を分泌する. 汗腺は, ヒトと霊長類の皮膚には数多く広く分散して存在しているが, その他の哺乳類, 特に体毛に包まれた動物には少ない.

肝 臓 liver
脊椎動物の腹部に位置する, 大きな, 葉（よう）のある器官で, 基本的に重要な種々の体内調整機能と貯蔵機能をつかさどる. 肝臓は消化*の結果つくられたものを受け入れ, グルコースをグリコーゲン（貯蔵のために必要な炭水化物の長い鎖）に転化し, 脂肪*を分解する. また, 余剰アミノ酸を血液から除去し, 腎臓*から排出される尿の中に放出する. さらに, ビタミン類を合成し, 胆汁と凝血素を製造するかたわら, 壊れた赤血球や毒素を血液から取り除く. 無脊椎動物の場合には, 肝臓は主要な消化腺である.

管 足 tube foot
棘皮動物（ヒトデなど）に見られる小さな可動性の管状器官で, 移動や食物などの捕捉に使われる. 管足は, 水管系を通して水が導入されたときの水圧に応じて伸ばされたり引っ込められたりするが, その動きは筋肉に制御されている. ある種の動物では, 管足の先端が吸盤になっていることもある.

桿 体 rod
脊椎動物の眼の網膜*にある感光細胞の1つ（もう1つは錐体）. 桿体は低レベルの光に反応し, 主として辺縁視力と白黒の判別をつかさどる. それに対して, 錐体の方は色視*を担当する.

気 管 trachea, windpipe
空気を呼吸する動物の体内で, その空気の主たる通路を構成する管のこと. 陸生の脊椎動物では, 軟骨の不完全な輪で強化された強靭で弾力性に富む管になっており, 喉頭から胸の上部にまで続き, そこから2本の気管支に分かれる. 昆虫も気管と呼ばれる樹枝状に分岐した管を網のように体内に張りめぐらせていて, 体表の気門から取り入れた空気をその気管に送り込んでいる. 気管の分枝の最も細い部分は毛細気管と呼ばれる.

器 官 organ
生体内の特殊化した部分で一定の機能をもつもの. 器官は種々の異なったタイプの組織*よりなる.

気管支 bronchus
気管*から枝分かれして肺*につながる太い管. 環状の気管支軟骨が, 呼吸中に管がつぶれないように気管支を硬めにしている. 気管支の内壁からは, 種々の腺がぬるぬるした粘液を分泌していて, それが塵（ちり）や埃（ほこり）を捕らえる.

器官離脱 abscission
植物から花, 実, 葉などが自然に落ちること. オーキシン*という植物ホルモンの低下によって生じることが多い.

寄生生物 parasite
他の生物（宿主）の体の中または外に住みつくことによって利益を得る生物（内部寄生生物・外部寄生生物）. 宿主にほとんど害を与えない寄生生物がある一方で, 独特の病気を引き起こす寄生生物もある. また, 他の生物に寄生しなければ生活したり繁殖できないものもあれば, 他の生物の死骸から有機物を吸収して生きるもの（死物寄生生物）もある. →「寄生虫学」p.11

偽 足 pseudopod
仮足ともいう. ある種の単細胞動物, およびその他の生物のある種の細胞（ヒトの白血球など）に見られる偽の足. 細胞の原形質が伸長したもので, 伸びたり縮んだりして細胞を移動させる.

擬 態 camouflage
動物が, 他の動物に見つけられるのを防ぐ目的で, 周囲と区別されにくいような模様を体表につけたり, 体の組織をそのように変化させたりすること. 擬態には, 体表の色や模様を背景のそれらに似せて紛らわしくすること, 体表の光の当たる部分を暗い色に, 日陰になる部分を明るい色に変えて, 存在を目立たなくすること, あるいは体表を迷彩服のような模様にして体の輪郭を隠すこと, などのタイプがある.

キチン chitin
グルコースの窒素を含む誘導体の分子が長い鎖状に連なった複雑な化学物質で, 昆虫などの節足動物の外骨格を形成する. キチンはタンパク質と結合して, カブトムシに見られるような硬い殻をつくることもあれば, 毛虫その他昆虫の幼虫の外皮のような柔軟なものになることもある. カニのような甲殻類の場合には, キチンに炭酸カルシウムが加わることにより殻の強度が増している. キチンはさらに, 原生動物や刺胞動物（ある種のクラゲなど）, 環形動物の顎, および菌類の細胞壁にも見出される.

気 門 spiracle
昆虫またはクモ形類動物の体表に開いている小さな孔で, 呼吸のための酸素がそこから取り入れられ, 二酸化炭素が排出される. 軟骨魚類の頭部の第1鰓裂（さいれつ）の痕跡器官となっている1対の小孔も気門と呼ばれる.

求 愛 courtship
動物が交尾の前触れとして示す行動. その示し方は種によって大きく異なり, 必ずしも交尾のためだけではなく, 儀式化している場合もある（たとえば, ある種の鳥に見られる求愛給餌）. 求愛行動は, 交尾が同種の異性と行われることを前もって確認したり, 交尾のタイミングを相手の準備状況に合わせたり, 互いに相手の品定めをしたりする意味をもつ, と考えられている.

球 果 cone
植物学上の正式名称は球花（strobilus）. 裸子植物*（マツ, スギなど）と若干の維管束植物*（シダなど）が種子をつけるときの球形の構造.

嗅 覚 olfaction
空気中または水中の化学物質の分子──におい（smell）に反応する感覚. この感覚は, 食物の探知や連絡にも用いられる. 鼻などの嗅覚器官は, 特定の受容器を通して化学物質の分子を感知し, その情報を嗅神経を通じて脳へ送る. →フェロモン

球 茎 corm
植物の地下茎が球状に膨れてきた貯蔵器官. クワイやクロッカスなどに見られる. 新芽は球茎から出る. →鱗茎, 塊茎

臼 歯 molar
哺乳類の口の中の奥の方にある大きな歯. 顎と筋肉とで臼歯に大きな力が加えられる. 草食動物では, 上の面が平らで, エナメル質の端は硬く, 食物を噛み砕くのに用いられる. 肉食動物では, 鋭く強力な裂肉歯になっていて, 肉を食いちぎるのに適している.

吸 収 absorption
細胞膜を通して, 液体または液体に溶けた物質を体内に取り入れること. 動物の場合, 栄養素は腸壁

休眠 dormancy
→夏眠，冬眠

胸郭 thorax
脊椎動物では，肺と心臓を包み，肋骨で保護されている体の部分．筋肉質の横隔膜によって腹部と分けられている．昆虫では，肢や翼が出ているのは胸郭からである．甲殻類とクモ類では，胸郭は頭部と融合して頭胸部を構成する．

凝固 clotting
傷害後の止血のための一連の作用．血流中の血小板が損傷を受けた血管のところへ来ると，血小板とその血管壁の双方からトロンボキナーゼという酵素が出て，それがプロトロンビンという不活性な酵素を活性化しトロンビンに変える．トロンビンは，触媒作用でもって，血漿中に含まれている溶解性のフィブリノゲンを不溶性のフィブリンに変える．そして，このフィブリンのタンパク質が傷口に網を張るような具合になって，赤血球を捕らえ，それで傷口を塞ぐ．ただし，このような血液の凝固が効率よく実現するためには，血液にカルシウム，ビタミンK，その他もろもろの必要な物質が含まれていなければならない．

共生 symbiosis
２つの異なる種の間の密接な関係（相利共生 mutualism と呼ばれることもある関係）のゆえに，その双方が利益を得るという関係．義務的共生とは，共生しなければ双方とも生存し得ない場合をいう．

胸帯 pectoral girdle
脊椎動物の前肢（腕または胸鰭）がついている骨と軟骨からなる構造で，肩帯（shoulder girdle）とも呼ばれる．哺乳類では，背骨に連なる２つの肩甲骨と，胸骨に続く２つの鎖骨よりなる．

棘皮動物 echinoderm
棘皮動物門に属する海洋性の無脊椎動物（棘皮とは，「とげのある皮膚」の意）．５放射相称の体形をしていることと，小さな筋肉質の水管をもつことが特徴的である．棘皮動物は自由に水管を体外に突き出したり引っ込めたりできる．管足は移動と捕食に用いられる．約6,000種あり，ヒトデ，ウニ，ナマコ，ウミユリ，クモヒトデなどを含む．大多数の棘皮動物は外皮の下に炭酸カルシウムの殻を有し，トゲをもつものが少なくない．　→相称

魚類 fish
淡水または海水から酸素を得るために鰓（えら）を用いる水生の脊椎動物．大別して３つのグループに分けられる．骨質の鱗（うろこ）をもつ硬骨魚類（金魚，タラ，マグロなど）と，象牙質でできていてエナメル質で覆われた鱗をもつ軟骨魚類（サメ，エイなど）と，顎や対になった鰭をもたない無顎亜門の円口類（メクラウナギ，ヤツメウナギなど）の３つである．魚類は体内にある鰓で呼吸する．大多数は卵を生む．硬骨魚の中には，巣をつくってその中で卵を育てたり，親の口の中で卵をかえしたりするものもある．また，体内で受精し，その受精卵を体内で育てたのち幼生にして生む魚もある．現存する硬骨魚は約20,000種に及ぶ．その骨格は硬骨でできており，運動は鰭の動きによる．鰓は一重の鰓蓋で覆われている．大多数の硬骨魚は鰾（うきぶくろ）をもつ．

均衡 balance
動物が重力に対して正しい姿勢を維持する感覚．平衡覚（static sense）のこと．多くの動物は重力に鋭敏な特別な器官をもっている．最も単純なものは大部分の無脊椎動物に見られる平衡細胞で，内側に繊毛の生えた腔に液体が入ったものである．脊椎動物の場合は，重力は内耳迷路で感知される．内耳迷路は，半規管（角加速度を感知する）とうずまき殻（蝸牛殻．音を感知する）よりなる．魚類はそのほかに，水中の振動を感知する側線系と呼ばれる感覚器ももっている．

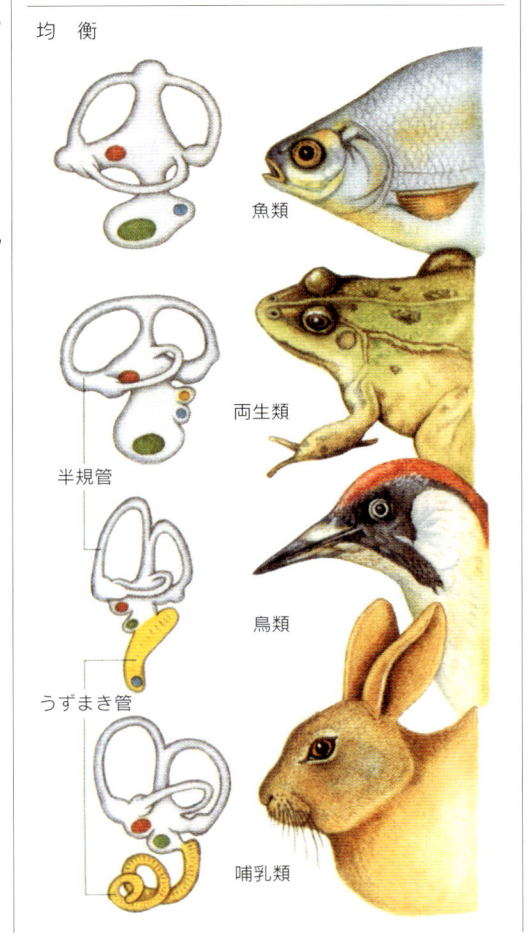

均衡

魚類
両生類
半規管
鳥類
うずまき管
哺乳類

筋繊維 muscle fiber
長く伸びた細胞で，横紋のある筋肉*の束を形成するもの，および収縮を起こすタンパク質であるミオシン，アクチン，トロポミオシンを含む細い繊維（筋原繊維）で構成されるもの．

筋肉 muscle
動物の体内で動きを生じさせる収縮性組織．筋肉は長い細胞よりなっており，その細胞は弛緩時の1/2から1/3の長さに収縮することができる．筋肉には，横紋筋と平滑筋と心筋の３種類がある．横紋筋は，意識下で，運動ニューロンにより活性化される．横紋筋の末端はふつう腱を通じて骨に付着している．横紋筋の組織は，細胞質の中に多数の核と有紋をもつ細胞よりなり，通常束になっている．平滑筋は不随意筋とも呼ばれる．自律神経系*の運動ニューロンにより制御されており，消化器官，血管，虹彩，および多くの管に見出される．平滑筋組織の細胞はふつう単純な管または薄板の形をしている．心筋は心臓の壁にのみ見られるもので，自律神経系により制御される不随意筋であり，横紋のある繊維からなる．

菌類学 mycology
→「現代生物学の領域」p.11

クチクラ cuticle
昆虫など，多くの無脊椎動物の体表を保護する，硬い，細胞でない層．クチクラは，体表からの水分の蒸発を抑え，節足動物では外骨格の代わりにもなっている（筋肉がクチクラに直接ついている）．関節部ではクチクラの層が薄く柔軟になっているので，体を自由に動かすことができる．

くちばし beak
鳥類の口部から突き出たケラチンに覆われた部分，あるいはカメ，タコなどの動物に見られる形がくちばしに似た組織．鳥類のくちばしは食餌器官の形と大きさに適応したものである．

屈性 tropism
植物または植物の部分が，外部からの刺激に反応して一定の方向へ成長すること．刺激原に向かって伸びるのを正の屈性，逆の方向へ向かうのを負の屈性という．たとえば，屈地性（重力屈性）では重力が根を下へ成長させ，屈光性は芽を光の方へ向けさせる．

クモ形類動物 arachnid
クモ形綱に属する節足動物で，クモ，サソリ，ダニなど．クモ形類動物は，頭胸部と腹部の２つの体部しかもたない点で昆虫と異なる．頭胸部には６対の付属肢があり，１対は物をつかんだり刺したりするためのもので，もう１対は感覚器官ないし触覚器官として使われる触肢である．残りの４対は歩行用である．腹部には，さまざまな感覚器官や糸をつくり出す器官を備えるものがある．大部分のクモ形類

動物は肉食性で，酵素を分泌して餌を消化する．マダニと，それ以外のダニ類の多くも，寄生動物である．

クラゲ　jellyfish, medusa

刺胞動物*のハチクラゲ綱に属する海洋性の無脊椎動物．約200種が知られている．間充ゲルの"jelly（寒天）"に由来する総称である．ゼラチン質の傘のまわりには刺胞のある触手をもっている．成熟したクラゲは自由に動くが，幼生の間はポリプ*に似ていて，岩石など動かないものに付着して生活する．一方"medusa"というのは，ヒドロ虫のように世代交代*を行うが，その生活環の中で，傘形の体形をもち，海中を自由に泳ぐようになった段階のものを指す．

クロロフィル　chlorophyll

葉緑素のこと．ほとんどの植物がもつ緑色の色素で，光合成*の間に太陽光からエネルギーを吸収する働きをする．緑色の色素は，太陽光のうちの赤色と青紫色の部分を吸収し，緑色の部分をはね返すから，クロロフィルをもつ植物は緑色に見える．クロロフィルは，植物の葉の中に大量にある葉緑体*と呼ばれる細胞器官の中に見出される．藻類，ラン細菌（青緑色の藻）その他の光合成を行う細菌もクロロフィルをもつが，そのタイプは若干異なる．クロロフィルは構造上ヘモグロビン*に似ているが，分子の反応部分として，ヘモグロビンの鉄分の代わりにマグネシウムを含む．

警告色　warning coloration

動物が捕食者を寄せつけないように明るく目立つ体色をとること．たとえば，毒針をもつミツバチやスズメバチ，あるいは毒ヘビは，黒と赤または黄色の明瞭な縞模様で体を着色している．

形成層　cambium

維管束植物*において，二次成長をする前の分裂組織の部分．

血圧　blood pressure

血液が主要な動脈の中を流れるとき，血液がその内壁に与える圧力．心室から動脈系の中へ血液を押し出そうとして心臓*が収縮するとき，血圧は最高になり（収縮期圧），心臓が血液で満たされつつあるとき最低になる（弛緩期圧）．

血液　blood

脊椎動物の動脈，静脈および毛細血管の中を循環する液体．ある種の無脊椎動物の閉鎖循環系の中にある体液を指すこともある（開放循環系の動物の場合には血液の代わりに血リンパと呼ばれる）．血液は，栄養素と酸素を細胞へ運び，二酸化炭素その他の老廃物を除去する．血液は，免疫反応と体の各部への熱の配分の上でも重要である．ヒトの血液は体重の5％を占め，血漿という無色透明の液体からなるが，その中に主として3つのタイプの微細な細胞を含む．赤血球は血液の量の半分近くを占め，その中に含まれるヘモグロビンが赤血球，ひいては血液の色を赤くしている．白血球にはいくつかの種類があり，あるもの（食細胞）は侵入する細菌を捕食して体を病疫から守る．他のもの（リンパ細胞）は抗体や抗毒素をつくる．血小板は血液の凝固を助ける．塩分，糖分，タンパク質，脂肪およびホルモン類は，血漿の中に溶けて体内の各部へ届けられる．

血管拡張　vasodilation

血管，特に細動脈や毛細血管*の内径が拡大すること．細動脈の拡大は血圧*の低下をもたらす．

血管収縮　vasoconstriction

血管，特に細動脈や毛細血管*の内径が縮小すること．細動脈の収縮は血圧*の上昇をもたらす．

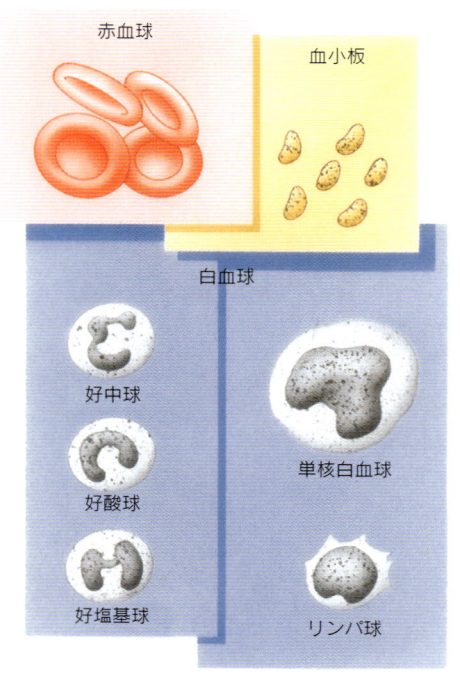

結合組織　connective tissue

器官と他の組織を結びつける強靱な組織．繊維，細胞，ときには血管まで含む細胞間物質の基質よりなる．

血漿　plasma

血液*の液体部分．

血小板　platelet, thrombocyte

血液*の中にある，微小な，膜に包まれた細胞片で，赤い骨髄の細胞からちぎれて生まれたもの．血液の凝固を助ける．　→凝固

毛虫　caterpillar

チョウまたはガの幼虫．

ケラチン　keratin

強くて弾力性に富む繊維質の，硫黄を含んだタンパク質．脊椎動物の表皮や，ウシ，ヒツジなどの動物の毛，爪，蹄，羽毛および角にも見られる．絹の主要構成要素でもある．

腱　tendon

筋肉*を骨*に結びつけている太い紐状または帯状の組織．腱の主成分はコラーゲンで，あまり弾力性に富んではいない．筋肉の収縮による力を体の各部分へ伝える働きをする．

原核生物　prokaryote

単細胞生物で，その細胞の中に膜で包まれた細胞小器官*をもたないもの．細菌類とラン細菌（ラン藻とも呼ばれる）よりなる．原核生物のDNA*は，染色体の中にはなく，核様体と呼ばれるコイル状の組織になっている．原核生物のリボソームは真核生物*のそれより小さい．

犬歯　canine

陸上の肉食動物の口の前歯の中にある歯で，門歯と小臼歯の間にある．上顎と下顎に1対ずつあり，長く尖っている場合が多い．犬歯は，獲物にかみついたり，殺したり，肉を引き裂いたりするときに使われる．ウサギやヒツジのような草食動物にはなく，ヒトの犬歯は著しく退化している．

減数分裂　meiosis

細胞の中の染色体*の数が半分になる細胞分裂*．減数分裂が起こるのは真核細胞の中だけであり，また有性生殖に関係する場合である．染色体の数を増加させることなく両親の遺伝子を結びつける必要があるからである．二倍体をもつ動物の有性生殖において，減数分裂は配偶子*の形成段階で生じ，配偶子が半数体に分かれる．その半数体が受精により2つ結びつくと，倍数体の状態に戻る．　→真核生物，世代交代，有糸分裂

原生生物　protoctist

原生生物界に属する生物で，原生動物，藻類，珪

藻類，粘菌類，カビ類，サビ菌，うどん粉病菌，およびその他の真核細菌など．

原生動物　protozoan
固定した細胞壁をもたない単細胞生物．すべて液体の中に生息する．繊毛虫類，鞭毛虫類，渦鞭毛藻類，放射虫類，有孔虫類，およびマラリア原虫のような胞子虫類を含む．大部分の原生動物は二分裂*で繁殖するが，接合と呼ばれる有性生殖*を行うものもある．

肩　帯　shoulder girdle
→胸帯

懸濁物食　suspension feeding
多くの淡水性または海洋性動物の採食方法の1つで，水中に浮遊しているプランクトンなどを漉し取ったり粘液でからめ取ったりする方法．懸濁物食者の大部分は底生動物で，体についている付属肢などを水の流れの中に伸ばしたり，あるいは自ら水を近くに招き寄せ，自分の体の中を通過させたりして，その中に含まれる微粒子の餌を捕らえる．ある種の環虫，海綿，羽毛状の触手をもつイソギンチャク，ヒドロポリプ，ヤギ（海楊），ウミエラ，ウミシダなどが懸濁物食者である．

顕微鏡観察　microscopy
→「現代生物学の領域」p.11

恒温動物　homeotherm
→温血動物

甲　殻　carapace
カニ，エビなどの甲殻類の背部．頭部や胸部などの体節を覆って，外敵から内部を保護する外骨格である．カメやウミガメの盛り上がった甲羅は肋骨その他の平たい骨がくっついてできた角質の外皮層である．腹部の甲殻も似たようなものであるが，平たい．

甲殻類　crustacean
節足動物*の甲殻綱に属する動物で，30,000種以上に分かれ，世界中の海や淡水に広く分布する．カニ，ロブスター（ウミザリガニ），エビ，ワラジムシ，フジツボなどである．体節のある体は，通常，頭部（口器，複眼および2対の触角をもつ），胸部，腹部に分かれるが，全体が，炭酸カルシウムで硬化されたタンパク質とキチンからなる外骨格で保護されている．各体節に1対の付属肢がついており，これらは感覚器官として，あるいは泳ぐとき，歩くとき，物をつかむときにも役立つ．

睾　丸　testis
動物の雄の体内の，精液*をつくる生殖器官．脊椎動物には2個あり，ステロイドホルモン（主としてテストステロン*）もつくる．多くの動物では睾丸は体内にあるが，哺乳類では，胎児の発達段階で

体外に出て，腹部の下に吊り下がる陰嚢の中におさまる．

交感神経系　sympathetic nervous system
自律神経系*（意識と関係なく働く神経系）に2つあるうちの1つ．興奮したときや緊急時の体の必要に対応する──「攻撃 - 逃走反応」などの神経系で，その末端からノルエピネフリンまたはエピネフリンという神経伝達物質*を放出する．交感神経系は副交感神経系*の作用を抑える方向に働く．たとえば，副交感神経系がふつうのときの体の機能を制御するのに対して，交感神経系の方は心拍数を増加させたり唾液の分泌を減少させたりする．両者は拮抗する作用をもつ．

攻　撃　aggression
他の生物を威嚇したり，危害を加えたりする行動．通常は，縄張りや配偶相手や食料を敵にとられないように守ったり，あるいは相手からそれらを奪ったりするために行われる．敵を威嚇するために脅威を与えることを含み，必ずしも格闘その他肉体的接触による攻撃だけを意味するとは限らない．攻撃の意思表示としては，イヌのうなり，鳥の羽の膨らまし，ある種の魚による鰭（ひれ）の逆立て，などがあげられる．

抗　原　antigen
抗体*をつくり出す原因になる物質．細菌の表面に付着しているタンパク質，ウイルス，花粉粒などが代表的なものである．不適合な型の血液や組織に含まれるタンパク質も抗原として作用する．

光合成　photosynthesis
緑色の植物が太陽光からエネルギーを吸収し，それを使って一連の化学反応を起こしたのち，炭水化物の生成に至る過程．光合成が生じるためには，植物がクロロフィル*を有し，二酸化炭素と水の供給があることが必要である．光合成の化学反応は2つの段階に分かれて起きる．明反応では，太陽光の利用により水（H_2O）が酸素（O_2）と陽子（水素イオン，H^+）と電子に分解され，酸素がその際の副産物として放出される．暗反応では光のいらない化学反応が起きる．すなわち，陽子と電子を使って，二酸化炭素（CO_2）を炭水化物（$CH_2O)_n$へ転換する．したがって光合成は，クロロフィルの太陽光エネルギー捕捉能力と，太陽光エネルギーを使って水の分子をその構成要素に分解する能力によることになる．クロロフィル以外の色素（たとえばカロチノイド）も太陽光エネルギーの捕捉を助けており，捕捉した太陽光エネルギーをクロロフィルへ回している．
→食物連鎖

虹　彩　iris
脊椎動物の眼*にある，着色した不透明な筋肉質の隔膜で，瞳孔の大きさを調節する器官．瞳孔を開くための放射状の筋肉と，それを絞るための環状の筋肉よりなる．両方の筋肉とも，光の強度に応じて

不随意的に働く．

口　肢　palp
多くの無脊椎動物に，通常は口部に見られる，節のある感覚器官．触肢ともいう．たとえば，ある種の昆虫や甲殻類の第2上顎*にある嗅覚器官．

光周性　photoperiodism
明暗の周期的変化（および日照時間の変化）に対応して，多くの植物が成長や開花などの行動を変えること．

甲状腺　thyroid gland
脊椎動物の首の中の，気管の前に位置する内分泌腺*で，ヨウ素を含む重要なホルモン*を何種類も分泌する．チロキシンとトリヨードチロニンは，物質代謝の速度を調節し，体の成長と発達を制御する．またカルシトニンは，骨の中でのカルシウムとリン酸塩の沈着を促進させることにより，血液中のカルシウムのレベルを下げる．甲状腺の活動は下垂体前葉から分泌されるホルモンによって制御されている．

後生動物　metazoan
2つ以上の組織層をもつ動物界のなかま．海綿などの側生動物は襟（えり）細胞と呼ばれる特殊な鞭毛細胞を有するが，器官につくり上げられた組織をもたない．真の後生動物すなわち真正後生動物は，明確な形態をした器官と，通常，細胞間をつなぐ神経も有しているが，襟細胞はもっていない．

酵　素　enzyme
細胞がつくるタンパク質*の一種で，化学反応の触媒として働く．酵素は複雑な構成の分子であり，その機能は高度に特殊化していて，特定の化学反応には特定の酵素が必要とされる．基質は，酵素の活性部位に嵌入（かんにゅう）することによって酵素基質複合体を形成する．それは，基質が変化または分裂するまで存続するが，その後は酵素と新たにつくられた生産物に分かれる．消化酵素にはアミラーゼ（デンプンを消化），リパーゼ（脂肪を消化），プ

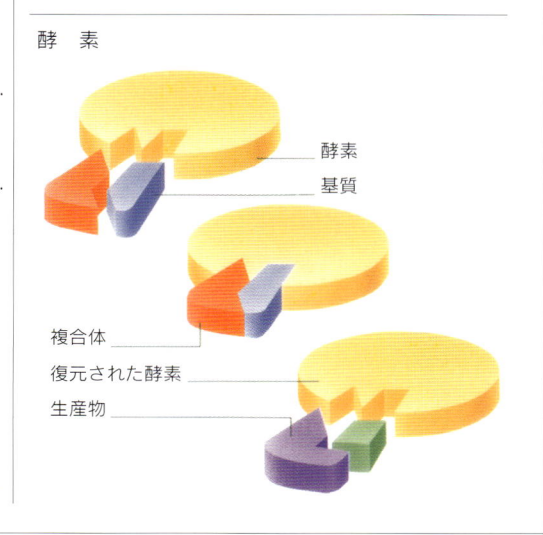

酵　素

酵素
基質
複合体
復元された酵素
生産物

KEYWORDS

ロテアーゼ（タンパク質を消化）などがある．その他の酵素としては，次のような化学反応に大きな役割を果たすものがあげられる．食物エネルギーのATP（アデノシン三リン酸）への転換．生体のすべての分子成分の製造．細胞分裂の際のDNAの複製．ホルモンの製造．種々の物質の細胞からの出入運動の制御．

抗 体 antibody
　異物（抗原*）の体内侵入に対応して血液中につくられる自己防衛用のタンパク質分子．抗体は異物に特異的に結合し，それを食細胞（白血球）により破壊するか，あるいは，それを無害なものに変える化学作用を行う．

腔腸動物 coelenterate
　→刺胞動物

抗毒素 antitoxin
　特定の毒素の効力を中和するために，生きた細胞によってつくられる物質．

口 吻 proboscis
　ある種の無脊椎動物に見られる長く伸びた口器．チョウの花蜜を吸う口器など．

抗利尿ホルモン antidiuretic hormone(ADH)
　脳下垂体後葉から分泌されるホルモンで，腎臓*による水分の吸収を促進させ，体内液の濃度を制御する．バソプレッシンとも呼ばれる．

呼 吸 respiration
　食物の分子が分解（酸化）され，アデノシン三リン酸*の形でエネルギーを放出する生化学的過程．すべての高等動物では，呼吸は細胞のミトコンドリア*の中で生じる．その第1段階（解糖）ではグルコースがピルビン酸塩に分解されるが，これは嫌気性の呼吸で酸素を必要としない．次の第2段階（クレブス回路）ではピルビン酸塩がさらに分解されて二酸化炭素と水になる――これがエネルギーをつくり出す主要段階で，酸素を必要とする．解糖とクレブス回路は，有気呼吸をするすべての生物に共通の現象である．呼吸（respiration）は，空気を吸い込み吐き出す「呼吸運動」（breathing）と異なる．

呼吸運動 breathing
　動物が体内に空気を取り入れ吐き出す筋肉の運動．脊椎動物の肺*はガス交換ができるように特別の構造になっており，筋肉ではなく，弾力性のある海綿状の組織からなっている．ヒトの場合，呼吸は主として（全部ではない），横隔膜*の運動によって制御されている．

こぶ胃 rumen
　反芻動物*の第1胃で，食物がいったん貯蔵されるところ．食物は，反芻される前に，こぶ胃の中で微生物の作用を受ける．瘤胃（りゅうい）ともいう．

鼓 膜 ear drum, tympanum
　→耳

根 茎 rhizome
　地中を水平に延びた植物の茎で，多くの場合，そのところどころに葉痕をもち，そこから新しく芽が出る．根茎は切断されても根のように死ぬことがなく，別の個体となって生き続ける．根茎は多年性で，デンプンで膨れた部分は栄養の貯蔵器官になる．
　→塊茎

昆 虫 insect
　昆虫綱の節足動物*．昆虫の体は頭部と胸部と腹部に大別される．頭部には1対の触角と1セットの口部がある．胸部には3対の肢のほかに2対の翅がついていることもある．外骨格で，それはキチンでできている．雌はほとんどが産卵器を有する．多くのものが尻に尾角と称する触角器をもつ．大多数の昆虫は気管（体内に樹状に伸びるガス交換のための管）で呼吸し，1対の気門と呼ばれる穴で体外へ通じる．生殖の方法は実に多様である．下等な昆虫の場合は直接発生で変態*も不完全である．幼生は親によく似ていて幼虫*と呼ばれる．しかし，高等な昆虫の場合は間接発生で完全な変態を遂げ，幼虫よりも早い成長段階で卵からかえり，幼生*と呼ばれる．そして，次の蛹*（さなぎ）の段階にある間に，器官や体組織は成虫のものへ変化する．蛹になる前に繭（まゆ）の中に閉じこもって防御体制を固めるものもあり，いよいよ蛹の段階から脱け出そうというときには最後の脱皮を行う．　→「昆虫学」p.11

細 菌 bacteria
　通常，モネラ界に属する単細胞の極小生物．種々の群があるが，それらでモネラ界とは別の独自の界を構成することもある．　→原核生物

再 生 regeneration
　古い器官や組織が失われたところに再び新しい器官または組織が成育すること．再生は，植物ではごくふつうに見られる現象で，切り口から新しい個体が生まれることも可能である．動物では，重要な組織構造が再生され得るのは，扁虫，サンゴ，クモ，棘皮動物*のような単純な生物の場合に限られる．脊椎動物では，治癒しつつある傷の組織の回復とか，損傷後の末梢神経の再成長とかの場合にのみ可能であるが，トカゲは例外で，切られた尾を再生することができる．

細 胞 cell
　生体の構造および機能の基本単位．ウイルス以外のすべての生物の体は1個または2個以上の細胞からなる．多くの微生物が1個の細胞だけの体をしているのに対し，ヒトの身体は数十億個の細胞でできている．細胞を特徴づけているものは次のとおり．
　細胞膜*：細胞を包んでいる膜で，種々の物質の細胞からの出入りを制御する．
　原形質：細胞内のゼリー状の物質．
　リボソーム*：タンパク質の合成を行う．

昆　虫　　　　　　　　　昆虫の主な目（もく）

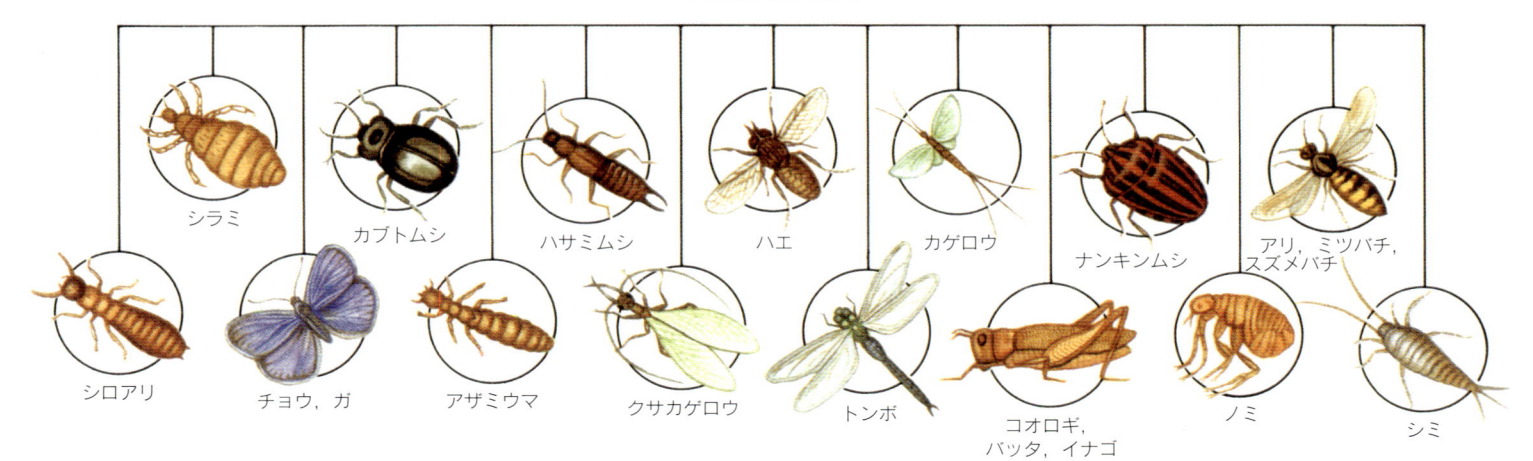

シラミ　　カブトムシ　　ハサミムシ　　ハエ　　カゲロウ　　ナンキンムシ　　アリ，ミツバチ，スズメバチ

シロアリ　　チョウ，ガ　　アザミウマ　　クサカゲロウ　　トンボ　　コオロギ，バッタ，イナゴ　　ノミ　　シミ

KEYWORDS

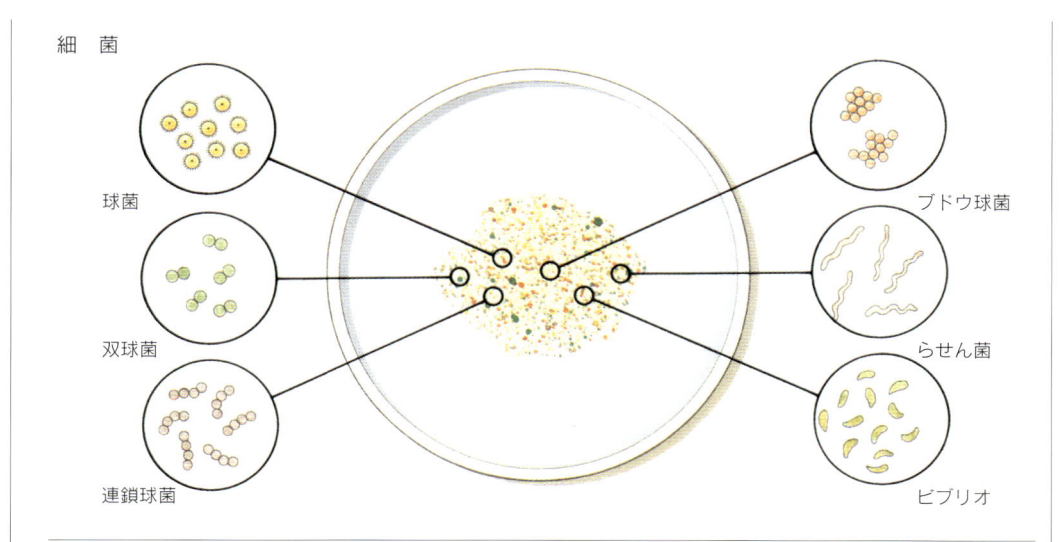

細菌

球菌
双球菌
連鎖球菌
ブドウ球菌
らせん菌
ビブリオ

DNA*：遺伝物質を形成する．
　原形質の構成は一定していないが，細胞が死んだとき，その分解産物の大部分はタンパク質である．原形質には，炭水化物，脂肪，リン酸塩や塩化カルシウム・ナトリウム・カリウムなどの無機塩が含まれている．外側の細胞膜は，大多数の動物の細胞では頑丈なものでない．細胞の形状は表面張力か化学作用で保たれている．原生動物，菌類および動植物では，DNA は染色体の中に組み込まれており，その染色体は核に含まれている．そして，この種の細胞は真核細胞と呼ばれる．ヒトの細胞で核をもたない唯一のものは赤血球である．細菌とラン細菌（青緑色の藻類）では，DNA は 1 つの輪をつくっているだけで，核もない．このタイプの細胞は原核細胞と呼ばれる．　→真核生物，原核生物，および「細胞学」p.10

細胞質　cytoplasm
　真核細胞の核以外の部分を構成している物質で，ミトコンドリア，葉緑体等々，すべての細胞器官を含み，細胞小器官を包んでいるゼリー状の物質（正しい名称はサイトゾル）を指すこともある．ある種の細胞の細胞質は 2 つの部分よりなる．細胞の運動

細胞

膜
原形質
リボソーム
核

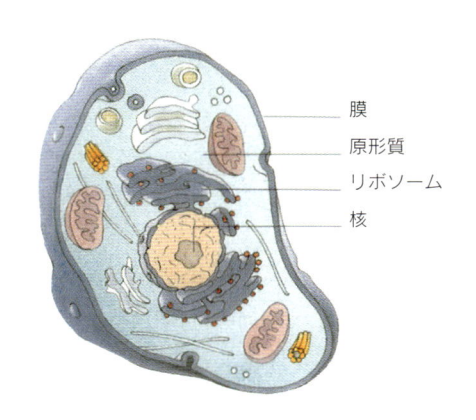

をつかさどる，濃いゼラチン状の外層で外部原形質（または原形質ゲル）と呼ばれるものと，大部分の細胞器官を包んでいる内部の液体で内部原形質（または原形質ゾル）と呼ばれるものである．　→細胞

細胞小器官　organelle
　生きている細胞*の中にある特殊化した構造物．葉緑体，ミトコンドリア，リソソーム，リボソーム，核など．

細胞分裂　cell division
　1 つの母細胞から 2 つの娘細胞（じょうさいぼう）が形成されること．まず細胞の中の核が 2 つに割れ，次いでそれらの娘核の間に細胞膜*が形成されるが，2 つのタイプがある．減数分裂*（有性生殖に関連する場合）では，娘細胞に含まれる染色体の数が半分になるから，母細胞の半分の遺伝情報しか娘細胞へ伝わらない．他方で，有糸分裂*（成長，細胞の更新，または修復に関連する場合）では，娘核はもとの核とまったく同一である．

細胞膜　cell membrane
　細胞*を包むタンパク質と脂肪の薄い層で，化学物質などが細胞質や細胞間隙の間を通るのを制御する．細胞膜は選択透過性をもつ．脂溶性物質は溶液の状態でなら細胞膜を通過できる一方，水，グルコース，アミノ酸などは拡散した状態のままタンパク質でふちどられた小孔を通ることができる．細胞膜の外側にはタンパク質または糖タンパク質の分子があって，それが抗原やホルモンや他の細胞などの存在を認識する働きをする．そのような場合には，細胞膜の表面にある種の反応が生じる．すなわち，反応を加速できるように，特殊なやり方で細胞膜上に配列している．細胞内の他の膜は，栄養素やホルモン応答物質の積極的な輸送に関与する．

サソリ　scorpion
　クモ形綱サソリ目に属する動物．熱帯や亜熱帯に多く住む．大きなはさみをもち，地面を這う体には

8 本の肢があり，上に反った腹部の末端は毒針になっている．　→クモ形類動物

雑　種　hybrid
　異なる遺伝子型の個体間の交配から生まれた子．雑種には同種間雑種（同じ種に属する両親から生まれた子の場合）と異種間雑種（異なる種に属する両親から生まれた子の場合）とがあるが，どちらの場合でも雑種の動植物はふつう生殖力をもたない．

雑食性動物　omnivore
　植物性のものと動物性のものの双方を食料とする動物．雑食性動物の消化器官は，草食動物のそれと肉食動物のそれとの中間的なもので，どちらの消化器系にも特化していない．雑食性動物の腸の中に住む微生物もさまざまな食物を消化する．

蛹（さなぎ）　pupa, chrysalis
　ある種の昆虫の生活環の中で，摂食せず，動きもほとんど止めている段階．蛹の間に，幼虫期の体内組織は成虫のそれに取って替わられ，体の構造も成虫に似てくる．多くの昆虫の場合，付属器官（肢，触角，翼など）の成長が外から識別されるようになる．ただし，チョウとガの場合には，分泌物が堅く固まってできた外被に包まれ，付属器官はその外皮の内部で発達する．

左右相称　bilateral symmetry
　器官が左右対称になっていること．器官の最長軸に沿って線を引いたとすると，その片側が他方の鏡像（鏡に映った像）のようになっている場合．たとえばヒトの腕や脚がそうで，大部分の動物は左右相称（両側相称）である．また，この特徴は植物の分類の上で重要である．　→放射相称

サンゴ　coral
　刺胞動物門の花虫綱（はなむしこう）に属する定着性の海洋性無脊椎動物で，その種は約 6,200 に達する．サンゴ虫はコップの形をしたポリプ*である（というより，イソギンチャクに似ている）．サンゴ礁の建築主であるサンゴポリプは，周囲の海水から抽出した炭酸カルシウムで自らの骨格をつくり，不完全な出芽*により巨大な群体を築く．サンゴは温暖な海にしか育たない．通常，ある種の藻類と共生*し，その藻がなければサンゴ礁はできない——できたとしても遅々たるものになる．藻類が光合成のために太陽光を必要とするので，サンゴ礁をつくるサンゴは，比較的浅く水の澄んだところに生育する．

色　視　color vision
　可視光線の波長の差を色の差として認識できる眼*の能力．大多数の脊椎動物では，色覚は，3 種の光に敏感な錐体細胞が網膜*に存在しているかどうかによる．錐体細胞は，それぞれ異なった色素を有し，異なった原色（赤，緑または青）に反応する．その各錐体細胞の刺激度が，脳により，異なった色

調や色の濃淡として認識される．その他，ある種の脊椎動物には別のタイプの錐体細胞があり，したがってヒトが見る色とは異なった範囲の色が見えるらしい．

色素　pigment
皮膚，毛髪，血液，花，葉などの色のもとになっている物質．

子宮　uterus, womb
哺乳類の雌の体内にある袋状の器官で，その中で胚*が発育する．膀胱と直腸の間に位置し，上には輸卵管が，下には膣がついている．子宮の外壁は厚い筋肉でできており，妊娠*の末期にはその筋肉の収縮により十分に発達した胎児*が膣を通って体外へ押し出される．下等な脊椎動物と無脊椎動物では，雌の生殖管の下部が子宮に当たる．

軸索　axon
糸のように長い神経細胞の伸長節で，電気化学的なインパルスを細胞体から遠く離れた他の神経細胞または筋肉などの効果器へ伝えるもの．軸索の末端はシナプスで他の神経細胞，筋肉または腺に結合する．　→神経

歯隙　diastema
哺乳類（多くの場合，草食動物）の顎（あご）の歯の間に見られる間隙．葉状の食物を舌で扱いやすくするための間隙と考えられる．

脂質　lipid
通常，脂肪酸がグリセロールに反応（濃縮）してできる脂肪酸のエステルで，多くの種類がある．脂質は，アルコールには溶解するが，水には溶けない．植物性または動物性のワックスや油脂の主成分であるエネルギー（食物）の蓄積，体の保護，防水，膜の構成や機能など，数多くの重要な役割を果たしている．

耳小骨　ossicle
脊椎動物の中耳にある小さな骨で，鼓膜を内耳につないでいる．哺乳類では，槌骨（つちこつ），砧骨（きぬたこつ），鐙骨（あぶみこつ）の3つよりなる．　→耳

雌ずい
→「雌しべ」と同じ．

視神経　optic nerve
眼*から脳へ視覚情報を運ぶ太い神経．哺乳類では，網膜の知覚細胞と脳の視覚中枢をつなぐこの神経は100万本にも及ぶ細い神経繊維からなっている．視神経は，胚*の段階で生じる脳の突起物から発達する．

自然選択　natural selection
自然淘汰ともいう．生物の個体群の遺伝子頻度が，他のものより多くの子孫をつくる特定の個体を通じて変化する過程．自然選択の累積的効果は好ましい適応*を生み出す．自然選択の過程は緩慢なもので，突然変異によって生じる遺伝子の偶発的変化と，有性生殖の際の遺伝子の組換えがその要因である．自然選択は，進化*が生じる主要な過程の1つと認識されている．

舌　tongue
脊椎動物の口の中の，通常下側についている筋肉質の器官．食物を噛んだり呑み込んだりするときに重要な役割を果たす．陸生の脊椎動物では，舌の上面は味蕾*で覆われている．ある種の進化した脊椎動物では，発声に舌が利用される．ヒトが話をするのに舌は不可欠である．

シダ　fern
シダ植物門に属する植物．切れこみのある長い葉をもち，種子ではなく胞子で繁殖する．

下顎　mandible
昆虫，ムカデ類，ヤスデ類，甲殻類などにある1対の角質の口器．弱い上顎の前についている．脊椎動物の下顎と，鳥類のくちばしの上下2つの部分も下顎と呼ばれる．

シナプス　synapse
2つの神経細胞の間，または神経細胞と筋肉の間の接合部で，それを越えて神経インパルスは伝達される．細胞膜の間には非常に小さなギャップ（シナプス間隙）が存在する．神経インパルスはカルシウムイオンの放出を起こさせ，カルシウムイオンは神経伝達物質*を含む小胞を刺激してそれをシナプス間隙に接する細胞膜に近づける．すると，神経伝達物質はシナプス間隙へ移り，次の細胞の細胞膜上にある受容部を通って拡散して行く．そして，これがその次の神経細胞の樹状突起を刺激して，インパルスがずっと伝わって行くようにする．もっとも，その際，インパルスは，次の細胞を刺激するばかりでなく，抑制するように働くこともある．神経インパルスの伝達がいつまでも継続することがないように，神経伝達物質は一度その役目を果たせば直ちに酵素*によって破壊される．　→神経

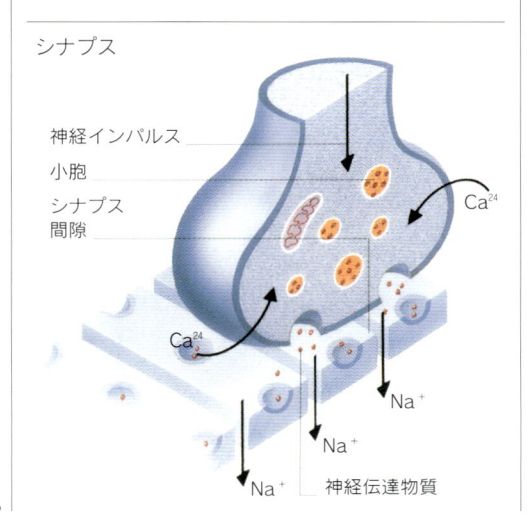

師部　phloem
植物の体内で栄養分などを輸送する管が集まった組織．主に，葉と成長中の根の先端とをつなぐ．

刺胞　nematocyst
刺胞動物*の触手に見られる特殊なタイプの刺す細胞．

子房　ovary
被子植物*で，胚珠を取り巻き，それを保護している心皮の下の部分で，中空の膨れたところ．子房の壁は，受精後，果実の果皮になる．

脂肪　fat
脂質*とも呼ばれる脂肪は，肪脂酸とグリセロールを含む化合物である．大部分の脂肪はトリグリセリド（3個の脂肪酸の分子が1個のグリセロールと結合した脂質）よりなり，通常，体温では固体である．脂肪は食物の基本的な構成要素の1つであり，その熱量は炭水化物の2倍に達する．多くの動物では，消化された食物のうち余った炭水化物とタンパク質は脂肪に換えられて体内に備蓄される．哺乳類などの脊椎動物では脂肪は脂肪組織に蓄えられるが，それはエネルギーの備蓄となるだけでなく，体にとっての断熱材，また内臓諸器官にとってのクッション（緩衝材）の役割も果たす．

刺胞動物　cnidarian
刺胞動物門に属する動物．腔腸動物（coelenterate）ともいう．サンゴ，クラゲ，ヒドロポリプ，イソギンチャクなどである．刺胞動物は，単一でない細胞層をもつ動物としては最も単純な構造のものであり，他のより高等な動物に見られるような器官系というものをもたない．体腔は口から続く1つだけで，血管はなく，神経網も簡単なものが1つあるにすぎない．刺胞動物は肉食で，口のまわりの触手には刺胞が備わっている．定着性のカップ型のポリプ*と，泳ぐクラゲ*のようなグループと，2つのタイプがあるが，あるものは常にポリプ型，あるものは常にクラゲ型であるのに対して，あるものは一生の特定段階で型を変える．

社会性昆虫　social insect
社会性のある行動をとり，グループの中で決められた序列に従い，仲間と調和して暮らす昆虫．例としては，ミツバチ，スズメバチ，アリ，シロアリなどがあげられる．それぞれの個体の地位は，主として，その生物の形状ないしカースト（たとえば働きバチなのか，兵隊バチなのか，それとも卵を産む女王バチなのか）による．

雌雄異体　dioecious
雄と雌の生殖構造が別々の個体に備わっている生

物．ほとんどの動物と若干の植物がこれに当たり，他家受精が必須である．

収縮胞 contractile vacuole
多くの単細胞の淡水性微生物に見られる細胞器官．細胞の浸透圧調節*を行う．収縮胞は，ゆっくりと水で細胞を満たし，次に収縮して水を外へ押し出すことにより浸透圧を調節する．ただし，海洋性原生動物は収縮胞をもたない．　→液胞

雌雄同体 monoecious
次の3つがある．
1）顕花植物で，同一の個体上に雄花と雌花を咲かせるもの．
2）その他の植物および藻類で，同一の個体上に雌雄両方の配偶子を生ずるもの．
3）動物で，同一の個体が雌雄両方の生殖器官をもつもの（両性生物*）．

絨毛 villus
小腸*の内膜から突き出た繊細な指のようなもので，栄養素*の吸収をよくするために小腸の内膜の表面積を大きくしている．

樹液 sap
植物の師部内に見られる液体．糖分を含んでいることが多く，師部*は樹液を貯蔵したり輸送したりする．

主根 taproot
植物の根の中で中核的存在のもの．通常，かなり長く，土中深く伸びる．多くの二年生植物（ニンジン，オランダボウフウなど）は，主根を膨らませてそこにデンプンなどを貯える．

種子 seed
種子植物で，受精した胚珠*がつくる組織．通常，中心部に胚があり，それを栄養補給部分と保護部分（種皮）が包む．被子植物*の種子は子房の中にあるが，裸子植物*の種子は裸で保護されていない．

樹状突起 dendrite
神経細胞から伸びた細く短い突起．樹状突起は，他の多くの神経細胞から送られてきた信号を受け取り，それらを細胞体へ伝える．　→神経

珠心 nucellus
被子植物*や裸子植物*の胚珠*を取り巻く組織．

受精 fertilization
有性生殖で，2つの配偶子*が結合して接合子*をつくること．その際，接合子は各親から受け継いだ遺伝物質を結合する．同一の個体の雄と雌の配偶子が結合する場合が自家受精であり，異なる個体の間で生じる受精が他家受精である．受精は，体内で行われることもあれば（鳥類および哺乳類の場合），体外で行われることもある（魚類，両生類および多

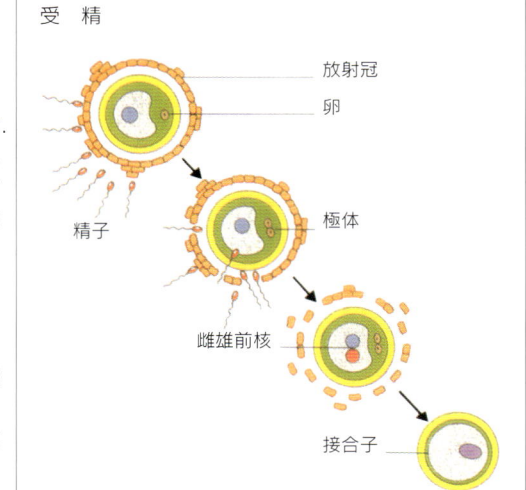

くの藻類の場合）．

出芽 budding
無性生殖*の一形態で，ある細胞または個体に生じたこぶのようなものが成長して新しい個体をつくる現象．酵母菌のような単細胞生物やヒドラなど数種の刺胞動物は，この出芽によって増殖する．サンゴ礁をつくるサンゴの場合には，出芽で生まれた新しい個体が，親から離れることなく上に積み重なって行って大きな群体を形成する．

十脚類 decapod
十脚類に属する動物．甲殻類*の中で最大の目（もく）を構成し，世界中に広く分布する．主として海に住む．泳ぐものとしてはエビやテナガエビなどがあり，這うものとしてはカニ，ロブスター（ウミザリガニ），ザリガニなどがあげられる．十脚類の動物はすべて5対の歩脚をもつ．這う十脚類では，第1脚の1対が大きく変化して強力なはさみになっている．また，甲殻（甲羅）は胸部と融合し，頭部も頭胸部として胸部と合一している．

種皮 testa
種子*を保護している外被．胚珠*に由来する．

受粉 pollination
花の葯*（雄性器官）から柱頭*（雌性器官）へ花粉*が運ばれること．自家受粉は，葯と柱頭が同一の花の中にある場合に生じる．それらが（同一種の）別々の花に分かれてついていれば他家受粉が行われることになるが，その場合は，通常，風か昆虫が受粉の媒介をする必要がある．

種分化 speciation
ある種から新しいタイプの種が生まれること．ある種の集団からさまざまな集団が分岐し，遺伝的隔離が大きくなって交雑不能となった場合をいう．

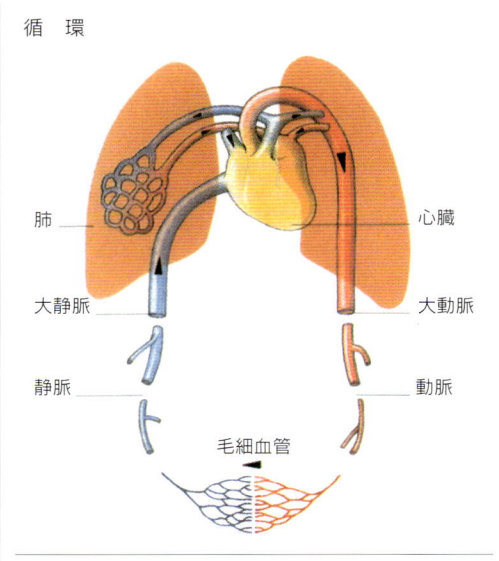

循環 circulation
酸素と栄養分の豊富な血液*が血管（循環系）の中を通って体の各部へ運ばれ，酸素を失った血液が心臓へ戻るという過程．海綿類と刺胞動物を除くすべての動物は循環系を有する．

春機発動期 puberty
思春期ともいう．ヒトが性的に成熟に達する段階．生殖器官が大人のそれの形態をとるようになり，性毛が生える．女子では月経が始まり，胸が膨らむ．男子では声変わりが起こり，顔にヒゲが生えるようになる．

子葉 cotyledon
種子植物の発芽に際して最初に出る1枚または2枚の葉．　→双子葉類，単子葉類

消化 digestion
動物の食べた食物が，物理的（歯や消化管の筋肉の運動によって）および化学的（消化管の中の酵素*の働きによって）な作用によって分解され，体内に吸収されやすく，またエネルギー源として利用されうる物質に変換される過程．大部分の高等動物の消化系は，口，胃，腸および関連する腺よりなる．哺乳類では，食物は胃の中で砕かれ，ほとんどの栄養素は小腸で吸収される．消化され得なかったものは大腸で糞に固められる．鳥類の場合には，その他の消化器官として，素嚢と砂嚢というものもある．より小さな，より単純な，クラゲのような動物では，消化系は1つの体腔（腔腸）だけからなり，口から入った食物はすべてこの体腔の中で消化・吸収される．

消化管 alimentary canal
口から肛門までの消化のための管．ヒトの場合には，口，口腔（こうくう），咽頭，食道，胃，腸および肛門よりなる．　→消化

KEYWORDS

蒸 散 transpiration
　植物から水が蒸発によって失われること．葉からの蒸散は，その90％が気孔（通常，葉の裏側にある多くの小さな穴）を通して行われる．

小 腸 small intestine
　→腸

上皮組織 epithelium
　細胞が緻密に詰まっていて，細胞間物質をほとんどもたず，血管も通っていない薄い組織．多くの上皮組織は基底膜の上に存在する．体表を包むとともに，体内の管や腔の内面も覆っている．酵素その他の物質を分泌する腺細胞を含んでいる場合も少なくなく，消化管の内面がその一例である．

小胞体 endoplasmic reticulum
　真核細胞の中で小胞をつくっている管や平たい袋などからなる複雑な膜のネットワーク．小胞体は，細胞内にタンパク質を貯蔵し，脂肪類の合成に必要な酵素*を含む．タンパク質の合成を行うリボソームは小胞体の各所に付着している．　→真核生物

静 脈 vein
　血液*を体の各部から心臓へ輸送する血管．静脈の壁は薄く，その内径は比較的に大きい．静脈は酸素を失った血液を運ぶが，肺静脈は例外で，新しく酸素の供給を受けた血液を肺から心臓へ送る．なお，英語で vein という語は，より広義に，生物体の組織の強化または組織への栄養補給を行う管を指すのにも用いられる．たとえば，植物の場合の葉脈，昆虫の場合の翅脈である．

食細胞 phagocyte
　外部の固形物を取り込み処理する細胞で，多くの場合，侵入する微生物に対する自衛として異物を呑み込む．その活動は食細胞活動または食作用と呼ばれ，この作用が働いたのちに抗体がつくられることが多い．　→飲作用

触 肢 pedipalp
　クモ形類動物*の口部のすぐ前にある1対の節のある付属器官．感覚器官であるが，歩いたり，餌を捕らえて殺したり，身を護ったり，掘ったり，食物を口に運んだりするのにも使われる．さらに，クモの雄がもっている匙（さじ）の形をした触肢は精液を雌へ届けるのにも用いられる．

触 手 tentacle
　ある種の無脊椎動物，またはある種の魚類の口や顎先のまわりに見られる細長くしなやかな器官．感覚器官としてのほか，餌を捕らえたり水から漉したり，あるいは移動や自衛のためにも用いられる．

食虫植物 insectivorous plant
　→肉食植物

食 道 esophagus
　口から胃まで，食物がその中を通過する筋肉質の管．その上端は気管のすぐ後ろの咽頭の底にある．

植物学 botany
　→「現代生物学の領域」p.10

植物プランクトン phytoplankton
　植物性のプランクトン*．

食物連鎖 food chain
　エネルギーが植物と動物の間を移動する諸段階のつながり．植物は太陽光のエネルギーを捕らえて有機化合物の化学エネルギーに転化する．その植物を動物が食べ，その動物も他の動物に食われる．そのようにしてエネルギーが1つの生物から他の生物へ移って行って食物連鎖ができる．食物連鎖のそれぞれの段階で，エネルギーの一部は，熱や，消化されずに残った食物（糞），または運動のエネルギーの形で失われる．食物連鎖は多岐に枝分かれして複雑なものになることが多い．各種の動物が多種の動物を食べると同時に，多種の動物によって食べられるからである．いくつかの食物連鎖が結びついたり重なったりして食物網をつくることも少なくない．

触 角 antenna
　頭部の触覚器官としての付属肢．昆虫類，ムカデ類およびヤスデ類は1対の触角をもつが，エビなどの甲殻類には2対の触角がある．触角は感覚機能をもつのがふつうであるが，その他の目的のために変化していることもある．

触 覚 touch, tactile sense
　皮膚にある特殊化された神経の末端を刺激することにより得られる感覚．ある神経は軽い圧力に反応し，他のあるものは強い圧力に反応する．また，ある種の動物は皮膚の表面から突き出た特別の触覚器官をもつ．ひげ*，触角，細い毛などである．

食物連鎖

書 肺 book lung
　クモ，サソリなどクモ形類に見られる呼吸器官．魚類の鰓（えら）に似ていて，体壁が薄い襞（ひだ）の多いしわに変化したもの．クモ形類の動物は，この書肺によって外気と循環系との間のガス交換，つまり呼吸を行う．

自律神経系 autonomic nervous system
　哺乳類の神経系で，（消化管や血管の）平滑筋，心臓，分泌腺などの不随意（意識と関係なく動く）活動を制御する部分．交感神経系*と副交感神経系*の2系統よりなる．

進 化 evolution
　地球上で生物が発達してきた過程．進化に関する諸理論は，現在の生物の多様性を何世代もの祖先の間に生じた漸進的な変化でもって説明しようとするものであるが，ダーウィンは，偶発的に起こる変化に自然選択が加わって進化が生じたと主張した．自らが生活する特定の環境により良く適応できる個体が生存と生殖についてより有利であるから，その特性が将来の世代に伝わりやすい，というのがその骨子であるが，ネオ・ダーウィニズムと呼ばれる今日の進化論は，このダーウィンの説に次の2人の学者の説を加味したものである．すなわち，オーストリアの生物学者グレゴル・メンデルの遺伝学に関する学説とオランダの植物学者ヒューゴ・ド・フリースの突然変異説（新しい特性が生まれる理由を説明するもの）である．しかし，自然選択と性選択（個体が配偶相手を選択することにより起こるもの）のほかにチャンスという要因が果たす役割も大きいと考えなければならない．偶然の要因で集団全体の遺伝的特性が決定されること——遺伝的浮動と呼ばれる現象も少なくないからである．

真核生物 eukaryote
　すべての生物は分類学上2つのグループに大別されるが，その1つ，原核生物*のグループに属する細菌とラン細菌（ラン藻）を除いた残りの生物全部が真核生物のグループに属する．真核生物の細胞は，膜に包まれて明確に区別され得る核をもち，その中にある染色体がDNA*を含んでいる．真核細胞は，核のほかにもミトコンドリア，葉緑体その他，膜に包まれた構造体を中にもち得るが，それらは原核細胞の中には見出すことができない．

腎 管 nephridium
　多くの無脊椎動物がもつ排泄器官で，体の中心部にある体腔から皮膚の表面につながる管よりなる．

神 経 nerve
　中枢神経系との間をつなぐ軸索（神経繊維）の集合体．インパルスを伝達し，神経系*の諸部を他の器官に連結する．神経繊維の束も神経という．

神経系 nervous system
　大多数の無脊椎動物とすべての脊椎動物の神経細

KEYWORDS

胞を相互につなぐ系．一般的には，中枢神経系と自律神経系よりなる．単純な神経網のこともあれば（クラゲのような場合），複雑な神経系のこともある．後者の場合には，脳*と脊髄*からなる中枢神経系と，感覚器官，筋肉および腺につながる末梢神経系の双方を有する．

神経伝達物質 neurotransmitter
シナプス*を越えて神経系の細胞の間に，あるいは神経細胞と筋肉細胞の間に，インパルスを通過させる化学物質．

神経ホルモン neurohormone
神経細胞によって分泌され，血液によって目的とする細胞へ運ばれる化学物質．神経ホルモンの機能はメッセンジャーの役を果たすことである．たとえばADH（抗利尿ホルモン）は，視床下部から分泌され，いったん脳下垂体に貯蔵されてから血流の中に放出されて腎臓へ運ばれる．そして，腎臓細管による水分の再吸収を促進する．

心　臓 heart
動物の循環系で，体内に血液*を送り出すため律動的に収縮を繰り返す筋肉質の器官．ミミズのような環形動物などの無脊椎動物の中には，主要な血管のあちこちに血管壁の厚くなった部分をもっていて，そこで脈拍を打っているものもある．脊椎動物がもっている心臓は1つである．魚類の心臓には室が2つあり，1つは血液を流入させるために膨張する薄い壁の心房で，もう1つは血液を送り出すポンプ役の厚い壁の心室である．両生類と大多数の爬虫類には2つの心房と1つの心室があり，鳥類と哺乳類は2つの心房と2つの心室をもつ．この2心房・2心室の場合は，血液の循環が2系統（肺向けのものと，その他の体の部分向けのもの）に分かれている．心臓の鼓動は，自律神経系*と体内のペースメーカーである洞房結節によって制御されている．　→循環

腎　臓 kidney
脊椎動物では，体内の水分の調整，老廃物の排出，血液中に溶解している物質の保持などをつかさどる

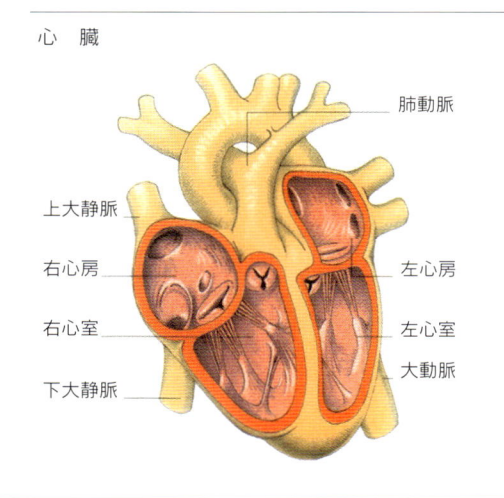

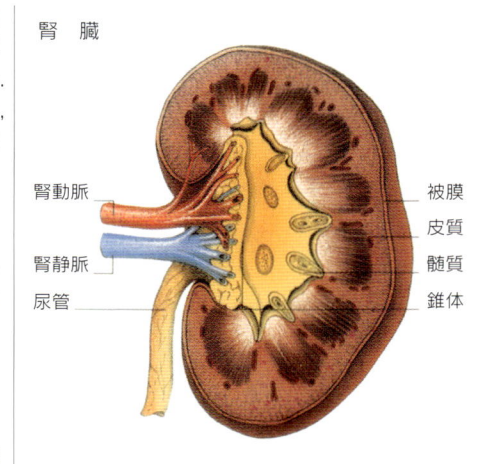

[図：心臓]
肺動脈／上大静脈／右心房／右心室／下大静脈／左心房／左心室／大動脈

[図：腎臓]
腎動脈／腎静脈／尿管／被膜／皮質／髄質／錐体

主要な器官．哺乳類の場合には，1対の腎臓が腹部の裏側の壁の近くに位置している．腎臓は多数の長い細管からなる．その外側の部分は血液中に溶解している物質を濾し取り，内側の部分は重要な塩類を選んで再吸収したのち，老廃物を残りの液体すなわち尿中に流す．尿は輸尿管を通って膀胱へ運ばれる．

靱　帯 ligament
タンパク質コラーゲンよりなる強靱で弾力性に富む結合組織で，骨と骨とを可動関節でつなぐもの．靱帯は（通常の状況下での）脱臼を防ぎ，関節での屈伸を可能にする．

浸　透 osmosis
異なる濃度の溶液を隔離している膜が，その選択的透過性により溶媒の拡散*を行うこと．浸透は拡散の特殊な形態で，溶媒が濃度の高い方から低い方へ移動し，両方の濃度が等しくなるまで続く．多くの細胞膜*は選択的透過性のある膜として働く．浸透は，生体内の液体輸送の上で基本的に重要な機構である．

浸透圧調節 osmoregulation
生体内の水分量が一定の水準に保たれるようにする機能．もしバランスがくずれると，種々の塩の濃度が高すぎたり低すぎたりして，神経による伝導などの重要な機能に悪影響が及ぶ．たとえば哺乳類の場合には，蒸発によって水分が失われれば，水の摂取量を増やすことや，腎臓*が尿を排出する前に水の吸収率を強めることによって調節される．

心　皮 carpel
顕花植物（被子植物*）の胚珠*を包む部分で，通常果肉とされる組織．子房*と柱頭*と花柱*よりなる．

針葉樹 conifer
針葉樹類に属し，球果*をつける植物．大多数は，針状または鱗状の葉を有し，モミ，マツなど，多くが常緑樹である．通常，雄の球果は小さく，雌の球果は大きく，同一の樹に結実する（雌雄同株）．

髄 medulla
器官の中心部．哺乳類の腎臓*について言えば，外側の皮質の中にある部分で，腎臓を通過する液体から水分を再吸収する．脊椎動物の脳について言えば，脳髄は後ろの部分で，呼吸，体温の調節など体の基本的な機能の調節をつかさどる．

水　管 siphon
体内に水を吸い込んだり排出したりするのに用いられる管状の器官．特に，軟体動物，海綿，ホヤの水管が発達している．

膵　臓 pancreas
十二指腸の近くにある消化系の付属腺．ホルモンによる刺激があると酵素を十二指腸の中に分泌し，十二指腸はそれでもって炭水化物やタンパク質や脂肪を消化する．膵臓はランゲルハンス島と呼ばれる細胞群よりなる．そしてランゲルハンス島は，血糖のレベルを調節するインスリンとグルカゴンの2種類のホルモンを分泌する．　→消化

スカベンジャー scavenger
他の動植物の死骸を食料とする動物．

ストロマ stroma
→葉緑体

性 sex
雄と雌のどちらかであること，ないし2種類の配偶子*（雄では精子，雌では卵子）のいずれかをつくる能力．ある生物が雄になるか雌になるかは，遺伝的要因，環境的要因（気温や食物の入手可能程度），あるいは受精済みか否かによって決まる．雌雄両方の生殖器官をもつものは両性具有と呼ばれる．

成育圏 domain
特定の動植物または特定の特性をもつ動植物が生息する地理的範囲．

正　羽 contour feather
大羽（おおばね）ともいう．鳥の体形を流線形に保ち，またその皮膚を損傷や陽焼けから守っている羽．くちばしと，脚の鱗で覆われている部分を除き，その他の部分はすべて正羽で包まれている．正羽の下の部分はふわふわしていて，鳥の体を温かく保つ．外側のものは水をはじく．　→羽

生活環 life cycle
動植物が生まれてから死ぬまでに経る諸段階のひと続き．大部分の脊椎動物の生活環は単純で，有性細胞または配偶子の受精，胚として発達する段階，孵化もしくは誕生（出産）後の成長期間，有性生殖を含む成熟期，および死，よりなる．これに対して無脊椎動物の生活環は概してより複雑であり，外見的に大きな変化（変態*）を遂げることが多い．
→世代交代

KEYWORDS

精子 sperm
　雄の成熟した配偶子*のこと．動物では睾丸でつくられ，3つの部分からなる．頭部：染色体をもち，受精の際，卵子に突入する．中央部：多くのミトコンドリアを有し，エネルギーをつくる．尾部（鞭毛）：卵子を受精させるため，それに向かって精子を推進する．植物では，精子（アンセロゾイド）は裸子植物*の花粉管の中でつくられる．

生殖 reproduction
　生物が遺伝的および生理的に自己に類似した生物（子）をつくる過程．無性生殖*と有性生殖*の2つの形態がある．後者の場合には，生殖系を構成する特殊化した器官が必要である．

生態学 ecology
　→「現代生物学の領域」p.11

生物群 domain
　ある分類法で，分類学上の「界*」よりさらに上の階級として設定されたもの．古細菌，細菌および真核生物の3つの群からなる．

生物時計 biological clock
　生物の体内で生じる周期的な活動のリズム．体内時計のこと．それが外から時刻を知らされて起こるというようなものでないことはわかっているが，その体内的機構は未だ解明されていない．体内時計はほとんどすべての動物と多くの植物，菌類および単細胞生物に備わっている．体内時計には次のようないくつかの種類がある．昼行性すなわち1日周期の時計，1年周期ないし季節的周期の時計，月齢周期の時計（多くの海洋性動物の活動は月相，すなわち潮の干満に関連している）などである．体内時計は多くの場合，日没や日の出といった外的要因に合わせて調整される．

精包 spermatophore
　ある種の動物（たとえば環形動物，イモリ，タコ，サソリ）の雄が，雌の体内での授精を目指して，雌の体内またはその近くに放出する精子の包み．

生理学 physiology
　→「現代生物学の領域」p.10

脊索 notochord
　胚と幼生の段階を経て成長するすべての脊索動物（脊椎動物を含む）の内臓と神経索の間を走る，強靱な，しかし弾力性のある棒状の軟骨．ナメクジウオの場合は，それが成体であっても，脊索が背骨の代わりをしているが，脊椎動物の場合は，胎児期に脊索は椎骨（背骨）に取って替わられる．

脊索動物 chordate
　脊索動物門に属する動物．この門に属する動物はすべて，一生のうちのいずれかの段階で，体内を縦に走る軟骨状の支柱（脊索または背骨），背中に沿った中空の神経索および鰓裂（さいれつ）をもつ．脊索動物門には，ホヤ，ナメクジウオ，およびすべての脊椎動物が含まれる．

脊髄 spinal cord
　脊椎動物の中枢神経系の一部で，脳の後ろで脊柱（背骨）の中に包み込まれている部分．脊髄の中心部は灰白質で（主として神経細胞体，シナプスおよび樹状突起よりなる），その周囲を白色質（主として白色のミエリン鞘に包まれた神経索よりなる）の層が取り巻いている．脊髄*の中心腔は脳脊髄液で満たされており（その構成はリンパ液に類似している），その液が中枢神経系を浸している．

脊柱 vertebral column, spine
　いわゆる「背骨」のことで，脊椎動物*の縦の中心軸に沿って長く伸びている弾力性に富む骨の柱．骨格の主たる支柱である．ほとんどの哺乳類では26個の椎骨と呼ばれる小さな骨からなり，それぞれの椎骨の間には円盤状の軟骨がはさまっている．脊柱は，その中を貫いている脊髄を保護する役割も果たしている．

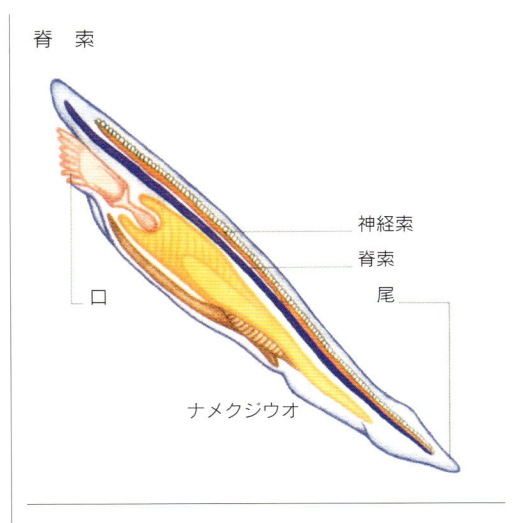

脊椎動物 vertebrate
　脊索動物門の脊椎動物亜門に属する動物．脊椎動物はすべて背骨（脊柱）をもつ．41,000以上の種があり，いくつかの綱に分類される．無顎綱（顎のない魚類），軟骨魚綱（骨が軟骨だけの魚類），硬骨魚綱（硬い骨の魚類），両生類，爬虫類，鳥類，および哺乳類である．脊柱*は脊索*より弾力性に富み運動に適しており，進化の過程で脊索に取って替わったものである．ただし，運動の制御のためには，より発達した感覚器官と，より大きい脳*とが必要とされる．すべての脊椎動物の脳は，頭蓋骨と呼ばれる骨格ケースに包まれている．　→「資料」p.160-161

世代交代 alternation of generations
　種々の生物に見られる生殖過程の1つで，二倍体（染色体を二組もつ核相）と半数体（染色体を一組しかもたない核相）が交互に生じる現象．その場合，二倍体の世代は減数分裂*（染色体の数を半分に減らすこと）により半数体の胞子（胞子体）をつ

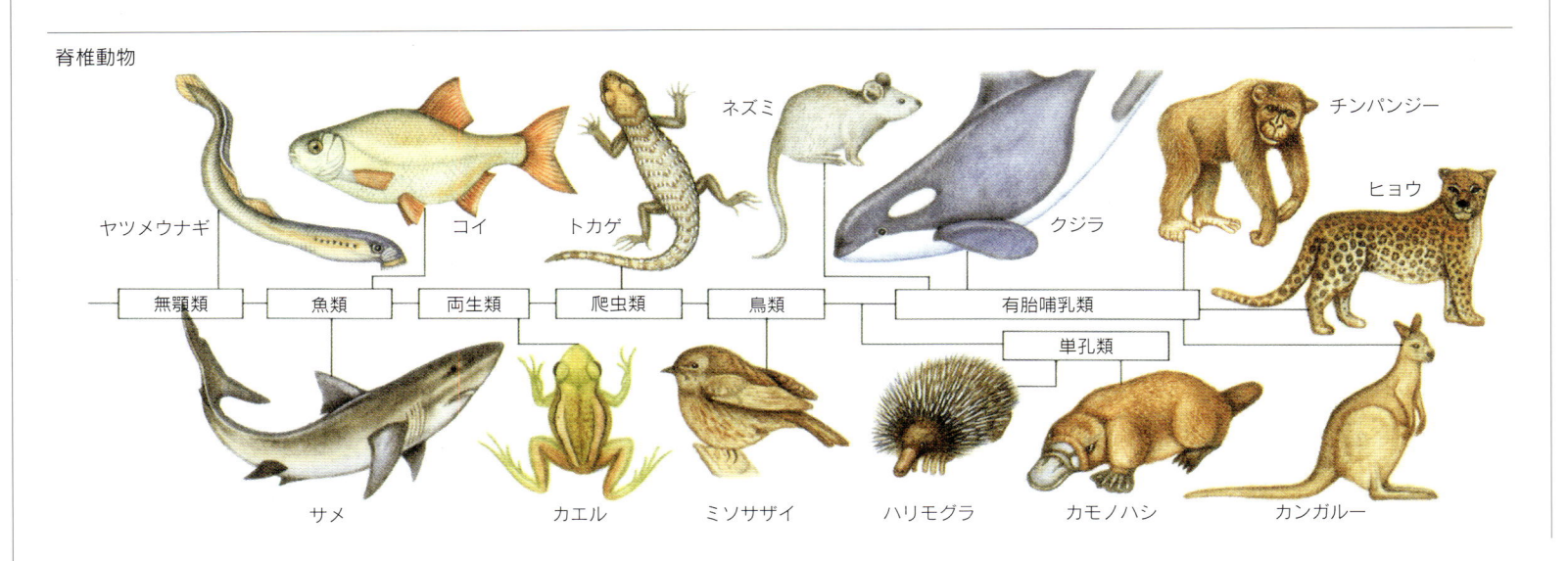

KEYWORDS

くり，半数体の世代は雌雄の区別のある配偶子（配偶体）をつくる．配偶子は2つ融合して二倍体の接合子をつくるが，その接合子は成長すると胞子体になる．こうして，世代が変わるたびに胞子体と配偶体が交互にあらわれる場合が世代交代であって，すべての植物と多くの無脊椎動物，たとえばサンゴやアブラムシなどに見られる．

赤血球 red blood cell, erythrocyte

血液の細胞として最もふつうのもので，酸素を体の各部へ運ぶ働きをする．赤血球はヘモグロビンを含み，ヘモグロビン*は肺で酸素と結合して酸素ヘモグロビンになる．赤血球は，体内各部の組織へ運ばれると，そこで酸素を放出する．哺乳類の赤血球は中央部が凹んだ円盤の形をしており，核をもたない．その他の脊椎動物の赤血球は楕円形で核をもつ．

接合子 zygote

受精卵で，細胞分裂を起こし，胚として発達し始める前のもの．接合子は，半数染色体をもつ配偶子*（染色体を一組しかもたないもの）が2つ融合して生まれた二倍体*（半数染色体を二組もつもの）である．

節足動物 arthropod

節足動物門に属する動物．節のある肢と体節に区切られた体をもつ無脊椎動物で，体は角質またはキチンの外殻（外骨格）で包まれている．そのため，節足動物は，成長に伴い定期的に古い殻を脱ぎ捨てて新しいものに替える．節足動物には，クモ類，ダニ類，甲殻類，ヤスデ類，ムカデ類，および昆虫が含まれる．

ゼニゴケ liverwort

湿潤な場所に生育する維管束をもたない植物（蘚苔類のコケ綱に属するが，他の部門に分類されることもある）．

セルロース cellulose

グルコースの単位が長い鎖状に連なった，複雑な構成の炭水化物*．高等植物の細胞壁の主成分であり，多くの草食動物の食物の構成要素でもある．セルロースの分子は，ミクロフィブリルと呼ばれる枝分かれのない長い繊維になっていて，細胞壁を頑丈にしている．

センサー sensor

特定の刺激，すなわち光とか，ある種の化学物質の存在とかに反応する受容体細胞，またはその種の細胞の集まり．

染色体 chromosome

細胞*の核の中にある，遺伝情報（遺伝子）を担う糸状の構造体．高度に折りたたまれた，らせん状のDNA*からなる．動物の体の細胞は通常2本の染色体（二倍体）をもつが，配偶子（精子や卵子）には1本しかない．真核生物*の細胞では，DNAは

ヒストンと呼ばれるタンパク質の鞘（さや）に包まれている．ヒストンの皮の一部が剥げるとDNAが溶出し，特定の遺伝子が活性化する．　→減数分裂，有糸分裂

線　虫 nematode

線虫綱に属する体節のない細長い虫．体の両端は硬い滑らかな外皮で覆われ尖っている．土中や水中に（海水中にも）独立して生活する捕食者も少なくないが，大部分はヒトに寄生するカイチュウやギョウチュウのような寄生虫である．線虫はサナダムシのような消化管に口と肛門の2つの穴をもつ扁虫類とは異なる．

蠕　虫 worm

扁形動物，線形動物，環形動物などを含んで使用されるが，分類として用いられる呼称ではない．環形動物門に属する体節のある虫（annelid worm）にはミミズ，ヒル，多くの海洋性蠕虫などが含まれる．明確に区別し得る頭部があり，体は柔らかく，その内部は隔膜によって多くの環節に分けられているが，関節肢はない．体壁の内部にある縦に長い環形の筋肉を交互に収縮させて動く．

蠕　動 peristalsis

腸*など，管状の器官の平滑筋の収縮によって生じる波のような運動．ミミズなど，体の一部を収縮させると同時に他を伸長して進む場合の波のように見える動きも蠕動運動という．蠕動は，環形の長い筋肉が収縮と伸長を交互に繰り返す場合に起きる．

繊　毛 cilia

ある種の動植物の細胞の表面に生えている，非常に細い毛のような突起．通常，繊毛は多数固まって，あるいは何本もの列をなして生え，整然とした動きで細胞の表面上の液体を移動させたり細胞自体を前進させたりする．

繊毛虫 ciliate

繊毛虫類の門に属する原生生物．大部分の繊毛虫は，繊毛*を使って泳いだり食物を食べたりする，淡水性または海洋性の単細胞生物である．ほとんどの場合，繊毛虫の細胞は大きさの異なる2つの核をもつ．ゾウリムシなど，ある種の繊毛虫は自分で泳ぎ回るが，ラッパムシやツリガネムシはラッパの形をしていて基質に付着している．

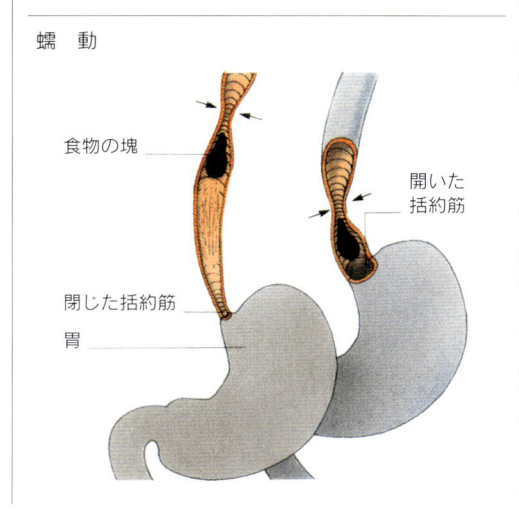

相　称 symmetry

生物体の部分が整然とした鏡像関係にあること．特に，体の中心に，またはその主軸に沿って分割線を引いたと仮定した場合，その線の両側の形，大きさ，相対的な位置などが左右対称になること．アメーバなど若干の動物は相称性を有していないが，大部分の動植物は，左右の腕，脚などが相称になっている．　→左右相称，放射相称

双子葉類 dicotyledon

被子植物門の双子葉類綱に属する植物．発芽の際2枚の子葉を出す．ほとんどの双子葉類は主根をもち，4～5枚の花葉からなる花を咲かせる．　→単子葉類

草食動物 herbivore

緑色植物や藻類（または光合成を行う単細胞生物），あるいは植物の種子，果実，花の蜜などを食料とする動物．草食動物は，固い植物の繊維を消化することができるように発達した歯と消化系をもっている．たとえば，ウシやヒツジのように食物の大部分をセルロースに頼っている哺乳類は，通常，その腸の中にセルロースを消化する細菌や原生動物を何百万ともっている．

造精器 antheridium

藻類，菌類および種子を結ばない植物の雄性生殖器官．

総排出腔 cloaca

大多数の脊椎動物の尾部にある空腔で，消化管，尿管および生殖管の3つがそこに通じているもの．ほとんどの爬虫類，両生類と鳥類，多くの魚類および数種の有袋類に見られる．有胎盤哺乳類では，消化管の出口（肛門）と泌尿生殖管の出口とは別になっている．総排出腔は，体内でつくられたものが排出孔を通って体外へ排出される前の一時的な貯蔵場所ともなる．

造卵器 archegonium

原始的な植物や多くの裸子植物*の雌性生殖器官．

相利共生 mutualism
→共生

藻　類 alga

光合成を行う植物に似た生物の一群．単細胞の単純なものから，多細胞でかなりの大きさと複雑な構造をもった海藻類まで，非常に多くの種類がある．藻類の大部分は水中または湿地に生息する．藻類の

KEYWORDS

属する界は2つにまたがる．ラン細菌（シアノバクテリア）は原始的な構造の細胞を有し，ふつう細菌と一緒にモネラ界に分類される．それ以外の藻類は原生生物界に属する．紅藻類，褐藻類，緑藻類，珪藻類，ミドリムシ藻類，有色鞭毛藻類などである．
→原生動物，原核生物

属 genus
多くの特性を共通してもつ種のグループ．たとえば，オオカミやジャッカルなども含めたイヌの類いはイヌ属にまとめられる．同一の属に含まれる種は共通の祖先をもつと考えられている．関連のあるいくつかの属が1つにまとめられたものが「科」である．

側線系 lateral line system
魚類と，多くの幼生段階の両生類に見られる感覚系で，体外の動きや水の振動を感知する器官．体の両側に1列に並ぶ孔よりなる．それらの孔は体内でつながっていて，頭部に通じる側線管を構成する．側線管の内側は有毛細胞で裏打ちされており，有毛細胞は液体で満たされたクプラの中に突出している．このクプラの中の毛状突起が水中の振動によって動かされ，その動きを神経の末端が感知する．

組織 tissue
特定の機能を果たすように組み立てられた，同様な構造の細胞集団．組織には数多くの種類がある．たとえば動物での神経や筋肉組織，植物での葉肉などである．種々の異なった組織が集まって器官*を構成する． →「組織学」p.10

素囊 crop
鳥類や昆虫の腸の一部分で，薄壁の膨大部をなしているところ．植物の種子を食物とする鳥類にとって良い貯蔵器官である．

体温調節 thermoregulation
生物が自己の体の温度を制御する機能．冷血動物*の場合には，体温は周囲の温度に依存するので，その調節は行動によるしかない．たとえば，暑いときは物陰に入る，寒いときは日向ぼっこしたり土中に引きこもる，といった方法である．温血動物*（哺乳類と鳥類）の場合には，体内で体温を維持する（しばしば周囲の温度よりかなり高く維持する）機構が働くが，調節できる温度の幅は限られたものである．

胎児 fetus
脊椎動物の子で，それが器官系を発達しはじめてから生まれるまでのもの．それ以前のものは胚*という．

代謝経路 metabolic pathway
物質代謝の間に生じる，酵素によって制御された一連の生化学反応．各種の化合物の形成や破壊，およびそれに伴うエネルギーの消費や製造の過程を含む．

胎生 vivipary
発育途上の胚が胎児となって生まれる前に，直接母親からその胎盤*その他を通じて栄養の補給を受ける生殖方法．胎生の動物としては，ある種の昆虫その他の節足動物，ある種の魚，両生類と爬虫類，および大部分の哺乳類があげられる．有袋類は胎生動物ではない．母親は初期の胚をその体内で育てるが，その小さな生物はやがて母親の体の外側についている袋の中へ移り，十分に成育してその袋から離れるまで，母親の乳を吸って育つ．

大脳半球 cerebral hemisphere
大脳の半分． →脳

胎盤 placenta
有胎盤類の体内で，発達途上の胚を子宮*に付着させている器官．母胎と胚の双方の組織よりなり，双方の血液を連結して，酸素の交換，栄養の補給，および老廃物の除去を可能にしている．双方の血液系は薄い膜で隔てられているが，栄養素などはその膜を通って一方から他方へ浸透する．胎盤はまた，妊娠を維持・調整するホルモン*をつくる．

大胞子 megaspore
植物において，2種類の半数体*胞子のうち大きい方．減数分裂*の結果生まれ，のちに雌の配偶体になる．

唾液 saliva
唾液腺から分泌される液体．口の中の食物を呑み込んだり消化*したりするのを助ける．水と潤滑液としての粘液に加えて，種々の酵素を含む．ヒトと草食性の哺乳類の唾液にはデンプンを糖化する酵素のアミラーゼが含まれている．また，多くの昆虫の唾液はその他の消化酵素を含み，力など血を吸う昆虫の唾液は，血液の凝固力を弱める抗凝固物質を含む．

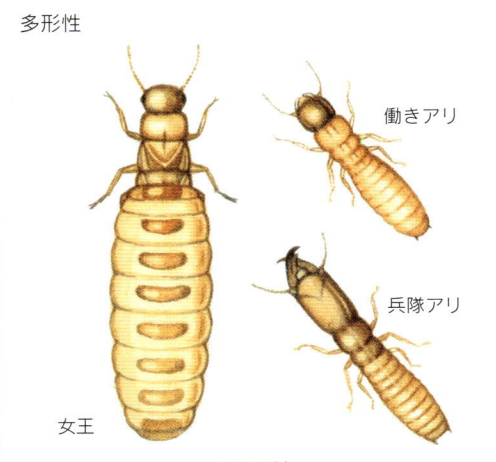

多形性 polymorphism
同一種の植物群または動物群の中に，明らかに形質の異なる小グループが並存すること．たとえば，ヒトの場合の血液型の差異，ある種のチョウの場合の色や，カタツムリの殻の大きさ，形状，色，縞模様の違い，あるいは多くの種に見られる雄と雌の間の相異がこれに当たる．

多婚 polygamy
動物の一方（通常は雄）が複数の異性を配偶相手とすること． →一雌一雄制

脱皮 ecdysis
昆虫などの節足動物が，成長できるように，その外殻または表皮を定期的に離脱させること．脱皮に際しては，前もって古い殻または皮の下に新しい，柔らかくて伸びることのできる層が用意される．そのあとで古い層が割れると，動物はそれから脱け出すが，動物が分泌する脱皮液がそれを助け，新しい層が伸びて硬化する．新しい組織もできて脱皮後の外殻を成長させる． →換羽

ダニ mite
ダニ亜綱に属する小さいクモ形類動物*．他の生物に寄生も共生もせず独りで生活する腐食性または捕食性のダニもいるが，他の多くのダニはヒゼンダニのような寄生虫である．ヒゼンダニはヒトの皮膚に穴を掘って入り込み，赤ダニは鳥の血を吸う．

多年生 perennial
2年以上生きる植物についていう．多年草の場合，葉は毎年枯れ落ちるが，植物自体は，球根，球茎，根茎，塊茎のような地下組織によって冬を生き延びる．多年生の樹木は，落葉樹も常緑樹も幹が地上で冬枯れることはない． →一年生，二年生

単為生殖 parthenogenesis
無性生殖*の一形態で，卵が雄からいかなる遺伝的影響も受けることなく発育すること．単為生殖による繁殖を原則とする動物はきわめて少ない（ミジ

KEYWORDS

ンコなど).有性生殖を原則とする種で(たとえばアブラムシ),その生活環の特定段階で単為生殖を行うものがある.ミツバチ,スズメバチおよびアリの雄は,いずれも無精卵から単為生殖によって生まれる.

単孔類 monotreme
　単孔類目に属し,卵を生む唯一の現存哺乳類.オーストラリアに生息する.現存する種は,カモノハシと2種のハリモグラ,計3種だけである.

単 婚
　→「一雌一雄制」と同じ.

単純循環 single circulation
　体内の血液の循環で,各回につき一度しか血液が心臓を通らない循環系.多くの魚は単純循環系をもつ.　→循環

単子葉類 monocotyledon
　発芽する種子が1枚だけの子葉を出す被子植物.大多数の単子葉類は草本性の植物で,繊維質の根をもち,3または3の倍数でセットになった花を咲かせる.　→双子葉類

炭水化物 carbonhydrate
　炭素,水素および酸素よりなる化合物で$(CH_2O)_n$の構造式をもつもの,ならびに同一の基本構造をもち,異なった機能をもつ化合物のグループ.炭水化物は,糖とデンプンの形でヒトの食物の主要な部分を構成するとともに,重要なエネルギー源となる.なお,炭水化物としてはキチン*,セルロース*などの,より構造の複雑なものもある.

タンパク質 protein
　アミノ酸の結合したものからなる複雑な物質で,すべての生物の生存に不可欠なもの.たとえば酵素のように物質代謝を調節する.ケラチンやコラーゲンのような構造タンパク質は,皮膚,爪,骨,腱,靭帯などをつくり,ミオシンのような筋肉タンパク質は運動のもとになる.ヘモグロビンは酸素を運び,細胞膜を構成するタンパク質はさまざまな物質の細胞からの出入りを調整する.

短命植物 ephemeral
　1シーズンの間に何回も発芽,成長,開花し枯死するような,生活環が非常に短い植物.

乳 milk
　哺乳類の雌の乳腺*から分泌される液体で,それによって子に対する授乳が行われる.乳の85%以上が水で,残余の部分はタンパク質,脂肪,乳糖,カルシウム,リン,鉄分,およびビタミンよりなる.もっとも,乳の構成は種の間で異なり,子に必要な栄養の状況によっても違ってくる.ヒトの母乳は,牛乳よりタンパク質が少なく,乳糖の含有量が多い.

膣 vagina
　動物の雌の体内で,子宮*から体外まで通じている弾力性に富む筋肉の管.交接のとき精液が膣に注入され,妊娠の末期には十分に発達した胎児が膣を通って生まれる.

着生植物 epiphyte
　空気植物とも呼ばれ,地上に生育するが,土壌の中に根を張る代わりに,他のもの(通常は他の植物)の上に着生する植物.ラン科植物のように気根を張りめぐらすものもある.栄養分は空中,雨水または着生植物を支えている有機物から摂取する.

昼行性 diurnal
　夜行性*の逆で,昼間に行動すること.なお,明け方や夕暮れに活動するものは,薄明活動性または薄暮活動性という.

柱 頭 stigma
　花の雌性生殖器官である花柱*の上端部分で,雄性の花粉*の受け皿となる.大部分の風媒花植物の柱頭は,受粉*しやすいように,枝分かれしたり,羽毛状になっている.

腸 intestine
　脊椎動物では,胃の出口から,肛門または排出腔までの消化管*のこと.ヒトの腸は,小腸(small intestine)と大腸に分けられる.両方とも筋肉質の管で,内壁には多数の絨毛(じゅうもう)や微細絨毛があって,そこからアルカリ性の消化液が分泌されている.内壁の粘膜の下の層には細い血管や神経が縦横に走っており,筋肉質の膜もあり,またそれら全部を漿液状の膜が覆っている.腸を支えている頑丈な腹膜にも血管やリンパ管や神経が通っている.腸の内容物は腸壁の蠕動*(ぜんどう)によりゆっくりと下へ押し下げられる.「腸」という語は,無脊椎動物の消化管の下部を指すときにも用いられる(gut).

椎間板 vertebral disk
　背骨(脊柱*)で,椎骨(個々の骨)の間に挟まっている軟骨状の円盤.

つつき順位 pecking order
　哺乳類や鳥類の社会に見られる構成メンバー間の序列で,それによって食物や配偶相手の入手についての優先権が決まる.ひよこのような群居性の鳥の場合,ABCがつつき順位とすれば,AがBをつついてもつつき返されず,BがCをつついてもつつき返されない.

DNA deoxyribonucleic acid
　デオキシリボ核酸.生物の体を形成し,制御し,維持するのに必要なすべての情報を化学的に符号化された形で含有する,大きく複雑な分子.DNAはヌクレオチドが2本撚り合わされたはしごのような形をしているが,このヌクレオチドがあらゆる生物の遺伝の基礎になっている.DNAは細胞の核の中にある染色体*の中に組み込まれており,ヌクレオチドの2本の鎖からなる.各ヌクレオチドは,プリン(アデニンまたはグアニン)かピリミジン(シトシンまたはチミン)の塩基を含んでいる.それらの塩基は互いに結合して(アデニンがチミンと,シトシンがグアニンと),DNA分子の連なる2本の紐をねじれたはしごの横木のように横につないでいる.

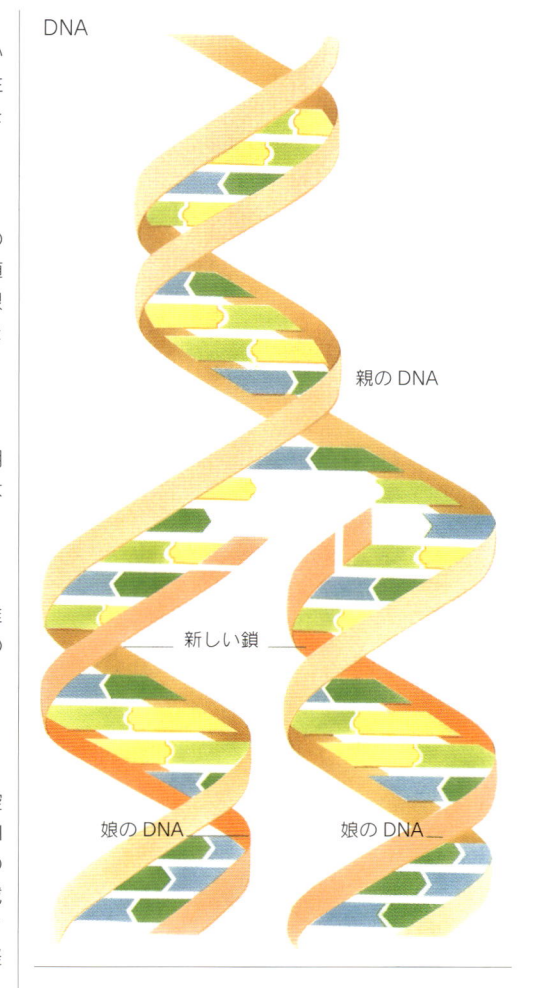

デオキシリボ核酸
　→「DNA」と同じ.

適 応 adaptation
　生物が,それを取り巻く環境の中で,効率よく生き残るとともに子孫を繁殖させることができるように,体の構造や機能を変化させて行くこと.適応は,生物の遺伝的素質の偶発的な変化(突然変異や遺伝子の組換えによって起こるもの)が自然選択と合わさって生じる,と考えられている.適応の結果として,遺伝的に決定された特性が,より効率の良い生存と繁殖の可能な個体を生み出すことになる.

テストステロン testosterone
　睾丸から分泌される生殖ホルモン.少量は副腎皮質からも分泌される.ヒトの男性の場合には,顔面

DNA

親のDNA

新しい鎖

娘のDNA　　娘のDNA

のひげとか声変わりとかの第二次性徴を発現させる．

デトリタス・フィーダー detritus feeder
浮泥食者ともいう．動植物の死骸その他の有機物の分解から生じる有機物の微粒子を食料とする生物．

電子伝達連鎖 electron transport chain
有気呼吸（酸素が存在する状態での呼吸）の最終段階に当たる一連の化学反応．呼吸*の最初の段階（酸素が存在していない）で生じる電子や水素原子を酸素の分子と結びつけることであるが，それは一連の中間化合物の生成を経て行われ，最終的には水をつくり出す．この過程により，食物の分解から得られたエネルギーがATP（アデノシン三リン酸）に蓄えられる．電子伝達は，このほかに，太陽光からエネルギーを吸収して行われる光合成の際にも重要な役割を果たす．

同　化 assimilation
消化された食物を分解して自己の体に必要な物質につくり変える作用．たとえば，アミノ酸*のタンパク質*への転換．

瞳　孔 pupil
眼*の虹彩の中央にある孔で，光は瞳孔を通って目に入る．

頭足類 cephalopod
頭足綱に属する捕食性の海洋性の軟体動物*．口と頭部は触手に囲まれている．現存種はタコ，イカなど約650種に過ぎないが，化石になったものは7,500種をこえる．頭足類は，すべての無脊椎動物の中で最も知能程度が高く，動きが速く，大型である．腕，すなわち触手には吸盤があり，それを使って餌を捕らえる．高度に発達した神経系と感覚系を有し，両眼は脊椎動物の場合と同様，狭い間隔で並んでいる．ほとんどの頭足類は殻をもたないか，もっていても退化していて痕跡をとどめるにすぎない．イカは，いわゆる「耳」（外套部の延長部分）をうねらせて泳ぐが，タコのように，「口」（水管）から勢いよく水を噴出させて後ろへ進むこともできる．

疼　痛 pain
体表または体内に痛いと感じる感覚．その感覚は，外傷，炎症，熱など，種々さまざまな刺激ないし原因によって誘発される．痛みは，炎症などの患部に放出されるプロスタグランジンという物質によって敏感にされた，特殊化したニューロン*が脳へ伝達することによるらしい，と考えられている．痛みの感覚には心理的な要因も働くが，それは脳の中枢部で制御される．痛みを制御する物質は鎮痛剤といわれる．

動物学 zoology
→「現代生物学の領域」p.10

動物行動学 ethology
→「現代生物学の領域」p.11

動物プランクトン zooplankton
プランクトン*（主として原生生物と種々の無脊椎動物および魚類の幼生よりなる）の中の，光合成を行わない真核生物*．

動脈 artery
血液を心臓から体の他の部分へ輸送するための血管．動脈の管壁は，筋肉と弾力性のある繊維よりなり，相当な圧力に耐え得るようにできている．心臓の筋肉が収縮するとき，それによって生じる血圧の急激な高まりに対応するため，血管の内径を拡大しなければならないからである．大部分の動脈は酸素の供給を受けた血液を運ぶが，肺動脈は心臓から肺へ酸素のなくなった血液を送る．

冬　眠 hibernation
ある種の動物（コウモリ，ハリネズミ，ある種のクマなど）が，寒く餌の少ない冬の数か月を過ごすために，物質代謝と体の活動を極度に抑えた状態．
→夏眠

毒　液 venom
動物が，餌になるものを殺すか麻痺させるため，あるいは自衛手段として分泌する有毒な液体．毒液を出す動物は多数にのぼるが，ヒトに危害を加えるものは少なく，ある種のヘビ，サソリ，クモ，社会性昆虫，クラゲなどである．毒液が相手に与える効果には，激しい炎症，おびただしい出血，神経系への刺激などがある．

毒　素 toxin
生物の体に害を及ぼし得る化学物質で，中でも，生物によってつくり出されたものを指す．たとえば，細菌は数多くの毒素をつくる．細菌の細胞からは周囲に外毒素が分泌され，それが死んで分解すると内毒素が放出される．毒素は酵素の作用によって分解されるが，特にその効果が顕著なのは肝臓が有する酵素である．抗毒素は毒素の効力を無効にするように働く．

独立栄養生物 autotroph
光または化学エネルギーを用いて，単純な無機物から複雑な有機物質を合成する生物．すべての緑色植物と多くのプランクトンが独立栄養生物で，光合成*により二酸化炭素と水を酸素と糖へ転化する．

吐　出 regurgitation
消化済みまたは未消化の食物を口へ戻すこと．吐出は，鳥類やその他の多くの脊椎動物に見られる摂食形態で，彼らが子に給餌するときにも利用される．
→反芻動物

突然変異 mutation
生物の遺伝子の変化で，そのDNA*の変質により生じるもの．突然変異の原因は，細胞分裂の際にDNA分子の複製中に起きる錯誤にある．よく生じる突然変異は点突然変異と呼ばれるもので，DNAから塩基（DNAを構成する分子の１つ）が１つ脱落したり余計に加わったりして起こるものである．より大規模な突然変異の場合には，DNA鎖の中の１分節がそっくり脱け落ちたり加わったりする．

鳥 bird
鳥類の綱（こう）に属する動物．鳥類は，陸上の脊椎動物としては最大の分類群である．温血動物で，肺で呼吸する．羽毛と翼を有し，歯はなく，硬い角質のくちばしをもつ．雌は卵を生む．鳥類は二足動物で，前肢は翼へ適応変化し，後肢には３本の指をもつ．心臓は４つの室に分かれており，体温は高い．大多数の鳥は空中を飛ぶが，飛翔能力を失ったグループもいくつかある．また，飛翔能力を失った器官を温存しているペンギンのようなものもある．通常，卵は巣の中で抱き温められ，かえった雛（ひな）は一定期間親鳥の世話を受ける．

トロンビン thrombin
血液の凝固*の際，溶解性のフィブリノゲンを不溶解性のフィブリンへ変える触媒の働きをする酵素．

内温動物 endotherm
→温血動物

内骨格 endoskeleton
脊椎動物の内部支持組織で，軟骨*や骨*からなる．内骨格は体を支え，運動する筋肉に対してテコとして働く．内骨格の一部（頭蓋骨や肋骨）は内臓を保護している．

内　乳 endosperm
被子植物*の種子の中に見られる緻密な貯蔵組織．

内胚葉 endoderm
動物の胚形成の初期段階に見られる細胞の内側の層で，のちにこれが消化腺や消化管（腸）になる．
→外胚葉

内部寄生生物 endoparasite
宿主の体内に住む寄生生物．

内分泌腺 endocrine gland
ホルモン*を血液中に分泌して生体の機能を調節する腺．内分泌腺が最もよく発達しているのは脊椎動物であるが，その他の動物，中でも昆虫に顕著に見られる．ヒトの主要な内分泌腺は，脳下垂体，甲状腺，副甲状腺，副腎，膵臓，卵巣および睾丸である．

ナトリウムポンプ sodium pump
ナトリウムイオンが細胞膜を越えてニューロン*から運び出される過程．この過程は能動輸送*の一形態であり，ATPの形でのエネルギーを必要とす

る．この過程は，ニューロン膜の両側のナトリウムイオンの濃度を調節することによって，ニューロンの静止電位を維持する．

涙 tear

大部分の高等な脊椎動物の鼻の上部にある涙腺から分泌される水に似た液体．涙は眼を潤し，眼をほこりなどから保護する．涙はまた，抗細菌性の化学物質を含む．

ナメクジウオ lancelet

脊索動物の頭索綱に属する，魚に似た海洋性動物．20種以下しかない．脊椎動物の祖先に類似すると考えられている．頭蓋骨も，脳も，眼も，心臓も，脊柱も，対になった肢ももたない．しかし，そのほとんど透明な体は，頭の中にまで達する脊索*，肛門より後ろに位置する尾，背に沿って走る中空の神経索，および多数の鰓裂（すべての脊索動物に共通する特徴）をもっている．ナメクジウオは浅い海底の沈殿物の中に生息し，鰓弓（さいきゅう）で水中から食物となるものを漉し取って食べる．

縄張り territory

同一種の動物でも仲間以外のものは寄せつけないという一定の領域．縄張りの外にいれば脅されることはない．動物が縄張りを確保しようとする理由としては，巣づくり，自分と家族のための食料確保，仲間うちの異性に対する自己顕示，配偶相手の独占などの目的が考えられる．

軟　骨 cartilage

軟骨細胞という特別な細胞がつくり出すコラーゲンでできた弾力性のある結合組織．軟骨魚類では骨格全体が軟骨でできているが，その他の脊椎動物では，胎児期の骨格の大部分が軟骨であるが，成長に伴って軟骨は硬骨に置換されて行く．ただし，骨の末端部とか脊柱の中の椎間板とか，摩擦に耐えなければならない個所は軟骨のまま残る．なお，哺乳類の喉頭，鼻および耳殻の構造組織も軟骨でできている．また，気管と気管支は，塞がることがないように軟骨の環で支えられている．

軟体動物 mollusk

軟体動物門に属する無脊椎動物で（約11万種），その体節のない体は頭部，筋肉質の足，および内臓塊（主要器官を含む部分）よりなる．軟体動物は冷血動物であり，体は軟らかく，肢を欠く．内骨格をもたないが，多くの種では硬い殻が体を覆っている．大多数は海洋性動物であるが，淡水中や陸上に住むものもある．イガイ，カキ，カタツムリ，ナメクジ，タコ，イカなど，肉食性のものも草食性のものもある．また，濾過摂食性のものも少なくない．生殖は卵による．多くの場合，かえった幼生はプランクトンになる．多数の種が両性具有である．

肉食植物 carnivorous plant

食虫植物（insectivorous plant）ともいう．昆虫などの小さな動物を消化して食物とする植物で，光合成*を行う葉ももっている．多くの場合，沼沢地のような硝酸塩が不足がちの土壌に生育する．消化は，この種の植物が分泌する酵素の働きによって行われる．

肉穂花序 spadix

小さな花が集まって太い多肉質の茎に咲く場合の，花の配列状態の一形態．多くの場合，花は大きな苞葉*（ほうよう）（仏炎苞とも呼ばれる）に包まれている．サトイモ科の植物の場合がその典型的な例である．

二酸化炭素 carbon dioxide

炭酸ガス（CO_2）のこと．無色で，わずかに水に溶け，空気よりも重い．生物圏，すなわち地球の表面と大気中の生物が生息できる部分において，二酸化炭素は重要な役割を果たす．それは，植物と動物の呼吸*や有機物の分解から生じる老廃物であるが，すべての植物の光合成*に用いられるものであり，したがって地球上のほとんどすべての生物の食物の生産に大きく寄与している．

二年生 biennial

約2年間の寿命の植物．通常は，1年目に発芽して葉をつけ，2年目に花を咲かせ，実を結んで死ぬ．　→一年生，多年生

二倍体 diploid

動物の通常の体細胞（配偶子*でないもの）のように，半数染色体を二組もつ細胞．　→減数分裂，有糸分裂

二分裂 binary fission

無性生殖の一形態で，アメーバのような単細胞生物が2つのより小さな娘細胞（じょうさいぼう）に分かれる現象．細菌，藻類，単細胞の原生生物に広く見られるが，イソギンチャクなど，少数の多細胞生物にもこの分裂をするものがある．イソギンチャクの場合には，同じ大きさの2つの小さなイソギンチャクに分かれる．　→出芽

二枚貝 bivalve

海洋性または淡水性の軟体動物*で，体が2枚の貝殻で挟まれ包まれたもの．2枚の貝殻は，体の背の側にある靱帯で結びつけられており，強力な閉殻筋（いわゆる貝柱）により閉じられる．伸び縮みする足を殻の外へ出して泥や砂の中を動く．2枚の大きな鰓（えら）でもって呼吸すると同時に，水中から食物となり得る微粒子を漉し取る．二枚貝は，軟体動物の中で二枚貝類（斧足類）という綱を構成する．

乳　歯 milk tooth

哺乳類の永久歯に生え替わる前の歯．乳歯は，どれも形が似ていて，永久歯より小さく，（臼歯を欠くから）本数も少ない．

乳　腺 mammary gland

哺乳類の雌の乳をつくる腺．皮膚の下の上皮細胞が変化したもの．乳腺が活発に機能するのは子を産んだあとだけである．単孔類の動物（卵を産む哺乳類）以外のすべての哺乳類では，乳腺は授乳のための乳首で終わっている．

乳糜管 lacteal

脊椎動物の腸の中の絨毛（じゅうもう）の中を通る細いリンパ管．消化作用により乳化された脂肪を集めてリンパ系*へ送り込む．　→絨毛

ニューロン neuron

神経単位ともいう．神経系の一部をなす細長い細胞で，体の各部へ迅速に情報を伝達するもの．ニューロンが大量に集められた場合には（たとえば脳で），ニューロンは情報を伝達するだけでなく，処理もする．情報の単位はインパルス（化学的および電気的変化を伝える波）で，それが神経細胞の膜を震わせる．インパルスは，ナトリウムイオンとカリウムイオンに対するニューロン膜の浸透性に継続的な変化を与え，それが活動電位*と呼ばれる電気信号に変わる．インパルスは細胞体によって受信され，電荷の波動となって長い神経の軸索を伝わって行く．軸索はシナプス*で終わる．シナプスとは，次の細胞との接点になる特別の部分である（次の細胞は，他の神経細胞のことも，筋肉のような効果器細胞のこともあり得る）．インパルスは，シナプスに到達すると神経伝達物質*と呼ばれる化学物質を放出する．そして，その神経伝達物質は隣接する細胞に拡散し，そこでもう1つのインパルスを起こすか，あるいは効果器官の細胞を活性化させる．

尿 urine

物質代謝の結果生じる老廃物を体内から除去するために，脊椎動物の排泄器官がつくる水分の多い液体．尿は，腎臓*でつくられ，いったん膀胱に貯められたのち，尿道または排出腔を通って体外へ排出される．水以外の尿の主な構成要素は，アンモニア，尿酸，尿素，クレアチン，無機物のイオン，アミノ酸，およびプリンである．尿の構成は，動物の種類，食物，環境などによって大きく異なる．

尿　素 urea

肝臓*でタンパク質が分解される際にできる老廃物．アミノ酸*が分解されるとアンモニアと二酸化炭素になり（脱アミノ化），それらが結合して尿素（$-CO(NH_2)_2$）をつくる．尿素は水溶性の化合物で，尿に排泄される．

妊　娠 pregnancy, gestation

胚が子宮の中で発育する期間．受精で始まり，出産で終わる．ヒトの妊娠期間は40週間である．

粘　液 mucus

体のさまざまな部分の粘膜から分泌される保護的な潤滑液．消化管の中の粘液は，食物の通過を円滑

脳　brain

互いに連結された神経細胞が多数集まっているところで，高等動物では中枢神経系*の前部を形成し，その動物の活動を調整，制御する．脊椎動物では，脳は頭蓋で覆われている．延髄と呼ばれる脊髄の上部の膨れた部分は，呼吸，心臓の鼓動の速さと強さ，および血圧を制御する中枢に当たる．そのすぐ上には小脳があり，姿勢や手足の運動など，複雑な筋肉の動きをつかさどる．2つの大脳半球（大脳）は前脳の先端が大きく発達したものであり，初期の脊椎動物では主として感覚器官として機能しているが，高等な脊椎動物では，ここですべての感覚のインプットが統合され，運動や知的行動についての指令がここからアウトプットされるようになっている．脳の中でも神経伝達物質*が神経インパルスをシナプス*を通して伝えることは，神経系の他の部分と同様である．哺乳類の場合には，大脳は大脳皮質をもっているから，脳の中で最大の部分を占める．大脳皮質は細胞体の表面の層が厚く肥大したもの（灰白質）であり，その下では神経繊維索（白質）が大脳皮質の各部分を結びつけ，また中枢神経系の他の部分へも通じている．

脳下垂体　pituitary gland

脊椎動物の主要な内分泌腺*の1つ．脳の中心部にあり，血管により視床下部に直結している．脳下垂体の前葉は種々のホルモン*を分泌する．そのうちのいくつかは他の腺（甲状腺，生殖腺および腎皮質）の活動を制御するホルモンで，その他は乳の分泌や成長に直接働きかけるホルモンである．脳下垂体の後葉は視床下部でつくられ，体内の水分の平衡を制御するのに用いられる抗利尿ホルモン（ADH）を貯蔵したり，出産の際子宮の収縮を促すオキシシンを分泌したりする．

能動輸送　active transport

溶解した物質が，濃度勾配にさからって細胞膜を通過すること．それにはエネルギーを必要とするが，カリウムイオンとナトリウムイオンの適正なバランスを筋肉細胞や神経細胞の中で維持するために不可欠な過程である．

歯　tooth

脊椎動物の口や咽頭の中または周囲にあり，上下の顎（あご）に生えている堅くて強い構造物．食物を噛んだり，噛みついたり，攻撃や自衛にも用いられる．脊椎動物の歯は，皮膚の骨質の部分が進化したものである．通常，歯は次の部分からなっている．外側を覆うエナメル質（主体は硬化したリン酸カルシウム），象牙質（厚い骨質の層），および神経と血管が通っている内部の歯髄腔．ただし，いくつかの例外があり，ヤツメウナギは単純な角質の歯を，おたまじゃくしは角質の顎をもつだけである．魚類と両生類の歯は根をもたず，結合組織*によって骨に固定されている．他方で，哺乳類，ヘビ類およびトカゲ類の歯は根をもっている．哺乳類以外では，ふつう，古い歯がすり減ると新しい歯が顎の内側から生えてきて古い歯に取って替わる．魚類と哺乳類の歯は，食物の多様性に対応して，その形や大きさをさまざまに変化させてきている．

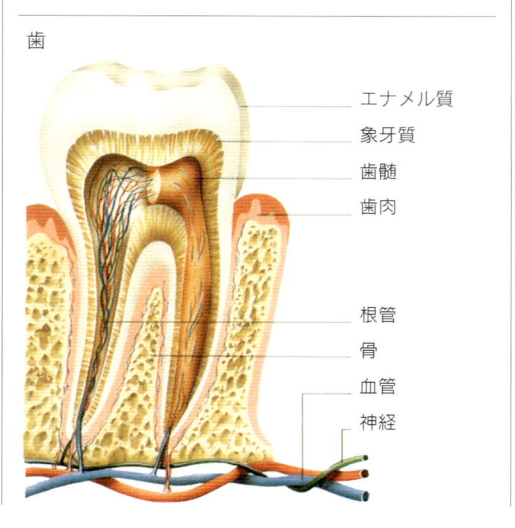

胚　embryo

動植物の成長の初期段階で，卵子（卵細胞）の受精後，または単為生殖*による卵子の活性化が開始したのち，すぐに形成され始めるもの．動物の場合，卵の中にある胚は卵黄から栄養の供給を受けて育ち，有胎盤類や有袋類では母親の子宮の中で発育する．植物の場合には，胚は子房*の中で生育する．　→胚珠，および「発生学」p.11

肺　lung

空気を呼吸する脊椎動物（肺魚を含む）のガス交換のための呼吸器官．一定空間内で最大の表面積を確保するために，肺の組織は無数の気胞からなっている．気胞の膜は薄く湿っていて何重にも折りたたまれ，肺全体としては板のようになっている．大部分の四足の脊椎動物は胸郭の中に1対の肺をもつ．肺の組織には縦横に血管が走っているが，海綿状なので軽い．肺の機能は，吸入された空気を血液と接触させて酸素を取り込み，代わりに二酸化炭素を吐き出すことである．空気は気管支を通って肺に達する．哺乳類と爬虫類では，肺の組織は無数の気胞の形をとる．それらの気胞は細気管支によって気管支につながる．腹足類と魚類の中にも肺をもつものがある．

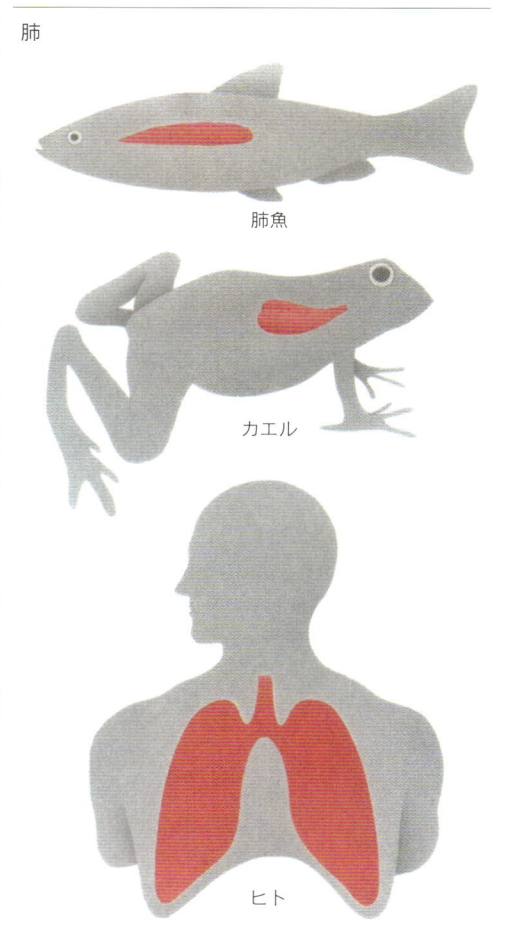

KEYWORDS

配偶子 gamete
　雄の精子または雌の卵子の半数体*の生殖細胞．半数体細胞は各染色体*のコピーを1つしかもたない．受精*が行われると，精子と卵子が融合して二倍体*の接合子ができる．この接合子は各染色体の複製を2つもっていて，新しい生物へ成育する．

胚　珠 ovule
　種子植物の子房の中に含まれている雌の配偶子*と，それを取り巻く部分．珠孔と呼ばれる小さな孔があり，その孔を通って入ってきた花粉粒が胚珠を受精させる．その後，胚珠は種子になる．

排　出 excretion
　生物の体が物質代謝の結果生じる老廃物を細胞の外へ出すこと．植物と単純な動物では老廃物は拡散によって取り除かれるが，少し高等な動物になれば排出のための器官をもつ．たとえば，哺乳類の場合には，二酸化炭素と水は肺*を通って，また窒素化合物と水は肝臓*，腎臓*およびその他の泌尿系器官を通って体外へ排出される．

背　部 dorsal
　脊椎動物などについて，背骨に近い，生体の上部表面．

肺　胞 alveolus
　哺乳類と爬虫類の肺*の中で，各細気管支の末端についている小さな気嚢．肺にはこの小さな気嚢が何千とあるので，ガス交換のための表面積が大きくなっている．

ハ　エ fly
　双翅目（そうしもく）に属する昆虫で90,000種以上を含む．ハエは1対の翼と1対の触角と1対の複眼*をもつ．後ろの翅は棍棒状の突起（平均根）に変化していて，飛翔中に体の平衡をとるのに用いられる．頭部からくちばしのように突き出た口部は，カ（蚊）などいくつかの種では，他の動物の皮膚を刺して血を吸える針になっている．足の毛の先端についている円盤からはある種の液が分泌されるので，壁を這い上がったり，天井を逆さになって歩いたりすることができる．ハエ類は変態*を行う．幼生すなわち蛆（うじ）は脚をもたず，蛹（さなぎ）もめったに繭（まゆ）をつくらない．

はおり虫 tubeworm
　管棲虫のこと．特に，分泌液を出して炭酸カルシウムの管をつくる環形動物（ゴカイ，ケヤリムシなど）や，砂粒を粘液で固めて円筒形のものをつくるものなどを指す．これらは，羽毛の冠のような触手を水中に伸ばして餌を濾し取るが，危険を感じれば直ちに触手を管の中に引っ込める．

はさみ pincer
　カニ，ロブスター（ウミザリガニ），その他多くの節足動物にある1対（もしくは2対以上）の付属器官で，それで物をはさんだり，つかんだりするもの．

爬虫類 reptile
　爬虫類綱に属する動物で6,500種以上が含まれる．冷血動物で，皮膚は乾いていて鱗（うろこ）で覆われる．歯は一様で，肺で呼吸する．両生類と異なり，硬い殻の，卵黄で満たされた卵を産む．卵は中に膜（羊膜）をもっている．卵は陸上に産み落とされ，子は十分に形が整ってからかえる．ある種のヘビとトカゲの雌は卵を長く体内に蔵していて，卵からかえった子を出産する．ある分類法では，淡水産のカメと海ガメ，ヘビとトカゲ，アリゲーターとクロコダイルというように，3つの門に分けられる．

白血球 white blood cell, leukocyte
　血液*や骨髄の中に見られる色素をもたない細胞で，体の自衛のために働き，病気に対する免疫力をつくる．白血球にはいくつかのタイプがあり，あるもの（食細胞）は侵入してくる微生物を呑み込み，あるものは病気に感染した細胞を殺す．それに対して，リンパ細胞はより特殊化した免疫反応を起こす．白血病は，白血球の過剰増殖に原因する癌である．

発情期 rut
　ある種の反芻動物（特にシカ）に見られる周期的な性的興奮と生殖活動の期間．英語では，雌の発情期を"estrus"という．

発情周期 estrus cycle
　生殖可能年齢期の哺乳類の雌の体内に，ホルモンにより周期的に起こされる変化で，その間，エストロゲン*とプロゲステロン*（黄体ホルモン）により妊娠に対する準備が整えられる．発情周期の初期には，グラーフ濾胞が卵巣の中で発達し，子宮の内壁も柔らかい海綿状の内膜をつける．卵が卵巣から放出されてくると，子宮内膜は血管で満たされる．しかし，受精が生じなければ黄体（グラーフ濾胞の残存物）は分解し，子宮内膜とともに排出される．

花 flower
　被子植物の生殖組織の全体．心皮*，花弁*，萼*（がく），雄しべ*，柱頭*，花柱*など，種々の部分からなる．

羽 feather
　鳥類の皮膚の外側の層が硬いケラチン*に変化したもの．羽毛は体温を保ち，飛ぶのを助ける．羽毛には，翼と尾にある長い羽軸，体温の保持のためのふわふわした綿毛，体の外側を覆う大羽など，いくつかのタイプがある．

腹 abdomen
　胴体の一部で，消化器官などを包んでいる胸郭*より下の部分．昆虫などの節足動物の場合には，ふつう腹部と胸部または頭胸部の間が細くくびれており，腹部には肢がついていない．腹部にも節をもつことがある．

半規管 semicircular canal
　大部分の脊椎動物の内耳迷路の中にあって，互いに直角に結びついている3つの環状の管．これらの管は液体で満たされており，体の動きに応じてその液体が動くと頭部の位置の変化を感知することができる．半規管の底部には内耳瓶と呼ばれる膨れた室があるが，その中のクプラというゼラチン質の小板は感覚細胞の毛に接着している．それで，液体の振動がクプラを動かし，それが感覚細胞の毛に伝わって脳に通じる神経インパルスを引き起こすことになる．　→均衡

反射作用 reflex action
　特定の刺激に対する非常に迅速な自動的反応（たとえば，痛みを与えるものから手を引っ込める動作など）で，それは神経系*により制御される．反射作用に関係する神経細胞の数は少なく，知覚ニューロンに連結した感受器官でできている．そして知覚ニューロンは，シナプス*を経て，脊髄の中の運動ニューロン（効果器）や脳（反射弓と呼ばれる回路）につながっている．

半数体 haploid
　有性生殖の場合の配偶子*に見られるように，各染色体の複製を1つしかもたない細胞．　→世代交代，二倍体，受精，減数分裂，有性生殖

反芻動物 ruminant
　草食の有蹄哺乳類（反芻類亜目）で，いったん食べたものを口へ戻して食べなおすもの．ウシ，シカ，ヤギ，ヒツジなど．反芻類はいくつかの室に分かれた胃をもっており，その中の微生物が植物のセルロースを分解する．　→こぶ胃

pH pH
　酸性またはアルカリ性の程度をあらわすための，0から14までに区分された対数目盛り．pH7.0が中性を示し，7より小さければ酸性，大きければアルカリ性である．

ひげ whisker
　多くの哺乳類の顔や鳥のくちばしの周囲に見られる感覚器官としての剛毛（震毛とも呼ばれる）．

皮　脂 sebum
　皮脂腺*から分泌される脂肪質の，弱い殺菌力をもつ液体．皮膚を滑らかに保つとともに皮膚に防水性を与え，毛を乾燥から保護する働きをする．

被子植物 angiosperm
　顕花植物のうち被子植物門に属するもの．道管の通る茎をもち，ふつう，種子は心皮*（果実）で包まれている．被子植物には約220,000種があり，約75の目（もく）と約350の科（か）に分類されている．

皮脂腺 sebaceous gland
　哺乳類の皮膚にある小さな外分泌腺*．その末端は毛の根元の小胞に開いていて，その小胞を通じて脂肪質の皮脂*を分泌する．

微絨毛 microvillus
　ある種の細胞の表面にある小さな細胞質の突起で，細胞膜*で覆われている．小腸の内部の絨毛細胞などにあり，（小腸の場合には）栄養の吸収をよくするために細胞の表面積を大きくしている．

微生物 microorganism
　肉眼では見えないが顕微鏡を使えば見ることができる生物．微生物には，ウイルス，細菌などの単細胞生物，原生動物，酵母菌，および藻類の中のある種のものが含まれる．「微生物」は，分類学上の用語ではない．微生物に関する研究を微生物学（p.10）という．

ビタミン vitamin
　体の正常な機能と成長には不可欠でありながら，いわゆる栄養物とは化学的には無関係な化合物．大部分のビタミンは補酵素（酵素の機能を助けるもの）として作用する．ビタミンの不足は通常，物質代謝障害すなわちビタミン欠乏症をひき起こす．たとえば，食物中にビタミンCが不足すると壊血病になる．一般に，ビタミンは水溶性のもの（ビタミンBとC）と油溶性のもの（ビタミンA，D，E，およびK）に分類される．

泌乳 lactation
　→哺乳

皮膚 skin
　脊椎動物の体の外側の層．表皮と呼ばれる上の層と，真皮と称する表皮の下の層とからなる．表皮はケラチン*とメラニン*をつくる細胞を含み，真皮には複雑な血管と神経系が通っている．皮膚は，水分の喪失や病気の原因となる生物や物理的な損傷に対して体を保護し，痛みや圧力や温度を感知する感覚器官としても働く．皮膚は特殊化して毛皮や羽毛や鱗（うろこ）になることもある．温血動物の場合には，皮膚は体温調節*にも重要な役割を果たす．

鰭（ひれ）fin
　水生の脊椎動物が運動と移動のためにもつ器官．魚類の大部分は，体の均衡のための背鰭と腹鰭を，舵取りのための胸鰭と尻鰭を，また推進のための尾鰭をもつ．

フィブリン fibrin
　血液が凝固*する際に働く不溶性タンパク質．負傷するとフィブリンが傷のまわりに沈着して網の目のように傷を覆い，乾いて硬化し出血を止める．フィブリンは血液中に含まれる溶解性タンパク質であるフィブリノゲンからトロンビンという酵素によりつくられる．

フェロモン pheromone
　ある動物が発出する化学物質による信号（においなど）で，同一種の仲間に特定の行動ないし生理的変化を起こさせるように働くもの．多くの場合，配偶相手を惹きつける手段として用いられる．

複眼 compound eye
　甲殻類や昆虫に見られるタイプの眼．多数の個眼が蜂の巣状に集まって構成されており，各個眼は円錐晶体と，その下についた感光細胞でできている．眼は凸レンズになっていて，円錐晶体の先端は集まって視神経につながる．

副交感神経系 parasympathetic nervous system
　自律神経系*の一部で，交感神経系の作用を抑えるように働くもの．副交感神経の末端からはアセチルコリン*という神経伝達物質が分泌される．副交感神経系は，平滑筋や種々の腺の活動を低下させる傾向があるが，消化を促進させる．

副腎 adrenal gland
　腎臓のすぐ上にある1対の内分泌腺*．外側の副腎皮質からはアルドステロンが分泌される．アルドステロンは，塩分濃度や，炭水化物・タンパク質・脂肪などの分量を調節するステロイドホルモンを制御するホルモンである．また，副腎内部の髄質部からはアドレナリン（エピネフリン）とノルエピネフリンが分泌される．これらは，生体のストレスに対する反応を制御するホルモンである．

腹面 ventral
　動物や植物の体の下側の面．四足の脊椎動物では，地面に近い腹部側．　→背部

不随意作用 involuntary action
　腸の蠕動運動の際の収縮や，副腎からのアドレナリンの分泌のように，意識の制約下にない器官の作用．呼吸や排尿反射は不随意作用であるが，ある程度までは意識によって制御できる．不随意作用は自律神経系*の分野に入る．

物質代謝 metabolism
　生物体の細胞内で生じている化学的な過程で，物質の合成（同化作用）と分解（異化作用）よりなる．物質代謝でつくられた物質は代謝産物と呼ばれる．たとえば，消化*により，動物は，食物として摂取した複雑な構成の有機物質を完全にではないにしても分解し，それを使って自分の体が必要とする新しい物質（代謝産物）を合成している．

プランクトン plankton
　淡水または海水の上層部に生息する小さな（多くの場合，顕微鏡で見なければわからないほどの）生物の総称．プランクトンは，より大きな動物たちの重要な食物となる．藻類は植物プランクトンの主体であるが，光合成をしない原生生物や微細な動物（主として魚などの幼生）は動物プランクトンを構成する．

プロゲステロン progesterone
　脊椎動物の体内に生じるステロイドホルモン*の一種で，受精卵の子宮内膜への定着を準備するもの．哺乳類では，発情周期*と妊娠を調整する．プロゲステロンは黄体（排出された卵子のグラーフ濾胞の破片）から分泌され，妊娠期間中に乳腺を発達させる．

糞 feces
　動物の消化管から肛門または排泄腔を通って体外へ排出される老廃物．それは主として消化・吸収後に残った食物の滓（かす）と水からなり，胆汁色素や腸から排出される細菌や死んだ細胞などを含む．

分化 differentiation
　細胞が分裂を繰り返すことによって，より複雑な構造と，さまざまに異なった特定の機能をもつ組織や器官へ発達して行くこと．たとえば，胎児の細胞は，成長すると神経や筋肉や骨に分化して発達を遂げる．

分解者 decomposer
　死んだ生物体や生物の排出物を分解する生物．分解者は，窒素化合物など，生物の死骸や排泄物の中に含まれる化学物質をそれらから解放することによって，生態系の中できわめて重要な役割を果たしている．分解者は有機物の一部を食料とするが，残りは土へ戻すか，ガスの形で大気中へ放出する．主要な分解者としては細菌と菌類があげられるが，ミミズその他の無脊椎動物でこのグループに含められるものもある．

分節 segmentation
　長い体をもつ動物の頭部を除く部分が多くの同じような体節（各体節は同じ器官を含む）に分かれていること．分節が最も明瞭に見られるのは環形動物（ミミズなど）であり，その各体節の中では，筋肉も神経細胞も血管も同一の構造になっている．

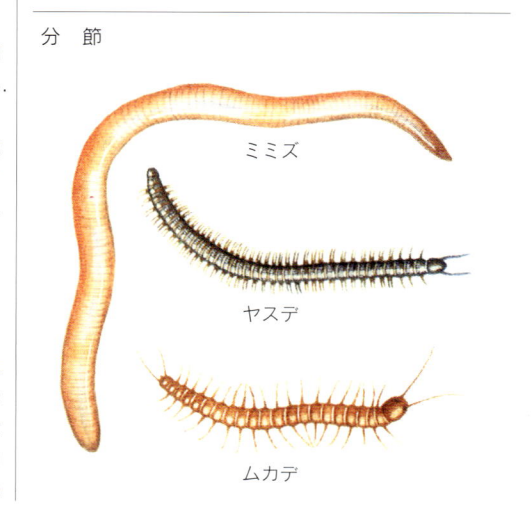

分節

ミミズ

ヤスデ

ムカデ

KEYWORDS

分　類　classification
→「分類学」p.10，および「資料」p.160

分裂組織　meristem
植物の組織で，その中で細胞分裂が生じ，永久組織が形成されている部分．

平衡覚　static sense
→均衡

ヘモグロビン　hemoglobin
すべての脊椎動物とある種の無脊椎動物の体内で酸素の輸送にあたる，鉄を含んだ色素．脊椎動物では赤血球*に含まれており，血液はヘモグロビンのために赤く見える．酸素の濃度が高い肺や鰓（えら）で酸素とヘモグロビンが結びついて酸素ヘモグロビンになるが，酸素を体内各部に放出したのちの血液（還元ヘモグロビンを含む）は肺または鰓へ戻る．

変温性　poikilothermic
→冷血動物

変　態　metamorphosis
ある種の動物が，幼生から成体へ成長する過程で遂げる形態上および構造上の大きな変化．通常，変化が徐々に進む場合には変態とは言わない．変態を行うのは多くの無脊椎動物，大部分の両生類，およびある種の魚類である．たとえば，変態の結果，おたまじゃくしはカエルになり，毛虫はチョウになる．

鞭　毛　flagellum
細胞の表面に生えている，顕微鏡的に微小な鞭（むち）状の構造．鞭毛は移動のために用いられるものであり，ある種の単細胞生物と高等動物の精子細胞がこれを有している．鞭毛の構造は繊毛のそれに類似しているが（ただし，細菌の鞭毛を除く），繊毛の場合と異なり，通常，1本か1対だけからなる．また，鞭毛は繊毛より長く，その鞭のような動きもより複雑である．鞭毛の動きによって，鞭毛細胞は液体の中を移動したり（ミドリムシなどの場合），液体を細胞の外へ押し出す（海綿の鞭毛細胞の場合）．　→繊毛

鞭毛虫　flagellate
鞭のような鞭毛を震わせて動く単細胞生物．鞭毛虫は原生生物界の鞭毛虫綱に属する．　→繊毛虫

片利共生　commensalism
2種の生物の関係で，片方（の共生生物）には有利に働くが，他方が悪影響を受けるわけでもない，というもの．たとえば，ある種のヤスデとセイヨウシミ（西洋紙魚）はサスライアリの巣に住みつくが，宿主（アリ）の廃棄物を食べて暮らすだけである．

膀　胱　bladder
尿*が排泄される前にためておかれる，弾力性のある袋のような器官．数種の魚類と爬虫類，多くの両生類およびすべての哺乳類にある．尿は，2つの腎臓から尿管を通って膀胱に入り，膀胱から尿道を通って体外へ排出される．

胞　子　spore
通常は顕微鏡的に小さい，単細胞の生殖単位で，シダ類その他の植物，菌類および細菌によってつくられる．

放射相称　radial symmetry
生物体に見られる対称形の1つで，中心軸を大体どの方向に引いても，その両側が鏡像関係にある形をしている場合．放射相称が見られる動物は一般に円筒形か球形で，刺胞動物*や棘皮動物*があげられる．また，多くの花*も放射相称である．

苞　葉　bract
花のすぐ下に生える葉に似た器官．多くの苞葉が重なり合って円く平たく花の周囲を取り囲むことがある．薄い色の苞葉は，しばしば花弁*と見まちがえられる．

放　卵　spawning
多数の卵を水中に産み落とすこと．魚，カエル，軟体動物，甲殻類，サンゴなどの産卵がこれに当たる．

哺　乳　lactation
哺乳類*の乳腺*から乳*が分泌されること．泌乳ともいう．妊娠の後期に，乳腺の中の小葉体の内張りをしている細胞は，乳をつくるために，血液の中から種々の物質を抽出し始める．出産後すぐに出る乳は初乳と呼ばれるもので，大部分が水の透明な液体であるが，タンパク質と抗体とビタミンを含む．乳の製造は子が乳離れするまで続く．乳は黄体刺激ホルモンの刺激で形成される．出産以前は黄体ホルモンのレベルが高すぎて乳は出ない．乳の製造が継続するためには，エストロゲン（卵胞ホルモン）も必要とされる．乳は，子の吸乳行動に対する反射的対応として，乳腺の先端にある乳首から分泌される．

哺乳類　mammal
脊椎動物で哺乳類綱に属する動物．約4,250種にのぼる．哺乳類の特徴は，雌に，子に授乳するための乳腺があることである．その他の特徴としては，体毛があること（ただし，クジラのように極端に少ないものもある），中耳が3つの小さな骨からなること，下顎が2つの骨でできていて直接頭蓋骨につながること，首に7個の椎骨があること，赤血球が核をもたないこと，などがあげられる．
哺乳類は温血動物であり，次の3つのグループに大別される．
1) 有胎盤類：胎児が，母親の血液から胎盤を通じて栄養の補給を受けながら，母親の子宮の中で発育するもの．
2) 有袋類：子が，発達の早い段階で生まれたのち，母親の体についている袋の中で成長し続けるもの．
3) 単孔類：子が，母親の生み落とした卵からかえったのち，母親の乳で育つもの．

単孔類の動物は，上記3つのグループの中で進化の最も遅れたものであり，多くは，より高等な有袋類か有胎盤類へ進化した．したがって，単孔類で現存する種はきわめて少ない（カモノハシとハリモグラ）．

骨　bone
大部分の脊椎動物の骨格を構成する硬い結合組織．無機塩（ほとんどの場合，リン酸カルシウムと炭酸カルシウム）を多分に含んだコラーゲン繊維でできている．その固い基質の中には骨細胞があり，血管や神経が通っている．骨細胞は不活性な細胞であるが，それが活性化すると造骨細胞になり，骨のコラーゲンを分泌する．骨の周囲を包んでいるのは骨膜と呼ばれる結合組織の頑丈な鞘（さや）である．腕や脚の長い骨の内部は，血球をつくる柔らかい骨髄で満たされている．骨には2つのタイプがある．1つは軟骨*が変化してできた海綿状の骨で，もう1つは発達過程の胎児の皮膚から直接つくられた膜骨である．海綿状の骨の内部は網の目状になっており，その網の目に当たるところには柔らかい骨髄が詰まっている．膜骨は通常平たい形をしており，頭蓋骨，顎骨，肩帯などにその例が見られる．

変態
毛虫（幼生）
卵（卵子）
蛹
成虫

KEYWORDS

ホヤ　sea squirt
尾索動物門のホヤ綱に属する小さい海洋性動物で被嚢動物の一種．大部分のホヤは海底の岩に付着し，その袋状の体の中を通って流れる海水から食物を濾し取って食べる．

ポリプ　polyp
ある種の刺胞動物*または腔腸動物の生活環の中で定着性の形態をとる時期のもの．その他の時期では，傘のあるクラゲ*のような形をしていて，水中を自由に泳ぎ回る．ポリプはコップ形の個体で，触手が口のまわりを取り巻いている．　→世代交代

ホルモン　hormone
植物または動物のある部分の細胞によってつくられる化学物質で，他の部分の細胞の活動に影響を与えるもの．細胞膜にくっついて代謝反応を起こしたり，細胞の中に入り込んで遺伝子を活性化もしくは不活性化したりする．　→アドレナリン，オーキシン，エストロゲン，プロゲステロン（黄体ホルモン）

膜　membrane
細胞や細胞の中にある細胞小器官，あるいは器官その他の組織を包んでいる連続的な層．極性のある脂質*とタンパク質*からなっていて，脂質は，膜の中に含まれるタンパク質の粒子とともに二重の層を形成している．ある種の分子で細胞膜を通過できるものもあるが，大部分の分子は，細胞から出たり入ったりするのに特殊なタンパク質でできている小さな細胞の孔を通らなければならない．細胞内にあるゴルジ体というものがある種の膜をつくると考えられている．酵素は細胞膜の特定の場所に付着するらしく，しばしば同じ過程に関与する酵素は並んでいる．こうして，細胞膜は細胞の機能を効果的なものにしている．

繭（まゆ）　cocoon
多くの無脊椎動物の卵や幼生を保護するための覆い．　→蛹（さなぎ）

ミエリン鞘　myelin sheath
脊椎動物の神経細胞を取り囲む被覆層で，神経インパルスの伝達を速める働きをするもの．ミエリンは脂質とタンパク質よりなり，ミエリン鞘はシュワン細胞と呼ばれる特殊な細胞をもつミエリンの100にも及ぶ層で構成されている．　→神経

ミオグロビン　myoglobin
ヘモグロビンに似た球形のタンパク質で，脊椎動物の筋肉中にあるもの．ミオグロビンに結びついている酸素は，ヘモグロビンが筋肉細胞に十分な酸素を供給できなくなったときだけ放出される．

ミオシン　myosin
収縮性のあるタンパク質で，筋原繊維の主要部分を占めているもの．　→筋繊維

ミトコンドリア　mitochondrion
真核細胞の中にある膜に包まれた細胞小器官の1つで，酸素呼吸の間にエネルギーをつくり出す酵素を含んでいるもの．この棒状または球状の微小器官は，地球上に生物が誕生して間もないころ，体内に入り込んで共生するようになった細菌に由来するのであろうと考えられている．それぞれが未だに独自の小さな環状のDNA，すなわちミトコンドリアDNAと呼ばれるものをもっていて，新しいミトコンドリアは現存するものの分裂によって生まれる．細胞内での電子伝達とATP（アデノシン三リン酸）合成をつかさどる酵素は，ミトコンドリアの内膜上の柄のある粒子上に配列している．ミトコンドリアの内膜は，クリステと呼ばれる襞（ひだ）を多数もっていて，化学反応に必要な内膜の表面積を増やしている．　→真核生物

耳　ear
音波による振動を感知して，それを神経信号へ変えて脳へ送る，動物の聴覚器官．哺乳類の耳は，外耳，中耳，内耳の3つの部分よりなる．外耳は，音を受ける漏斗状の部分で，集めた音を短い管を通して鼓膜（ear drum, tympanum）へ送る．鼓膜より内部が中耳で，鼓膜は音波によって振動する．その物理的な動きは3つの小さな骨（耳小骨）によって内耳に通じるより小さな膜へ伝えられる．内耳膜の振動は，カタツムリの形をしたうずまき管（蝸牛殻）の中の液体を動かし，それがまた繊毛のある細胞を振動させて，脳につながる聴覚神経を刺激する．液体で満たされた3つの内耳管は姿勢の変化を感知する．この機構は，他の感覚器官からの情報とあわせて平衡感覚を生む．通常，耳は頭部にあるが，昆虫の中には脚や胸部や腹部に耳をもつものもある．　→均衡

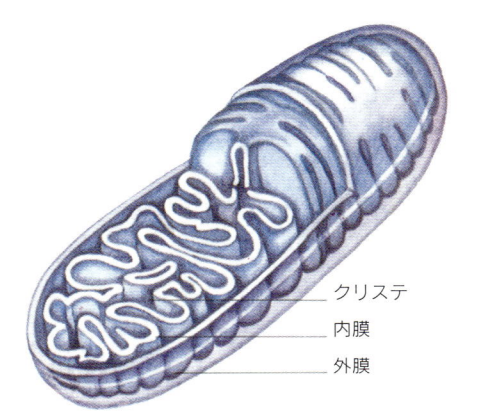

味蕾　taste bud
脊椎動物にある感覚器官の1つで，味*の感知のために特殊化したもの．多くの陸生動物では，味蕾は舌の上側に集まっている．

ムカデ　centipede
ムカデ綱に属する，節足で速く動き回る捕食者．明確に区別し得る頭部と1対の長い触角をもつ．体は多くの体節よりなり（200近くにのぼることもある），各体節に1対の肢がついている．夜行性で，多くの場合，盲目である．肉食で，湿った暗い所に住み，有毒な分泌物で自衛する．1対の有毒なはさみと毒牙のある強い顎（あご）をもつ．

無性生殖　asexual reproduction
配偶子の製造や結合がなく行われる生殖形態．つまり，両親を必要としない生殖．無性生殖は配偶相手をさがす必要がないという利点をもつ一方，親とまったく同じ子孫しか得られないから，変異を期待できない．無性生殖の過程には分裂と出芽の2形態がある．分裂では親が2つまたはそれ以上の子に分かれるもので，出芽は親にできたコブのようなものが親から分離独立するものである．　→生殖，有性生殖

無脊椎動物　invertebrate
背骨（脊柱*）をもたない動物．既知の動物の種の95％以上が無脊椎動物であり，海綿類，腔腸動

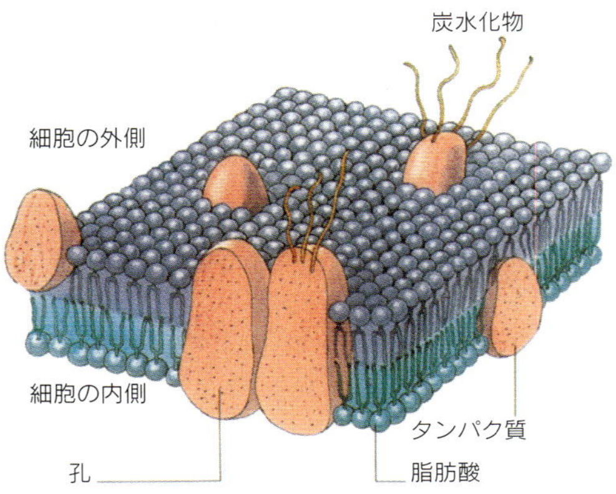

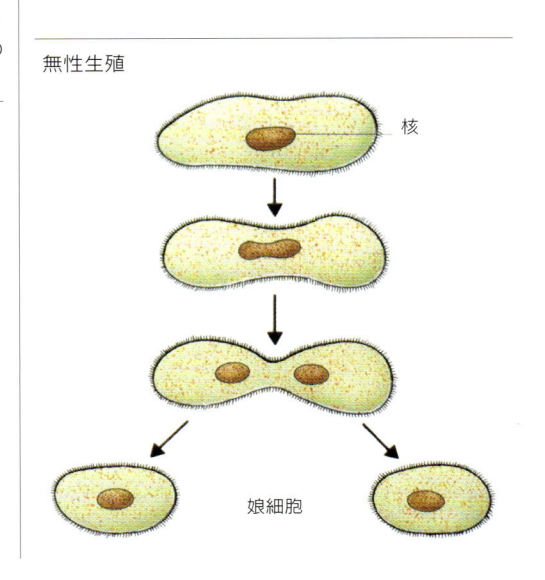

物，扁形動物，線虫類，環形動物，節足動物，軟体動物，棘皮動物，およびホヤやナメクジウオのような原始的な海洋性脊索動物などはすべて無脊椎動物に含まれる．

眼　eye

視覚器官．ヒトの眼の場合には，角膜と水晶体というレンズと眼球の中を満たしている液体の働きで光が網膜上に集められる．眼球全体はおおむね球形をしていて，骨質の眼窩の中におさまっている．入ってくる光は角膜で屈折され，虹彩の中の瞳孔を通る．細い筋肉が瞳孔のすぐ後ろにある水晶体に働きかけてその形を調節し，見る対象との距離がさまざまであっても，その像が正しく網膜上に結ばれるようにする．眼球の底部にある網膜*には感光細胞（桿体層と錐体層よりなる）が集まっており，そこから出る視覚神経が脳に通じている．

昆虫の複眼*は多くの個眼の集まったものである．昆虫や捕食性撓脚類などの節足動物も，角膜質のレンズと網膜からなるヒトの眼と似た眼をもつが，その構造はより単純である．また，ある種の無脊椎動物は，色素杯と呼ばれるレンズのない，さらに簡単な目をもつ．軟体動物では，頭足類（イカ，タコなど）が脊椎動物の眼と似た目をもっているが，彼らはレンズの形を変えるのではなく，レンズの向きや位置を変えることによって焦点を合わせる．

眼
軟体動物　色素細胞
頭足類　視神経　虹彩　角膜　レンズ　網膜
昆虫　角膜レンズ　個眼　視神経　個眼

雌しべ　pistil

1つの心皮*または，いくつかの心皮が融合したものからなる花*の雌性器官．雌ずいともいう．

メラニン　melanin

アミノ酸*チロシンに由来する一群の重合体（ポリマー）で，多くの脊椎動物の眼，皮膚，毛，羽，鱗（うろこ）などに含まれる色素のこと．ヒトの場合，メラニンは皮膚を太陽光の紫外線から保護する働きをする．皮膚に含まれるメラニンの量は遺伝的要因と環境的要因の両方で決まる．

免疫系　immune system

身体を病気から守る系．免疫系の主たる構成要素は抗体*（体内に侵入した異物すなわち抗原を識別してそれを破壊するか，あるいは他の細胞を助けて破壊させる化学物質）と抗毒素（侵入してきた微生物によってつくられた毒素を中和する体内化学物質）である．抗体と抗毒素の両方とも，それ専門の白血球によってつくられる．特定の抗体を体内にもっていれば，同じ抗原による将来の感染に対する抵抗力を高めることができる．免疫系の基本は，細胞膜に含まれる認識分子を用いて，異物の細胞を自己の身体の細胞から識別することにある．

毛細血管　capillary

脊椎動物の血管の中で最も細い部分．動脈と静脈の間にあり，複雑な網目をなして体中に分布している．毛細血管の壁は薄く，1層の細胞だけでできているから，栄養素や血液中に溶解しているガスや老廃物が容易にその壁を通り抜けることができる．それゆえ毛細血管は，体組織と血液との間でいろいろなものが交換される，その重要な場になっている．

網膜　retina

眼*の奥の光に敏感な部分．脊椎動物では，視神経*で脳につながっている．網膜は数層からなり，ヒトの場合は150万個を超える桿体と錐体からなっている．桿体と錐体は光を神経インパルスに転換することのできる感覚細胞であり，神経インパルスは視覚神経を通って脳へ伝えられる．

目（もく）　order

分類学の上で，密接な関連のある科をまとめたグループ．たとえば，ウマ科，サイ科，バク科は奇蹄目（足に奇数の指をもつ有蹄動物）にまとめられる．いずれも各脚に1つまたは3つの蹄（ひづめ）をもつからである．

木部　xylem

水と水に溶解した無機物質を輸送する植物の組織で，長くつながった中空の細胞よりなる．木部はやがて硬化し，木材となる部分をつくる．

門　phylum

生物の分類の上で，「界」に次ぐ大分類．下位区分である綱をまとめたもの．

門歯　incisor

哺乳類の前歯の中の鋭い歯で，主として物を噛み切るのに用いられる．ネズミやリスなど齧歯類（げっしるい）の門歯は，かじるのに適していて大きく，しかも不断に伸びる．象の牙は門歯が極端に発達したものである．

葯（やく）　anther

雄性花の一部で，雄しべ*の先端にあって，花粉粒を生じる部分．通常，4個の花粉嚢よりなり，花粉嚢の中では，花粉母細胞が減数分裂*によりそれぞれ4個の花粉*をつくる．

夜行性　nocturnal

暗い時間帯に活動すること．　→昼行性

ヤコブソン器官　Jacobson's organ

ある種のヘビやトカゲなど，特定の脊椎動物の口蓋（こうがい）にある嗅覚器官．舌を出すのに口を開けると，この器官が空中にある物質のにおいを感知する．

ヤスデ　millipede

倍脚綱（ヤスデ綱）に属する節足動物*で，約8,000種ある．体節に区切られた体の各節には通常2対の肢がついており，頭部には1対の短い棒状の触角がある．ヤスデ類は，暗く湿った土中に住み，主として腐りかけた植物を食料にしている．

有管細胞　solenocyte

炎細胞（flame cell）としても知られる．扁虫のような多細胞の無脊椎動物の多くに見られるコップ状の細胞で，繊毛*を動かして老廃液をいったんその腔に取り入れたのち，それを細胞の外へ排出する．

有糸分裂　mitosis

動植物の通常の体細胞（生殖細胞をつくらない細胞）が増殖する細胞分裂*の過程．有糸分裂は無性生殖の場合にも見られる．真核細胞の遺伝物質は多数の染色体の中に含まれているが，紡錘体と呼ばれる微小管の一群が，染色体の複製を行う前に，染色体を細胞の真中の定位置に整列させる．新しくつくられる細胞がまったく同一の染色体をもつように，細胞分裂が起きている間に染色体が勝手に動くのを制御するためである．そして紡錘体は，細胞が分裂する際の娘染色体の動きも支配する．　→有性生殖，染色体，真核生物，減数分裂

雄ずい

→「雄しべ」と同じ．

有性生殖　sexual reproduction

雌雄両性の配偶子*（精子と卵子のような生殖細胞）が結合して接合子（受精卵）をつくり，その接合子から新しい生物が発生するという，生物の生殖過程．通常，配偶子は2つの異なる生物によってつくられるが，両性生物*による自家受精の場合も少

有性生殖

なくない． →受精，無性生殖，単為生殖

有袋類 marsupial
　雌が体の外側についた袋をもっている哺乳類．その雌は，小さく未熟のまま子を産み，出産後かなりの期間にわたって子を袋の中で育てる．カンガルー，ウォンバット，コアラ，バンディクート，オポッサムなど．

有蹄動物 ungulate
　蹄（ひづめ）をもった哺乳類．有蹄動物は，奇数の足指をもつ奇蹄目（ウマ，バク，サイなど）と，偶数の足指をもつ偶蹄目（ブタ，ラクダ，ウシ，シカ，レイヨウなど）に分けられ，亜目としてゾウなども含まれる．

輸卵管 oviduct
　卵巣から出た卵（卵子）を生殖系の他の部分または体外へ運ぶ管．哺乳類ではファロピウス管とも呼ばれる．

幼根 radicle
　植物の胚から出る根．ふつうは発芽する種子*から最初に出る根を指す．

幼生 larva
　変態（体組織の変化を伴う場合も多い）を行う動物の，孵化から成体に至るまでの幼い段階．たとえば，カエルになる前のおたまじゃくしや，チョウまたはガになる前の毛虫．幼生は無脊椎動物に見られることが多く，エビなど，2つ以上の異なった幼生段階を経て成体になるものもある．脊椎動物の間では，両生類とある種の魚に見られる． →変態

腰帯 pelvic girdle
　脊椎動物の後肢（脚または腹鰭）がついている骨と軟骨からなる構造で，骨盤とも呼ばれる．哺乳類では，腸骨，坐骨，恥骨の3つがくっついたものの左右1対で構成されている．

羊膜 amnion
　胎児または胚*を包んでいる3つの皮膜のうち最も内側のもの．爬虫類と鳥類では卵の内膜，哺乳類では子宮の内膜である．

葉緑体 chloroplast
　植物や藻類の細胞内にある構造体でクロロフィル*を含むもの．葉緑体は光合成*が行われる場所である．平たいレンズの形をしており，二重の単位膜がストロマ（stroma）と呼ばれるゲル状の基質を包んでいる．そして，ストロマには膜胞（チラコイド）が積み重なっており，そのチラコイドがクロロフィルをもっていて，太陽光を吸収し，光合成反応を行う．二酸化炭素からの炭素の固定やその他の合成反応も，このストロマの中で生じる．さらに，ストロマには酵素と光合成の結果つくられた貯蔵産物も含まれる．

落葉性 deciduous
　多年生の木質の植物（特に樹木）が秋に，または乾期が始まる前にすべての葉を落とすこと．

裸子植物 gymnosperm
　被子植物*と異なり，裸の種子をつける植物．球果に多く，ソテツ，イチョウ，針葉樹（マツ，モミなど），マオウ類（サバクオモトとそれに類するもの）などが含まれる．ただし，あまり正確な定義を有する語ではない．

卵 egg
　卵子または雌性配偶子（雌の生殖細胞）のこと．精子細胞による受精ののち，分裂を開始し，胚になる．卵は，卵性動物の場合には雌によって生み落とされ，胎生動物と卵胎生動物の場合には雌の体内で発達する．卵性の爬虫類と鳥類のいずれの場合にも，卵は殻で保護され，栄養をその中の卵黄の形で与えられている． →配偶子

卵黄 yolk
　鳥類や爬虫類などの卵の中に貯えられた栄養物の部分で，胚*の発育のために用いられる．

卵黄膜 vitelline membrane, primary egg membrane
　卵子から分泌されて卵子を包む膜（一次卵膜）．卵巣*や輸卵管*などの関連器官からは，その二次膜が分泌される．

ラン細菌 cyanobacteria
　ラン藻の別名． →藻類

卵歯 egg tooth
　鳥や爬虫類が卵から孵化（ふか）するときに，卵の殻を割るために使う歯．雛（ひな）の上側のくちばしに付いている鋭い突起であるが，孵化後は脱落する．

卵生 oviparity
　受精した卵が母親によって産み落とされ，それが母親の体外でかえる生殖形態．

卵巣 ovary
　動物の雌の生殖器官で卵子をつくるところ．ヒトの卵巣は2つ，白色がかった丸いもので，腹部の輸卵管の末端に近いところにある．動物の雌の卵巣は，第二次性徴を発現させるステロイドホルモン（エストロゲンとプロゲステロン）を分泌する．

卵胎生 ovoviviparity
　受精した卵が母親の卵管の中で発達し孵化する生殖形態．

リボソーム ribosome
　細胞の中にあって，タンパク質の合成場所となっている微粒子．リボソームは，小胞体に付着していて，真核生物*の細胞質の中で自由に動き回ることができ，タンパク質とリボソームRNAからなっている．リボソームは，伝令RNA（DNAのコピー）を受け取り，化学的に暗号化された指示符号を使って，それにアミノ酸の配列を変えさせることにより，特定のタンパク質の鎖をつくり上げる． →核酸

両眼視 binocular vision
　同時に1つの対象物を，両眼の焦点を合わせて見ること．ヒトの両眼は，約7cm離れているので，それぞれがわずかに異なった像を結ぶ．しかし，そのために対象物を三次元的に知覚することができ，脳がその位置と，動いているものについては，その速度も判断する．その判断が可能な範囲は，およそ60m以内である．動物が両眼視できる範囲は，その両眼の間隔，視線を一点に収斂させ得る程度，および鼻や鼻先の長さによって異なる．

両性生物 hermaphrodite
　雌雄の生殖器を同じ個体の中にもっている生物．両性具有は植物にはふつうに見られることであり，

両眼視

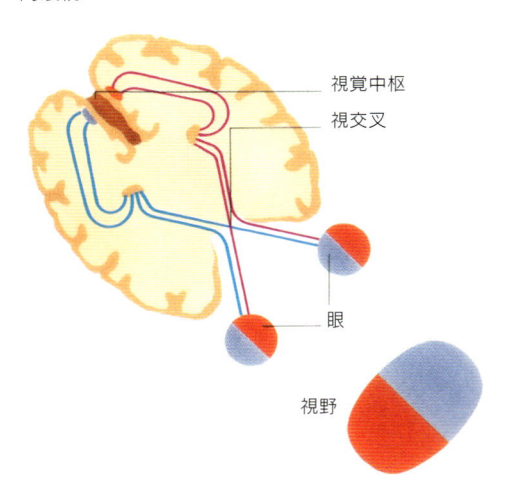

またミミズやカタツムリのような無脊椎動物も両性生物である．

両生類 amphibian
　両生類の綱（こう）に属する脊椎動物．両生類は冷血（変温性）動物である．大部分の種の皮膚は柔らかく湿っていて，粘液で覆われている．両生類はその幼生段階を淡水中で過ごすが，成熟期に達すると陸上へ移り，産卵するときは水へ戻る．水中で過ごす幼生段階では呼吸のための鰓（えら）をもっているが，変態を行って成熟期の体形へ変わる．両生類には，トノサマガエル，ヒキガエル，イモリ，サンショウウオ，アシナシイモリ（ミミズトカゲ）などが含まれる．

鱗茎 bulb
　植物の地下貯蔵器官で，うろこ状の多肉質の葉や葉の基部が多数重なり合ってできているもの．新しい植物はこの鱗茎から成長する．鱗茎は，ユリやタマネギなどの単子葉類*の発芽・成長機能が極度に変形したものである．　→球茎

リンパ液 lymph
　脊椎動物のリンパ系の中を流れる透明な液体．血漿に似たもの．

リンパ球 lymphocyte
　白血球の一種で，DNAを含む大きな核をもつもの．病気と戦う抗体*をつくる．

リンパ系 lymph system
　リンパ液が血液から集められ，また血液へ戻されるようにするリンパ管のネットワーク．リンパ液は毛細リンパ管により組織から抜き取られたのち，より太いリンパ管に入り，リンパ節に至る．リンパ節は骨髄でつくられたリンパ球を使って有害な物質や細菌を組織から濾し出し，その濾過された組織液に新しく合成されたタンパク質を加えて，首にある太い静脈（魚の場合には尾の近くの静脈）を通る血流へ返す．リンパ液は，また脂肪を消化管から血管へ運ぶこともする．リンパ液は，近くの筋肉にもまれてゆっくり流れる．魚類，両生類，爬虫類および鳥類には，筋肉質のリンパ心臓なるものがあって，それがリンパ液を循環させるポンプの役目をつとめている．太いリンパ管にはリンパ液の逆流を防ぐ弁がついている．

冷血動物 cold-blooded animal
　変温動物または外温動物（ectotherm）ともいう．周囲の気温ないし水温によって体温が変化する動物．鳥類と哺乳類だけが体内で熱を発生させ，それを調節する温血動物であり，その他の動物はすべて冷血動物である．冷血動物は運動によって体温の調節を行う．

霊長類 primate
　有胎盤哺乳類の目（もく）の1つで，サル，類人猿，ヒト（以上まとめて類人猿類），およびキツネザル，ブッシュベービー（ガラゴ），ロリス，メガネザル（以上まとめて原猿類）よりなる．霊長類の動物は，複雑で大きな脳，特殊化していない歯，前方を見る眼，物をつかむことのできる手と足，他の指と対置できる親指，および長い足の指をもつ．鉤爪（かぎづめ）よりヒトの爪に近い爪をもち，指の先端の肉趾が物を握れるようになっていることが多いが，それらの特徴は彼らの樹上生活への適応の結果である．霊長類は少数の子しか生まない．子が成獣になるまでの長い期間，親は子の面倒をみなければならない．

裂肉歯 carnassial tooth
　アザラシ以外のほとんどすべての肉食哺乳類に見られる，強力なはさみのような1対の歯．上顎の小臼歯と下顎の臼歯が変形したもので，鋭い刃のようになっている．肉食動物は口の奥の方で肉を噛み砕くが，その際それを呑み込みやすくするために裂肉歯を使ってさらに細かくする．

蝋 wax
　植物や動物が分泌する半固体，半液体状の物質．自衛や防水の働きをする．　→皮脂

濾過摂食者 filter-feeder
　水中の微小な食物を濾し取って食べる水生動物．あるものは水底に静止し，または這い回って食物になるものを捕らえ，あるものは水中を泳いで捕まえる．　→繊毛虫

若虫 nymph
　蛹（さなぎ）の段階をもたない昆虫の未成熟な形態．バッタやトンボなどに見られる．若虫はおおむね形が成虫に似ているが（その点で幼生と異なる），生殖器官や翅は未発達である．

資　　料

　精密な測定は，自然科学の心臓部である．現在では，それぞれの分野や国家で使用されている幾通りかの標準単位系がある．今日の科学者の世界においてはSI単位系が全世界的に用いられているが，世界には，これ以外の単位系をもっぱら使用している分野もある．メートル法単位系は18世紀にフランスで構築されたものであり，科学者のみならず世界各地で使用されているが，ヤードポンド方式（もともと英国単位系に基づく）の通用している領域や，同じくヤードポンド系ではあるものの米国式の単位系がもっぱら使用されているところもある．

　基本単位である長さと質量と時間の単位は，もともとかなり任意的に選定されたものであったが，その後の科学者たちは，精密に決定可能な物理定数と関連づけたはるかに正確な定義を樹立しようとしてきた．その結果，現在では，長さは光の速度と，時間はある特定の原子の特別な結晶中における振動数を用いて定義されている．質量だけは今のところこのような定義が使えないので，そもそもの白金-イリジウム合金でできたキログラム原器（パリ近郊のセーヴルに保管されている）の質量を基準としている．

メートル法と位取り用接頭語　理科年表「SI接頭語」をもとに増補

名称	数値	係数	接頭語	記号	読み方
一秭分の1	0.000000000000000000000001	10^{-24}	yocto	y	ヨクト
十垓分の1	0.000000000000000000001	10^{-21}	zepto	z	ゼプト
百京分の1	0.000000000000000001	10^{-18}	atto	a	アト
一千兆分の1	0.000000000000001	10^{-15}	femto	f	フェムト
一兆分の1	0.000000000001	10^{-12}	pico	p	ピコ
十億分の1	0.000000001	10^{-9}	nano	n	ナノ
百万分の1	0.000001	10^{-6}	micro	μ	マイクロ
千分の1	0.001	10^{-3}	milli	m	ミリ
百分の1	0.01	10^{-2}	centi	c	センチ
十分の1	0.1	10^{-1}	deci	d	デシ
一倍	1	10^{0}			
十倍	10	10^{1}	deca-	da	デカ
百倍	100	10^{2}	hecto-	h	ヘクト
千倍	1,000	10^{3}	kilo-	k	キロ
百万倍	1,000,000	10^{6}	mega-	M	メガ
十億倍	1,000,000,000	10^{9}	giga-	G	ギガ
一兆倍	1,000,000,000,000	10^{12}	tera-	T	テラ
一千兆倍	1,000,000,000,000,000	10^{15}	peta-	P	ペタ
百京倍	1,000,000,000,000,000,000	10^{18}	exa-	E	エクサ
十垓倍	1,000,000,000,000,000,000,000	10^{21}	zetta-	Z	ゼタ
一秭倍	1,000,000,000,000,000,000,000,000	10^{24}	yotta-	Y	ヨタ

単位の換算　IUPAC「物理化学で用いられる量・単位・記号」（講談社）の数値に従って一部訂正

■ メートル法単位系をヤードポンド法単位系に変換

長さ
ミリメートル	インチ	0.0394
センチメートル	インチ	0.3937
メートル	インチ	39.4
メートル	フィート	3.2808
メートル	ヤード	1.0936
キロメートル	マイル	0.6214

面積
平方センチメートル	平方インチ	0.1550
平方メートル	平方フィート	10.7639
平方メートル	平方ヤード	1.1949
平方キロメートル	平方マイル	0.3861
平方キロメートル	エーカー	0.2471
ヘクタール	エーカー	2.4711

体積
立方センチメートル	立方インチ	0.0610
立方メートル	立方フィート	35.3147
立方メートル	立方ヤード	1.3080
立方キロメートル	立方マイル	0.2399

容量
ミリリットル	液量オンス（英）	0.0352
ミリリットル	液量オンス（米）	0.0338
ミリリットル	パイント（英）	0.001753
ミリリットル	パイント（米）	0.002113
リットル	パイント（英）	1.7528
リットル	パイント（米）	2.1134
リットル	ガロン（英）	0.2191
リットル	ガロン（米）	0.2642

質量
グラム	オンス	0.0353
グラム	ポンド	0.0022
キログラム	ポンド	2.2046
トン	トン（英）	0.9842
トン	トン（米）	1.1023

温度
摂氏温度	華氏温度	(9/5)を乗じて32を加える

■ ヤードポンド法単位系をメートル法単位系に変換

長さ
インチ	ミリメートル	25.4000
インチ	センチメートル	2.5400
インチ	メートル	0.0254
フィート	メートル	0.3048
ヤード	メートル	0.9144
マイル	キロメートル	1.6093

面積
平方インチ	平方センチメートル	6.4516
平方フィート	平方メートル	0.0929
平方ヤード	平方メートル	0.8361
平方マイル	平方キロメートル	2.5900
エーカー	ヘクタール	0.4047
エーカー	平方キロメートル	0.0040

体積
立方インチ	立方センチメートル	16.3871
立方フィート	立方メートル	0.0283
立方ヤード	立方メートル	0.7646
立方マイル	立方キロメートル	4.1682

容量
液量オンス（英）	ミリリットル	28.412
液量オンス（米）	ミリリットル	29.573
パイント（英）	ミリリットル	570.51
パイント（米）	ミリリットル	473.18
パイント（英）	リットル	0.5705
パイント（米）	リットル	0.4732
ガロン（英）	リットル	4.5641
ガロン（米）	リットル	3.7854

質量
オンス（常衡）	グラム	28.3495
ポンド	グラム	453.592
ポンド	キログラム	0.4536
トン（英）	トン	1.0161
トン（米）	トン	0.9072

温度
華氏温度	摂氏温度	32を減じたあとに(5/9)を乗じる

SI 単位系

現在，世界中の自然科学の分野，および法的な規制のための標準として広く用いられている SI 単位系は，もともとフランス語の「Systeme International d'Unites（国際標準単位系）」に由来しているもので，1960年に国際計量会議において採用された．この単位系には7種類の基本単位と2種類の補助単位がある．これは，それまでもっぱら用いられていた MKS（メートル・キログラム・秒）単位系や CGS（センチメートル・グラム・秒）単位系にとって代わることとなった．このほかに18種類の組立単位があり，それぞれ国際的に認められた記号であらわすこととなっている．

これらの単位を横文字で記すときには，たとえ大科学者に因んだものであろうとも，すべて最初の文字を小文字であらわすことになっている．だからニュートンやケルヴィン（ケルビン）はそれぞれ newton，kelvin のようにつづる．それでも省略形にするときには大文字を使用することが多い．この基本単位のうち，キログラムだけはフランスに注意深く保存されている原器の質量に由来しているが，それ以外はすべて，どこの研究室でもふさわしい機器さえあれば容易に測定可能な量である．

■ 基本単位

単位	記号	量	定義
メートル	m	長さ	光が（1/299792458）秒間に真空中を伝わる行程の長さ
キログラム	kg	質量	フランスのセーヴルに保管されている国際キログラム原器（プラチナとイリジウムの円筒合金）の質量
秒	s	時間	セシウム-133の原子の基底状態の2つの超微細準位間の遷移に対応する放射の9,192,631,770周期の継続時間
アンペア	A	電流	真空中に1メートルの間隔で平行に置かれた無限に小さい円形断面積をもつ無限に長い2本の直線状導体のそれぞれを流れ，これらの導体の長さ1メートルごとに 2×10^{-7} ニュートンの力を及ぼし合う一定の電流
ケルビン	K	熱力学的温度	水の三重点の温度の1/273.16
モル	mol	物質量	0.012kg の炭素-12の中に存在する原子の数と等しい数の要素粒子を含む系の物質量
カンデラ	cd	光度	周波数 540×10^{12} ヘルツの単色放射を放出し，所定の方向におけるその放射強度が1/683（ワット／ステラジアン）である光源の，その方向における光度

■ 補助単位

単位	記号	量	定義
ラジアン	rad	平面角	円の半径に等しい長さの弧の，中心に対する角度
ステラジアン	sr	立体角	球の半径の平方に等しい面積をもつ球面上の領域の，中心に対する立体角

■ 組立単位（特別な名称と記号をもつもの）

単位	記号	量	定義
ベクレル	Bq	放射能	放射性核種の壊変数が毎秒当たり1であるときの放射能
クーロン	C	電荷・電気量	1秒間に1アンペアの電流によって運ばれる電気量
ファラド	F	静電容量	1クーロンの電気量を充電したときに1ボルトの電位差を生じる2導体間の静電容量
グレイ	Gy	吸収線量	電離放射線の照射によって，物質1キログラム当たり1ジュールのエネルギーが与えられるときの吸収線量
ヘンリー	H	インダクタンス	1秒間に1アンペアの割合で一様に変化する電流が流れるときに，1ボルトの電位差を生じる閉回路のインダクタンス
ヘルツ	Hz	周波数	1秒間に1サイクルとなる周波数
ジュール	J	エネルギー	1ニュートンの力で1キログラムの質量の物体を特定の方向に動かすときのエネルギー
ルーメン	lm	光束	1カンデラの光源から1ステラジアン内に放射される光束
ルクス	lx	照度	1平方メートルの面積が1ルーメンの光束で照らされたときの照度
ニュートン	N	力	1キログラムの物体に作用するとき，その向きに1メートル／(秒)^2 の加速度を与える力の大きさ
オーム	Ω	電気抵抗	1ボルトの電位差があるとき1アンペアの電流を流す導体のもつ抵抗
パスカル	Pa	圧力	1平方メートル当たり1ニュートンの力が印加されるときの圧力
ジーメンス	S	コンダクタンス	1アンペアの直流電流が流れる導体の2点間の電位差が1ボルトであるときの，その2点間のコンダクタンス
シーベルト	Sv	線量当量	1キログラムの質量の身体組織に1ジュールのエネルギーを与える放射線の線量当量
テスラ	T	磁束密度	磁束方向に垂直な1平方メートル当たり1ウェーバーの磁束となる磁束密度
ボルト	V	電位・起電力	1アンペアの電流が導体を流れて1ワットの電力を消費するときの両端の電位差
ワット	W	電力・仕事率	1秒間に1ジュールの仕事をする電力
ウェーバー	Wb	磁束	1秒間で0になる割合で減少するとき，単捲閉回路に1ボルトの起電力を発生させる磁束の大きさ

分類——5つの界

すべての生きものは，共有しているさまざまな特徴にもとづいてグループ分け（分類）される．最大のグループは「界」（kingdom）で，その下に「門」（動物では phylum，植物では division），「綱」（class），「目」（order），「科」（family），「属」（genus），「種」（species）と続き，次々により細かく分類されて行く．

初期の分類法は，主として目で見て容易に判別できる特徴にもとづいていたが，今日では，顕微鏡でしか発見できない特徴や遺伝物質の化学分析の結果も考慮されて生物間の関係の度合が決定されている．現在の分類学は，観察から得られる認識と系統発生図が物語るところ（種の間の進化の過程上の関係）とを結びつけようと試みているが，「亜門」から下の階級の「綱」や「目」になると意見が分かれることが多い．

今日最も広く用いられている分類法は「五界分類法」（Five Kingdoms system）と呼ばれるもので，生物全体を**モネラ界**（Monera．細菌とラン細菌），**菌類界**（Fungi），**植物界**（Plantae），**動物界**（Animalia．多細胞動物）および**原生生物界**（Protoctista．上記の4つの界のいずれにも属さないすべての生物）

■モネラ界

原核細胞
2門ある：**細菌門**と**ラン細菌（ラン藻）門**

■原生生物界

他の4つの界に属さないすべての生物．それらの間に系統発生的な関係はない．原生生物界は約8つの門で構成される．たとえば

　粘菌
　渦鞭毛藻
　各種の藻類（ただし，ラン藻を除き，ミドリムシ，珪藻，および多くの海藻を含む）
　もと原生動物に属していたもの：有孔虫，放線虫，繊毛虫，アメーバなど

■菌類界

生活環のどの段階でも鞭毛や繊毛をもたず，胞子をつくり，胚の形の発生段階を欠く真核生物．

真菌類門（約63,000種）
　ツボカビ綱（門の扱いを受けることもある）：主として寄生性の菌類600種以上．水生菌類を含む．
　ネコブカビ綱：植物と菌類の内部寄生生物約35種．病気の原因となることが多い．
　接合菌綱（門の扱いを受けることもある）：動植物の陸生寄生生物600種弱．パンカビを含む．
　トリコミケス綱：片利共生的な菌類約100種．
　子嚢菌綱（門の扱いを受けることもある）：大部分が植物への寄生生物で，次の3亜綱に分かれる．
　　半子嚢菌（100種以上）
　　真正子嚢菌類（12,000種弱．オランダニレ病菌，麦角病菌，トリュフ菌を含む）
　　小房子嚢菌（4,000種以上）
　担子菌綱（門の扱いを受けるともある）：大部分が植物または昆虫への寄生生物で，次の2亜綱に分かれる．
　　異担子菌（膠質菌，黒穂病菌，サビ菌など，計約5,800種）
　　同担子菌（チャダイゴケ，イグチタケ，マッシュルーム，ホコリタケ，スッポンタケなどを含む大きなグループ）
　不完全菌亜綱：性相を欠く菌類約16,000種（約2,600属）

サカゲツボカビ門（約565種）
　サカゲツボカビ綱：主として海洋性の菌類（約15種）よりなる小さいグループ．
　卵菌綱：主として寄生性の水生菌と土壌菌で，約550種．この綱を原生生物界の1門とする分類法もある．

■植物界

胚から発達し，生活環の中で半数体と倍数体間の世代交代を示す真核生物で光合成を行うもの．

コケ植物門（約25,000種）
　スギゴケ類綱：コケ
　ゼニゴケ類綱：ゼニゴケ
　ツノゴケ類綱：マツモ
　　（これらの3綱をそれぞれ別の門とする分類法もある）

ヒカゲノカズラ門（約1,000種）
　3つの目に分類された維管束植物約6属よりなり，ヒカゲノカズラ，ミズニラ，クラマゴケなどを含む．

古生マツバラン門
　マツバランを含む目の2つの属．

有節植物門（約15種）
　トクサ綱1綱のみ：トクサ

シダ門（約12,000種）
　薄嚢シダ綱：単細胞に由来する胞子嚢をもつシダ．
　真正胞子嚢シダ綱：多細胞に由来する胞子嚢をもつシダ．

ソテツ門（約145種）
　ソテツ綱：単一のソテツ目よりなり，ヤシに似た8つのソテツ属を含む．

イチョウ門（1種のみ）
　高く伸びる裸子植物のイチョウ．

球果植物門（約550種）
　マツやモミなど，9科に分類された針葉植物（大部分は樹）約50属よりなる．

マオウ門
　マオウの3つの属よりなり，サバクオモト（ウェルウイッチア）を含む．

被子植物門（約220,000種）
　顕花植物（被子植物）の約300科よりなり，果実の中の種子から発育する．
　双子葉植物綱：種子から2枚の子葉を出す被子植物約165,000種よりなる．
　単子葉植物綱：種子から1枚の子葉を出す被子植物約55,000種よりなる（ユリ，ラン，草など）．

の5つの界に分類する.

しかし，5つではなくて6つの界に分ける分類法もある．生物がその発生段階のうちに胚である期間をもつかどうか（たとえば菌類はその段階をもたない）の点や，摂食方法や移動方法の特徴も考慮に入れた分類法である．この「六界分類法」によれば，**原核生物界**（Prokaryota．五界分類法でのモネラ界はそのまま原核生物界の亜界に格下げされる），**古細菌界**（Archaebacteria．メタンガスをつくる細菌類），**原生生物界**（Protista．核のある藻類，原生動物，ある種の粘菌，および菌として分類することも可能な他の生物も含む単細胞または多細胞の真核生物よりなる），**菌類界**，**植物界**，**動物界**の6つの界に分類される．植物界と動物界の内訳は五界分類法による場合と同じである．さらに最近の学説では，「門」の上に3つの「域」（domain），すなわち古杯類域（Archaea．細菌を除く真核生物），細菌類域（Bacteria）および真核類域（すべての真核生物）を設けるものもある．下に掲げる分類表は広く認められている五界分類法による．

■動物界

大きな卵と小さな精子の結合から生じ，特色ある胚の段階を経て発育する多細胞の真核生物．

海綿動物門（約10,000種）
　石灰海綿綱：石灰質のカイメン．
　普通海綿綱：カイメン質（スポンジン）のネットワークをもつカイメン．
　硬骨海綿綱：カイメン質と霰石またはシリカのネットワークをもつカイメン．

刺胞動物門（約9,400種）
　ヒドロ虫綱：ヒドラ，ヒドラポリプ，アナサンゴモドキ
　鉢虫綱：真正クラゲ
　花虫綱：大部分のサンゴとイソギンチャク

有櫛動物門（約90種）
　テマリクラゲとクシクラゲ．

扁形動物門（約15,000種）
　渦虫綱：独立生活の扁形虫
　吸虫綱：吸虫
　条虫綱：サナダムシ（条虫）

紐形動物門（約750種）
　ヒモムシ

輪形動物門（約2,000種）
　ワムシ

線形動物門（約80,000種）
　線虫

外肛動物門（約5,000種）
　コケムシ

腕足動物門（約260種）
　シャミセンガイ，またはホオズキガイ

軟体動物門（約110,000種）
　単板類綱：単板類
　無板類綱：ソレノガスターズ
　多板類綱：ヒザラガイ
　斧足類綱（二枚貝類）：二枚貝（ハマグリ，イガイ，カキ，ホタテガイ）
　腹足綱：カタツムリ，ナメクジ
　掘足綱：ツノガイ
　頭足綱：タコ，ヤリイカ，コウイカ，オウムガイ

環形動物門（約9,000種）
　多毛綱：海生ゴカイ（タマシギゴカイ，ゴカイ）
　貧毛綱：陸生ゴカイ（ミミズ）
　ヒル綱：ヒル

節足動物門（約1,000,000種）
　大顎類亜門（体が3つの部分からなるもの）
　甲殻類綱：ミジンコ，エビ，カニ，カイアシ，フジツボ
　倍脚類綱：ヤスデ
　唇脚類綱：ムカデ
　昆虫綱：昆虫（18目）
　鋏角亜門（体が2つの部分からなるもの）
　ウミグモ綱：ウミグモ
　節口類綱：カブトガニまたはタラバガニ
　クモ形類綱：クモ，サソリ，ザトウムシ，ダニ，マダニ

棘皮動物門（約600種）
　ウミユリ綱：ウミユリ，ウミシダ
　ナマコ綱：ナマコ
　ウニ綱：ウニ，カシパンウニ（タコノマクラ）
　ヒトデ綱：ヒトデ
　クモヒトデ綱：クモヒトデ

脊索動物門（約45,000種）
　被嚢動物亜門（脳をもたない．幼生の段階でのみ脊索をもち，成熟するとセルロース質の膜を分泌する）
　オタマボヤ綱：オタマボヤ（おたまじゃくしに似ている）
　ホヤ綱：ホヤ
　頭索綱：ナメクジウオ

　無顎類亜門（脳と頭蓋骨はあるが，顎や対になった付属器官をもたない）
　円口類綱（鱗はなく，吸盤に似た円い口をもつ）：メクラウナギ，ヤツメウナギ

　有顎類亜門（脳，頭蓋骨，顎，対になった付属器官をもつ）
　魚類上綱（有顎魚類）
　軟骨魚綱：主としてサメ類とエイ類（6目に分かれ，約700種）
　硬骨魚綱（24目に分かれ，約21,000種）
　四足類上綱（4脚の脊椎動物）
　両生類綱：両生類（3目に分かれ，約2,400種．サンショウウオ，マッドパピー，イモリ，カエル，ヒキガエル，アシナシイモリ）
　爬虫類綱：爬虫類（3目に分かれ，約6,600種．ウミガメ，カメ；トカゲ，ヘビ，ヤモリ，イグアナ；およびクロコダイルワニ，アリゲーターワニ，カイマンワニ．これらの3目は，カメ綱，鱗竜類綱，ワニ綱と，別々の綱扱いにされることもある）
　鳥類綱：鳥類（28目に分かれ，約9,300種）
　哺乳類綱（約4,700種）
　原獣亜綱（卵を生む哺乳動物または単孔類動物）：ハリモグラ，カモノハシ
　獣亜綱（原獣亜綱に属さないすべての哺乳動物）
　後獣下綱（有袋動物）：カンガルーなど（7目）
　真獣下綱（有胎盤類）19目
　偶蹄目：偶数の蹄をもつ哺乳動物
　食肉目：肉食の哺乳動物
　クジラ目：イルカ，ネズミイルカ，クジラ
　翼手目：コウモリ
　皮翼目：ヒヨケザル
　貧歯目：歯をもたない哺乳動物
　イワダヌキ目：イワダヌキ
　食虫目：昆虫を食料とする哺乳動物
　ウサギ目：野ウサギ，穴ウサギ，ナキウサギ
　ハネジネズミ目：ハネジネズミ
　奇蹄目：奇数の蹄をもつ哺乳動物
　有鱗目：センザンコウ
　鰭脚目：アザラシ，アシカ
　霊長目：サル，類人猿，ヒト
　長鼻目：ゾウ
　齧歯目：ネズミ，ハツカネズミ，その他の齧歯類動物
　ツパイ目：ツパイ
　海牛目：ジュゴン，マナティ
　ツチブタ目：ツチブタ

哺乳類のホルモン

多細胞動物は，体の各部に連絡事項を伝えるのに，自然の拡散による伝達より迅速な手段を必要とするが，そのために存在する二大信号システムが神経系とホルモンという一連の化学物質の分泌系である．神経インパルスはホルモンによる信号よりも伝達速度がはやいが，ふつうの場合，神経インパルスによって引き起こされる反応はホルモンによるそれよりはるかに早く消滅する．血液の循環系を有する動物では，ホルモンはたいてい血流によって標的器官へ運ばれる．ホルモンを直接血液の中へ分泌する腺は内分泌腺と呼ばれる．次の表は，哺乳類の体内の主要な内分泌腺の主たる働きを示す．

脳には2つの重要な内分泌の中枢が存在する．視床下部と脳下垂体である．視床下部は，体の内部の状況を監視する数多くの種類の感覚器を包含している．視床下部は，神経系と内分泌系の間を直接連結する．すなわち，種々のホルモンを血管内へ分泌して，それが脳下垂体へ向かい，脳下垂体からのホルモンの放出を調節するように仕向ける．脳下垂体の後葉と前葉は，ある種の器官に直接働きかけるホルモンをつくり出すとともに，他の内分泌器官（副腎皮質や生殖腺など）にホルモンを分泌させるホルモン放出因子としても作用する．

	分泌されるホルモン	機　能	制御しているもの
脳下垂体	ホルモンと因子の放出・抑制	脳下垂体前葉ホルモンを制御する．	血液中の化学物質およびホルモンの自己調節機能
甲状腺	チロキシン	物質代謝の速度を制御し，おそらく呼吸関係の酵素の働きを促進させる．脳下垂体成長ホルモンの働き，排尿，タンパク質の分解，乳の製造を促進し，両生類ではその変態も促進する．エピネフリンの効果と交感神経系の働きを強める．	脳下垂体前葉から分泌される甲状腺刺激ホルモン（TSH）
甲状腺	カルシトニン	血液中のカルシウム濃度を下げる．	血流中のカルシウム濃度
副甲状腺	パラトルモン	血液中のカルシウム濃度を高め，リン酸塩イオンの濃度を下げる．	血流中のカルシウムとリン酸塩のレベル
胸腺	未詳	出生後間もない時期に，リンパ球が抗体をつくる血漿細胞を発達させるのを助ける．	未詳
膵臓（ランゲルハンス島，ベータ細胞）	インスリン	呼吸の際にグルコースの分解を起こさせ，肝臓でそれをグリコーゲンまたは脂肪へ変換し，タンパク質からグルコースが生成されるのを抑制することによって，血糖値を下げる．	高すぎる血糖値の自己調節機能
膵臓（ランゲルハンス島，アルファ細胞）	グルカゴン	肝臓でグリコーゲンをグルコースに変換することによって血糖値を高める．	低すぎる血糖値の自己調節機能
副腎髄質	エピネフリン（アドレナリン）およびノルエピネフリン（ノルアドレナリン）	物質代謝の速度を増加させ，血糖値，血圧，脈拍数などを上昇させて，体に緊急態勢をとらせる．	交感神経系
副腎皮質	副腎皮質ホルモン（ステロイド），ミネラルコルチコイド（アルドステロン），グルココルチコイド（コルチゾールなど）	ミネラルコルチコイドは，血液中のナトリウムイオンとリン酸塩イオンのバランスをとり，低血圧にする．グルココルチコイドは，細胞呼吸を抑制するとともに，血糖値と血圧を高め，タンパク質の分解を促進する．	脳下垂体前葉から分泌される副腎皮質刺激ホルモン（ACTH）
松果体	メラトニン	生物時計と関係があるらしい．カエルでは，色素細胞の集中を起こす．	光で制御される脳の中枢
腎臓	レニン	血漿タンパク質のアンギオテンシンを活性化する．	血液中のナトリウムのレベル
十二指腸の内壁	コレシストキニン	胆嚢からの胆汁の分泌を刺激する．	十二指腸内にある脂肪酸とアミノ酸
睾丸	アンドロステロンおよびテストステロン	雄性生殖器官の発達と活動を促進し，精子の製造を刺激する．	卵胞刺激ホルモン（FSH）と黄体ホルモン（LH）
胎盤	絨毛性性腺刺激ホルモン	卵巣内に黄体を保持し，妊娠を助ける．	発育途上の胚
卵巣	エストロゲン	雌性生殖器官の発達を促進し，月経後の子宮を修復し，乳汁の分泌を抑制する．	卵胞刺激ホルモン（FSH）と黄体ホルモン（LH）
卵巣	プロゲステロン	子宮内膜の発達を促進し，排卵を抑制し，乳腺の分泌細胞を発達させる．	脳下垂体前葉から分泌される黄体ホルモン（LH）

脳下垂体前葉	甲状腺刺激ホルモン（TSH）	甲状腺を刺激してチロキシンを分泌させる．	血液中のチロキシンの自己調節機能
脳下垂体前葉	副腎皮質刺激ホルモン（ACTH）	副腎皮質に種々のホルモンを分泌させる．	血液中のACTHの自己調節機能
脳下垂体前葉	成長ホルモン（GH）	タンパク質の合成を促進することにより成長を刺激し，血糖値を高める．	視床下部ホルモン
脳下垂体前葉	プロラクチン	乳汁の製造と分泌を刺激する．	視床下部ホルモン
脳下垂体前葉	卵胞刺激ホルモン（FSH）	雄では精子の製造を，雌では卵子の発達とエストロゲンの分泌を起こさせる．	エストロゲンとプロゲステロン
脳下垂体前葉	黄体ホルモン（LH）または間質細胞刺激ホルモン（ICSH）	雄では精子の製造を刺激するとともにテストステロンおよびアンドロステロンの分泌を起こさせ，雌では排卵を起こさせる．	エストロゲンによって刺激され，プロゲステロンによって抑制され，テストステロンのレベルによって影響される．
脳下垂体後葉	メラニン細胞刺激ホルモン（MSH）	皮膚のメラニン色素を増加させる（特に両生類で顕著）．	未詳
脳下垂体後葉	抗利尿ホルモン（ADH）またはバソプレッシン	腎臓に水分の再吸収をさせることにより，血圧を高める．	血液の浸透圧
脳下垂体後葉	オキシトシン	出産時に子宮の収縮を起こさせ，また乳腺から乳汁を押し出す．	エストロゲンとプロゲステロンおよび神経系

攻撃－逃走反応

　さし迫った危険や恐怖または怒りに対応して体内に生じる一連の変化を攻撃－逃走反応という．そのとっさの対応は，諸感覚を鋭敏にするとともに，筋肉その他の器官への血液と酸素の供給量を増加させることによって体の反応を迅速にする．緊迫した状況のもとでは，視床下部は交感神経系を通じて直接各器官を刺激する．すると，交感神経系は副腎髄質を刺激してエピネフリンとノルピネフリンというホルモンを血流の中へ分泌させる．

　各器官における具体的な反応の一例を下に示す．

心臓	心拍数，各心拍により送り出される血液の量，血圧のいずれもが増大する．
血管	消化器系と生殖器系では収縮し，筋肉，肺および肝臓では膨張して，運び込まれる酸素とグルコースのレベルを高める．
肝臓	グリコーゲンがグルコースへ変換され，血液中の利用可能な糖分が増大する．
肺	空気の通路が膨張し，呼吸の速度も高まって，酸素の摂取量が増加する．
脳	外部からの刺激に対してより迅速に反応できるように，感知能力と認知能力を高める．
肝臓	脂肪とアミノ酸がグルコースへ変換される．
消化器系	平滑筋が弛緩して横隔膜を下げ，酸素の摂取量を増大させる．
皮膚	血管が収縮して血圧を高める．炎症は減少して体の一般的自衛機能がより効果的に働くようになる．
体毛	哺乳類では，自分の体を大きく見せるため（おそらく敵を驚かすため），毛を逆立てる筋肉を収縮させる．
副腎皮質	緊張反応を持続させるために，グルココルチコイドを製造する．

動物の進化（体の構造にもとづく）

　従来，動物学者たちは，動物界が多様性を示すに至った理由と，いくつもの部門がそれぞれ共通の祖先から分かれて進化してきた過程を，彼らの体の構造の観点から説明してきた．真の体組織をもつ最初の動物（真後生動物）は2つのグループに分岐した．ウニのように放射状に対称的な体制をとる放射相称動物群と，左右に対称的な体制をとる左右相称動物群である．その次の分化は体腔をもつかもたないかの区別による．

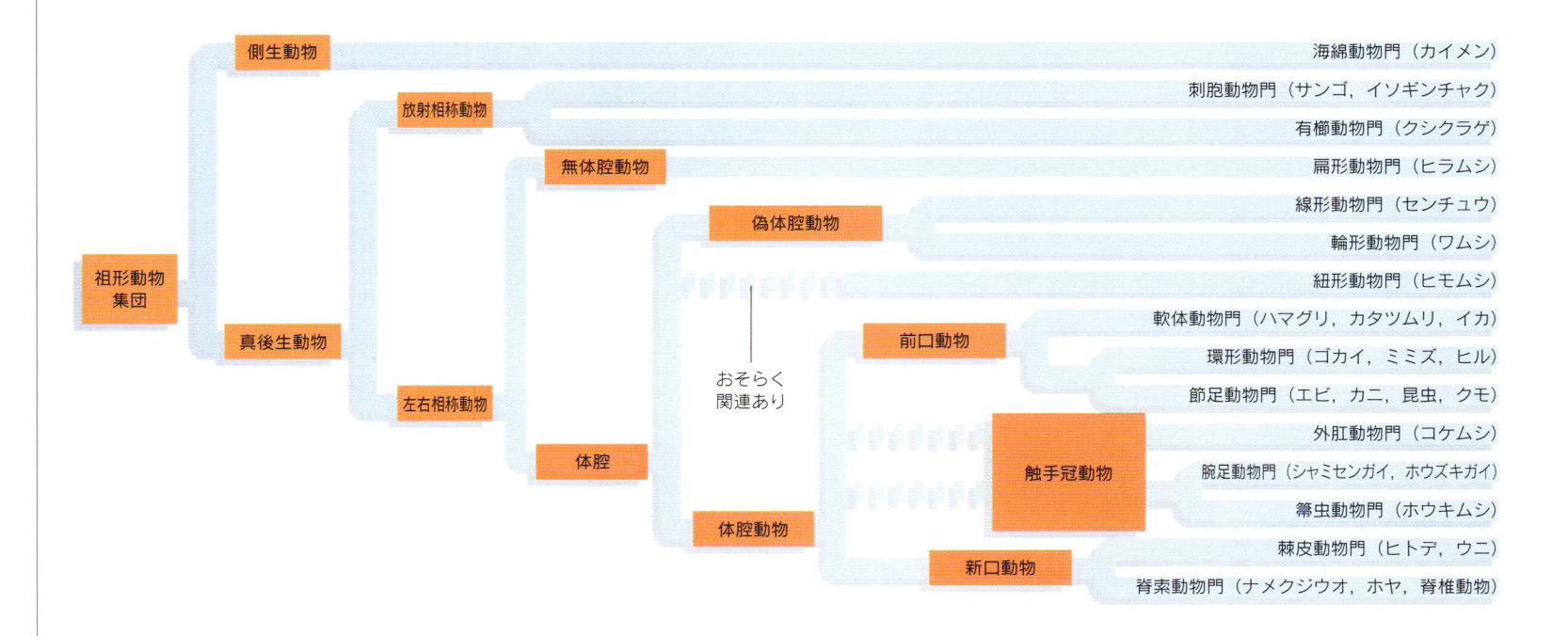

系統樹（体の構造にもとづく）：
- 祖形動物集団
  - 側生動物 → 海綿動物門（カイメン）
  - 真後生動物
    - 放射相称動物
      - 刺胞動物門（サンゴ，イソギンチャク）
      - 有櫛動物門（クシクラゲ）
    - 左右相称動物
      - 無体腔動物 → 扁形動物門（ヒラムシ）
      - 偽体腔動物
        - 線形動物門（センチュウ）
        - 輪形動物門（ワムシ）
      - 体腔 — 体腔動物
        - 前口動物
          - 紐形動物門（ヒモムシ）
          - 軟体動物門（ハマグリ，カタツムリ，イカ）
          - 環形動物門（ゴカイ，ミミズ，ヒル）
          - 節足動物門（エビ，カニ，昆虫，クモ）
          - 触手冠動物
            - 外肛動物門（コケムシ）
            - 腕足動物門（シャミセンガイ，ホウズキガイ）
            - 箒虫動物門（ホウキムシ）
        - 新口動物
          - 棘皮動物門（ヒトデ，ウニ）
          - 脊索動物門（ナメクジウオ，ホヤ，脊椎動物）

（偽体腔動物と触手冠動物の間：おそらく関連あり）

動物の進化（遺伝学にもとづく）

　もう1つの進化系統図は，遺伝子の配列を根拠とするものである．この研究方法でわかったことは，進化の初期の段階では分岐は（上の図より）少なかったこと，および軟体動物と大多数の蠕形動物を含む無脊椎動物門の多くはLophotrochozoaと呼ばれる単一のグループから分岐したことである．

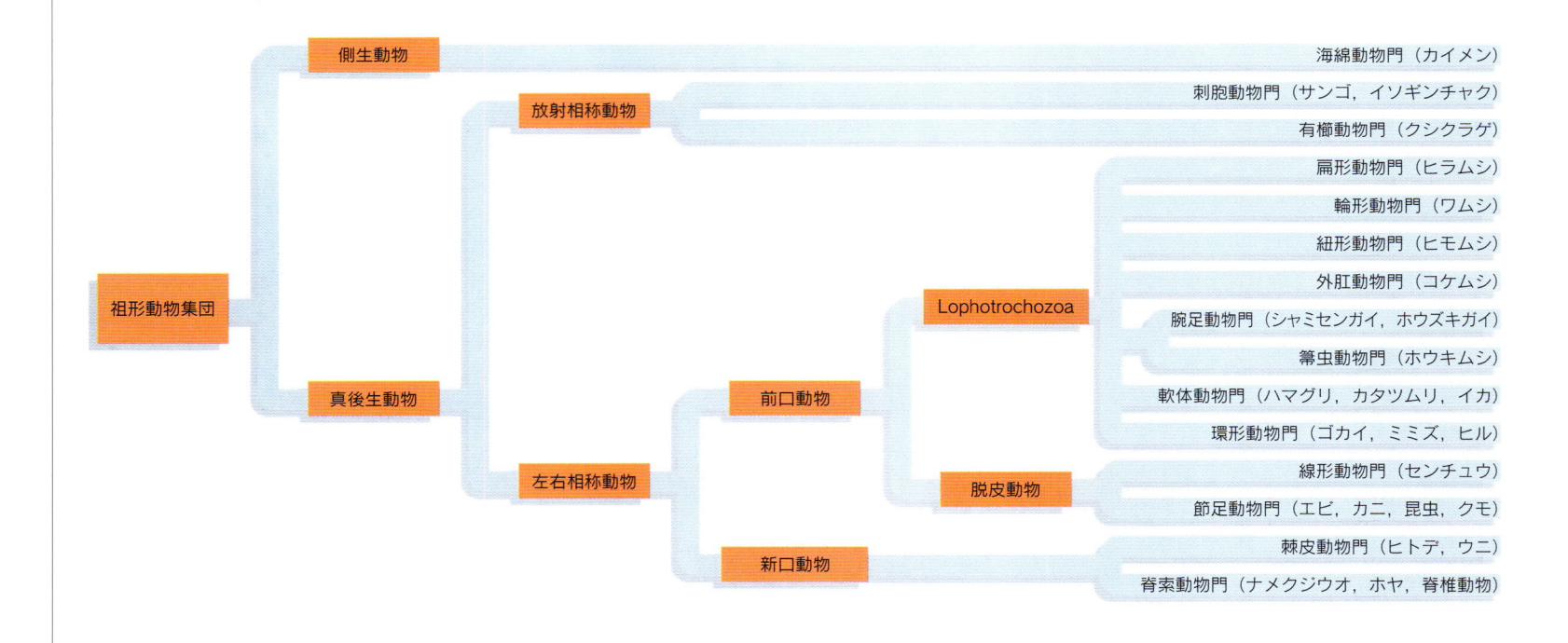

系統樹（遺伝学にもとづく）：
- 祖形動物集団
  - 側生動物 → 海綿動物門（カイメン）
  - 真後生動物
    - 放射相称動物
      - 刺胞動物門（サンゴ，イソギンチャク）
      - 有櫛動物門（クシクラゲ）
    - 左右相称動物
      - 前口動物
        - Lophotrochozoa
          - 扁形動物門（ヒラムシ）
          - 輪形動物門（ワムシ）
          - 紐形動物門（ヒモムシ）
          - 外肛動物門（コケムシ）
          - 腕足動物門（シャミセンガイ，ホウズキガイ）
          - 箒虫動物門（ホウキムシ）
          - 軟体動物門（ハマグリ，カタツムリ，イカ）
          - 環形動物門（ゴカイ，ミミズ，ヒル）
        - 脱皮動物
          - 線形動物門（センチュウ）
          - 節足動物門（エビ，カニ，昆虫，クモ）
      - 新口動物
        - 棘皮動物門（ヒトデ，ウニ）
        - 脊索動物門（ナメクジウオ，ホヤ，脊椎動物）

資料

自律神経系

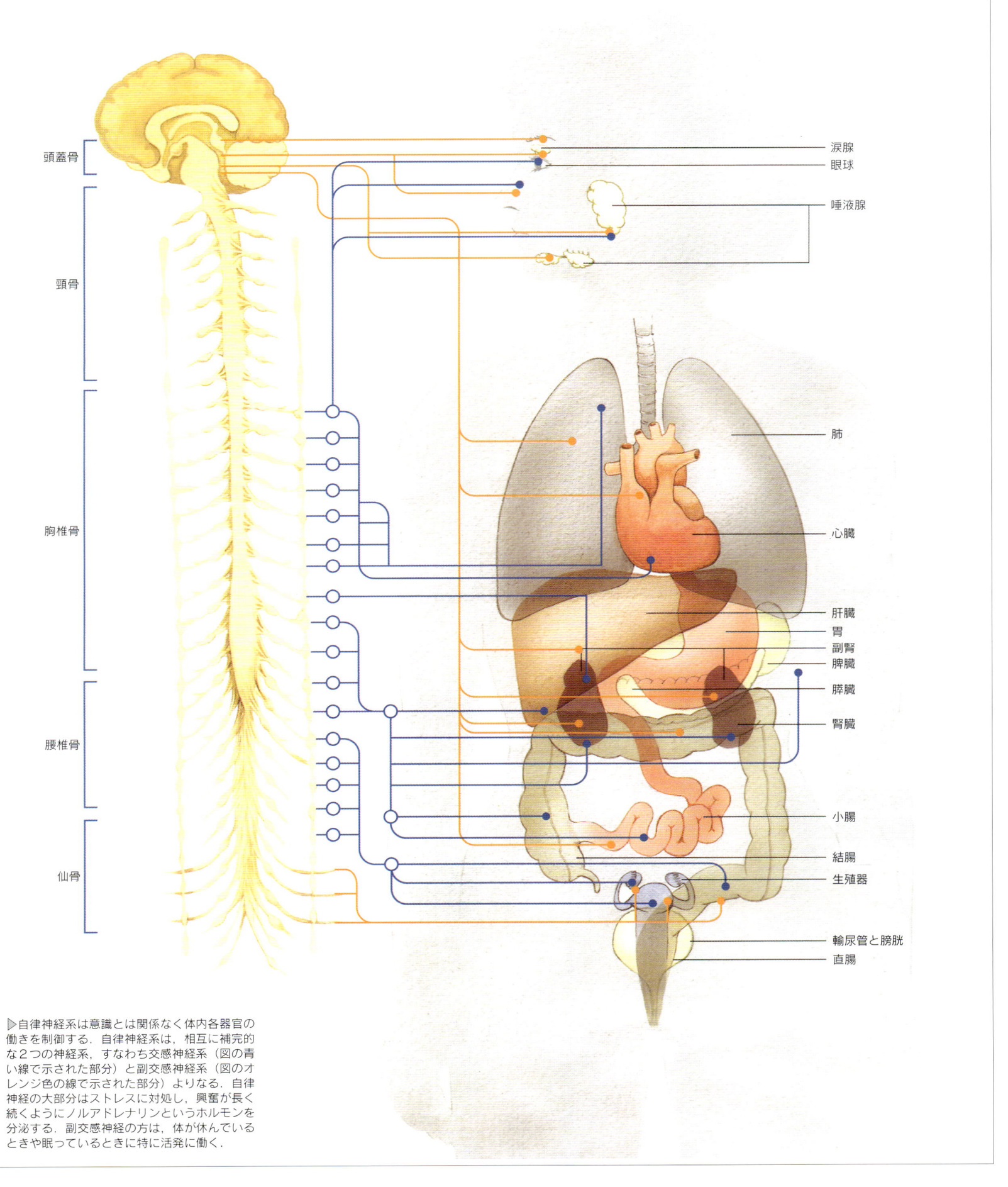

ラベル（上から）
頭蓋骨
頸骨
胸椎骨
腰椎骨
仙骨

臓器ラベル（上から）：涙腺、眼球、唾液腺、肺、心臓、肝臓、胃、副腎、脾臓、膵臓、腎臓、小腸、結腸、生殖器、輸尿管と膀胱、直腸

▷自律神経系は意識とは関係なく体内各器官の働きを制御する．自律神経系は，相互に補完的な2つの神経系，すなわち交感神経系（図の青い線で示された部分）と副交感神経系（図のオレンジ色の線で示された部分）よりなる．自律神経の大部分はストレスに対処し，興奮が長く続くようにノルアドレナリンというホルモンを分泌する．副交感神経の方は，体が休んでいるときや眠っているときに特に活発に働く．

クレブス回路

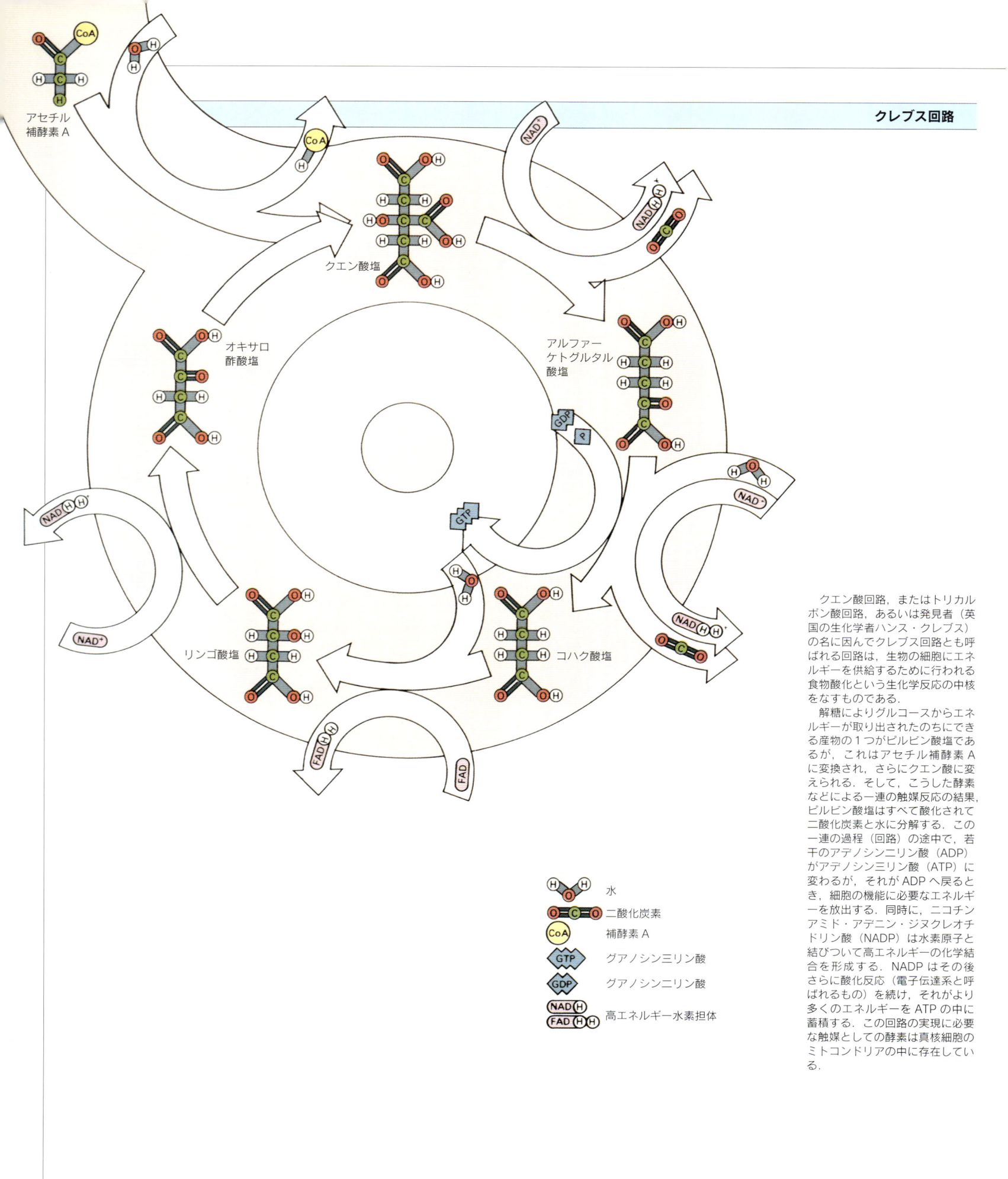

アセチル補酵素A

クエン酸塩

オキサロ酢酸塩

アルファーケトグルタル酸塩

リンゴ酸塩

コハク酸塩

H-O-H	水
O=C=O	二酸化炭素
CoA	補酵素A
GTP	グアノシン三リン酸
GDP	グアノシン二リン酸
NAD(H)(H) / FAD(H)(H)	高エネルギー水素担体

クエン酸回路，またはトリカルボン酸回路，あるいは発見者（英国の生化学者ハンス・クレブス）の名に因んでクレブス回路とも呼ばれる回路は，生物の細胞にエネルギーを供給するために行われる食物酸化という生化学反応の中核をなすものである．

解糖によりグルコースからエネルギーが取り出されたのちにできる産物の1つがピルビン酸塩であるが，これはアセチル補酵素Aに変換され，さらにクエン酸に変えられる．そして，こうした酵素などによる一連の触媒反応の結果，ピルビン酸塩はすべて酸化されて二酸化炭素と水に分解する．この一連の過程（回路）の途中で，若干のアデノシン二リン酸（ADP）がアデノシン三リン酸（ATP）に変わるが，それがADPへ戻るとき，細胞の機能に必要なエネルギーを放出する．同時に，ニコチンアミド・アデニン・ジヌクレオチドリン酸（NADP）は水素原子と結びついて高エネルギーの化学結合を形成する．NADPはその後さらに酸化反応（電子伝達系と呼ばれるもの）を続け，それがより多くのエネルギーをATPの中に蓄積する．この回路の実現に必要な触媒としての酵素は真核細胞のミトコンドリアの中に存在している．

月経周期

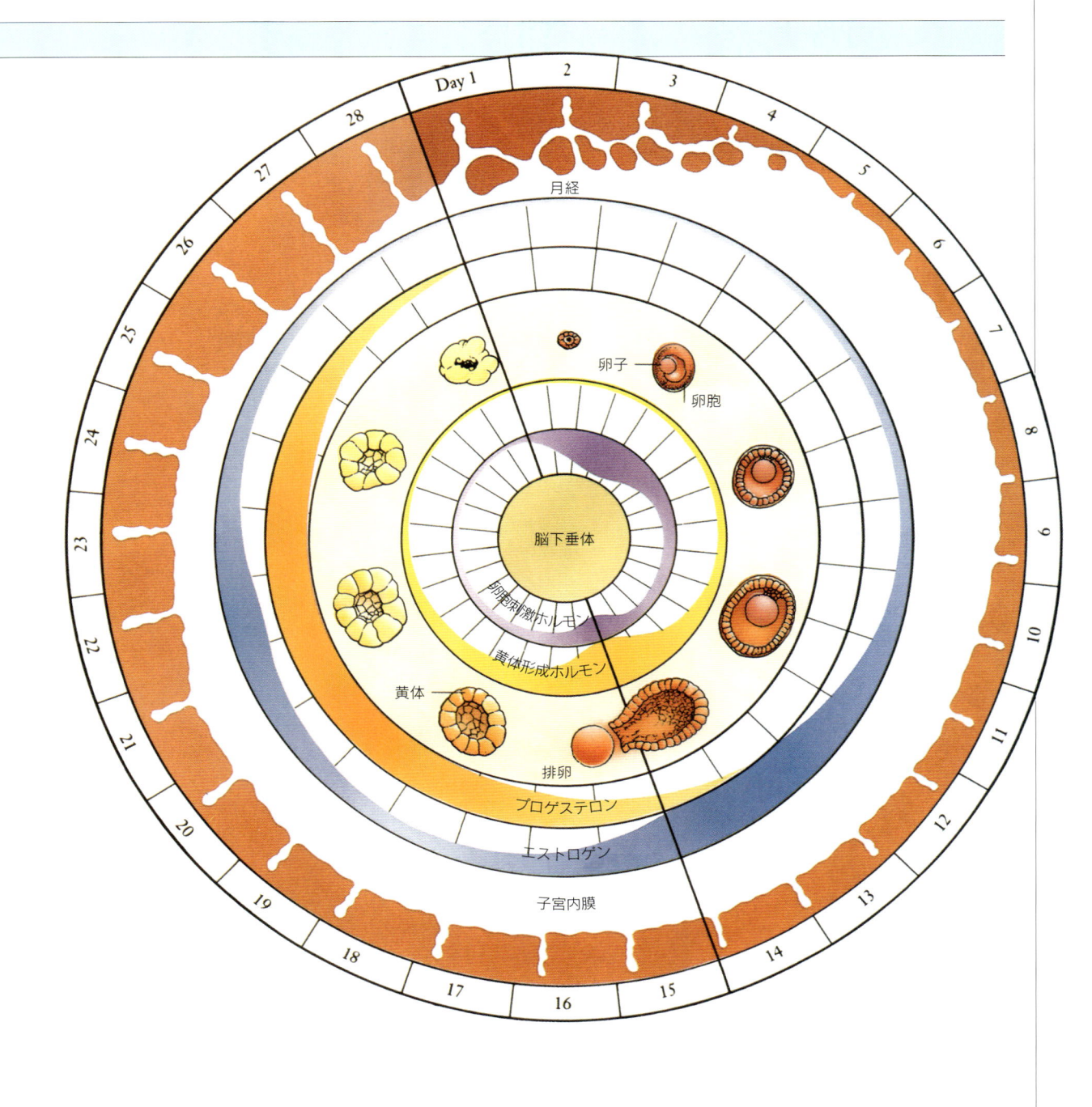

哺乳類の生殖周期はさまざまであり，ハツカネズミでは4～5日，ヒトで28日（女性の月経周期），より体の大きな動物になると1年かそれ以上，というものもある．排卵現象，雌による雄の受け入れ，受精のための子宮の準備はすべてホルモンが制御する．

ヒトの月経周期について言えば，脳下垂体が卵胞刺激ホルモン（FSH）を血流中へ放出すると，卵巣の中の卵子が成長しはじめるとともに卵巣がエストロゲンの分泌を開始する．そして，エストロゲンは子宮内膜を刺激して，受胎の準備のためにその厚みを増加させる．脳下垂体は血液中のエストロゲンの量を監視し，FSHの製造量を減少する．すると，それによって脳下垂体からの黄体ホルモン（LH）の分泌が誘発される．LHは卵子を卵胞から放出する．卵子を失った卵胞は黄体と呼ばれるものになって，プロゲステロンをつくるようになり，それがLHとFSHの製造を止めさせる．子宮内膜の準備完了である．しかし，卵子が受精しなければプロゲステロンの分泌が止まり，月経が始まって，子宮内膜が体外へ排出される．

もし受精が実現すれば，胎盤が形成され，それがヒト絨毛性ゴナドトロピン（HCG）を分泌するようになる．このホルモンは，黄体にプロゲステロンとエストロゲンの製造を継続させることによって排卵を防止する．また胎盤はヒト絨毛性ソマトマンモトロピン（HCS）というホルモンも分泌して，胸部の乳腺を刺激し，授乳を可能にする．

監訳者あとがき

　もう半世紀近く前の1959年春，NHKがテレビ学校放送を本格的に開始した．スタジオが不足していたので，当時私が勤務していたお茶の水女子大学の構内にあった附属小学校の教室を改造して，中継スタジオがつくられた．そのため，中学・高校向けの生物番組の出演を依頼された．まだ，テレビがそれほど普及していなくて，放送とはどんなものか，さっぱりわからなかった．五里霧中で，ディレクターのいわれることや，司会者の助けによりやっと放送を続けた．

　そのとき，一番困ったのは，資料のなさである．今では，どの教科書にものっている動植物の写真がほとんどない．マツの花でさえ，NHKにはなかった．そこで，写真をお持ちの方々をたずねて貸していただいたり，休日はディレクター，カメラマンと共にロケに出かけたり，夜NHKで顕微鏡映画の撮影をしたりした．すべて生放送であったから，1回1回が「綱渡り」のような感じで，やっと入手した写真の引き伸ばしが遅れ，生乾きで，少し光るのを放送したこともあった．

　しかし，当時教科書も図が主で，写真は少なく，実物に接する機会が少なかった学校現場では，テレビが頼りにされた．放送後に，多くの反響があり，勇気づけられた．確かに，「百聞は一見にしかず」である．たとえば，アメーバという動物をいかに詳しく記載しても，あの偽足で動き回る様子を想像するのは難しい．しかし，一度顕微鏡下で観察したり，フィルムで見れば，すぐにわかるであろう．生物教育における映像の重要さは，テレビ放送により痛感させられた．

　その頃，映像に関して印象的なことがあった．それは，ウォルト・ディズニーの『砂漠は生きている』（1955年日本公開）という映画である．天然色（当時はカラーをこう呼んだ）で，砂漠の生きものたちが，ディズニー流のコミカルな表現で描かれている．その美しさと面白さは，観客を完全に魅了した．大学の研究室でも，しばしば話題になった．「いつか，こんな映像をテレビで見せたい」と思ったが，当時はのぞむべくもなかった．

　時代は変わって，今や映像があふれている．雑誌，テレビなどで美しい映像が常に提供される．教科書にしても，全ページがカラーで，イラストも工夫され，美しい本になっている．たまに，白黒写真を見ると，かえって深味を感じるほどである．したがって，単なる写真やフィルムでは感動しない状況になっている．

　そのようなとき，この『図説　科学の百科事典』シリーズに出会った．迫力のある写真や絵がグラビア風に示され，それを見ていると本文を読みたくなる感じである．そして，見ながら読む事典となっていく．一般に百科事典というと，細かい活字でぎっしりと解説が記されていることが多いが，この事典はずっと精選されている．まさに，新しい時代の事典といえるであろう．

　この本には，多種多様な植物と動物が紹介されている．日常的にはあまり馴しみのないものも少なくない．もともと生物学では，妙な生き物たちが活躍する．ショウジョウバエ，アフリカツメガエル，アカパンカビなどがその例であり，最近ではC. エレガンスという日本名さえない線虫や，ぱっとしない小さな白い花をつけるシロイヌナズナという植物も幅をきかせている．それらはみな，生物学一般に通じる法則性を探るのに有利な特徴をもっているからである．そのことは，手軽に飼育でき，交配が容易で，多くの子をつくるショウジョウバエが遺伝の研究に最適であることなどでわかるであろう．自然界には，多種多様な生き物がおり，その片隅でひっそりと生活しているものの中には，研究に適したものが少なくないに違いない．それを見つけ出して研究室に連れてくるのも，生物学者に課せられた使命の一つである．最近，そのような努力をする生物学者は少なくなったように思われる．この本を読んで，植物や動物に魅力を感じた人が，やがてそのような生物の探索をするようになることを期待している．

　この本を訳してみて，二，三疑問を感じる箇所があった．たとえば，この本の「花の咲く植物」と「花の咲かない植物」との区別である．ふつう「花の咲く植物（顕花植物，あるいは種子植物）」は被子植物と裸子植物に分けられ，「花の咲かない植物（陰花植物）」はシダ植物，コケ植物，藻類，菌類などをいう．ところが，この本では裸子植物を花の咲かない植物としている．裸子植物にはマツ，スギなどが含まれ，それらが花をもつことはよく知られている．そうでなければ，スギの花粉症など発生するわけがない．そこで，訳出の際，被子植物を「はっきりした花をもつ植物」とし，裸子植物は「そのような花をもたない植物」とした．もちろん，これは苦肉の策で厳密な表現ではない．

　次に，生物界を「植物と動物」に分けることに異論をもつ人もあろう．実際，最近の分類学では，細菌とラン藻のように膜で囲まれた核をもたない原核生物のモネラ界，単細胞の原生動物やラン藻以外の藻類，粘菌類などよりなる原生生物界，いわゆるカビ，きのこの仲間の真菌類が属する菌類界と，コケ，シダ，種子植物の属する植物界，多細胞動物の動物界の五つの界に分ける五界説が有力になっている．栄養のとり方や，生殖，構造などの違いで，生物界を植物と動物の二つに大別してしまうのは，確かにあまりに粗雑である．しかし，われわれが肉眼で見る限り，身の回りの生き物は植物界と動物界に属するものが多いから，植物と動物という分け方も不自然ではなく，この本もそのような考えによっていると思われる．

　終わりに，全編にわたって綿密な翻訳をされた藪忠綱氏に謝意を表したい．また，出版にあたりお世話になった朝倉書店の方々にも御礼を申し上げる．

　　2006年夏

　　　　　　　　　　　　　　　　　　　　太田次郎

参 考 図 書

本書には「さらに学びたい人のための参考図書」が掲げられている．しかし，残念なことにそれらのすべてが邦訳されているわけではない．ここでは翻訳のあるものの紹介にとどめるが，それ以外に次のものもあげておく．

本書の「用語解説」では不十分と感じる人は，次のような辞典もあわせて参照されたい．
- 八杉龍一，小関治男，古谷雅樹，日高敏隆（編）「岩波生物学辞典第4版」，岩波書店，1996年
- マイケル・タイン，マイケル・ビックマン（編），太田次郎（監訳）「現代生物科学辞典」，講談社，1999年（Thain, M., Hickman, M., The Penguin Dictionary of Biology, 9th ed., Penguin Books, 1994）

言葉の意味などでなく，生命現象についてさらに詳しく学ぼうとする人には，次のような講座がある．
- 太田次郎，石原勝敏，黒岩澄雄，清水 碩，高橋景一，三浦謹一郎（編）「基礎生物学講座（全11巻）」，朝倉書店，1991〜1994年（一部品切れあり）

■さらに学びたい人のための参考図書
- ○ミカエル・アラビー（編），木村一郎・野間口隆・藤沢弘介・佐藤寅夫（訳），オックスフォード動物学辞典，朝倉書店，2005年（Allaby, Michael ed., Oxford Dictionary of Zoology, Oxford University Press, 1999）
- ○ミカエル・アラビー（編），駒嶺 穆（監訳），オックスフォード植物学辞典，朝倉書店，2004年（Allaby, Michael ed., Oxford Dictionary of Plant Science, Oxford University Press, 1998）
- ○デイビッド・アッテンボロー（著），天野隆司・野中浩一（訳），生きものたちの地球，日本放送出版協会，1985年（Attenborough, David, The Living Planet, BBC Books, 1984）
- ○デイビッド・アッテンボロー（著），BBCワールドワイド（ビデオ制作），植物たちの挑戦，アミューズピクチャーズ（発売），アミューズソフト販売（販売），2000年（ビデオカセット6巻）（Attenborough, David, The Private Lives of Plants: A Natural History of Plant Behaviour, BBC Publications, London, 1995）
- ○ミカエル・ブライト（著），丸 武志（訳），鳥の生活，平凡社，1997年（Bright, Michael, The Private Life of Birds: A Worldwide Exploration of Bird Behaviour, Bantam Press, London, 1993）
- ○J.R. クレブス，N.B. デイビス（著），山岸 哲，巌佐 庸（訳），行動生態学，蒼樹書房，1991年（邦訳は1987年の原書第2版翻訳）（J. R. Krebs, N. B. Davies, Introduction to Behavioural Ecology 3rd Ed., Blackwell Science, 1993）
- ○リン・マルグリス，カーリーン・V・シュヴァルツ（著），川島誠一郎・根平邦人（訳），五つの王国：図説・生物界ガイド，日経サイエンス社，1987年（Margulis, Lynn, Schwartz, Karlene V., Five Kingdoms : An Illustrated Guide to the Phyla of Life on Earth, W.H.Freeman, 1982）
- ○「知」のビジュアル百科，あすなろ書房

* "Eyewitness Guides"（Dorling Kindesley, London）シリーズで本書で紹介されているものは未訳だが，以下のようなものが訳出されている．
- 3．デビッド・バーニー（著），中村武久（日本語版監修），樹木図鑑，2004年
- 4．ポール・テイラー（著），伊藤恵夫（日本語版監修），化石図鑑，2004年
- 6．ジュリエット・クラットン＝ブロック（著），祖谷勝紀（日本語版監修），イヌ科の動物事典，2004年

- ○スティーブ・パーカ（著），テッド・デュワン（画），日下部辰三（監修），佐藤知津子（訳），動物の体内をさぐる（驚異の大断面1巻），東京書籍，1992年（Dewan, Ted & Parker, Steve, Inside the Whale and Other Animals, Dorling Kindesley, London, 1992）
- ○クリストファー・M・ペリンズ（監修），山岸 哲（日本語版監修），バードライフ・インターナショナル（協力），世界鳥類事典，同朋舎出版，1996年（Perrins, Christopher M., The Illustrated Encyclopedia of Birds, Prentice Hall Direct Published, 1991）
- ○エドワード・O・ウィルソン（著），大貫昌子・牧野俊一（訳），生命の多様性，岩波書店，1995年［岩波現代文庫版（上下），2004］（Wilson, Edward Osborne, The Diversity of Life, Harvard University Press, 1992）
- ○カール・ジンマー（著），長野 敬（訳），パラサイト・レックス：生命進化のカギは寄生生物が握っていた，光文社，2001年（Zimmer, Carl, Parasite Rex : Inside the Bizarre World of Nature's Most Dangerous Creatures, Free Press, 2000）

索引

INDEX

ア 行

アキレス腱　88
アクチン　84
味　124
遊びを通じた学習　106
アデノシン三リン酸　34, 84
アデノシン二リン酸　34
アブシジン　55
アミノ酸　35
アメーバ　19
アリクイ　76
アンモニア　46

イカ　95
維管束形成層　111
維管束植物　42
育児嚢　106
一次成長　111
イチョウ　30
イルカ　95, 123
インスリン　53

ウ（鵜）　47
ウェルニッケの感覚野　59
ウシツツキ　80
ウツボカズラ　38
ウニ　23
ウミガメ　128
鱗（うろこ）　26

腋芽　111
液胞　36
エクジソン　109
餌の捕まえ方　70

エチレン　55
エピネフリン　53
餌袋　45
鰓（えら）　50

尾　86
黄体刺激ホルモン　109
オオカミ　86
オオハシ　99
オーキシン　54
雄しべ　29
おたまじゃくし　108
音　122
　——のトンネル　123
囮（おとり）　70
尾鰭　95
オペラント条件づけ　128
泳ぐ　94
オランウータン　107
オリゴ糖　55

カ 行

カ（蚊）　78
外鰓　51
外耳　123
海藻　116
懐胎期間　99
外套腔　22
外胚葉　104
外部寄生生物　78
開放循環系　48
海綿　20
カエル　26
化学的なポンプ作用　57
核　36

萼（がく）　29
学習　128
　遊びを通じた——　106
角膜　120
カクレクマノミ　81
果実　115
ガス交換　50
カスパリー線　41, 43
ガゼル　88
カタツムリ　22
カタパルト機構　88
花柱　29, 112
滑空　93
仮道管　40
カニ　75, 99
　——の幼生　108
カブトムシ　75
花粉嚢　113
花粉媒介者　28
花粉粒　113
渦鞭毛藻　18
花蜜　76
カモノハシ　95
ガラガラヘビ　127
カレイ　94
乾果　115
感覚器　127
カンガルー　61, 84, 105
換気　50
感光細胞　120
関節　86, 88
完全花　112
完全変態　108
肝臓　47
管足　23
桿体　121

環虫類　20
記憶　128
偽果　115
気管支　50
気孔　40, 42
寄生植物　38
寄生生物　78
拮抗筋　84
亀甲文様　98
ギボン　91
求愛行動　100
球果　31
嗅覚　124
嗅覚器　125
嗅球　124
吸血コウモリ　64
吸血動物　77
臼歯　66
共存関係　80
胸帯　86
棘皮動物　22
筋肉　84

クジラヒゲ　72
クチクラ　42
嘴（くちばし）　76
屈性　54
クマ　72
クモ　25, 101
クモ形動物　24
クラゲ　20
グリコーゲン　47
グルコース　53
クロロフィル　37

INDEX

珪藻　19
ケシ　115
血液循環　49
血糖値　53
結膜　120
毛虫　108
堅果　115
懸濁物摂食者　72

仔　99
コアラ　65
厚角細胞　42
甲殻類　24
攻撃 - 逃避反応　53
交合　102
後腸での発酵　67
皇帝ペンギン　61
後頭葉　58
交尾　100
厚壁細胞　42
個眼　121
呼吸　50
呼吸中枢　50
コケ類　116
子育て　106
骨格　86
骨格筋　84
骨盤　86
こぶ胃　66
鼓膜　122
ゴマノハグサ　38
コルク形成層　111
コルク細胞　111
ゴルジ体　37
根冠　110
昆虫　64
　　──の体　25
　　──の口器　77

サ 行

最適採餌説　65
サイトカイニン　54
サイトゾル　36
鰓杷（さいは）　72
細胞　36
細胞小器官　18, 36
鰓裂（さいれつ）　26, 104
魚　26, 95
サソリ　86
雑食動物　73
　　──の頭蓋骨　73
ザトウクジラ　71
蛹（さなぎ）　108
サナダムシ　79
砂嚢　44
サメの歯　69

サルコメア　85
サンショウウオ　89

師管細胞　41
磁気を感知する感覚　127
歯隙　66
自己顕示行動　100
視床下部　52
耳小骨　122
糸状虫　79
歯舌　22
四足動物　88
シダ類　117
シナプス　56
師部　41, 111
ジベレリン　55
ジベレリン酸　115
子房　112
脂肪　35
刺胞動物　20
集合果　115
雌雄同体　102
重複受精　113
樹液　77
主根　42
種子　114
種子植物　30
受精　102
受動輸送　41
樹皮　111
循環系　48
子葉　112, 114
消化　44
消化管　44
条件反射　128
焦点合わせ　120
蒸発による冷却　60
耳翼　123
触鬚　126
食虫植物　39
植物　64
　　──の細胞　37
　　──の幹　41
植物ホルモン　53
食料　64
触感受容体　126
シロアリ　45, 75
神経インパルス　57
神経系　56
神経索　26
浸透圧調節　47
針葉樹　30

随意神経系　56
水泳　94
錐体　121
水溶性ホルモン　52

頭蓋骨　86
スカベンジャー　74
スズカケノキ　114
巣づくり　106
ステロイド系ホルモン　52
刷り込み　129

精子　102, 103
生殖　102
声帯　122
成長　106
　　──と変化のサイクル　108
　　──の限界　99
成長パターン　98
性転換　100
脊索　26
脊椎動物　26
　　──の鼻孔　125
接合子　114
接触屈性　55
節足動物　24
ゼニゴケ　117
背骨　26
セルロース　36
　　──の分解　64
センサー　127
蘚苔類　116
センチコガネ　75
線虫　78
蠕動運動　45
前頭葉　58
前胚　114
繊毛　18
繊毛虫　19

ゾウアザラシ　101
走行　88
双子葉類　29
草食動物　64
　　──の歯　66
ゾウの耳　61
相利共生　80
ゾウリムシ　18
藻類　19
側線系　26
側頭葉　58
側部分裂組織　110
ソテツ　30

タ 行

体温調節　60
体外受精　102
胎児　105
体性感覚野　58
体内受精　102, 103
大脳皮質　56, 58

胎盤　105
脱皮　98
タヌキモ　38
食べ分け　67
単細胞生物　18
単子葉類　29
タンパク質　34
　　──の二次構造　34
タンポポの種子　113

チータ　88
中枢神経系　56
柱頭　112
中胚葉　104
チョウ　28
頂端分裂組織　110
跳躍　88
チロキシン　109

ツタ　55
ツノゴケ類　117
翼　92
蕾（つぼみ）　29, 110

デトリタス　75
デトリタス・フィーダー　73
デンキウナギ　126

糖　34
道管要素　40
洞察学習　129
頭頂葉　58
動物の行動　128
動物の細胞　36
冬眠　60
トウモロコシの実　115
トカゲ　89
毒牙　69
跳び移る　90
トビムシ　75
飛ぶ　92
鳥　92
　　──の嘴　69
　　──の骨格　93
　　──の糞　47
ドングリキツツキ　65
トンボ　93

ナ 行

内温動物　60
内胚葉　104
内部寄生生物　79
内分泌腺　52
ナマケモノ　34
ナマズ　126
縄張り　100

171

INDEX

軟体動物　22

におい　124
肉食動物　68
二次成長　111
二重循環系　49, 51
二倍体　112
ニホンザル　128
二枚貝　23, 72
柔細胞　42
ニューロン　56
尿　46
尿素　46

ヌクレオチド　35

根　43
ネオチニン　109
熱に対する感覚器　126
ネナシカズラ　38

脳下垂体　52
ノミ　78, 84
ノルエピネフリン　53

ハ 行

歯　66
葉　42
　——の断面図　43
肺　50
胚　104
ハイエナ　74
配偶体　112
胚珠　29, 113
胚乳　114
胚嚢　113
肺胞　50
這う　90
ハエ　74
ハエジゴク　39
ハエトリグモ　71
ハゲタカ　74
波状足　18
ハチドリ　76, 92
発汗　60
バッタ　89
花　28, 112
　——の構造　28
羽　26, 92
　——の構造　93
翅　92
反響定位　123
繁殖　100
半数体　112
反芻動物　45, 67
パンダ　76

ひげ根　42
ヒザラガイ　23
被子植物　29, 112
飛翔　92
微小管　36
ヒト　56
　——の換気系　50
　——の骨格　88
　——の消化系　44
　——の脳　58
　——の卵の受精　105
ヒトデ　23
ヒラムシ　20
ヒラメ　94
鰭（ひれ）　94
非連合学習　128

風媒花　29
フェネック　122
フェロモン　124
不完全花　112
不完全変態　109
複眼　121
フクロウ　120
フクロモモンガ　93
フジツボ　72, 79
不随意神経系　56
物質代謝　34, 60
不定根　42
浮揚力　92
ブラキエーション　91
ブラッドハウンド　125
フラミンゴ　72
ブローカ領　59
糞　46
分化　37
分解　74
分解者　74
噴気孔　51
分裂組織　37, 110

閉鎖循環系　49
ベーツ擬態　129
ヘビ　90
ペプチド　34
ヘモグロビン　50
変態　108
鞭毛虫　19

放散虫　19
胞子嚢　117
保温　60
歩行　88
哺乳類　26
骨　88
　——の比較　27
ホルモン　52

マ 行

マオウ類　30
待ち伏せ　70
ミーアキャット　107
ミオグロビン　50
ミオシン　84
味覚　124
味覚器　125
幹　41, 110
水かき　94
水と塩分の調節　60
ミツバチ　28
ミトコンドリア　36
ミミズ　21, 75
　——の筋肉　87
耳の構造　122
味蕾　125

無性生殖　102
群れ　70

芽　110
眼　120
雌しべ　29, 113

モウセンゴケ　38
網膜　121
木質の発達　110
木部　40, 110
門歯　66

ヤ 行

葯（やく）　29
ヤゴ　108
夜行性動物　120
ヤツメウナギ　78
ヤドカリ　80
ヤドリギ　39
ヤマネ　61
ヤママユガ　125
ヤモリ　91

有糸分裂　110
有性生殖　102
有胎盤哺乳類　105
有袋類　105
輸送速度　41
ユビザル　76

幼形成熟　109
羊水　104
腰帯　86
葉柄　42

　老化した——　54
葉脈　42
葉緑体　37
攀じ登る　90

ラ 行

ライオン　26, 64, 69
落葉　55
裸子植物　29, 30
　——の一生　30
ラン　28
卵　104
卵子　102, 103

リグニン　40, 42
リス　91
リボソーム　36
両眼視　26, 120

ルリツグミ　101

裂肉歯　68
連合学習　128

老廃物　46
濾過摂食者　72
ロブスター　25

ワ 行

ワニ　71

謝　　　辞

Picture credits
1 Peter Parks/OSF ; **2-3** Stephen Dalton/NHPA ; **6** Michael Leach/OSF ; **7** Fredrik Ehrenstrom/OSF ; **16-17** Fred Bavendam/OSF ; **19** Peter Parks/OSF ; **20-21t** Fredrik Ehrenstrom/OSF ; **20-21b** Bill Wood/NHPA ; **23** David Fleetham/OSF ; **24-25** Heather Angel/Biofotos ; **25** James H.Robinson/OSF ; **28-29, 29t, 29b** AOL ; **30, 30-31** G.Bateman ; **32-33** Fritz Pölking/Agence Nature ; **35** Michael Fogden/OSF ; **36-37** Professor Fogg ; **38-39** AOL ; **39** John O.E. Clark ; **42, 43** AOL ; **44-45** Frank Schneidermeyer/OSF ; **46t** Gerald Cubitt ; **46b** Prof.P. Motta/Dept.of Anatomy,University La Sapienza/SPL ; **48** Lanceau/Agence Nature ; **51t** Jane Burton/BCC ; **51cl** Ben Osborne/OSF ; **51cr** K.G.Preston-Mafham/Premaphotos Wildlife ; **54-55** AOL ; **60-61** Stephen Dalton/NHPA ; **61t** Robert C. Nunnington/ABPL ; **61c** Doug Allen/OSF ; **61b, 62-63** K.G.Preston-Mafham/Premaphotos Wildlife ; **64** Stephen Dalton/OSF ; **64-65** Gerald Cubitt ; **65** Jim Clare/Partridge Films Limited/OSF ; **66-67** Jonathan Scott/PEP ; **67t** Cameron Read/PEP ; **67c** Philip Perry/FLPA ; **68-69** Ken Lucas/PEP ; **69** Tom McHugh/Photo Researchers Inc./OSF ; **70** Kjell Sandved/OSF ; **70-71** Duncan Murrell/PEP ; **72-73** Andy Rouse/NHPA ; **73** Jeff Foott/Survival Anglia ; **75** Haroldo Palo/NHPA ; **76** Mary Stouffer Productions/Animals Animals/OSF ; **76-77** Robert Tyrrell/OSF ; **78t** Kim Taylor/BCC ; **78b** Heather Angel/Biofotos ; **78-79t** Dr.Frieder Sauer/BCC ; **78-79b** John Paling/OSF ; **80-81** David Fleetham/OSF ; **81** David Thompson/OSF ; **82-83** Peter Johnson/NHPA ; **84** David Scharf/SPL ; **86-87** Stephen J.Krasemann/BCC ; **89** Stephen Dalton/NHPA ; **90-91** Kathie Atkinson/OSF ; **91t** Dr.John MacKinnon/BCC ; **91c** Breck P. Kent/Animals Animals/OSF ; **92** Stephen Dalton/NHPA ; **93** C. & S.Pollitt/NHPA ; **94-95** Doug Perrine/PEP ; **95** Tom McHugh/Photo Researchers Inc./OSF ; **96-97** Vince Streano/Skyline Features/Rex Features ; **98** ABPL ; **98-99** Hugo Van Lawick/Nature Photographers ; **99** Jane Burton/BCC ; **100-101** ANT/NHPA ; **101t** E. & D.Hosking/FLPA ; **101b** Soames Summerhays/Biofotos ; **102** K.G. Preston-Mafham/Premaphotos Wildlife ; **103** F. Sauer/Agence Nature ; **105** Vincent Serventy/BCC ; **106** Silvestris/FLPA ; **106-107t** Panda Photo/FLPA ; **106-107b** Dieter & Mary Plage/Survival Anglia ; **107** Clem Haagner/ABPL ; **109** Andrew Syred/SPL ; **110, 111, 112-113, 114-115** AOL ; **115** John O.E.Clark ; **116-117t, 116-117c, 116-117b, 117** AOL ; **118-119** Stephen Dalton/NHPA ; **120-121** Michael Leach/OSF ; **125** Anthony Bannister/NHPA ; **126-127** Chaumeton/Agence Nature ; **127** Michael & Patricia Fogden ; **128t** Konrad Wothe/OSF ; **128b, 129** Olivier Grunewald/OSF.

Abbreviations
b=bottom, **t**=top
l=left, **c**=center, **r**=right
ABPL　Anthony Bannister Picture Library, South Africa
AOL　Andromeda Oxford Limited, Oxford, UK
BCC　Bruce Coleman Collection, Middlesex, UK
FLPA　Frank Lane Picture Library, Suffolk, UK
NHPA　Natural History Photographic Agency, Sussex, UK
OSF　Oxford Scientific Films Limited, Oxford, UK
PEP　Planet Earth Pictures, London, UK
SPL　Science Photo Library, London, UK

Andromeda Oxford Ltd. has made every effort to trace copyright holders of the pictures used in this book. Anyone having claims to ownership not identified above is invited to contact Andromeda Oxford Ltd.

Artists
Mike Badrocke, John Davies, Hugh Dixon, Bill Donohoe, Sandra Doyle, John Francis, Shami Ghale, Mick Gillah, Ron Hayward, Jim Hayward, Trevor Hill/Vennor Art, Joshua Associates, Frank Kennard, Pavel Kostell, Ruth Lindsey, Mike Lister, Jim Robins, Colin Rose, Colin Salmon, Leslie D.Smith, Ed Stewart, Tony Townsend, Halli Verinder, Peter Visscher

Studio photography
Richard Clark

Editorial assistance
Paul Heaney, Peter Lafferty, Ray Loughlin, Katie Screaton

Advisory Editors
The Authors and Publishers would like to thank the following expert consultants for their contribution to the second edition of this set:

Professor David D'Argenio, Department of Genetics, University of Washington ; Dr.John Gribbin, Visiting Fellow in Astronomy, Sussex University, England ; Professor David Macdonald, Department of Zoology, Oxford University ; Dr.Peter Moore, Reader in Ecology, King's College, London ; Dr.Mark Ridley, Department of Zoology, Oxford University ; Professor Jill Schneiderman, Department of Geology and Geography, Vassar College, New York ; Professor Emeritus Albert Stwertka, Chair of Department of Math and Science, US Merchant Marine Academy ; Associate Professor David Sykes, Computer Science Department, Wofford College, Spartanburg, South Carolina ; Dr.James C. Trager of the Shaw Nature Reserve, Missouri Botanical Garden ; Dr.Kevin Warwick, Professor of Cybernetics, University of Reading, England.

監訳者略歴

太田次郎（おおたじろう）

1925年	横浜市に生まれる
1948年	東京大学理学部卒業
1969年	お茶の水女子大学教授
1992〜1997年	お茶の水女子大学学長
現　在	江戸川大学学長
	お茶の水女子大学名誉教授・理学博士

訳者略歴

藪　忠綱（やぶただつな）

1932年	東京都に生まれる
1953年	東京大学教養学科卒業
1953年	外務省入省
1990〜1993年	在ギリシャ大使
1996〜2002年	常磐大学教授

図説 科学の百科事典 1

動物と植物　　　　　　　定価はカバーに表示

2006年9月25日　初版第1刷
2009年3月20日　　　第3刷

監訳者	太　田　次　郎
訳　者	藪　　　忠　綱
発行者	朝　倉　邦　造
発行所	株式会社 朝　倉　書　店

東京都新宿区新小川町6-29
郵便番号　162-8707
電話　03（3260）0141
FAX　03（3260）0180
http://www.asakura.co.jp

〈検印省略〉

ⓒ2006　〈無断複写・転載を禁ず〉　　　ローヤル企画・渡辺製本

ISBN 978-4-254-10621-3　C 3340　　Printed in Japan

● 鮮やかな写真とイラストで，科学の身近さを解説 ●

【図説】科学の百科事典　全7巻

各巻176頁　A4変型判　オールカラー
日本語版総監修　太田　次郎

① 動物と植物　Animals and Plants
太田次郎……監訳　藪　忠綱……訳
［内容］壮大な多様性／生命活動／動物の摂餌方法／動物の運動／成長と生殖／動物のコミュニケーション／用語解説・資料

② 環境と生態　Ecology and Environment
太田次郎……監訳　藪　忠綱……訳
［内容］生物が住む惑星／鎖と網／循環とエネルギー／自然環境／個体群の研究／農業とその代償／人為的な要因／用語解説・資料

③ 進化と遺伝　Evolution and Genetics
太田次郎……監訳　長神風二，谷村優太，溝部　鈴……訳
［内容］生命の構造／生命の暗号／遺伝のパターン／進化と変異／地球生命の歴史／新しい生命への遺伝子工学／ヒトの遺伝学／用語解説・資料

④ 化学の世界　Chemistry in Action
山崎　昶……監訳　宮本恵子……訳
［内容］原子と分子／化学反応／有機化学／ポリマーとプラスチック／生命の化学／化学と色／化学分析／用語解説・資料

⑤ 物質とエネルギー　Matter and Energy
有馬朗人……監訳　広井　禎，村尾美明……訳
［内容］物質の特性／力とエネルギー／電気と磁気／音のエネルギー／光とスペクトル／原子の中／用語解説・資料

⑥ 星と原子　Stars and Atoms
桜井邦朋……監訳　永井智哉，市来淨與，花山秀和……訳
［内容］宇宙の規則／ビッグバン／銀河とクエーサー／星の種類／星の誕生と死／宇宙の運命／用語解説・資料

⑦ 地球と惑星探査　Earth and Other Planets
佐々木晶……監訳　米澤千夏……訳
［内容］宇宙へ／太陽の家族／熱のエンジン／躍動する惑星／地学的ジグソーパズル／変わりゆく地球／はじまりとおわり／用語解説・資料